제2개정판

해석개론

제2개정판
해석개론

초 판 1쇄 발행 1995년 1월 20일
개정판 1쇄 발행 2002년 2월 15일
제2개정판 1쇄 발행 2011년 9월 5일
제2개정판 17쇄 발행 2026년 2월 25일

지은이 김성기·김도한·계승혁

펴낸곳 서울대학교출판문화원
주소 08826 서울 관악구 관악로 1
도서주문 02-889-4424, 02-880-7995
홈페이지 www.snupress.com
페이스북 @snupress1947
인스타그램 @snupress
이메일 snubook@snu.ac.kr
출판등록 제15-3호

ISBN 978-89-521-1241-5 93410

해석개론

제2개정판

김성기
김도한
계승혁

서울대학교출판문화원

제2개정판 머리말

이 책이 나온 지도 벌써 17년째이다. 그 동안 많은 분들이 이 책으로 공부하면서, 그리고 이 책으로 가르치면서 여러 가지 비평을 해 주셨는데, 한마디로 요약하면 책이 너무 빡빡하다는 것이었다. 특히, 학생들의 입장에서 보면 혼자 공부하기에는 어렵다는 의견이 많았다. 이번에 이를 반영하여 제2개정판을 만들게 되었다. 내용상 변동은 거의 없지만 새로운 개념이 나올 때 가능한 한 설명을 보충하였으며, 특히 이 책으로 강의하면서 대개 칠판에 그리게 마련인 그림들을 보강하였다.

초판 머리말에서도 이미 언급하였거니와 이 책의 핵심은 극한이다. 다항함수와 같은 간단한 경우에는 고등학교 수준의 직관적인 이해만으로도 극한의 여러 가지 성질을 다루는 데에 충분하다. 그러나, 삼각급수와 같이 복잡한 극한을 다루려면 보다 정교한 언어와 논리가 필요하게 된다. 이 책의 핵심은 바로 이러한 정교한 언어를 습득하는 것인데, 이러한 언어는 우리가 일상 생활에서 사용하는 언어와 그 구조가 상당히 다르기 때문에 처음 공부하는 학생 입장에서 보면 어려운 것이 당연하다.

그림은 이러한 어려움을 극복하는 좋은 방법이다. 그러나, 좀 더 수준 높은 개념을 다루는 경우에는 그림을 그리는 것이 불가능한 경우도 있으며, 특히 엉성한 그림을 그림으로써 정확한 이해를 하는 데에 오히려 지장을 줄 수도 있다는 점을 염두에 두어야 한다.

그 동안, 일일이 거명할 수 없을 정도로 많은 분들이 이 책에서 잘못된 부분들을 지적하여 주었는데, 이 자리를 통하여 감사드린다. 특히, 이번 제2개정판의 조판을 도와 주신 김강수님께 감사드린다.

2011년 8월

개정판 머리말

이 책의 목적은 초판에서 말했다시피 미적분을 이해하고 이를 이용하여 여러 가지 함수의 성질들을 공부하는 것이다. 특히, 거듭제곱급수와 삼각급수로 표현되는 함수들의 성질을 이해하는 것이 이 책의 큰 목적이다. 이러한 함수들의 성질들을 이해하는 지름길은 그래프를 그려 보는 것이다. 이 개정판에서는 각종 함수들의 그래프를 그려 줌으로써 이 책으로 공부하는 이들의 이해를 돕도록 하였다. 이 책으로 공부하는 이들은 책에 제시된 그래프를 감상하는 것에 만족하지 말고 유사한 그래프들을 각자 그려 보기 바란다.

내용 자체는 초판에서 크게 바뀐 것이 없으나 순서가 바뀐 부분이 있는데, 푸리에급수와 르벡적분의 순서를 바꾼 것이 큰 변화이다. 초판에서와 같이 르벡적분을 먼저 공부하면 푸리에급수를 훨씬 체계적으로 이해할 수 있다. 그러나, 엄밀한 해석학을 처음 공부하는 이들에게는 이론적인 명쾌함보다 각 함수에서 나타나는 현상을 먼저 파악하는 것이 낫다는 판단에서 푸리에급수를 르벡적분에 앞서 다루었으며, 르벡적분을 도입함으로써 삼각급수를 이해하는 데 어떠한 장점이 있는지 살펴보는 데 주안점을 두었다. 마지막 르벡적분을 생략하더라도 일 년 동안 공부할 분량으로는 충분할 것으로 여겨진다.

이 외에도 초판에서 순서를 바꾼 부분이 있다. 상극한과 하극한은 초판에서는 상당히 뒤에 나오지만 개정판에서는 단조수열 및 볼차노-바이어슈트라스 정리와 함께 다루었으며, 여러 가지 수렴판정법도 코시 정리와 함께 다루었다. 초판에서도 그러하였지만 이 책에서 가장 중요한 이론적인 부분은 제 6장 '함수열' 인데, 이 장에서 거듭제곱급수와 초보적인 삼각급수를 함께 다루었다. 연속함수를 다항식함수로 접근시키는 바이어슈트라스 정리와 아르젤라-아스콜리 정리는 별도로 제 7장 '여러 가지 함수공간' 에 나오는데, 이 장에서는 연속함수공간뿐 아니라 수열공간도 함께 다루었으며, 르벡적분을 뒤로 넘기는 대신 특이적분과 특이적분가능 함수들의 공간도 여기서 다루었다. 미분과 적분의 순서를 바꾸는 정리는 감마함수 등을 공부하는 데 필수적인데, 개정판에서는 물론 르벡적분을 사용하지 않고 특이적분을 이용하였다.

개정판에서는 순서뿐 아니라 체제도 약간 바꾸었다. 특히, 본문에서 증명하지 않고 넘어가는 부분이나 여러 가지 보기들을 그때 그때 수시로 연습문제로 넣었으며, 각 장의 끝에 나오는 문제들도 보강하였다.

올해로 이 책의 초판이 나온 지도 벌써 팔 년째 접어든다. 그 동안 많은 분들이 이 책에 대하여 여러 가지 비평과 제안을 해 주셨는데, 이 자리를 통하여 감사드린다.

2002년 1월

초판 머리말

근대 이후 자연현상을 설명하는 새로운 도구로 인정받은 미적분은 이제 자연과학이나 공학뿐 아니라 사회과학 등 학문 전반에 걸쳐서 필수적인 방법론으로 여겨지게 되었는데, 미적분의 기본 원리는 '극한' 이다. 미적분이 도입된 이후 이를 응용하여 수많은 함수들이 연구되고 여러 가지 계산 방법 등이 알려지게 되었으나, 점차 다양한 함수들을 연구하게 됨에 따라 보다 엄밀한 극한의 정의가 필요하게 되었다. 미적분의 기본 원리인 극한이 엄밀하게 정의되고 연구된 것은 19세기 이후의 일로서, 이 때부터 극한을 기하학적 직관에 의존하지 않고 산술적인 엄밀한 방법으로 정의하고 연구하게 되었는데, 이를 공부하는 것이 이 책의 기본 목적이다.

이미 고등학교에서 수열이나 함수의 극한, 미적분 등을 공부할 때, 여러 가지 중요한 정리들, 이를테면 극한을 계산할 때 필요한 공식들, 사이값정리나 최대최소정리 등을 '증명' 하지 않고 직관에 호소하는 데에 불만을 느낀 학생이 있을 것이다. 또한 지수함수를 정의하거나, 자연로그의 밑을 정의하는 과정에도 많은 문제점이 있음을 느꼈을 것이다. 이 책의 첫째 목표는 극한의 개념을 엄밀하게 '정의' 하고, 이러한 기본 정리들을 증명하는 것이다. 이렇게 극한을 정의하는 방법은 해석학뿐 아니라 수학 전반에 큰 영향을 미쳐서, 금세기 이후 수학의 여러 명제들을 기술하는 기본 형태가 되었다. 이러한 기본 개념들을 바탕으로, 거듭제곱급수와 삼각급수로 표현되는 여러 가지 함수들의 성질을 공부하는 것이 이 책의 두 번째 목표이다.

우리가 사이값정리를 증명하려고 해 보면 그 정리 자체가 실수의 성질과 밀접하게 연관되어 있음을 알게 되는데, 이는 여러 가지 극한을 정의하는 데에도 마찬가지이다. 따라서, 극한의 성질을 공부하기에 앞서서 우선 실수란 무엇인가 하는 것부터 밝힐 필요가 있다. 수학적 대상을 규명하는 데에는 크게 두 가지 방법이 있는데, 첫째는 그 대상이 '무엇' 인지 밝히는 것이다. 그러나, 이 일이 쉽지 않음을 바로 알 수 있는데, 예를 들어서, 개수를 세는 '하나', '둘', '셋' 등 자연수가 그 자체로서 무엇인지 규명하는 것은 쉬운 일이 아니다. 그러나, 잠시 생각하여 보면, 자연수 자체를 하나하나 설명하지 않더라도 자연수들 사이의 '상호관계' 를 규명하면 충분하다는 것을 알 수 있다. 우리는 실수를 도입하는 데에도 이러한 방법을 쓰려 한다. 따라서, 실수 상호간의 연산법칙, 순서관계, 완비성공리 등은 자명한 것으로 받아들이기로 한다. 이러한 상호관계들을 만족하는 실체가 과연 존재하는가, 존재한다면 유일한가 하는 문제가 해결된다면, 실수를 규명하는 데에 아무런 문제가 없을 것이다. 이는 해석개론의 문제라기보다는 집합론의 문제인데, 이 책에서는 부록에서 간단히 다루었다.

이 책에서 공부하려는 주 대상은 함수, 특히 실수 사이에 정의된 일변수 함수이다. 그러나, 함수의 극한이나 연속성을 논하는 데 굳이 일변수함수만 따로 다룰 필요가 없으므로, 우선 다변수함수의 정의역이나 치역[1]의 역할을 하는 좌표공간의 성질을 공부한다. 좌표공간의 여러 가지 성질 중에서도 특히 두 점 사이에 정의되는 '거리' 로부터 얻어지는 성질들을 집중적으로 살펴보고, 이를 이용하여 연속함수들의 성질을 공부하려 한다. 특히, 이미 알고 있는 사이값정리나 최대최소정리 등이 다변수함수에 어떻게 적용되는지 살펴보게 된다.

극한과 연속함수의 기본 성질을 공부한 후에, 4장부터는 일변수함수의 미적분에 초점을 맞추었다. 대학 일학년에서 미적분을 착실하게 공부한 학생이면, 이 책의 4장은 가볍게 읽을 수 있을 것이다. 리만적분은 우선 상적분과 하적분을 이용하여 정의한 후에, 리만합으로 정의되는 리만적분과 마찬가지임을 보였다. 또한, 유계변동함수의 성질을 간단히 공부하고, 이를 이용하여 리만–스틸체스 적분을 다루었다. 극한의 성질을 공부하는 데 가장 중요한 것은 두 개 이상의 극한이 나오는 경우 그 순서를 바꿀 수 있는가 하는 점인데, 바로 이러한 문제야말로 극한의 엄밀한 정의가 요구되는 이유이다. 이는 6장에서 공부하는데, 이 책 전체를 통하여 가장 중요한 부분이다. 여기서 정립한 일반원칙을 거듭제곱급수에 적용하기 위하여 상극한과 하극한을 공부하고, 아울러 수열의 일반적인 성질들을 다루었다. 이와 더불어 연속함수공간이나 여러 가지 수열공간들을 도입하고, 앞에서 공부한 좌표공간의 성질들과 비교하였다.

푸리에급수를 공부하기 위하여, 르벡적분과 적분가능함수공간을 도입하는 것이 여러모로 편리한데 이를 8장에서 다루었다. 르벡적분을 공부함으로써 여러 가지 수렴정리를

---

1) 이 책에서는 함수 $f : X \to Y$ 가 있을 때, 집합 $\{f(x) \in Y : x \in X\}$ 나 Y 를 모두 치역이라 부르기로 한다.

쉽게 얻을 수 있고, 적분과 미분의 순서를 바꾸는 문제를 보다 일반적인 함수에 대하여 정립할 수 있다. 이는 감마함수 등 적분으로 정의되는 함수를 공부하는 데 유용하게 쓰인다. 르벡적분을 공부하는 또 하나의 이유는 적분가능함수공간을 완비공간으로 이해할 수 있다는 점이다. 이를 이용하여 집합론적 의미의 '함수'의 개념을 보다 넓게 해석할 수 있다. 푸리에급수를 통하여 주기함수와 수열, 혹은 급수를 대응시킬 수 있고, 이러한 대응과정을 거쳐서 함수의 개념이 크게 확장되는데 이에 관한 체계적인 공부는 이 책의 범위를 넘는다. 이 책에서는 푸리에급수에 관한 고전적인 계산 및 그 응용과 함께 여러 가지 함수공간과 수열공간을 대비하여 봄으로써, 우리가 다루는 함수의 범위가 어떻게 확장되어 왔는지 살펴보게 된다.

이 책으로 공부하는 분들께

이 책을 공부하기 위하여 먼저 공부해야 하는 부분은 없다. 논리적인 측면에서만 본다면 어린이도 이 책으로 공부할 수 있다. 그러나, 실제로 이 책에서 사용하는 논리의 전개를 충분히 이해하고 여러 가지 예들을 직접 적용하려면 상당한 사전지식이 필요하다. 구체적으로, 고등학교에서 배운 미적분이나 대학 일학년 때 배우게 마련인 미적분 등을 공부한 학생이면 큰 무리 없이 이 책을 볼 수 있을 것이다. 이 책을 쓰면서 많은 부분을 독자들의 몫으로 남겨 놓았다. '각자 확인하여 보기 바란다', '쉽게 확인할 수 있다', '직접 계산하여 보면', '나머지도 이와 같은 방법으로' 등의 문구가 있는 경우에는 반드시 각자 연필을 들고 실제로 써 보기 바란다. 연습문제 중 그래프 그리는 문제는 컴퓨터를 이용하여 직접 해 보기 바란다.

이 책으로 가르치는 분들께

이 책은 서울대학교 수학과에서 2학년 학생들을 대상으로 개설하는 해석개론의 교재로 사용하기 위하여 쓴 것이다. 현재 서울대학교 수학과에는 다변수해석학이 별도로 개설되어 있기 때문에 이 부분은 전혀 넣지 않았다.[2] 그 대신 다른 교재보다 푸리에급수를 강조하였으며, 이를 위하여 르벡적분을 포함시켰다. 사실 리만적분을 비롯한 여러 가지

---

2) 이 개정판을 쓰고 있는 2001 년 가을 현재 '해석개론'이 '고급해석'이란 이름으로 3학년에 개설되고 있다. '다변수해석학'은 '벡터해석'이라는 이름으로 전공탐색과목이 되어 2학년에 개설되고 있다.

극한의 정의나 칸토르의 집합론이 도입된 배경이 푸리에급수이고 보면, 이를 강조하는 것은 오히려 자연스러운 느낌이다.

일 년 동안 고등미적분이나 고급해석학을 가르치면서 다변수함수까지 다루어야 하는 경우에는 여러 가지 함수공간(6.2절, 7.3절)과 8장 이후를 생략하면 된다. 또한, 6.2절, 7.3절, 르벡적분을 생략해도 미분과 적분의 순서를 바꾸는 정리(9.1절)를 간단한 경우에 한하여 설명하면 감마함수(9.2절)나 푸리에급수의 기본개념(10.1절, 10.2절)을 가르치는 데 큰 지장은 없을 것이다.[3] 차례 뒤에 붙어 있는 표를 보면 각 절 사이의 개략적인 흐름이나 상관관계를 알 수 있다.

고마운 분들께

이 책은 그 동안 저자들이 강의했던 경험을 토대로 한 것이기 때문에 우선 해석개론을 수강했던 학생들에게 감사의 뜻을 표해야 할 것이다. 특히, 1994년에 해석개론을 수강한 수학과 학생들은 이 책의 초고를 통하여 공부하면서 많은 질문과 제안을 하여 주었는데, 일일이 여기에 적을 수 없는 점이 유감이다. 또한 이 책을 쓰는 동안 귀찮고도 자질구레한 여러 가지 자문에 흔쾌히 응해 주신 동료 교수들께 감사 드린다. 지난 학기에 해석개론 조교를 담당했던 정경훈 군은 연습문제에 대한 여러 가지 제안을 하였을 뿐 아니라 마지막 교정을 보아줌으로써 이 책이 완성되는 데 크게 공헌하였다. 이 책의 부록에 실려 있는 '수의 체계'는 작고하신 김정수 교수가 1976년 강의에서 사용하기 위하여 손수 쓰신 것을 토대로 정리한 것이다. 새삼스레 고인께 감사 드린다.

이 책은 '한글 텍'으로 작성하였는데, 초고는 전남대학의 백정선 교수가 만든 조합형으로, 마지막 조판은 과학기술원의 고기형 교수 연구진이 만든 완성형으로 만들었다. 이러한 소프트웨어들을 자유롭게 쓸 수 있도록 허락하여 주신 두 분께 감사 드린다. 끝으로, 표지에 사용한 글자들을 쓸 수 있도록 하여 준 서울대학의 최형인 교수께 감사 드린다.

1994년 12월

---

3) 이 경우 참고문헌 [37]의 8장을 따르면 된다. 대괄호 [ ] 안에 있는 문자는 책 뒤에 붙어 있는 참고문헌의 해당 번호를 나타내는 것이다.

차 례

제 1 장
실수의 성질과 수열의 극한

함수의 성질을 공부하기에 앞서서, 우선 실수의 연산을 공부하고 실수와 같이 가감승제가 자유로운 수집합의 예로서 유리수체, 복소수체 및 유한체 등을 소개한다. 이 중에서도 실수체와 유리수체는 자연스러운 순서구조를 가진다. 이러한 순서구조를 이용하여 완비성공리를 도입할 수 있는데, 실수체는 완비성공리를 만족하는 유일한 순서체이다. 실수체의 완비성공리를 이용하여 여러 가지 수열, 특히 단조유계수열의 수렴성을 다룰 수 있고, 다음 장에서 공부할 좌표공간의 성질을 다루는 데 필수 불가결한 축소구간정리를 증명할 수 있다. 사실, 완비성공리와 유계단조수열의 수렴성 및 축소구간정리는 모두 논리적으로 동치인 명제들이고 이 명제들의 특징은 미리 규정된 특정 성질을 만족하는 실수의 존재성을 보장하여 주는 것들이다. 따라서 이러한 명제들은 연속함수의 최대 최소정리나 사이값정리 등을 증명할 때 중요한 역할을 한다. 이 장에서는 이와 아울러 수열의 극한을 엄밀히 정의하고, 상극한과 하극한 및 셀수있는 집합에 관하여 공부한다.

1.1 실수의 연산과 순서

실수 전체의 집합 $\mathbb{R}$ 에는 두 가지 연산, 즉 더하기 $+$ 와 곱하기 $\cdot$ 가 있어서 다음의 성질들을 만족한다. 곱셈 $a \cdot b$ 는 ab 로도 쓴다.

(체1) 임의의 $a, b, c \in \mathbb{R}$ 에 대하여 $a + (b + c) = (a + b) + c$ 이다.

(체2) 다음 성질

$$\text{임의의 } a \in \mathbb{R} \text{ 에 대하여 } a + e = e + a = a$$

을 만족하는 원소 $e \in \mathbb{R}$ 가 존재한다.

위 성질을 만족하는 원소 $e' \in \mathbb{R}$ 가 또 하나 있다면 $e = e + e' = e'$ 이다. 따라서 이러한 성질을 만족하는 원소는 하나밖에 없는데, 이를 앞으로 0 이라 쓰고 더하기의 **항등원**이라 한다.

(체3) 각 $a \in \mathbb{R}$ 에 대하여 다음 성질

$$a + x = x + a = 0$$

을 만족하는 원소 $x \in \mathbb{R}$ 가 있다.

만일 위 성질을 가지는 원소 $y \in \mathbb{R}$ 가 또 하나 있다면

$$x = x + 0 = x + (a + y) = (x + a) + y = 0 + y = y$$

가 되어서 이 성질을 가지는 원은 유일하다. 원소 $a \in \mathbb{R}$ 에 의하여 결정되는 이 원소를 $-a$ 라 쓰고, 이를 더하기에 관한 a 의 **역원**이라 한다. 또한 $b + (-a)$ 는 간단히 $b - a$ 로 쓴다. 실수의 모든 원소가 역원을 가진다는 말은 뺄셈을 자유롭게 할 수 있다는 말이나 마찬가지이다.

(체4) 임의의 $a, b \in \mathbb{R}$ 에 대하여 $a + b = b + a$ 이다.

지금가지 덧셈의 여러가지 성질들을 알아보았는데, 이제부터 곱셈의 성질을 알아보기로 한다.

(체5) 임의의 $a, b, c \in \mathbb{R}$ 에 대하여 $a(bc) = (ab)c$ 이다.

(체6) 다음 성질

$$\text{임의의 } a \in \mathbb{R} \text{ 에 대하여 } a \cdot 1 = 1 \cdot a = a$$

을 만족하는 0 아닌 원소 $1 \in \mathbb{R}$ 이 존재한다.

(체7) 각 $a \in \mathbb{R} \setminus \{0\}$ 에 대하여 다음 성질 $ax = xa = 1$ 을 만족하는 원소 $x \in \mathbb{R}$ 가 있다.

물론 (체6) 의 원소 1 도 유일하며, 이 특정 원소를 1 로 쓰고 곱하기의 **항등원**이라 한다. (체7) 의 원소 x 도 (체3) 의 경우와 마찬가지로 a 에 의하여 결정되는데, 이를 a^{-1} 이라 쓰고 곱하기에 관한 a 의 **역원**이라 한다. 더하기에 대한 역원이 뺄셈을 나타낸다면, 곱하기에 대한 역원의 존재는 나눗셈이 가능하다는 것을 말한다. 물론, 0 의 역원이 없다는 것은 0 으로 나눌 수 없다는 의미이다.

(체8) 임의의 $a, b \in \mathbb{R}$ 에 대하여 $ab = ba$ 이다.

(체9) 임의의 $a, b, c \in \mathbb{R}$ 에 대하여 $a(b+c) = ab + ac$ 이다.

위 공리들 가운데 (체5) 부터 (체8) 까지는 곱하기에 관한 성질들이고 공리 (체9) 는 물론 더하기와 곱하기가 어떻게 관련되어 있는가 하는 점을 나타낸다. 일반적으로, 어떤 집합 F 에 두 가지 연산이 있어서 위 성질들을 만족하면 이를 **체**라고 부른다. 어떤 수집합이 체라 함은 간단히 말하여 0 으로 나누는 것을 제외한 가감승제가 자유롭다는 뜻이다. 참고로, 집합 F 에 연산이 주어졌다는 것은 $F \times F$ 에서 F 로 가는 함수가 주어져 있다는 말이다.

이제 실수체 외에 다른 체가 또 있는지 살펴보자. 이미 유리수 전체의 집합 $\mathbb{Q}$, 복소수 전체의 집합 $\mathbb{C}$ 가 체임을 알고 있을 것이다. 물론 자연수 전체의 집합 $\mathbb{N}$ 이나 정수 전체의 집합 $\mathbb{Z}$ 는 체가 아니다. 체에는 이러한 것들밖에도 여러 가지가 있는데, 가장 간단한 예를 들어 보자. 집합 $\mathbb{Z}_2 = \{0, 1\}$ 에 대하여

$$\begin{aligned} &0+0=0, \quad 0+1=1, \quad 1+0=1, \quad 1+1=0 \\ &0 \cdot 0=0, \quad\ \ 0 \cdot 1=0, \quad\ \ 1 \cdot 0=0, \quad\ \ 1 \cdot 1=1 \end{aligned}$$

로 연산을 정의하면 체가 됨을 알 수 있다. 이렇게 유한개의 원소로 이루어진 체를 **유한체**라 하는데, 이는 대수학의 주요 연구 대상이다.

문제 1.1.1. 집합 $\mathbb{Z}_2 = \{0, 1\}$ 는 위 연산에 대하여 체가 됨을 증명하여라.

다음 연산에 관한 성질들 중 일부는 이미 셈을 배울 때부터 쓰던 것들로서, 위 공리들을 이용하면 쉽게 보일 수 있다.

명제 1.1.1. 각 실수 $a, b, c \in \mathbb{R}$ 에 대하여 다음이 성립한다.

(가) $-(-a) = a$. $a \neq 0 \Longrightarrow (a^{-1})^{-1} = a$.

(나) $a + b = a + c \Longrightarrow b = c$. $a \neq 0$, $ab = ac \Longrightarrow b = c$.

(다) $ab = 0 \Longleftrightarrow a = 0$ 이거나 $b = 0$.

(라) $(-a)b = -(ab) = a(-b)$.

증명: 등식 $(-a) + a = 0$ 은 a 가 $-a$ 의 역원임을 나타내므로 $-(-a) = a$ 이다. (나) 의 첫 명제는 양변에 a 의 역원을 더함으로써 보일 수 있다. (다) 를 보이기 위하여 우선

$$a \cdot 0 = 0, \qquad a \in \mathbb{R} \tag{1}$$

임을 보이자. 이를 위하여, 다음 식

$$a \cdot 0 + a \cdot 0 = a \cdot (0 + 0) = a \cdot 0 = a \cdot 0 + 0$$

에 (나)를 적용하면 된다. 이로서 (다)의 ($\Longleftarrow$)는 증명되었고, 그 역을 보이기 위하여 $a \neq 0, b \neq 0$ 이라 하자. 만일 $ab = 0$ 이라면 (1)에 의하여

$$0 = 0 \cdot (b^{-1}a^{-1}) = (ab)(b^{-1}a^{-1}) = a(bb^{-1})a^{-1} = 1$$

이 되어 (체6)의 $1 \neq 0$ 에 모순이다. 끝으로

$$(-a)b + ab = ((-a) + a)b = 0 \cdot b = 0$$

이므로 ab 의 역원은 $(-a)b$, 즉 $-(ab) = (-a)b$ 이다. 나머지 명제들도 마찬가지로 증명된다. □

문제 1.1.2. 등식 $-(ab) = a(-b)$ 를 증명하여라.

실수체의 또 다른 주요 성질은 순서가 있다는 점이다. 이를 설명하기 위하여 다음과 같이 양수라는 개념을 도입하려 한다. 실수체의 부분집합 S 에 대하여 집합 $-S$ 를

$$-S = \{-a : a \in S\}$$

로 정의하자.

실수체에는 비어 있지 않은 부분집합 P 가 존재하여 다음과 같은 성질들을 가진다.

(순1) $a, b \in P \Longrightarrow a + b,\ ab \in P$.

(순2) $\mathbb{R} = P \cup \{0\} \cup (-P)$.

(순3) 집합 P, $\{0\}$ 및 $-P$ 는 서로소이다.

위 성질들을 만족하는 부분집합 P 를 가지는 체를 **순서체**라 하고 P 의 원소를 **양수**라 한다. 위 성질들 가운데 (순1)은 양수들끼리 더하거나 곱했을 때 다시 양수가 됨을 말한다. 그리고 (순2)와 (순3) 은 실수 전체의 집합이 양수, 음수, 0 으로 분류될 수 있음을 의미한다.

두 실수 $a, b \in \mathbb{R}$ 에 대하여, $a - b \in P$ 이면 a 가 b 보다 **크다**고 말하고 이를 $a > b$ 또는 $b < a$ 로 쓴다. 만일 $a > b$ 이거나 $a = b$ 이면 $a \geq b$ 라고 쓴다. 위 순서공리로부터 다음 사실들을 금방 알 수 있다.

명제 1.1.2. 실수 $a, b, c \in \mathbb{R}$ 에 대하여 다음이 성립한다.

(가) $a \geq b,\ a \leq b \Longrightarrow a = b.$

(나) $a \leq b,\ b \leq c \Longrightarrow a \leq c.$

(다) $a + b < a + c \Longleftrightarrow b < c.$

(라) $a > 0,\ b < c \Longrightarrow ab < ac.$

(마) $a < 0,\ b < c \Longrightarrow ab > ac.$

(바) $a^2 \geq 0$, 특히 $1 > 0$.

(사) $0 < a < b \Longrightarrow 0 < \dfrac{1}{b} < \dfrac{1}{a}.$

(아) $a, b > 0$ 이면 $a^2 < b^2 \Longleftrightarrow a < b.$

증명: (가) 부터 (라) 까지는 연습문제로 돌린다. (마) 를 보이기 위하여 다음

$$a > 0 \Longleftrightarrow -a < 0 \tag{2}$$

을 먼저 보이자. 만일 $a > 0$ 이면 $-a = -a + 0 < -a + a = 0$ 이고, 부등호의 방향을 바꾸어 $a < 0$ 이면 $-a > 0$ 임도 알 수 있으므로, 이제 (순3) 을 적용하면 (2) 가 성립함을 알 수 있다. 위 관계 (2) 와 (라) 를 이용하면 (마) 도 쉽게 보일 수 있다. 나머지 명제들은 연습문제로 남긴다. □

문제 1.1.3. 명제 1.1.2 의 증명을 마무리하여라.

실수체 외에도 유리수체 또한 순서체임을 쉽게 알 수 있다. 그러나 복소수체는 순서체가 아니다. 이를 보이기 위하여 위 조건들을 만족하는 부분집합 $P \subset \mathbb{C}$ 가 있다고 가정하자. 그러면 명제 1.1.2 (바) 에 의하여 $-1 = i^2 \in P$ 이고 따라서 $1 \in P \cap (-P)$ 로서 순서공리 (순3) 에 모순이다. 앞에서 예로 든 유한체 $\mathbb{Z}_2$ 또한 순서체가 될 수 없음은 분명하다.

문제 1.1.4. 유한집합은 순서체가 될 수 없음을 보여라.

이제, 순서구조를 이용하여 $a \in \mathbb{R}$ 의 **절대값** $|a|$ 를 다음

$$|a| = \begin{cases} a, & a \geq 0, \\ -a, & a < 0. \end{cases}$$

과 같이 정의한다. 다음 명제 역시 일어날 수 있는 경우를 모두 따져 봄으로써 바로 확인하여 볼 수 있는 것들이다.

명제 1.1.3. 임의의 실수 $a, b \in \mathbb{R}$ 에 대하여 다음이 성립한다.

(가) $|a| \geq 0$ 이다. 또한, $|a| = 0 \iff a = 0$.

(나) $|ab| = |a|\,|b|$.

(다) $b \geq 0$ 이면 $|a| \leq b \iff -b \leq a \leq b$.

(라) $||a| - |b|| \leq |a \pm b| \leq |a| + |b|$.

증명: (가), (나) 및 (다) 는 가능한 모든 경우를 따로따로 따져 봄으로써 쉽게 밝힐 수 있다. 이제, (다) 의 특수한 경우로서 $-|a| \leq a \leq |a|$ 임을 알 수 있고 b 나 $-b$ 에 대하여도 마찬가지이므로

$$-(|a| + |b|) \leq a \pm b \leq |a| + |b|$$

를 얻고, (다) 를 다시 적용하면

$$|a \pm b| \leq |a| + |b| \tag{3}$$

임을 알 수 있다. 부등식 $||a| - |b|| \leq |a \pm b|$ 는 방금 증명한 (3) 으로부터 쉽게 유도된다. □

문제 1.1.5. 명제 1.1.3 의 (가), (나), (다) 및 (라) 의 첫째 부등식을 증명하여라.

위 (라) 항은 특히 중요한 부등식으로서 앞으로 자주 쓰이게 된다. 이로부터 다음 부등식

$$|a - c| \leq |a - b| + |b - c|, \qquad a, b, c \in \mathbb{R} \tag{4}$$

을 얻는데, 이는 $|a - b|$ 가 실수축 위의 두 점 a 와 b 사이의 **거리** 역할을 한다는 사실을 말해 준다.

실수 $\mathbb{R}$ 의 유한 부분집합 A 가 있을 때, (순2) 를 반복하여 사용하면 A 의 원소 중 가장 큰 수와 가장 작은 수를 찾을 수 있다. 이를 각각 $\max A$ 및 $\min A$ 로 나타낸다. 다음 관계

$$\begin{aligned} \max\{a, b\} &= \frac{a + b}{2} + \frac{|a - b|}{2} \\ \min\{a, b\} &= \frac{a + b}{2} - \frac{|a - b|}{2} \end{aligned} \tag{5}$$

는 쉽게 보일 수 있다.

문제 1.1.6. 등식 (5) 를 증명하여라.

1.2 완비성공리

실수체를 규정짓는 마지막 공리인 완비성공리를 도입하기 위하여, 우선 순서와 관련된 몇 가지 용어를 정의하기로 한다. 이 절에서는 별 단서가 없더라도 모든 집합은 실수체의 부분집합이고 **비어 있지 않은** 것으로 간주한다. 집합 $S \subset \mathbb{R}$ 와 실수 $a \in \mathbb{R}$ 이 있을 때, 다음 명제

$$x \in S \Longrightarrow x \le a$$

가 성립하면 a 가 S 의 **상계**라 한다. 공집합이 아닌 유한집합의 경우 그 최대값을 잡으면 상계가 됨을 알 수 있다. 모든 집합이 상계를 가지는 것은 아니다. 예를 들어서 집합 $\mathbb{R}$ 자체나 양수 전체의 집합 P 등이 상계를 가지지 않는다는 것은 쉽게 알 수 있다.

이제, 집합 P 가 상계를 가지지 않음을 증명하여 보자. 이를 보이려면 어떤 실수도 P 의 상계가 되지 않음을 보여야 한다. 즉, 다음 명제

$$a \in \mathbb{R} \implies a \text{ 는 } P \text{ 의 상계가 아니다}$$

를 보여야 한다. 그런데 a 가 P 의 상계가 아니라는 말은 $x \in P$ 이지만 $x \le a$ 가 성립하지 않는 x 가 있어야 한다는 말이다. 따라서, 양수 전체의 집합 P 가 상계를 가지지 않음을 보이려면 다음 명제

$$a \in \mathbb{R} \implies x > a \text{ 인 양수 } x \text{ 가 존재한다}$$

를 증명하여야 한다. 이는 다음

$$\text{모든 실수 } a \text{ 에 대하여 } x > a \text{ 인 양수 } x \text{ 가 존재한다}$$

과 같은 말이다. 이 경우, 만일 $a \le 0$ 이면 $x = 1$ 이라 두면 될 것이고, $a > 0$ 이면 $x = a + 1$ 로 잡으면 된다.

얼핏 보기에 자연수 전체의 집합 $\mathbb{N}$ 이 상계를 가지지 않는다는 것도 자명한 듯이 보이지만, 위와 같이 생각해 보면 다음 명제

$$\text{모든 실수 } a \text{ 에 대하여 } n > a \text{ 인 자연수 } n \text{ 이 존재한다}$$

를 보이는 것과 마찬가지임을 알 수 있다. 그 증명은 앞으로 우리가 도입할 완비성공리와 관련이 있다.

문제 1.2.1. 모든 실수는 공집합의 상계가 됨을 설명하여라. 또한, 실수 전체의 집합이 상계를 가지지 않음을 보여라.

상계를 가지는 집합을 **위로 유계**라 한다. 예를 들어, 유한집합은 위로 유계이지만, 실수 전체의 집합이나 양수 전체의 집합은 위로 유계가 아니다. 만일 a 가 S 의 상계이면 a 보다 큰 수는 모두 S 의 상계이다. 상계 중에서 가장 작은 수를 **최소상계** 또는 **상한**이라 한다. 보다 구체적으로 말하여, $\alpha \in \mathbb{R}$ 와 $S \subset \mathbb{R}$ 가 다음 두 조건

(가) α 는 S 의 상계이다, 즉, $x \in S \Longrightarrow x \le \alpha$ 이다

(나) β 가 S 의 상계이면 $\alpha \le \beta$ 이다, 즉, 모든 $x \in S$ 에 대하여 $x \le \beta$ 이면 $\alpha \le \beta$ 이다

을 만족하면 α 를 S 의 최소상계 혹은 상한이라 한다. 만일 집합 S 가 상한을 가지면 위 정의 (나) 로부터 오직 하나밖에 없음을 금방 알 수 있고, 그 상한을 $\sup S$ 라 쓴다.

위 정의와 꼭 같은 방법으로 **하계, 아래로 유계, 최대하계** 및 **하한** 등의 용어를 정의한다. 실수 α 가 S 의 하한이면 $\alpha = \inf S$ 라 쓴다. 실수의 부분집합이 위로 유계이고 동시에 아래로 유계이면 이를 **유계집합**이라 한다.

문제 1.2.2. 하계, 아래로 유계, 최대하계 등의 용어를 정의하여라.

보기 1. 구간 $[0,1]$ 의 상계를 모두 모으면 $[1,\infty)$ 가 되고 따라서

$$\sup[0,1] = 1$$

이다. 구간 $(0,1)$ 의 상계를 모두 모아도 마찬가지로 $[1,\infty)$ 이고, 따라서

$$\sup(0,1) = 1$$

임을 알 수 있다. □

이제 실수체와 그 밖의 순서체를 구별하는 핵심적인 성질을 소개한다. 특히 유의해야 할 점은, 이 공리가 말하는 핵심이 미리 규정된 특정한 성질을 가지는 실수의 **존재**를 주장한다는 점이다.

완비성공리 (가) 위로 유계이며 비어 있지 않은 집합은 최소상계를 가진다.

완비성공리 (나) 아래로 유계이며 비어 있지 않은 집합은 최대하계를 가진다.

명제 1.2.1. 위 두 명제는 동치이다.

증명: 완비성공리 (가) 를 가정하자. (나) 를 보이기 위하여 집합 S 가 비어 있지 않고 아래로 유계라 하자. 이제, 집합 S 의 하계들의 집합을 T 라 하면 T 는 위로 유계이며 비어 있지 않다. 완비성공리 (가) 에 의하여 T 는 최소상계 $\alpha \in \mathbb{R}$ 를 가진다. 이제, 이 실수 α 가 S 의 최대하계임을 보이자. 우선, 임의의 $x \in S$ 와 $y \in T$ 에 대하여 $y \leq x$ 이다. 이는 임의의 $x \in S$ 가 T 의 상계란 뜻이고 α 가 T 의 최소상계이므로 $\alpha \leq x$ 이어서, α 는 S 의 하계가 된다. 만일 β 가 S 의 또 다른 하계라면 $\beta \in T$ 이고 α 가 T 의 상계이므로 $\beta \leq \alpha$ 이다. 따라서, 완비성공리 (나) 가 증명되었다. 그 역도 마찬가지로 증명된다. □

문제 1.2.3. 완비성공리 (나) 를 가정하고 완비성공리 (가) 를 증명하여라.

문제 1.2.4. 비어 있지 않은 두 실수 집합 $A, B \subset \mathbb{R}$ 가 다음 성질

$$a \in A,\ b \in B \implies a \leq b$$

을 가진다고 하자. 이 때, 각 $a \in A, b \in B$ 에 대하여 $a \leq \alpha \leq b$ 를 만족하는 실수 $\alpha \in \mathbb{R}$ 가 존재함을 보여라.

완비성공리의 첫번째 구체적인 응용으로서 앞에서 언급한 바와 같이 집합 $\mathbb{N}$ 이 위로 유계가 아님을 보이자.

명제 1.2.2. 집합 $\mathbb{N}$ 은 위로 유계가 아니다.

증명: 집합 $\mathbb{N}$ 이 위로 유계라 가정하자. 그러면 완비성공리에 의하여 최소상계 $\alpha \in \mathbb{R}$ 가 존재한다. 실수 $\alpha - 1$ 은 α 보다 작은 수이므로 $\mathbb{N}$ 의 상계가 아니고, 따라서 다음 부등식

$$\alpha - 1 < n \leq \alpha$$

을 만족하는 자연수 $n \in \mathbb{N}$ 이 존재한다. 그러면 $n+1 \in \mathbb{N}$ 임에도 불구하고 $n+1 > \alpha$ 이기 때문에 α 가 $\mathbb{N}$ 의 상계라는 데 모순이다. □

위 명제는 임의의 실수가 $\mathbb{N}$ 의 상계가 아님을 말해 준다. 따라서 명제 1.2.2 를 다음과 같이 다시 쓸 수 있다.

따름정리 1.2.3. 임의의 실수 $a \in \mathbb{R}$ 에 대하여 $n > a$ 인 자연수 n 이 존재한다. 또한, 임의의 양수 $a > 0$ 에 대하여 $0 < \dfrac{1}{n} < a$ 인 자연수 n 이 존재한다.

보기 2. $S = \left\{ \dfrac{1}{n} : n = 1, 2, \ldots \right\}$ 라 두면 $\inf S = 0$ 이다. 실제로 0 이 S 의 하계임은 자명하다. 또한, $a > 0$ 이면 따름정리 1.2.3 에 의하여 a 는 S 의 하계가 아니다. 따라서, 0 은 S 의 최대하계이다. □

보기 3. 각 자연수 $n = 1, 2, \ldots$ 에 대하여 $A_n = \left[\dfrac{1}{n}, 1\right]$ 라 정의할 때,

$$\bigcup_{n=1}^{\infty} A_n = (0, 1]$$

임을 보이자. 각 $n = 1, 2, \ldots$ 에 대하여 $A_n \subset (0, 1]$ 이므로 $\bigcup_n A_n \subset (0, 1]$ 임은 당연하다. 만일 $x \in (0, 1]$ 이면 $0 \leq \dfrac{1}{n} < x$ 인 자연수 n 을 택할 수 있고, 이 경우 $x \in A_n$ 이다. 따라서 $(0, 1] \subset \bigcup_n A_n$ 임을 알 수 있다. □

문제 1.2.5. 각 $n = 1, 2, \ldots$ 에 대하여 $A_n = \left(-\dfrac{1}{n}, 2 - \dfrac{1}{n}\right]$ 일 때, 그 합집합 $\bigcup_{n=1}^{\infty} A_n$ 과 교집합 $\bigcap_{n=1}^{\infty} A_n$ 을 구하고, 그 이유를 밝혀라.

문제 1.2.6. 다음 등식

$$\mathbb{R} = \bigcup_{n=1}^{\infty} [-n, n] = \bigcup \{[m, n] : m, n \in \mathbb{Z}, m < n\}$$

을 증명하여라.

따름정리 1.2.4. (아르키메데스[1] 법칙) 임의의 양수 $a > 0$ 와 실수 $b \in \mathbb{R}$ 에 대하여 $na > b$ 를 만족하는 자연수 $n \in \mathbb{N}$ 이 존재한다.

증명: 따름정리 1.2.3 에 의하여 $n > \dfrac{b}{a}$ 인 자연수 n 이 존재한다. □

정리 1.2.5. (유리수의 조밀성) 두 실수 a, b 가 $a < b$ 이면 $a < r < b$ 인 유리수 $r \in \mathbb{Q}$ 가 존재한다.

---

1) Archimedes (287～212 B.C.). 따름정리 1.2.4 에서 말하는 성질을 아르키메데스 성질이라 하고, 따라서 완비성공리를 만족하는 순서체는 아르키메데스 성질을 만족한다. 유리수체를 생각하면 그 역은 성립하지 않는다. 아르키메데스 성질을 만족하지 않는 순서체의 예를 알고 싶은 이는 참고문헌 [35] 2.5 절의 연습문제 8～10 번 혹은 [21] 1 장을 참조하라.

증명: 우선 $a = 0$ 이면 따름정리 1.2.3 에 의하여 결론을 얻을 수 있다. 이제 $0 < a < b$ 인 경우를 생각하자. 아르키메데스 법칙에 의하여

$$0 < \frac{1}{n} < b - a$$

인 $n \in \mathbb{N}$ 이 있다. 두 실수 $\frac{1}{n}$ 과 a 에 대하여 아르키메데스 법칙을 다시 적용하면

$$\left\{k \in \mathbb{N} : k \cdot \frac{1}{n} > a\right\} \neq \emptyset$$

이다. 이 집합의 최소 원소를 m 이라 두면[2] $\frac{m-1}{n} \leq a < \frac{m}{n}$ 이고, 따라서

$$a < \frac{m}{n} = \frac{m-1}{n} + \frac{1}{n} \leq a + \frac{1}{n} < b$$

이므로 $\frac{m}{n}$ 이 바로 우리가 찾는 유리수이다. 끝으로 $a < 0$ 일 때에는, $-a < n$ 인 자연수 n 을 먼저 찾으면 $0 < a+n < b+n$ 이므로 방금 증명한 바에 의하여 $a+n < r < b+n$ 인 $r \in \mathbb{Q}$ 가 있고, 따라서 $r - n$ 이 우리가 찾는 유리수이다. □

문제 1.2.7. 서로 다른 두 실수 사이에 항상 무리수가 있음을 보여라.

완비성공리가 실수체를 규정하는 핵심적인 성질임을 알아보기 위하여 유리수체 $\mathbb{Q}$ 에서 완비성공리가 성립하지 않음을 보이자.

보기 4. 유리수체는 완비성공리를 만족하지 않는다. 이를 보이기 위하여

$$S = \{x \in \mathbb{Q} : x \geq 0, x^2 < 2\}$$

라 두자. 집합 S 는 분명히 비어 있지 않고 위로 유계이다. 이를테면, $0 \in S$, 그리고 $x \in S \Longrightarrow x \leq 2$ 임을 쉽게 알 수 있다. 이제, 만일 유리수체에서도 완비성공리가 성립한다고 가정하면 $\alpha = \sup S$ 가 유리수 안에 있어야 한다. 우리는 $\alpha^2 = 2$ 를 만족하는 유리수 α 가 없음을 이미 알고 있으므로 $\alpha^2 = 2$ 임을 보이면 된다.

2) 부록의 정리 1 (나) 를 참조하라.

만일 $\alpha^2 < 2$ 이면 아르키메데스 법칙을 이용하여 $\alpha + \frac{1}{n} \in S$ 을 만족하는 자연수 n 을 찾을 수 있고, 이는 α 가 S 의 상계라는 데 모순이다. 또한, $\alpha^2 > 2$ 이면 역시 마찬가지로

$$x \in S \Longrightarrow x < \alpha - \frac{1}{n}$$

을 만족하는 자연수 n 을 찾을 수 있는데, 이는 α 가 S 의 최소상계라는 데 모순이다. 자세한 계산은 다음 명제의 증명과 같으므로 연습문제로 돌린다. □

문제 1.2.8. 보기 4 의 증명을 마무리하여라.

위 보기에서 사용한 논증 방법을 잘 살펴보면, 사실은 임의의 양수가 제곱근을 가진다는 증명으로 이해할 수도 있다. 마찬가지 방법으로 n 제곱근의 존재성도 증명할 수 있다.

명제 1.2.6. 각 양수 $a > 0$ 에 대하여 $b^2 = a$ 인 양수 $b > 0$ 가 유일하게 존재한다.

증명: 유일성은 명제 1.1.2 (아) 로부터 나온다. 존재성을 보이기 위하여 실수의 부분집합

$$S = \{x \in \mathbb{R} : x > 0,\ x^2 < a\}$$

을 생각하면 $\frac{a}{1+a}$ 가 S 의 원이고 $1 + a$ 가 S 의 상계임을 쉽게 알 수 있다. 따라서, 완비성공리에 의하여 $b = \sup S$ 인 실수 $b \in \mathbb{R}$ 이 존재한다. 이제 $b^2 = a$ 임을 보이면 된다.

만일 $b^2 < a$ 이면, $\frac{1}{n}(2b + 1) < a - b^2$ 인 자연수 n 을 잡을 수 있다. 그러면

$$\left(b + \frac{1}{n}\right)^2 \le b^2 + \frac{2}{n}b + \frac{1}{n} < a$$

가 되어서 $b + \frac{1}{n} \in S$ 이므로 b 가 S 의 상계라는 데 모순이다. 만일 $b^2 > a$ 이면, $\frac{1}{n}(2b) < b^2 - a$ 이고 동시에 $b - \frac{1}{n} > 0$ 인 자연수 n 을 잡는다. 그러면

$$a < b^2 - \frac{1}{n}(2b) < \left(b - \frac{1}{n}\right)^2$$

가 되어서, $x^2 < a$ 이면 $x^2 < \left(b - \frac{1}{n}\right)^2$ 이고 명제 1.1.2 (아) 에 의하여 $x < b - \frac{1}{n}$ 이 된다. 즉, $b - \frac{1}{n}$ 이 S 의 상계가 됨을 알 수 있다. 이는 b 가 S 의 최소상계라는 데 모순이어서, 지금까지의 결과를 종합하면 순서공리 (순3) 에 의하여 $b^2 = a$ 이 된다. □

다음 정리는 완비순서체가 본질적으로 하나밖에 없음을 보여 준다. 바꾸어 말하여 완비순서체가 두 개 있으면 이 두 순서체 사이에는 순서체의 모든 구조를 그대로 보존하는 사상이 있다는 것이다.

정리 1.2.7. 양수의 집합이 각각 P_F 와 P_G 로 주어진 두 순서체 F 와 G 가 완비성공리를 만족한다고 하자. 그러면, 전단사 함수 $f : F \to G$ 가 존재하여 다음 두 성질

(가) 임의의 $a, b \in F$ 에 대하여 $f(a+b) = f(a) + f(b), f(ab) = f(a)f(b)$ 이다

(나) $f(P_F) = P_G$

을 만족한다.

자세한 증명은 각자에게 맡기고 전단사 함수 $f : F \to G$ 를 만드는 방법에 대하여 생각해 보자. 순서체 F 와 G 의 곱셈에 관한 항등원을 각각 1_F 와 1_G 로 두자. 각 자연수 n 에 대하여 1_F 를 n 번 더한 F 의 원을 $n \cdot 1_F$ 로 나타내자. 순서공리 (순1) 과 명제 1.1.2 (바) 에 의하여 $n \cdot 1_F > 0$ 이고, 특히 $n \cdot 1_F \neq 0$ 이다. 따라서, 유리수 $r = \dfrac{m}{n}$ 이 주어지면 $r \cdot 1_F = (m \cdot 1_F)(n \cdot 1_F)^{-1}$ 는 F 의 원이다. 이제, 각 $x \in F$ 에 대하여 G 의 부분집합

$$C_x = \{r \cdot 1_G \in G : r \in \mathbb{Q},\ r \cdot 1_F < x\}$$

를 생각하자. 그런데 F 가 완비순서체이므로 아르키메데스 법칙에 의하여 $n \cdot 1_F > -x$ 인 $n \in \mathbb{N}$ 이 있으며, 이는 $(-n) \cdot 1_F < x$ 를 뜻하므로 $C_x \neq \emptyset$ 이다. 다시 아르키메데스 법칙에 의하여 $m \cdot 1_F > x$ 인 $m \in \mathbb{N}$ 을 잡으면 $m \cdot 1_G$ 는 C_x 의 상계이다. 이제 G 가 완비순서체이므로 C_x 는 상한을 가지고, 이를 $f(x)$ 라 쓰면 f 는 F 에서 G 로 가는 함수이다. 즉, 다음

$$f(x) = \sup\{r \cdot 1_G \in G : r \in \mathbb{Q},\ r \cdot 1_F < x\} \in G, \qquad x \in F$$

과 같이 정의된다. 두 완비순서체 F 와 G 의 역할을 바꾸어서 함수 $g : G \to F$ 도

$$g(y) = \sup\{r \cdot 1_F \in F : r \in \mathbb{Q},\ r \cdot 1_G < y\} \in F, \qquad y \in G$$

으로 정의한다. 이제, $f : F \to G$ 가 전단사 함수임을 보이기 위하여 f 와 g 가 서로 역함수 관계임을 보이면 되는데 이를 위하여 정리 1.2.5 를 이용하면 되고, 정리에서 요구하는 두 가지 성질 또한 쉽게 보일 수 있다.

문제 1.2.9. 정리 1.2.7 의 증명을 마무리하여라.

물론, 위 정리는 완비순서체의 유일성을 말해 주지만 그 존재성을 말하지는 않는다. 그 존재성을 증명하려면 앞에서 논의한 체의 공리, 순서공리 및 완비성공리 등 모든 공리를 만족하는 집합을 실제로 구성하여야 한다. 가장 보편적인 방법은 자연수부터 시작하여 정수, 유리수, 실수의 순서대로 구성하여 나가는 것이다. 이는 집합론의 영역이기 때문에 여기서는 생략하기로 하고, 지금까지 도입한 모든 공리는 자명한 것으로 받아들이기로 한다.[3)]

이제 상한과 하한에 관한 유용한 성질 몇 가지를 소개하고 이 절을 끝내기로 하자. 실수의 두 집합 S, T 가 주어졌을 때,

$$S + T = \{a + b : a \in S,\ b \in T\}, \qquad ST = \{ab : a \in S,\ b \in T\} \tag{6}$$

라 정의한다.

명제 1.2.8. 실수의 부분집합 S, T 에 대하여

$$\sup(S+T) = \sup S + \sup T, \qquad \inf(S+T) = \inf S + \inf T$$

이다. 만일 S, T 가 양수들의 집합이면 다음 관계

$$\sup(ST) = (\sup S)(\sup T), \qquad \inf(ST) = (\inf S)(\inf T)$$

역시 성립한다.

증명: 먼저 $\sup S = \alpha$, $\sup T = \beta$ 라 두자. 그러면, 임의의 $s \in S, t \in T$ 에 대하여 $s + t \le \alpha + \beta$ 이므로 $\alpha + \beta$ 는 $S + T$ 의 상계이다. 한편 $\alpha + \beta$ 가 최소상계임을 보이기

---

3) 유리수로부터 실수를 구성하는 방법에는 여러 가지가 있는데, 데데킨트와 칸토르가 1870년대 거의 같은 시기에 완성하였다. 참고문헌 [37] 의 1장을 보면, 데데킨트의 방법이 잘 설명되어 있다. 이 책의 부록에서는 코시수열을 이용하는 칸토르의 방법을 설명하고 있다.

Julius Wilhelm Richard Dedekind (1831~1916), 독일 수학자. Göttingen 에서 학위를 받은 후, 취리히 및 독일 중부의 Braunschweig 등에서 활동하였다. 데데킨트 절단을 창안함으로써, 유리수에서 실수를 구성하였다.

Georg Cantor (1845~1918), 독일 수학자. 베를린 대학에서 학위를 한 후 1869년부터 1905년까지 Halle 대학에서 활동하였는데, 만년을 정신병원에서 보냈다. 그가 처음부터 집합론을 구상한 것은 아니고, 우리가 뒤에서 배우게 될 푸리에급수를 공부하는 과정에서 무한집합을 연구하게 되었다. [14] 의 서문을 참조하라. 그의 업적을 소개한 책으로 [17] 이 있다.

위해서는, 임의의 양수 $\epsilon > 0$ 에 대하여 $\alpha + \beta - \epsilon$ 이 $S + T$ 의 상계가 아니라는 것을 보이면 되고, 이를 위하여 $\alpha + \beta - \epsilon$ 보다 큰 $S + T$ 의 원을 찾으면 된다. 이제, $\alpha - \frac{\epsilon}{2}$ 는 S 의 상계가 아니므로 $\alpha - \frac{\epsilon}{2} < s$ 인 $s \in S$ 가 있고, 마찬가지로 $\beta - \frac{\epsilon}{2} < t$ 인 $t \in T$ 가 있다. 그러면 $s + t \in S + T$ 이지만 $\alpha + \beta - \epsilon < s + t$ 이어서 증명이 끝났다. 나머지도 마찬가지로 증명된다. □

문제 1.2.10. 명제 1.2.8 의 증명을 마무리하여라.

끝으로, 위 명제와 관련하여 주의해야 할 사항이 있다. 임의의 집합 X 에서 정의된 실함수 $f, g : X \to \mathbb{R}$ 이 있을 때,

$$\begin{aligned} \sup\{f(x)+g(x) : x \in X\} \\ \leq \sup\{f(x) : x \in X\} + \sup\{g(x) : x \in X\} \end{aligned} \tag{7}$$

임은 위 증명에서 보는 바와 같이 자명하다. 주의할 점은 반대 방향의 부등식은 일반적으로 성립하지 않는다는 것이다. 예로서, 구간 $[-1, 1]$ 에서 정의된 함수 $f(x) = x$ 와 $g(x) = -x$ 를 생각하면 된다.

1.3 수열의 극한

정의역이 자연수인 함수를 **수열**이라 하고, $n \in \mathbb{N}$ 에서 함수값이 x_n 인 수열을 $\langle x_n \rangle$ 이라 쓴다. 치역이 실수이면 실수열, 복소수이면 복소수열이 된다.[4] 이 절에서는 앞으로 공부할 극한 개념의 기본인 실수열의 극한을 다룬다.

실수열 $\langle x_n \rangle$ 과 실수 $x \in \mathbb{R}$ 이 주어져 있다고 하자. 임의의 양수 $\epsilon > 0$ 에 대하여 다음 성질

$$n \geq N \Longrightarrow |x - x_n| < \epsilon$$

을 만족하는 자연수 $N \in \mathbb{N}$ 이 있으면, 수열 $\langle x_n \rangle$ 이 $x \in \mathbb{R}$ 로 **수렴**한다고 말하고 $\lim_{n\to\infty} x_n = x$, 혹은 간단히 $\lim_n x_n = x$ 라 쓴다.

문제 1.3.1. 수열의 극한 $\lim_n x_n = x$ 를 정의할 때 나오는 두 부등식 $n \geq N$ 과 $|x - x_n| < \epsilon$ 에서,

4) 정의에 의하면, 수열이 반드시 '수' 로 이루어진 것은 아니다. 예를 들어 치역이 점들의 집합이면 점열, 함수들의 집합이면 함수열이 된다.

등호를 넣거나 빼면 어떻게 되는지 살펴보아라.

문제 1.3.2. 실수열 $\langle x_n \rangle$ 이 x 로 수렴하면, 수열 $\langle |x_n| \rangle$ 이 $|x|$ 로 수렴함을 보여라.

보기 1. $\lim_{n\to\infty} \dfrac{1}{n} = 0$ 임을 보이자. 정의에 의하면 다음 명제

$$n \ge (\qquad) \Longrightarrow \left|\frac{1}{n} - 0\right| < \epsilon$$

가 성립하도록 괄호 안을 채우라는 것이다. 그런데

$$\frac{1}{n} < \epsilon \Longleftrightarrow n > \frac{1}{\epsilon}$$

이고, 아르키메데스 법칙에 의하여 $N > \dfrac{1}{\epsilon}$ 인 자연수 N 이 있음을 알고 있다. 그러면, $n \ge N$ 인 모든 n 에 대하여 $\left|\dfrac{1}{n}\right| < \epsilon$ 이다. □

명제 1.3.1. 실수열 $\langle x_n \rangle$ 이 $x \in \mathbb{R}$ 과 $y \in \mathbb{R}$ 로 수렴하면 $x = y$ 이다.

증명: 만일 $x \ne y$ 이면, $\epsilon = \dfrac{|x-y|}{2}$ 은 양수이다. 따라서 적당한 자연수 N_1 과 N_2 에 대하여

$$n \ge N_1 \Longrightarrow |x_n - x| < \epsilon, \qquad n \ge N_2 \Longrightarrow |x_n - y| < \epsilon$$

이 성립한다. 두 자연수 N_1, N_2 보다 더 큰 자연수 n 을 잡자. 그러면

$$2\epsilon = |x-y| \le |x - x_n| + |x_n - y| < \epsilon + \epsilon = 2\epsilon$$

이 되어서 모순이다. □

실수열 $\langle x_n \rangle$ 이 **유계**라 함은 집합 $\{x_n \in \mathbb{R} : n = 1, 2, \dots\}$ 이 유계집합이라는 뜻이다.

문제 1.3.3. 실수열 $\langle x_n \rangle$ 이 유계일 필요충분조건은 다음 조건

$$|x_n| \le M, \qquad n = 1, 2, \dots$$

을 만족하는 상수 M 이 존재함임을 보여라.

실수열 $\langle x_n \rangle$ 이 **수렴**한다 함은 $\lim_n x_n = x$ 인 $x \in \mathbb{R}$ 가 존재한다는 말이다. 수렴하지 않는 수열은 **발산**한다고 한다. 다음 명제는 자명한 듯하지만 실제로 매우 중요한 정리이다.

명제 1.3.2. 수렴하는 수열은 유계이다.

증명: 수열 $\langle x_n \rangle$ 이 x 로 수렴한다고 가정하면,

$$n \geq N \Longrightarrow |x_n - x| < 1$$

이 되도록 자연수 N 을 잡을 수 있다. 그러면, $\{x_n : n \geq N\}$ 은 구간 $(x-1, x+1)$ 의 부분집합이므로 유계이다. 또한, $\{x_n : 1 \leq n < N\}$ 은 유한집합이므로 당연히 유계이고, 따라서 두 집합의 합집합

$$\{x_n : n = 1, 2, \ldots\} = \{x_n : 1 \leq n < N\} \cup \{x_n : n \geq N\}$$

도 유계이다. □

보기 2. 수열 $\langle n \rangle$ 은 유계가 아니므로 수렴하지 않는다. 또한, 수열 $\langle (-1)^n \rangle$ 은 유계이지만 수렴하지는 않는다. □

어떤 수열 $\langle x_n \rangle$ 이 수렴하지 않는다는 것을 정의에 의하여 보이는 것은 사실 번거로운 일이다. 이를 보이려면 어떠한 실수 $x \in \mathbb{R}$ 에 대해서도 $\langle x_n \rangle$ 이 x 로 수렴하지 않음을 보여야 한다. 이를 보이려면 다시 다음 명제

$$\begin{gathered}\text{임의의 자연수 } N \text{ 에 대하여 } |x - x_n| \geq \epsilon \\ \text{을 만족하는 자연수 } n \geq N \text{ 이 존재한다}\end{gathered} \tag{8}$$

를 만족하는 양수 $\epsilon > 0$ 이 존재함을 보여야 한다. 명제 (8) 은 다음

$$\begin{gathered}\text{무한히 많은 자연수 } n \text{ 에 대하여} \\ |x - x_n| \geq \epsilon \text{ 이 성립한다}\end{gathered} \tag{9}$$

과 동치임을 알 수 있다. 따라서, 수열 $\langle x_n \rangle$ 이 발산함을 보이려면 임의의 실수 $x \in \mathbb{R}$ 에 대하여 (9) 가 성립하는 양수 $\epsilon > 0$ 을 찾아야 한다.

문제 1.3.4. 명제 (8) 과 (9) 가 동치임을 보여라.

문제 1.3.5. 수열 $\langle (-1)^n \rangle$ 이 수렴하지 않음을 보여라.

다음 정리는 고등학교에서 극한을 공부할 때부터 이미 알고 또 사용하던 기본적인 것인데, 이제 극한의 정의를 사용하여 증명하여 보자.

정리 1.3.3. 실수열 $\langle x_n \rangle$ 과 $\langle y_n \rangle$ 이 각각 $x \in \mathbb{R}$ 과 $y \in \mathbb{R}$ 로 수렴하면, 다음이 성립한다.

(가) $\lim_n (x_n + y_n) = x + y$ 이다.

(나) $a \in \mathbb{R}$ 일 때 $\lim_n (ax_n) = ax$ 이다.

(다) $\lim_n (x_n y_n) = xy$ 이다.

(라) 만일 $y \neq 0$ 이면 $\lim_n \dfrac{x_n}{y_n} = \dfrac{x}{y}$ 이다.

(마) 모든 $n = 1, 2, \ldots$ 에 대하여 $x_n \leq y_n$ 이면 $x \leq y$ 이다.

증명: 양수 $\epsilon > 0$ 이 주어지면 적당한 자연수 N_1 과 N_2 에 대하여

$$n \geq N_1 \Longrightarrow |x_n - x| < \frac{\epsilon}{2}, \qquad n \geq N_2 \Longrightarrow |y_n - y| < \frac{\epsilon}{2}$$

이 된다. 이제 $N = \max\{N_1, N_2\}$ 이라 두자. 만일 $n \geq N$ 이면 물론 $n \geq N_1, n \geq N_2$ 이고, 따라서

$$\begin{aligned} |(x_n + y_n) - (x + y)| &= |(x_n - x) + (y_n - y)| \\ &\leq |x_n - x| + |y_n - y| < \frac{\epsilon}{2} + \frac{\epsilon}{2} = \epsilon \end{aligned}$$

이므로 (가) 의 증명은 끝났다. 상수수열의 극한이 같은 상수값인 것은 분명하므로 (다) 를 증명하면 (나) 는 따로 증명할 필요가 없다.

명제 (다) 를 증명하는 데 다음 부등식

$$\begin{aligned} |x_n y_n - xy| &= |x_n(y_n - y) + (x_n - x)y| \\ &\leq |x_n|\,|y_n - y| + |y|\,|x_n - x| \end{aligned}$$

이 중요한 역할을 한다. 먼저 명제 1.3.2 에 의하여, 모든 n 에 대하여 $|x_n| \leq A$ 인 양수 A 가 있다. 양수 $\epsilon > 0$ 이 주어져 있을 때,

$$n \geq N_1 \Longrightarrow |y_n - y| < \frac{\epsilon}{2A}, \qquad n \geq N_2 \Longrightarrow |x_n - x| < \frac{\epsilon}{2(|y| + 1)}$$

가 되도록 N_1 과 N_2 을 잡자. 이제, 위와 마찬가지로 $N = \max\{N_1, N_2\}$ 라 두자. 만일, $n \geq N$ 이면 위 부등식을 이용하여

$$|x_n y_n - xy| < A\,\frac{\epsilon}{2A} + |y|\,\frac{\epsilon}{2(|y| + 1)} < \epsilon$$

이 된다.

(라) 를 증명하기 앞서서 그 명제의 뜻을 정확히 파악할 필요가 있다. 만일 $y \neq 0$ 이면 $|y| > 0$ 이므로 적당한 자연수 N_1 에 대하여

$$n \geq N_1 \Longrightarrow |y_n - y| < \frac{|y|}{2}$$

가 된다. 따라서 $n \geq N_1$ 이면

$$\frac{|y|}{2} = |y| - \frac{|y|}{2} < |y| - |y_n - y| \leq |y_n| \tag{10}$$

이다. 그러므로 $y_n = 0$ 인 경우가 있다 하더라도 충분히 큰 n 에 대하여는 $y_n \neq 0$ 이고 $\dfrac{x_n}{y_n}$ 이 잘 정의되어 그 극한값을 논할 수 있다.

이제 (라) 를 증명하는데, $\dfrac{x_n}{y_n} = x_n \dfrac{1}{y_n}$ 이므로 다음 관계식

$$\lim_{n\to\infty} \frac{1}{y_n} = \frac{1}{y} \tag{11}$$

을 보이면 된다. 이를 위하여 등식

$$\left|\frac{1}{y_n} - \frac{1}{y}\right| = \frac{1}{|y_n|}\,\frac{1}{|y|}\,|y_n - y| \tag{12}$$

을 살펴보자. 위 관계식 (10) 을 참조하여, 다음 성질

$$n \geq N_2 \Longrightarrow |y_n - y| < \frac{|y|^2}{2}\,\epsilon$$

이 만족되도록 N_2 를 잡는다. 이제 $n \geq \max\{N_1, N_2\}$ 이라면, (10) 과 (12) 에 의하여

$$\left|\frac{1}{y_n} - \frac{1}{y}\right| < \frac{2}{|y|}\,\frac{1}{|y|}\,\frac{|y|^2}{2}\,\epsilon = \epsilon$$

이므로 (11) 이 증명되었다.

끝으로 (마) 를 증명하기 위하여, $x > y$ 라 가정하고 $\epsilon = \dfrac{x-y}{2}$ 라 두자. 이제, $|x_n - x| < \epsilon$ 이고 $|y_n - y| < \epsilon$ 인 자연수 n 을 잡으면

$$y_n < y + \epsilon = x - \epsilon < x_n$$

이 되어서 모순이다. □

위 명제 (마) 에서,

$$n \geq N \Longrightarrow x_n \leq y_n \tag{13}$$

을 만족하는 자연수 N 이 있으면 마찬가지로 $x \le y$ 임을 알 수 있다. 참고로, $x_n < y_n$ 이라 하더라도 $x = y$ 가 될 수 있음을 유의하기 바란다.

일반적으로, 각 자연수 n 에 관한 명제 $P(n)$ 이 있을 때, 다음 성질

$$n \ge N \implies P(n) \text{ 이 성립한다}$$

을 만족하는 자연수 N 이 있으면, 명제 $P(n)$ 이 **충분히 큰 모든** 자연수 n 에 대하여 성립한다고 말한다. 따라서, (13) 은 "충분히 큰 모든 자연수 n 에 대하여 $x_n \le y_n$ 이다" 로 바꾸어 말할 수 있다. 마찬가지로, 수열 $\langle x_n \rangle$ 이 α 로 수렴한다는 것은, 임의의 양수 $\epsilon > 0$ 이 주어졌을 때 충분히 큰 모든 n 에 대하여 $|x_n - \alpha| < \epsilon$ 이 성립한다는 뜻이다.

문제 1.3.6. 다음 수열의 수렴, 발산을 판정하고, 수렴하는 경우 그 극한값을 구하라.

(가) $a_n = \dfrac{(-1)^n}{n}$ (나) $a_n = \sin n$

(다) $a_n = \sqrt{n+1} - \sqrt{n}$ (라) $a_n = (-1)^n + \dfrac{1}{n}$

1.4 단조수열

앞 절에서 수렴하는 실수열은 유계임을 알았다. 이 정리의 역은 물론 일반적으로 성립하지 않지만, 이 절에서는 그 역이 성립하는 수열에 대하여 공부하려 한다. 실수열 $\langle x_n \rangle$ 이 모든 $n \in \mathbb{N}$ 에 대하여

$$x_n \le x_{n+1}$$

을 만족하면 이를 **단조증가수열**이라 한다. **단조감소수열**도 마찬가지로 정의되고, 단조증가수열이거나 단조감소수열을 그냥 **단조수열**이라 한다.

정리 1.4.1. 유계인 단조 실수열은 항상 수렴한다.

증명 : 실수열 $\langle x_n \rangle$ 이 유계단조증가수열이라 하자. 완비성공리에 의하여 집합

$$S = \{x_n : n \in \mathbb{N}\}$$

는 상한 $\alpha \in \mathbb{R}$ 를 가진다. 이제 $\lim_n x_n = \alpha$ 임을 보이자. 양수 ϵ 이 주어졌을 때, $\alpha - \epsilon$ 은 상계가 아니므로 집합 S 안에는 $\alpha - \epsilon$ 보다 큰 원소가 있다. 이 원소를 x_N 이라 두자. 만일 $n \geq N$ 이면, $\langle x_n \rangle$ 이 단조증가이므로 $x_n \geq x_N$ 이고, α 가 S 의 상계이므로 물론 $x_n \leq \alpha$ 이다. 따라서,

$$\alpha - \epsilon < x_N \leq x_n \leq \alpha < \alpha + \epsilon$$

이고, 다시 쓰면 $|x_n - \alpha| < \epsilon$ 이다. 단조감소수열에 대해서도 마찬가지로 할 수 있다. □

문제 1.4.1. 유계인 단조감소수열이 수렴함을 보여라.

보기 1. 수열 $\langle x_n \rangle$ 을 다음과 같은 점화식

$$x_0 = 0, \qquad x_{n+1} = \log(x_n + 2), \qquad n = 0, 1, 2, \ldots$$

으로 정의하자. 만일 $x_n \leq 2$ 이면 $\log(x_n + 2) \leq \log 4 \leq 2$ 이므로, 귀납법에 의하여 수열 $\langle x_n \rangle$ 은 위로 유계이다. 마찬가지로 $\langle x_n \rangle$ 이 단조증가임도 쉽게 확인할 수 있으며, 따라서 수열 $\langle x_n \rangle$ 은 수렴한다. □

문제 1.4.2. 보기 1 에서 정의한 수열이 단조증가임을 보여라.

실수열 $\langle x_n \rangle$ 에 대하여

$$s_n = x_1 + \cdots + x_n, \qquad n = 1, 2, \ldots$$

이라 두자. 새로운 실수열 $\langle s_n \rangle$ 을 $\langle x_n \rangle$ 의 **부분합수열**이라 부르고, $\langle s_n \rangle$ 이 $s \in \mathbb{R}$ 로 수렴하면 **급수** $\displaystyle\sum_{n=1}^{\infty} x_n$ 이 s 로 **수렴**한다고 하고

$$\sum_{n=1}^{\infty} x_n = s$$

라 쓴다. 부분합수열 $\langle s_n \rangle$ 이 발산하면 급수 $\sum x_n$ 이 **발산**한다고 한다. 다음 따름정리는 위 정리로부터 자명한데, 급수의 수렴성을 논하는 데 절대적인 역할을 한다.

따름정리 1.4.2. 부분합수열이 유계인 양수항 급수는 수렴한다.

보기 2. 급수 $\sum_{n=1}^{\infty} \frac{1}{n^2}$ 이 수렴함을 보이자. 각 자연수 $k = 1, 2, \ldots$ 에 대하여

$$\begin{aligned}\sum_{i=1}^{2^{k+1}-1} \frac{1}{i^2} &= 1 + \left(\frac{1}{2^2} + \frac{1}{3^2}\right) + \left(\frac{1}{4^2} + \cdots + \frac{1}{7^2}\right) + \cdots \\ &\qquad + \left(\frac{1}{(2^k)^2} + \cdots + \frac{1}{(2^{k+1}-1)^2}\right) \\ &\le 1 + \frac{2}{2^2} + \frac{4}{4^2} + \cdots + \frac{2^k}{(2^k)^2} \\ &= 1 + \frac{1}{2} + \frac{1}{4} + \cdots + \frac{1}{2^k} < 2\end{aligned}$$

이고 부분합수열 $\langle s_n \rangle$ 은 단조증가하므로, 임의의 자연수 n 에 대하여 $s_n < 2$ 임을 알 수 있다. 따라서, $\langle s_n \rangle$ 은 유계이고 따름정리 1.4.2 에 의하여 수렴한다. 나중에 이 급수가 $\frac{\pi^2}{6}$ 으로 수렴함을 배우게 된다.[5] □

보기 3. 다음과 같이 주어진 급수

$$\sum_{n=0}^{\infty} \frac{1}{n!}$$

이 수렴함을 보이자. 각 자연수 $n = 2, 3, 4 \ldots$ 에 대하여 $n! \ge 2^{n-1}$ 임은 자명하다. 따라서

$$1 + 1 + \frac{1}{2!} + \frac{1}{3!} + \cdots + \frac{1}{n!} \le 1 + 1 + \frac{1}{2^1} + \frac{1}{2^2} + \cdots + \frac{1}{2^{n-1}} < 3$$

이고, 위 급수는 따름정리 1.4.2 에 의하여 수렴한다. 이 급수의 극한을 **자연로그의 밑**이라 하고 e 로 표시한다. 위 계산에 의하면

$$2 < e \le 3$$

임을 알 수 있다. 이제 고등학교에서 배운 정의

$$e = \lim_{n\to\infty} \left(1 + \frac{1}{n}\right)^n$$

가 성립함을 보이자. 이를 위하여

$$x_n = \left(1 + \frac{1}{n}\right)^n, \qquad s_n = \sum_{k=0}^{n} \frac{1}{k!}$$

5) 4.3 절과 9.3 절을 참조하라.

이라 두자. 그러면, 이항정리에 의하여

$$\begin{aligned} x_n &= 1 + \frac{n}{1}\frac{1}{n} + \frac{n(n-1)}{2!}\left(\frac{1}{n}\right)^2 + \cdots + \frac{n(n-1)\cdots 2\cdot 1}{n!}\left(\frac{1}{n}\right)^n \\ &= 1 + 1 + \frac{1}{2!}\left(1-\frac{1}{n}\right) + \cdots \\ &\qquad + \frac{1}{n!}\left(1-\frac{1}{n}\right)\left(1-\frac{2}{n}\right)\cdots\left(1-\frac{n-1}{n}\right) \end{aligned} \tag{14}$$

가 성립한다. 따라서

$$x_n \le 1 + 1 + \frac{1}{2!} + \cdots + \frac{1}{n!}$$

이므로, 각 n 에 대하여 $x_n \le e$ 이다. 만일 $n \ge m$ 이면, 위 등식으로부터

$$x_n \ge 1 + 1 + \frac{1}{2!}\left(1-\frac{1}{n}\right) + \cdots + \frac{1}{m!}\left(1-\frac{1}{n}\right)\left(1-\frac{2}{n}\right)\cdots\left(1-\frac{m-1}{n}\right)$$

이 된다. 위 부등식의 우변에서 m 을 고정시키고 n 을 무한히 크게 하면

$$e \ge \lim_{n\to\infty} x_n \ge s_m \tag{15}$$

이 되는데, 위 부등식도 모든 m 에 대하여 성립하므로 $e = \lim_n x_n$ 을 얻는다. 위 증명에서 (15) 를 말하기 전에 사실은 $\lim_n x_n$ 이 존재한다는 것부터 증명했어야 한다. 수열 $\langle x_n \rangle$ 이 유계임은 이미 알았으므로 $\langle x_n \rangle$ 이 단조증가임을 보이면 되는데 이는 등식 (14) 로부터 쉽게 알 수 있다. 실제로

$$\begin{aligned} x_{n+1} &= 1 + 1 + \frac{1}{2!}\left(1-\frac{1}{n+1}\right) + \cdots \\ &\qquad + \frac{1}{n!}\left(1-\frac{1}{n+1}\right)\cdots\left(1-\frac{n-1}{n+1}\right) \\ &\qquad + \frac{1}{(n+1)!}\left(1-\frac{1}{n+1}\right)\cdots\left(1-\frac{n}{n+1}\right) \\ &\ge 1 + 1 + \frac{1}{2!}\left(1-\frac{1}{n}\right) + \cdots + \frac{1}{n!}\left(1-\frac{1}{n}\right)\cdots\left(1-\frac{n-1}{n}\right) \\ &= x_n \end{aligned}$$

이 된다. □

문제 1.4.3. 다음 수열이 단조수열인가 살펴보고, 단조수열인 경우 수렴하는지 발산하는지 판정하여라. 점화식으로 주어진 경우, 초항의 값이 변함에 따라서 결론이 어떻게 되는가 살펴보아라.

(가) $a_n = \sqrt{n^2+n} - n$ (나) $a_n = \dfrac{1}{n+1}\left(1+\dfrac{1}{2}+\cdots+\dfrac{1}{n}\right)$

(다) $a_{n+1} = \sqrt{2a_n}$ (라) $a_{n+1} = \sqrt{2+\sqrt{a_n}}$

(마) $a_{n+1} = 1-\sqrt{1-a_n}$ (바) $a_{n+1} = \dfrac{1}{7}(a_n^3+6)$

정리 1.4.1 의 또 다른 응용으로서 실수열의 상극한과 하극한을 정의하는데, 이는 급수의 수렴 여부를 판별할 때 중요한 역할을 한다. 위로 유계인 실수열 $\langle x_n \rangle$ 이 있을 때, 각 자연수 $n = 1, 2, \ldots$ 에 대하여

$$y_n = \sup\{x_k : k = n, n+1, n+2, \ldots\} \tag{16}$$

라 두자. 이 때, 집합 $\{y_n : n = 1, 2, \ldots\}$ 의 하한을 수열 $\langle x_n \rangle$ 의 **상극한**이라 하고, 이를

$$\limsup_{n\to\infty} x_n \qquad \text{또는} \qquad \overline{\lim_{n\to\infty}}\, x_n$$

으로 쓴다. 만일 집합 $\{y_n\}$ 이 아래로 유계가 아니면 $\limsup_n x_n = -\infty$, 위로 유계가 아닌 수열의 상극한은 $+\infty$ 로 정의한다. 위 수열 $\langle y_n \rangle$ 은 단조감소수열이므로, 상극한의 정의는

$$\limsup_{n\to\infty} x_n = \lim_{n\to\infty} \sup_{k\geq n} x_k$$

로 간결하게 표현할 수 있다. **하극한**도 마찬가지로 정의하며 lim inf 혹은 $\underline{\lim}$ 로 표시한다.

보기 4. 수열 $\langle (-1)^n \rangle$ 의 상극한과 하극한은 각각 $+1$, -1 이다. □

상극한과 하극한은 수열의 극한을 정의할 때와 마찬가지 방법으로 다음과 같이 특징지을 수 있다.

명제 1.4.3. 유계실수열 $\langle x_n \rangle$ 의 상극한이 $\alpha \in \mathbb{R}$ 이면 다음 두 성질

(가) 임의의 양수 $\epsilon > 0$ 에 대하여 다음 성질

$$n \geq N \implies x_n < \alpha + \epsilon$$

을 만족하는 자연수 N 이 존재한다

(나) 임의의 양수 $\epsilon > 0$ 에 대하여 $\alpha - \epsilon < x_n$ 을 만족하는 자연수 n 이 무한히 많이 존재한다

이 성립한다.

역으로, 유계수열 $\langle x_n \rangle$ 과 실수 $\alpha \in \mathbb{R}$ 이 위 두 성질을 만족하면

$$\limsup_n x_n = \alpha$$

이다.

증명: 먼저 $\limsup_n x_n = \alpha$ 이고 $\epsilon > 0$ 이 주어졌다 하자. 그러면, (16) 으로 정의된 단조감소수열 $\langle y_n \rangle$ 의 극한이 α 이므로 $y_N < \alpha + \epsilon$ 인 자연수 N 을 잡을 수 있다. 만일 $n \geq N$ 이면

$$x_n \leq y_n \leq y_N < \alpha + \epsilon$$

가 된다. 만일 $\alpha - \epsilon < x_n$ 인 자연수 n 이 유한개뿐이면 적당한 자연수 K 에 대하여

$$n \geq K \implies x_n \leq \alpha - \epsilon$$

이 된다. 따라서, $n \geq K$ 이면 $y_n \leq \alpha - \epsilon$ 이고 $\alpha = \lim_n y_n \leq \alpha - \epsilon$ 가 되어 모순이다.

이제, 그 역을 보이기 위하여 조건 (가) 와 (나) 를 가정하자. 우선 첫째 조건 (가) 로부터 $n \geq N$ 인 각 n 에 대하여 $y_n \leq \alpha + \epsilon$ 임을 알 수 있고, 따라서 $\limsup_n x_n \leq \alpha + \epsilon$ 이다. 한편, 조건 (나) 는 각 자연수 n 에 대하여 $y_n \geq \alpha - \epsilon$ 임을 말해 준다. 따라서, $\limsup_n x_n \geq \alpha - \epsilon$ 임을 알 수 있다. 즉, 임의의 양수 $\epsilon > 0$ 에 대하여

$$\alpha - \epsilon \leq \limsup_n x_n \leq \alpha + \epsilon$$

이 성립하므로, $\limsup_n x_n = \alpha$ 이다. □

명제 1.4.4. 유계실수열 $\langle x_n \rangle$ 의 하극한이 $\alpha \in \mathbb{R}$ 이면 다음 두 성질

(가) 임의의 양수 $\epsilon > 0$ 에 대하여 다음 성질

$$n \geq N \implies \alpha - \epsilon < x_n$$

을 만족하는 자연수 N 이 존재한다

(나) 임의의 양수 $\epsilon > 0$ 에 대하여 $x_n < \alpha + \epsilon$ 을 만족하는 자연수 n 이 무한히 많이 존재한다

이 성립한다.

역으로, 유계수열 $\langle x_n \rangle$ 과 실수 $\alpha \in \mathbb{R}$ 이 위 두 성질을 만족하면

$$\liminf_n x_n = \alpha$$

이다.

문제 1.4.4. 실수열 $\langle x_n \rangle$ 의 하극한을 정의하고 명제 1.4.4 를 증명하여라.

명제 1.4.3 과 1.4.4 의 (가) 는 충분히 큰 자연수 n 에 대하여 어떤 성질이 성립하고, (나) 는 무한히 많은 자연수 n 에 대하여 어떤 성질이 성립함을 말하고 있다. 충분히 큰 자연수 n 에 대하여 성질 $P(n)$ 이 성립한다는 것은 유한개를 제외한 나머지 자연수 n 에 대하여 성질 $P(n)$ 이 성립한다는 것과 같은 말이다.

정리 1.4.5. 실수열 $\langle x_n \rangle$ 이 $\alpha \in \mathbb{R}$ 로 수렴하면 상극한과 하극한은 모두 α 이다. 역으로, $\langle x_n \rangle$ 의 상극한과 하극한이 같은 값 α 이면 $\langle x_n \rangle$ 는 α 로 수렴한다.

문제 1.4.5. 정리 1.4.5 를 증명하여라.

문제 1.4.6. 다음 수열 $\langle a_n \rangle$ 의 상극한과 하극한을 구하여라.

(가) $a_n = \sqrt{n^2+n} - n$	(나) $a_n = (-1)^n \dfrac{1}{n}$
(다) $a_n = \sin n$	(라) $a_n = (-1)^n n$
(마) $a_n = (-1)^n \sqrt{n}$	(바) $a_n = \sin \dfrac{n\pi}{2} \cos \dfrac{(n+1)\pi}{2}$
(사) $a_n = (1 + \dfrac{1}{n}) \cos n\pi$	(아) $a_n = (-1)^n \dfrac{n}{(1+n)^n}$

문제 1.4.7. 등식 $\limsup_n (-a_n) = -\liminf_n a_n$ 를 증명하여라.

문제 1.4.8. 각 $n = 1, 2, \ldots$ 에 대하여 $a_n > 0$ 일 때, 다음

$$\limsup_{n\to\infty} \frac{1}{a_n} = \frac{1}{\liminf_{n\to\infty} a_n}$$

임을 보여라. 각 a_n 이 음수이면 어떻게 되는가 살펴보아라.

정리 1.4.1 을 증명하는 데 완비성공리는 핵심적인 역할을 하였다. 역으로, 정리 1.4.1 을 가정하면 완비성공리를 증명할 수 있는데, 이러한 의미에서 정리 1.4.1 과 완비성공리는 논리적으로 동치이다. 다음에 다루는 축소구간정리는 좌표공간의 위상적 성질을 공부할 때 핵심적인 역할을 하는데, 이 또한 완비성공리와 논리적으로 동치이다.

정리 1.4.6. (축소구간정리) **유계닫힌구간들로 이루어진 구간열 $\langle I_n \rangle$ 이 점차 감소한다면, 그 교집합 $\bigcap_{n=1}^{\infty} I_n$ 은 비어 있지 않다.**

여기에서, 구간열 $\langle I_n \rangle$ 이 점차 감소한다는 것은, 다음

$$I_{n+1} \subset I_n, \qquad n = 1, 2, \ldots$$

이 성립한다는 뜻이다.

증명: 각 $n = 1, 2, \ldots$ 에 대하여 $I_n = [a_n, b_n]$ 이라 두자. 구간열 $\langle I_n \rangle$ 이 감소하므로 수열 $\langle a_n \rangle$ 은 단조증가수열이고, 또한 임의의 b_k 는 수열 $\langle a_n \rangle$ 의 상계이다. 정리 1.4.1 에 의하여 수열 $\langle a_n \rangle$ 은 수렴값 $\alpha \in \mathbb{R}$ 를 가진다. 또한, 정리 1.3.3 (마) 에 의하면 모든 $k = 1, 2, \ldots$ 에 대하여 $\alpha \le b_k$ 이다. 따라서 $\alpha \in \bigcap_n I_n$ 이다. □

보기 5. 각 $n \in \mathbb{N}$ 에 대하여 $I_n = [n, \infty)$ 이라면, 따름정리 1.2.3 에 의하여 $\bigcap_n I_n = \emptyset$ 이다. 마찬가지로 $\bigcap_n \left(0, \dfrac{1}{n}\right) = \emptyset$ 이므로, 축소구간정리에서 구간 I_n 들은 반드시 유계이면서 닫힌구간이어야 한다. □

이제까지 우리는 다음 순서

$$\text{완비성공리} \implies \text{정리 1.4.1} \implies \text{축소구간정리}$$

에 따라서 논증을 하였다. 이제, 축소구간정리로부터 완비성공리를 증명하여 보자. 완비성공리를 증명하기 위하여, 위로 유계이며 비어 있지 않은 집합 $S \subset \mathbb{R}$ 가 있다고 하자. 그러면 $a_1 \in S$ 와 S 의 상계 $b_1 \in \mathbb{R}$ 을 택할 수 있는데, $I_1 = [a_1, b_1]$ 으로 두자. 닫힌구간열 $\langle I_n \rangle$ 을 귀납적으로 잡아 나가기 위하여 각 $i = 1, 2, \ldots, n$ 에 대하여 $I_i = [a_i, b_i]$ 을 잡았다 하자. 만일 I_n 의 중점 $c_n = \dfrac{a_n + b_n}{2}$ 이 S 의 상계이면 $I_{n+1} = [a_n, c_n]$ 이라 두고, 만일 c_n 이 S 의 상계가 아니면 $I_{n+1} = [c_n, b_n]$ 으로 둔다. 이런 방법으로 유계닫힌구간열 $\langle I_n \rangle$ 을 잡으면 축소구간정리에 의하여 모든 I_n 에 속하는 실수 α 가 있다. 이 실수 α 가 집합 S 의 최소상계가 됨은 연습문제로 남긴다.

문제 1.4.9. 축소구간정리로부터 완비성공리를 증명하는 과정을 마무리하여라.

1.5 셀수있는 집합과 셀수없는 집합

유한집합은 그 원소에 $1, 2, \ldots$ 등의 번호를 매겨서 그 집합의 개수를 셀 수 있다. 집합 X 의 개수가 n 이라 함은 집합

$$A_n = \{0, 1, 2, \ldots, n-1\}$$

과 X 가 일대일 대응관계에 있음을 뜻한다. 집합 $\mathbb{N}$ 혹은 A_n 과 일대일 대응관계를 가지는 집합을 **셀수있는** 집합이라 한다. 물론, 두 집합 X 와 Y 가 일대일 관계라는 것은 X 에서 Y 로 가는 전단사 함수가 있다는 뜻이다. 유한집합은 물론 셀수있는 집합이다. 정의에 의하여 무한집합 $\mathbb{N}$ 역시 셀수있는 집합이다.

문제 1.5.1. 홀수 전체의 집합이 셀수있음을 보여라.

보기 1. 정수 전체의 집합 $\mathbb{Z}$ 와 유리수 전체의 집합 $\mathbb{Q}$ 는 셀수있는 집합이다. 이를 보이기 위하여 정수들을 다음과 같이 늘어놓자.

$$0,\ 1,\ -1,\ 2,\ -2,\ 3,\ -3,\ 4,\ -4, \ldots$$

위 정수열에서 n 번째 나오는 정수를 $f(n)$ 이라 두면 $f : \mathbb{N} \to \mathbb{Z}$ 는 전단사 함수이다. 이제 $\mathbb{Q}$ 가 셀수있는 집합임을 보이기 위하여 양의 유리수들을

$$0, \frac{1}{1}, \frac{1}{2}, \frac{2}{1}, \frac{1}{3}, \frac{2}{2}, \frac{3}{1}, \frac{1}{4}, \frac{2}{3}, \frac{3}{2}, \ldots$$

등으로 늘어놓은 후에 이미 앞에 나온 유리수는 지우자. 그러면, 양의 유리수가 셀수있는 집합임을 알 수 있고, $\mathbb{Z}$ 의 경우처럼 음양을 교대로 하여 유리수를 늘어놓으면, $\mathbb{Q}$ 역시 셀수있는 집합임을 알 수 있다. □

유리수 전체의 집합은 자연수 전체에 비하여 매우 큰 집합처럼 보이지만 실제로 두 집합 사이에는 일대일 대응관계가 있다는 말이다. 그렇다면 모든 무한집합은 셀수있는 집합이 아닐까 하는 의문을 품게 된다. **셀수없는** 집합의 예는 19세기 말에 칸토르에 의하여 처음

밝혀졌는데, 이는 당시까지 서양에서 신학적으로 금기시 되어 있었던 무한에 관한 연구를 촉발시키는 계기가 되었다.

보기 2. (칸토르) 구간 $[0,1]$ 은 셀수있는 집합이 아니다. 이제 $[0,1]$ 이 셀수있는 집합이라 가정하고 모순을 찾아보자. 가정으로부터 전단사 함수 $f : \mathbb{N} \to [0,1]$ 가 존재하는데, 각 자연수 $n = 1, 2, \ldots$ 의 상 $f(n)$ 은 무한소수로 표현될 수 있으므로 이를 다음과 같이 쓰자.

$$\begin{array}{lccc}
f(1) = 0.x_{11}x_{12}x_{13} & \ldots & x_{1n} & \ldots \\
f(2) = 0.x_{21}x_{22}x_{23} & \ldots & x_{2n} & \ldots \\
f(3) = 0.x_{31}x_{32}x_{33} & \ldots & x_{3n} & \ldots \\
\qquad\quad \ldots & \ldots & & \\
f(n) = 0.x_{n1}x_{n2}x_{n3} & \ldots & x_{nn} & \ldots \\
\qquad\quad \ldots & \ldots & &
\end{array}$$

각 자연수 $n = 1, 2, \ldots$ 에 대하여 수열 $\langle a_n \rangle$ 을

$$a_n = \begin{cases} 0, & x_{nn} \neq 0, \\ 1, & x_{nn} = 0, \end{cases}$$

로 정의하면, 소수

$$\alpha = 0.a_1a_2 \ldots a_n \ldots$$

는 $f(1), f(2), \ldots, f(n), \ldots$ 중 어느 것과도 다른 수이다. 이는 $\alpha \in [0,1]$ 가 함수 f 의 치역에 들어가지 않는다는 뜻이어서 모순이다. 다시 말하여, 어떤 함수 $f : \mathbb{N} \to [0,1]$ 도 전사가 될 수 없음을 보였다. □

보기 3. 구간 $I = [0,1]$ 의 부분집합을 다음과 같이 정의하자. 우선 구간 I 를 삼등분하여 가운데 열린구간 J_1 을 들어 내자. 즉,

$$I_1 = I \setminus J_1 = I \setminus \left(\frac{1}{3}, \frac{2}{3}\right)$$

이라 두고, I_1 의 두 닫힌구간 $\left[0, \frac{1}{3}\right]$ 과 $\left[\frac{1}{3}, \frac{2}{3}\right]$ 에 대하여도 똑 같은 일을 되풀이한다. 즉,

$$I_2 = I_1 \setminus J_2 = \left[0, \frac{1}{9}\right] \bigcup \left[\frac{2}{9}, \frac{1}{3}\right] \bigcup \left[\frac{2}{3}, \frac{7}{9}\right] \bigcup \left[\frac{8}{9}, 1\right]$$

로 정의하고, I_2 의 네 닫힌구간에 대하여 같은 작업을 반복하여 I_3 를 얻는다. 이러한 과정을 반복하면 I_n 은 닫힌구간 2^n 개의 합집합으로 표시된다. 이제 감소하는 집합열 $\langle I_n \rangle$ 들의 교집합을 $C = \bigcap_{n=1}^{\infty} I_n$ 이라 두고 이를 **칸토르집합**이라 한다.

위 구성 방법을 통하여 볼 때, C 를 만드는 동안 구간 I 의 거의 모든 점들이 제거되었다. 실제로, 들어 낸 열린구간들의 길이를 모두 합치면

$$\frac{1}{3} + \frac{2}{9} + \frac{4}{27} + \cdots = 1 \tag{17}$$

이 되어서 남아 있는 점은 거의 없는 것처럼 보인다. 그럼에도 불구하고 칸토르집합은 셀 수있는 집합이 아니다. 이를 보이기 위하여 구간 I 의 모든 점들을 삼진법으로 표시하자. 이제, 어느 점이 구간 J_1 에 들어간다는 말은 그 점을 삼진법으로 표시하였을 때 소수 첫째 자리에 반드시 1 이 있어야 한다는 것과 동치이다. 마찬가지로 점 $0.0\ldots$ 나 점 $0.2\ldots$ 가 J_2 에 들어간다는 것은 소수 둘째 자리에 1 이 있어야 한다는 것과 같은 말이다. 따라서, 칸토르집합 C 는 구간 $[0,1]$ 의 점 중에서 0 과 2 만으로 삼진법 전개가 가능한 것들로 구성되어 있음을 알 수 있다. 이제, 집합 C 의 삼진법 전개에 나오는 2 를 1 로 바꾸고 이를 이진법 전개로 이해하면 구간 $[0,1]$ 의 점이 된다. 예를 들어

$$0.200020\cdots \in C \mapsto [0,1] \ni 0.100010\cdots$$

와 같이 대응시키면 이는 C 에서 $[0,1]$ 로 가는 전사함수가 된다. 그런데 구간 $[0,1]$ 이 셀수없는 집합이므로 집합 C 도 셀수없는 집합이다. □

문제 1.5.2. 집합 $\mathbb{N}$ 에서 $\{0,1\}$ 로 가는 함수 전체의 집합과 칸토르집합 사이에 전단사함수가 있음을 보여라.

문제 1.5.3. 칸토르집합 안에는 어떤 구간도 포함될 수 없음을 보여라.

1.6 연습문제

1.6.1. 집합 $\{a+b\sqrt{3} \in \mathbb{R} : a, b \in \mathbb{Q}\}$ 이 순서체가 되는지 살펴보아라.

1.6.2. 다음 집합들을 생각하여 보자.

- $\mathbb{N}$: 자연수 전체의 집합
- $\mathbb{Z}$: 정수 전체의 집합
- $\mathbb{Q}$: 유리수 전체의 집합
- $\mathbb{R}$: 실수 전체의 집합
- $\mathbb{C}$: 복소수 전체의 집합
- P: 변수 한 개인 다항식 전체의 집합
- R: 변수 한 개인 유리식 전체의 집합
- C: 구간 $[0,1]$ 에서 정의된 연속함수 전체의 집합
- F: $\mathbb{R}$ 에서 $\mathbb{R}$ 로 가는 함수 전체의 집합
- M_2: 2×2 행렬 전체의 집합

두 연속함수 $f, g \in C$ 에 대하여 그 합과 곱은 각각

$$(f+g)(x) = f(x) + g(x), \qquad (fg)(x) = f(x)g(x)$$

로 주어진다. 두 원소 $f, g \in F$ 의 합은 위와 같이 주어지고, 그 곱은 두 함수의 합성 $g \circ f$ 로 주어진다. 각 집합에 대하여 아홉 가지 연산 공리가 성립하는지 확인하고 그 결과를 표로 그려 보아라.

1.6.3. 다음 집합의 상한과 하한을 구하고 그 이유를 써라.

(가) $A = \{2^{-m} + 3^{-n} : m, n = 0, 1, 2, \dots\}$

(나) 0과 5만으로 십진법 전개가 가능한 0과 1 사이의 실수 전체의 집합 B

(다) $C = \{\sin n : n = 0, \pm 1, \pm 2, \dots\}$

1.6.4. 비어 있지 않은 두 실수 집합 $A, B \subset \mathbb{R}$ 가 위로 유계이고 $A \cap B \neq \emptyset$ 일 때, 다음 등식

$$\sup(A \cap B) = \inf\{\sup(A), \sup(B)\},$$
$$\sup(A \cup B) = \sup\{\sup(A), \sup(B)\}$$

이 성립하는지 살펴보아라. 또한, 함수 $f : A \times B \to \mathbb{R}$ 에 대하여 등식

$$\sup\{f(x,y) : (x,y) \in A \times B\} = \sup\{\sup\{f(x,y) : x \in A\} : y \in B\}$$

이 성립하는지 살펴보아라.

1.6.5. 임의의 자연수 $m, n \in \mathbb{N}$ 에 대하여, 두 유리수 $\dfrac{m}{n}$ 과 $\dfrac{m+2n}{m+n}$ 사이에 $\sqrt{2}$ 가 있음을 보여라. 어느 유리수가 $\sqrt{2}$ 에 더 가까운지 살펴보아라.

1.6.6. 주어진 양수 $a > 0$ 과 자연수 $n = 0, 1, 2, \ldots$ 에 대하여 a^n 을 다음

$$a^0 = 1, \qquad a^n = a^{n-1}a, \quad n = 1, 2, \ldots$$

과 같이 정의한다.

(가) 임의의 양수 $a, b > 0$ 과 임의의 자연수 $m, n = 1, 2, \ldots$ 에 대하여 다음

$$a^m a^n = a^{m+n}, \quad (a^m)^n = a^{mn}, \quad (ab)^n = a^n b^n, \quad a < b \Longleftrightarrow a^n < b^n$$

을 증명하여라.

(나) 각 자연수 $n = 1, 2, \ldots$ 에 대하여

$$a^{-n} = \frac{1}{a^n}$$

이라 정의하자. 위 성질들이 m, n 이 정수인 경우에도 성립하는지 살펴보고, 성립하지 않으면 적절히 고친 후에 이를 증명하여라.

(다) 각 실수 $a > 0$ 과 자연수 $n = 1, 2, \ldots$ 에 대하여 $b^n = a$ 를 만족하는 양수 $b > 0$ 가 유일하게 존재함을 보여라. 이 실수 b 를 $a^{1/n}$ 이라 쓴다.

(라) 자연수 m, n, p, q 가 관계식 $\dfrac{m}{n} = \dfrac{p}{q}$ 을 만족하면 임의의 실수 $a > 0$ 에 대하여 $(a^m)^{1/n} = (a^p)^{1/q}$ 이 성립함을 보여라. 임의의 양수 $a > 0$ 과 임의의 유리수 r 에 대하여 a^r 을 정의하여라. 이미 알고 있는 여러 가지 지수법칙을 이 정의에 의하여 증명하여라.

(마) 양수 $a > 1$ 를 고정하고, 임의의 실수 $x \in \mathbb{R}$ 에 대하여

$$E(x) = \{a^r \in \mathbb{R} : r \in \mathbb{Q},\ r \le x\}$$

라 정의하자. 만일 x 가 유리수이면 $a^x = \sup E(x)$ 임을 보여라. 이제, 임의의 실수 $x \in \mathbb{R}$ 에 대하여 $a^x = \sup E(x)$ 라 정의하고, 여러 가지 지수법칙을 증명하여라.

1.6.7. 임의의 자연수 $n = 1, 2, \ldots$ 에 대하여 $\sqrt{n-1} + \sqrt{n+1}$ 이 무리수임을 증명하여라.

1.6.8. (가) 구간 (a, b) 에서 정의된 함수 $f : (a, b) \to \mathbb{R}$ 과 구간의 점 $c \in (a, b)$ 가 주어져 있을 때, 적절한 양수 $\delta > 0$ 에 대하여 다음

$$0 < h < \delta \implies f(c-h) < f(c) < f(c+h)$$

이 성립하면 함수 f 가 점 c 에서 **증가상태**라고 정의하자. 만일 구간의 모든 점에서 함수 f 가 증가상태이면 함수 f 는 증가함수임을 증명하여라. 즉, 다음

$$a < x < y < b \implies f(x) < f(y)$$

이 성립함을 보여라.

(나) 함수 f 가 점 c 에서 증가상태이면 c 를 포함하는 적절한 구간에서 함수 f 가 증가함수가 되는지 살펴보아라. 함수 f 가 연속이면 어떻게 되는지 살펴보아라. 또한, 함수 f 가 미분가능하면 어떻게 되는지 살펴보아라.

1.6.9. 유계집합 $A \subset \mathbb{R}$ 에 대하여 다음 등식

$$\sup A - \inf A = \sup\{x - y : x, y \in A\}$$

이 성립함을 보여라.

1.6.10. 지난 1.4 절의 보기 3 에서 정의된 수열 $\langle s_n \rangle$ 에 대하여 부등식

$$0 < e - s_n < \frac{1}{n!n}, \qquad n = 1, 2, \ldots$$

을 보여라. 또, 이를 이용하여 자연로그의 밑 e 가 무리수임을 증명하여라.

1.6.11. 각 양수 $a > 0$ 과 자연수 $n = 1, 2, \ldots$ 에 대하여 부등식

$$(1 + a)^n \geq 1 + na \tag{18}$$

이 성립함을 보여라.

1.6.12. 부등식 (18) 을 이용하여 다음을 보여라.

(가) 만일 $|a| < 1$ 이면 $\lim_n a^n = 0$ 이고, $|a| > 1$ 이면 $\langle a^n \rangle$ 은 발산한다.

(나) 임의의 양수 $a > 0$ 에 대하여 $\lim_n a^{1/n} = 1$ 이다.

(다) $\lim_n n^{1/n} = 1$ 이다.

1.6.13. 수열 $\langle x_n \rangle$ 과 $\langle y_n \rangle$ 이 각각 x 와 y 로 수렴할 때, 다음

$$\lim_{n\to\infty} \max\{x_n, y_n\} = \max\{x, y\}, \qquad \lim_{n\to\infty} \min\{x_n, y_n\} = \min\{x, y\}$$

이 성립함을 보여라.

1.6.14. 각 고정된 실수 $x \in \mathbb{R}$ 에 대하여 극한값

$$\lim_{m\to\infty} \lim_{n\to\infty} (\cos m!\pi x)^{2n}$$

을 구하여라.

1.6.15. 수열 $\langle a_n \rangle$ 과 $\langle b_n \rangle$ 이 다음

$$a_1 > 0,\ b_1 > 0,\ a_n = \frac{1}{2}(a_{n-1} + b_{n-1}),\ b_n = \sqrt{a_{n-1}b_{n-1}}, \qquad n = 2, 3, \ldots$$

과 같이 정의되어 있을 때, 수열 $\langle a_n \rangle$ 과 $\langle b_n \rangle$ 이 같은 극한값으로 수렴함을 보여라.

1.6.16. 두 실수열 $\langle a_n \rangle$ 과 $\langle b_n \rangle$ 의 상극한이 각각 α, β 일 때, 다음을 보여라.

(가) 충분히 큰 모든 n 에 대하여 $a_n \le b_n$ 이면 $\alpha \le \beta$ 이다.

(나) $\limsup_n (a_n + b_n) \le \alpha + \beta$ 이다.

(다) 만일 $\langle a_n \rangle$ 과 $\langle b_n \rangle$ 이 양수들의 유계수열이면 $\limsup_n (a_n b_n) \le \alpha\beta$ 이다.

또한, (나) 와 (다) 에서 등호가 성립하지 않는 예를 들어라. 하극한에 대하여 이에 대응되는 명제를 쓰고 이를 증명하여라.

1.6.17. 정수 계수 다항식 전체의 집합이 셀수있는 집합임을 보여라. 또한, 이 집합에 속하는 다항식들의 실근 전체의 집합이 셀수있음을 보여라.

1.6.18. 집합 $[0, 1]$ 과 $(0, 1)$ 사이에 전단사함수가 있음을 보여라.

1.6.19. 집합 $[0, 1]$ 과 $[0, 1] \times [0, 1]$ 사이에 전단사함수가 있음을 보여라.

1.6.20. 집합 X 에 대하여 그 부분집합들의 집합을 $\mathcal{P}(X)$ 라 쓰자.[6)]

(가) 집합 X 에서 $\{0, 1\}$ 로 가는 함수 전체의 집합과 $\mathcal{P}(X)$ 사이에 전단사함수가 있음을 보여라.

(나) 임의의 집합 X 에 대하여 X 에서 $\mathcal{P}(X)$ 로 가는 전사함수가 없음을 보여라.

---

6) 이를 X 의 **멱집합**이라 부른다.

제 2 장
좌표공간의 위상적 성질

이 장에서는 우리가 앞으로 공부하게 될 여러 가지 함수의 정의역과 치역의 역할을 하는 좌표공간의 여러 가지 기본 성질을 다루려고 한다. 우선 집합 $\mathbb{R}^n$ 에 벡터합과 스칼라곱을 정의한 후 이로부터 얻어지는 기본 성질들을 공부하는데, 가장 중요한 것은 내적과 코시-슈바르츠 부등식으로부터 얻어지는 거리가 주어진다는 사실이다. 이러한 거리라는 개념을 이용하여, 실직선에서 정의되는 열린구간, 닫힌구간 등의 핵심 성질을 규명할 수 있고, 이에 의하여 평면이나 공간 등 차원 높은 좌표공간에서도 이러한 개념들을 정립한다. 또한 이를 응용하여 급수의 수렴판정법을 몇 가지 공부한다. 특히, 닫힌유계구간에 대응하는 개념인 옹골집합과 구간이라는 개념에 대응하는 연결집합은 앞으로 공부하게 될 함수들의 여러가지 성질을 규명하는 데에 핵심적인 역할을 하게 된다.

2.1 좌표공간

실수 집합 $\mathbb{R}$ 의 곱집합

$$\mathbb{R}^n = \{(x_1, \ldots, x_n) : x_i \in \mathbb{R},\ i = 1, \ldots, n\}$$

의 두 원소 $x = (x_1, \ldots, x_n)$ 과 $y = (y_1, \ldots, y_n)$ 에 대하여 그 더하기 $x + y \in \mathbb{R}^n$ 를 다음

$$x + y = (x_1 + y_1, \ldots, x_n + y_n) \tag{1}$$

과 같이 정의한다. 또한, 실수 $a \in \mathbb{R}$ 와 $x \in \mathbb{R}^n$ 에 대하여 스칼라곱 $ax \in \mathbb{R}^n$ 을

$$ax = (ax_1, \ldots, ax_n) \tag{2}$$

으로 정의한다. 그러면, 다음 성질들이 성립함을 쉽게 알 수 있다.

(벡1) 임의의 $x, y, z \in \mathbb{R}^n$ 에 대하여 $x + (y + z) = (x + y) + z$ 이다.

(벡2) $0 = (0, \ldots, 0) \in \mathbb{R}^n$ 이라 두면, 임의의 $x \in \mathbb{R}^n$ 에 대하여

$$x + 0 = 0 + x = x$$

이다.

(벡3) 각 $x = (x_1, \ldots, x_n) \in \mathbb{R}^n$ 에 대하여 $-x = (-x_1, \ldots, -x_n)$ 이라 두면,

$$x + (-x) = (-x) + x = 0$$

이다.

(벡4) 임의의 $x, y \in \mathbb{R}^n$ 에 대하여 $x + y = y + x$ 이다.

(벡5) 임의의 $a, b \in \mathbb{R}$ 과 $x \in \mathbb{R}^n$ 에 대하여 $a(bx) = (ab)x = b(ax)$ 이다.

(벡6) 임의의 $a, b \in \mathbb{R}$ 과 $x, y \in \mathbb{R}^n$ 에 대하여

$$a(x + y) = ax + ay, \qquad (a + b)x = ax + bx$$

이다.

(벡7) 임의의 $x \in \mathbb{R}^n$ 에 대하여 $1x = x$ 이다.

일반적으로 집합 V 에 더하기 $V \times V \to V$ 와 스칼라곱 $\mathbb{R} \times V \to V$ 가 있어서 위 성질들을 만족하면 이를 **실벡터공간**이라 한다. 즉, $\mathbb{R}^n$ 은 두 가지 연산 (1) 과 (2) 에 의하여 실벡터공간이다.

문제 2.1.1. 좌표공간 $\mathbb{R}^n$ 에 대하여 (벡1) - (벡7) 을 증명하여라.

실벡터공간에는 $\mathbb{R}^n$ 외에도 여러가지가 있는데, 예를 들어 실수열 전체의 집합도 벡터공간이 됨을 바로 확인할 수 있다. 물론 두 실수열 $\langle x_n \rangle$ 과 $\langle y_n \rangle$ 에 대하여 그 더하기와 스칼라곱을 다음

$$\langle x_n \rangle + \langle y_n \rangle = \langle x_n + y_n \rangle, \qquad a\langle x_n \rangle = \langle ax_n \rangle$$

과 같이 정의한다.

문제 2.1.2. 수열 전체의 집합에 대하여 (벡1) - (벡7) 을 증명하여라.

이제, 두 벡터 $x, y \in \mathbb{R}^n$ 에 대하여 그 **내적**을

$$\langle x, y \rangle = x_1 y_1 + \cdots + x_n y_n \tag{3}$$

으로 정의하면 다음 성질들이 성립함은 자명하다.

(내1) 임의의 $x, y \in \mathbb{R}^n$ 에 대하여 $\langle x, y\rangle = \langle y, x\rangle$ 이다.

(내2) 임의의 $x_1, x_2, y \in \mathbb{R}^n$ 에 대하여 $\langle x_1 + x_2, y\rangle = \langle x_1, y\rangle + \langle x_2, y\rangle$ 이다.

(내3) 임의의 $x, y \in \mathbb{R}^n$ 및 $a \in \mathbb{R}$ 에 대하여 $\langle ax, y\rangle = a\langle x, y\rangle$ 이다.

(내4) 임의의 $x \in \mathbb{R}^n$ 에 대하여 $\langle x, x\rangle \geq 0$ 이다.

(내5) $\langle x, x\rangle = 0 \Longleftrightarrow x = 0$.

문제 2.1.3. 좌표공간 $\mathbb{R}^n$ 에 대하여 (내1) - (내5) 를 증명하여라.

실벡터공간 V 에 위 성질들 (내1) - (내5) 를 만족하는 연산 $V \times V \to \mathbb{R}$ 이 주어지면 이를 **실내적공간**이라 한다. 좌표공간 $\mathbb{R}^n$ 에는 (3) 외에도 얼마든지 다양한 방법으로 내적을 정의할 수 있다. 예를 들어 $n = 2$ 인 경우

$$\langle x, y\rangle = 2x_1y_1 + 3x_2y_2$$

등도 (내1) - (내5) 를 모두 만족한다.

정리 2.1.1. (코시-슈바르츠 부등식[1]) 임의의 $x, y \in \mathbb{R}^n$ 에 대하여 다음 부등식

$$|\langle x, y\rangle|^2 \leq \langle x, x\rangle\langle y, y\rangle$$

이 성립한다.

증명: 임의의 실수 $t \in \mathbb{R}$ 에 대하여

$$0 \leq \langle x + ty, x + ty\rangle = \langle x, x\rangle + 2t\langle x, y\rangle + t^2\langle y, y\rangle$$

---

1) Augustin Louis Cauchy (1789∼1857), 프랑스 수학자. 원래, 토목공학을 전공하려 하였으나, École Polytechnique 의 라플라스 등이 권하여 수학을 하게 되었다. 1816 년부터 École Polytechnique 의 교수로 있으면서 수많은 논문과 저작을 남겼으나, 1830 년 혁명 이후 정치적인 이유(왕당파)로 쫓겨 나기도 했다가 1848 년 복귀하였다. 그에 관한 전기로 [10] 등이 있다.

Hermann Amandus Schwarz (1843∼1921), 독일 수학자. 베를린에서 공부한 뒤에 Göttingen 과 베를린 등지에서 활동하였다. 수학자 중에는 Schwartz 도 있으므로 유의해야 한다. 10.5 절을 참조하라.

이 부등식은 보통 코시-슈바르츠 부등식으로 불리지만, 러시아 수학자 Viktor Yakovlevich Bunjakovskii (1804∼1889) 등도 독자적으로 발견하였다.

이므로 t 에 관한 이차식의 판별식을 적용하여 결론을 얻을 수 있다. □

위 증명에서 우리가 사용한 것은 단지 (내1) 부터 (내4) 까지 성질들이다. 따라서, 코시-슈바르츠 부등식은 임의의 내적에 관하여 항상 성립하는 부등식이다.

이제 내적의 성질 (내4) 를 이용하여 다음과 같이 **노음**

$$\|x\| = \langle x, x \rangle^{1/2}, \qquad x \in \mathbb{R}^n \tag{4}$$

을 정의한다. 피타고라스 정리를 생각하면, $\|x\|$ 는 원점에서 점 $x \in \mathbb{R}^n$ 까지 거리, 또는 벡터 $x \in \mathbb{R}^n$ 의 길이를 나타냄을 알 수 있다. 다음에 열거하는 노음의 성질 또한 내적의 성질과 코시-슈바르츠 부등식을 적용하면 금방 유도할 수 있다.

(노1) 임의의 $a \in \mathbb{R}$ 과 $x \in \mathbb{R}^n$ 에 대하여 $\|ax\| = |a|\,\|x\|$ 이다.

(노2) 임의의 $x, y \in \mathbb{R}^n$ 에 대하여 $\|x + y\| \le \|x\| + \|y\|$ 이다.

(노3) 임의의 $x \in \mathbb{R}^n$ 에 대하여 $\|x\| \ge 0$ 이다. 또한 $\|x\| = 0 \iff x = 0$ 이다.

위 성질 (노2) 를 이용하면 실수의 절대값과 같이 다음 부등식

$$\big|\|x\| - \|y\|\big| \le \|x \pm y\| \le \|x\| + \|y\|$$

을 얻을 수 있는데, 이는 앞으로 매우 유용하게 쓰이게 된다. 또한, 다음과 같은 삼각부등식

$$\|x - z\| \le \|x - y\| + \|y - z\|, \qquad x, y, z \in \mathbb{R}^n$$

을 얻을 수 있는데, 이는 $\|x - y\|$ 가 두 점 $x, y \in \mathbb{R}^n$ 사이의 거리를 나타냄을 말해 주고 있다.

일반적으로, 벡터공간에 성질 (노1) - (노3) 을 만족하는 함수 $x \mapsto \|x\|$ 가 주어지면 이를 **노음공간**이라고 한다.

문제 2.1.4. 각 $x = (x_1, \dots, x_n) \in \mathbb{R}^n$ 에 대하여 다음

$$\begin{aligned} \|x\|_1 &= |x_1| + |x_2| + \cdots + |x_n| \\ \|x\|_\infty &= \max\{|x_1|, |x_2|, \dots, |x_n|\} \end{aligned} \tag{5}$$

과 같이 각각 정의하였을 때, (노1) - (노3) 이 만족됨을 보여라. 또한, $n = 2$ 일 때 다음 두 집합

$$\{x \in \mathbb{R}^2 : \|x\|_1 \le 1\}, \qquad \{x \in \mathbb{R}^2 : \|x\|_\infty \le 1\}$$

을 좌표평면 위에 그려 보아라.

2.2 열린집합과 닫힌집합

이 절에서는 안점, 열린집합, 극한점, 닫힌집합, 닫힘 등, 좌표공간의 위상적 성질을 표현하는 데 쓰이는 용어들을 정의하고 그 초보적인 성질들을 소개한다.

우선 열린구간과 닫힌구간의 본질적인 차이점이 무엇인가 살펴보자. 열린구간에서는 그 집합의 원소를 아무것이나 택하여도 그 원소와 열린구간 사이에 또 다른 열린구간을 끼워 넣을 수 있다. 물론 닫힌구간에서는 그 끝점 때문에 이것이 불가능한데, 이 차이점이야말로 열린구간을 특징짓는 성질이다.

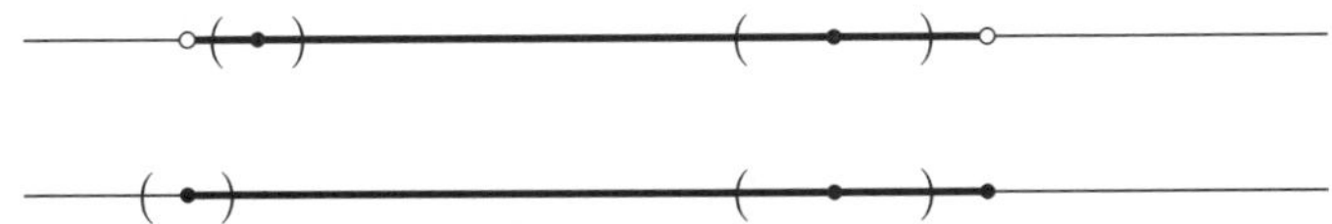

양수 $r > 0$ 과 좌표공간의 점 $x \in \mathbb{R}^n$ 이 주어져 있을 때, **반지름이 r 인 점 x 의 근방** $N(x, r)$ 을

$$N(x, r) = \{y \in \mathbb{R}^n : \|y - x\| < r\}$$

로 정의한다. 일차원공간에서는 모든 근방이 열린구간이며 역으로 임의의 유계열린구간은 그 중점의 근방이다. 이차원 평면에서는 경계를 포함하지 않는 원판이 된다.

이제, U 가 좌표공간 $\mathbb{R}^n$ 의 부분집합이라 하자. 만일 임의의 $x \in U$ 에 대하여 $N(x, \epsilon) \subset U$ 인 양수 $\epsilon > 0$ 이 있으면, U 를 $\mathbb{R}^n$ 의 **열린집합**, 혹은 **개집합**이라 한다. 앞에서 설명한 바와 같이 모든 열린구간은 일차원공간의 열린집합이다.

보기 1. 모든 근방 $N(x, r)$ 은 열린집합이다. 임의의 $y \in N(x, r)$ 에 대하여

$$\epsilon = r - \|x - y\|$$

라 두자. 그러면 $\|x - y\| < r$ 로부터 ϵ 는 양수이므로 $N(y, \epsilon) \subset N(x, r)$ 임을 보이면 된다. 만일 $z \in N(y, \epsilon)$ 이면,

$$\|z - x\| \leq \|z - y\| + \|y - x\| < \epsilon + \|y - x\| = r$$

이므로 $z \in N(x,r)$ 이다. □

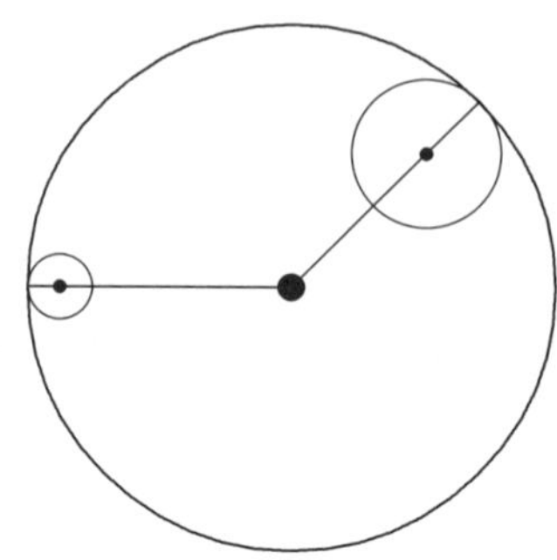

집합 $A \subset \mathbb{R}^n$ 와 한 점 $x \in \mathbb{R}^n$ 가 있을 때, $N(x,\epsilon) \subset A$ 가 되는 양수 $\epsilon > 0$ 이 있으면 x 를 A 의 **안점** 혹은 **내점**이라 하고, 집합 A 의 안점 전체의 집합을 $\operatorname{int} A$ 로 나타낸다. 정의에 의하여 당연히 $\operatorname{int} A \subset A$ 이다. 또한, 집합 U 가 열린집합일 필요충분조건은 $\operatorname{int} U = U$ 이다. 집합 $F \subset \mathbb{R}^n$ 의 여집합 $\mathbb{R}^n \setminus F$ 가 $\mathbb{R}^n$ 의 열린집합이면, F 를 $\mathbb{R}^n$ 의 **닫힌집합**, 혹은 **폐집합**이라 한다.

보기 2. 열린구간 $(0,1)$ 은 $\mathbb{R}^1$ 에서 열린집합이지만, 이 열린구간을 $(0,1) \times \{0\}$ 으로 보면 $\mathbb{R}^2$ 의 열린집합이 아니다. 따라서, 열린구간이나 닫힌구간에 대하여 말할 때에는 반드시 어느 공간에서 이야기되고 있는지를 명확히 하여야 한다. 물론, 그 대상이 분명할 때에는 그냥 열린집합, 닫힌집합이라 말하여도 무방하다. 이는 근방이나 안점에 대해서도 마찬가지이다. □

문제 2.2.1. 서로 다른 두 점 $x, y \in \mathbb{R}^n$ 에 대하여, 다음 조건

$$x \in U, \quad y \in V, \quad U \cap V = \emptyset$$

을 만족하는 열린집합 U, V 가 있음을 보여라.

명제 2.2.1. 열린집합들에 대하여 다음이 성립한다.

(가) 공집합 $\emptyset$ 과 자기 자신 $\mathbb{R}^n$ 은 $\mathbb{R}^n$ 의 열린집합이다.

(나) 열린집합들의 합집합은 열린집합이다.

(다) 열린집합들의 유한 교집합은 열린집합이다.

닫힌집합들에 대해서도 다음이 성립한다.

(라) 공집합 $\emptyset$ 과 자기 자신 $\mathbb{R}^n$ 은 $\mathbb{R}^n$ 의 닫힌집합이다.

(마) 닫힌집합들의 교집합은 닫힌집합이다.

(바) 닫힌집합들의 유한 합집합은 닫힌집합이다.

증명: 공집합 $\emptyset$ 과 $\mathbb{R}^n$ 이 $\mathbb{R}^n$ 의 열린집합임은 분명하다. 이제 집합족 $\{U_i : i \in I\}$ 가 주어지고, 각 첨자 $i \in I$ 에 대하여 집합 U_i 가 열린집합이라 하자. 합집합 $U = \bigcup_{i \in I} U_i$ 가 열린집합임을 보이기 위하여 $x \in U$ 라 하자. 그러면 적당한 첨자 $i \in I$ 에 대하여 $x \in U_i$ 이고 U_i 가 열린집합이므로, $N(x, \epsilon) \subset U_i$ 인 양수 $\epsilon > 0$ 이 있다. 이제

$$N(x, \epsilon) \subset U_i \subset \bigcup_{i \in I} U_i$$

이므로 (나) 가 증명되었다. (다) 를 증명하기 위하여, 집합 $U_1, \ldots, U_n$ 이 모두 열린집합이라 하자. 교집합이 공집합이면 (가) 에 의하여 자명하고, 점 x 가 그 교집합 $\bigcap_{i=1}^n U_i$ 의 원이라면, 각 $i = 1, 2, \ldots, n$ 에 대하여 $x \in U_i$ 이고 U_i 가 열린집합이므로 $N(x, \epsilon_i) \subset U_i$ 인 양수 $\epsilon_i > 0$ 이 있다. 이제 $\epsilon = \min\{\epsilon_i : i = 1, 2, \ldots, n\}$ 이라 두면, $\epsilon > 0$ 이고

$$N(x, \epsilon) \subset N(x, \epsilon_i) \subset U_i, \qquad i = 1, 2, \ldots, n$$

이므로 $N(x, \epsilon) \subset \bigcap_{i=1}^n U_i$ 이다. 나머지 명제들은 닫힌집합의 정의와 (가), (나) 및 (다) 로부터 명백하다. □

문제 2.2.2. 명제 2.2.1 의 (라), (마), (바) 를 증명하여라.

문제 2.2.3. 칸토르집합이 닫힌집합임을 보여라.

보기 3. 구간 $I_n = \left(-1, \dfrac{1}{n}\right)$ 은 각 $n = 1, 2, \ldots$ 에 대하여 $\mathbb{R}$ 의 열린집합이지만 그 교집합 $\bigcap_n I_n = (-1, 0]$ 은 열린집합이 아니다. 따라서, 열린집합의 무한 교집합은 반드시 열린집합일 필요가 없다. 마찬가지로 닫힌집합의 무한 합집합도 닫힌집합일 필요가 없다. □

위 정의만 가지고 어느 집합이 닫힌집합임을 보이기는 경우에 따라서 별로 쉽지 않으므로 닫힌집합이 될 필요충분조건을 찾으려 한다. 열린구간과 닫힌구간의 차이점을 닫힌구간의 입장에서 다시 살펴보자. 닫힌구간 내에 수렴하는 수열이 있으면 그 극한은 반드시 같은 닫힌구간의 원소가 되지만 열린구간에서는 그렇지 못하다. 이는 열린구간과 닫힌구간의 또 다른 중요 차이점인데 사실 닫힌집합의 특성이기도 하다.

집합 $A \subset \mathbb{R}^n$ 과 점 $x \in \mathbb{R}^n$ 이 다음 성질

$$\text{임의의 양수 } \epsilon > 0 \text{ 에 대하여 } N(x, \epsilon) \cap (A \setminus \{x\}) \neq \emptyset \text{ 이다}$$

을 만족하면, x 가 A 의 **극한점**[2)]이라 한다. 집합 A 의 극한점을 모두 모은 집합을 A' 로 표시한다. 두 집합 A 와 A' 의 합집합 $A \cup A'$ 을 A 의 **닫힘** 혹은 **폐포**라 하고 이를 $\overline{A}$ 로 표시한다. 극한점이 아닌 A 의 원소를 **고립점**이라 한다. 이 정의로부터 $x \in \overline{A}$ 일 필요충분조건

$$\text{임의의 양수 } \epsilon > 0 \text{ 에 대하여 } N(x,\epsilon) \cap A \neq \emptyset \text{ 이다}$$

이고, $x \in A$ 가 A 의 고립점일 필요충분조건은

$$\text{적당한 양수 } \epsilon > 0 \text{ 에 대하여 } N(x,\epsilon) \cap A = \{x\} \text{ 이다}$$

임을 알 수 있다.

보기 4. 한 점으로 이루어진 집합 $A = \{x\}$ 는 극한점을 가지지 않으며, 따라서 $\overline{A} = A$ 이다. 유한집합 $B = \{x_1, x_2, \ldots, x_n\}$ 도 마찬가지로 극한점을 가지지 않는다. 실제로, $x \notin B$ 인 경우

$$\epsilon = \min\{\|x - x_i\| : i = 1, 2, \ldots, n\} > 0$$

을 생각하면 $N(x,\epsilon) \cap B = \emptyset$ 이 되어서 x 는 B 의 극한점이 아니다. 이제, B 의 원소, 예를 들어 x_1 도 역시 극한점이 아님을 보이자. 이번에는

$$\epsilon = \min\{\|x_1 - x_i\| : i = 2, 3, \ldots, n\} > 0$$

이라 두면 $N(x_1,\epsilon) \cap (B \setminus \{x_1\}) = \emptyset$ 이 되어서 x_1 도 B 의 극한점이 아니다. 이와 같이 $B' = \emptyset$ 이고 따라서 $\overline{B} = B$ 이다. □

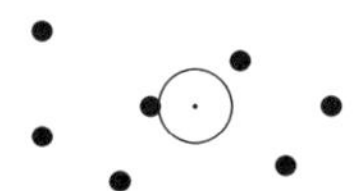

보기 5. 이제 일차원공간 $\mathbb{R}^1$ 로 논의를 제한하자. 열린구간 $I = (0,1)$ 에서 $I' = [0,1]$ 임을 알 수 있고, 따라서 어느 집합의 극한점은 반드시 그 집합의 원소일 필요가 없다. 닫힌구간 $[0,1]$ 의 닫힘이 자기 자신임도 금방 알 수 있다. 끝으로, 집합

$$C = \left\{ \frac{1}{n} : n = 1, 2, \ldots \right\}$$

2) limit point, accumulation point 등 여러 가지로 불리우는데, [8] 의 adherent point 와 구별하기 바란다.

를 생각하자. 그러면 따름정리 1.2.3 에 의하여 0 이 C 의 극한점임을 알 수 있고, 유한집합의 경우와 같은 방법으로 0 이외의 다른 점은 C 의 극한점이 될 수 없음을 알 수 있다. 따라서 $C' = \{0\}$ 이고, C 의 모든 점은 고립점이다. 특히, C 는 열린집합도 아니고 닫힌집합도 아니다. □

보기 6. 칸토르집합은 고립점을 가지지 않는다. 이를 보이기 위하여, 각 I_n 을 구성하는 닫힌구간들의 끝점들은 모두 C 의 원소임에 유의하자. 만일 $x \in C$ 이고 양수 $\epsilon > 0$ 이 주어지면, 각 n 에 대하여 $x \in I_n$ 이고 I_n 을 구성하는 닫힌구간들의 길이는 $n \to \infty$ 일 때 0 으로 수렴하므로, 충분히 큰 n 에 대하여 $N(x,\epsilon)$ 에 들어가는 I_n 의 한 구간을 잡을 수 있다. 그러면 그 구간의 두 끝점 중 적어도 하나는 $N(x,\epsilon) \cap (C \setminus \{x\})$ 의 원소가 되고, 따라서 x 는 C 의 극한점이다. 모든 C 의 원소가 C 의 극한점이므로 $C' = C$ 이고, C 는 고립점을 가지지 않는다. □

보기 7. 임의의 점 $x \in \mathbb{R}$ 는 유리수의 조밀성에 의하여 유리수집합 $\mathbb{Q} \subset \mathbb{R}$ 의 극한점이고, 따라서 $\mathbb{Q}' = \overline{\mathbb{Q}} = \mathbb{R}$ 이다. □

일반적으로, $\overline{A} = X$ 이면 A 가 X 에서 **조밀**하다고 말한다. 이제 극한점의 개념을 수열로 설명하여 보자. 좌표공간 $\mathbb{R}^\nu$ 의 수열 $\langle x_n \rangle$ 과 한 점 $x \in \mathbb{R}^\nu$ 이 있을 때, 임의의 $\epsilon > 0$ 에 대하여 다음 성질

$$n \geq N \Longrightarrow \|x_n - x\| < \epsilon$$

을 만족하는 자연수 N 이 있으면, 수열 $\langle x_n \rangle$ 이 x 로 **수렴**한다고 말하고 $x_n \to x$ 혹은 $\lim_n x_n = x$ 라 쓴다. 일차원 공간에서는 1.3 절에서 정의한 실수열의 극한과 같은 정의이며, 정리 1.3.3 의 (가) 와 (나) 도 역시 성립한다.

문제 2.2.4. 좌표공간 $\mathbb{R}^\nu$ 의 수열 $\langle x_n \rangle$ 의 각 점이

$$x_n = (x_1^n, x_2^n, \ldots, x_\nu^n), \qquad n = 1, 2, \ldots$$

로 주어져 있을 때, 다음 두 명제

(가) 수열 $\langle x_n \rangle$ 이 $\mathbb{R}^\nu$ 에서 수렴한다

(나) 각 $i = 1, 2, \ldots, \nu$ 에 대하여 실수열 $\langle x_i^n : n = 1, 2, \ldots \rangle$ 이 수렴한다

가 동치임을 보여라.

이제, $x \in \mathbb{R}^\nu$ 가 $A \subset \mathbb{R}^\nu$ 의 극한점이라 하자. 그러면 각 자연수에 대하여 $\dfrac{1}{n}$ 이 양수이므로 $N(x, \dfrac{1}{n}) \cap (A \setminus \{x\})$ 에 속하는 원소 x_n 을 택할 수 있다. 그러면, $\|x_n - x\| < \dfrac{1}{n}$ 이므로 $x_n \to x$ 임을 알 수 있다. 역으로, 각 자연수 n 에 대하여 $x_n \in A \setminus \{x\}$ 이고 $x_n \to x$ 이면, 임의의 양수 $\epsilon > 0$ 에 대하여 $N(x, \epsilon)$ 에 속하는 x_n 을 택할 수 있어서 x 는 A 의 극한점이 된다. 따라서 다음 명제의 (가) 가 증명되었고, (나) 도 마찬가지로 증명된다.

명제 2.2.2. 임의의 집합 $A \subset \mathbb{R}^n$ 과 점 $x \in \mathbb{R}^n$ 에 대하여 다음이 성립한다.

(가) 점 x 가 A 의 극한점이다 $\iff$ $A \setminus \{x\}$ 안에 x 로 수렴하는 수열이 존재한다.

(나) 점 x 가 닫힘 $\overline{A}$ 의 원이다 $\iff$ A 안에 x 로 수렴하는 수열이 존재한다.

문제 2.2.5. 명제 2.2.2 (나) 를 증명하여라.

이제, 좌표공간의 부분집합이 닫힌집합이 될 조건 몇 가지를 제시하고 이를 증명한다.

정리 2.2.3. 집합 $F \subset \mathbb{R}^n$ 에 대하여, 다음은 동치이다.

(가) F 는 닫힌집합이다.

(나) $F' \subset F$.

(다) $\overline{F} = F$.

(라) F 안의 수열 $\langle x_n \rangle$ 이 x 로 수렴하면 $x \in F$ 이다.

증명: (가) $\Longrightarrow$ (나) 를 증명하기 위하여 $x \notin F$ 이라 가정하자. 그러면 $x \in \mathbb{R}^n \setminus F$ 이고 가정 (가) 에 의하여 $\mathbb{R}^n \setminus F$ 가 열린집합이므로, 적당한 $\epsilon > 0$ 에 대하여 $N(x, \epsilon) \subset \mathbb{R}^n \setminus F$ 이다. 따라서,

$$N(x, \epsilon) \cap (F \setminus \{x\}) \subset N(x, \epsilon) \cap F = \emptyset$$

이 되어 x 는 F 의 극한점이 아니다. 즉, $\mathbb{R}^n \setminus F \subset \mathbb{R}^n \setminus F'$ 이 된다.

이제, 그 역 (나) $\Longrightarrow$ (가) 를 보이기 위하여 $x \in \mathbb{R}^n \setminus F$ 이라 하자. 가정 (나) 에 의하여 x 는 $x \in \mathbb{R}^n \setminus F'$ 이고 x 는 F 의 극한점이 아니다. 따라서 적당한 양수 $\epsilon > 0$ 에 대하여 $N(x, \epsilon) \cap (F \setminus \{x\}) = \emptyset$ 이 되고

$$N(x, \epsilon) \subset \mathbb{R}^n \setminus (F \setminus \{x\}) = (\mathbb{R}^n \setminus F) \cup \{x\} = \mathbb{R}^n \setminus F$$

이다. 그러므로 $\mathbb{R}^n \setminus F$ 는 열린집합이다. 나머지 (나) $\Longleftrightarrow$ (다) $\Longleftrightarrow$ (라) 는 각각 정의와 명제 2.2.2 (나) 에 의하여 명백하다. □

다음 따름정리는 상극한과 하극한의 성질을 파악하는 데 중요한 역할을 한다.[3)]

따름정리 2.2.4. 임의의 집합 $A \subset \mathbb{R}^n$ 에 대하여 A' 는 항상 닫힌집합이다.

증명: 만일 $A' = \emptyset$ 이면 당연하므로, $A' \neq \emptyset$ 이라 가정하자. 이제 x 가 A' 의 극한점이면, 임의의 양수 $\epsilon > 0$ 에 대하여 $0 < \|x - y\| < \epsilon$ 인 $y \in A'$ 을 잡을 수 있다. 만일

$$\delta = \min\{\|x - y\|, \epsilon - \|x - y\|\} > 0$$

이라 두면 $y \in A'$ 이므로 $0 < \|y - z\| < \delta$ 인 $z \in A$ 를 잡을 수 있다. 그러면 $0 < \|x - z\| < \epsilon$ 이 되므로 $x \in A'$ 이 되어서 증명이 끝난다. □

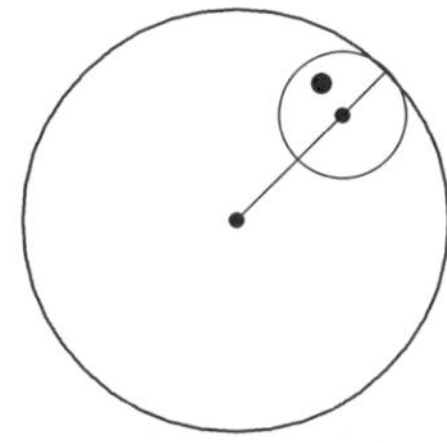
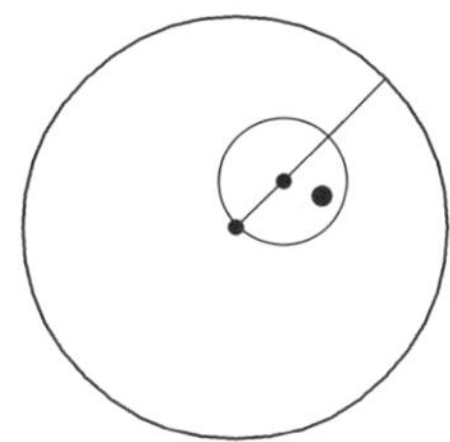

문제 2.2.6. 위 증명에서 $0 < \|x - z\| < \epsilon$ 임을 보여라.

문제 2.2.7. 다음 집합들의 안점과 극한점을 모두 찾아라. 또한, 이 집합들이 열린집합이 되는지 닫힌집합이 되는지 각각 살펴보아라. (가) - (바) 는 $\mathbb{R}$ 의 부분집합이고, (사) - (차) 는 $\mathbb{R}^2$ 의 부분집합이다.

(가) $\{n : n \in \mathbb{Z}\}$

(나) $\{x : x \in \mathbb{Q}\}$

(다) $\{2^{-n} + 3^{-m} : n, m \in \mathbb{N}\}$

(라) $\left\{\frac{1}{n} + \frac{1}{m} : m, n \in \mathbb{N}\right\}$

(마) $\bigcup_{n=1}^{\infty} \left(n, n + \frac{1}{n}\right)$

(바) $\bigcup_{n=1}^{\infty} \left(\frac{1}{n}, \frac{1}{n} + 2^{-n}\right)$

(사) $\{(m, n) : m, n \in \mathbb{Z}\}$

(아) $\left\{\left(\frac{1}{m}, \frac{1}{n}\right) : m, n \in \mathbb{N}\right\}$

(자) $\bigcup_{n=1}^{\infty} \left\{\left(\frac{1}{n}, y\right) : 0 \leq y \leq 1\right\}$

(차) $\{(x, y) : x^2 + 2y^2 < 1\}$

3) 정리 2.3.5 를 참조하라.

여태까지 우리는 좌표공간 안에서 열린집합, 닫힌집합 등을 논하였다. 이제부터는 임의의 집합 안에서 같은 이야기를 하려 한다. 좌표공간 $\mathbb{R}^n$ 의 부분집합 X 가 주어져 있다고 하자. 점 $x \in X$ 에 대하여

$$N_X(x, r) = N(x, r) \cap X$$

로 쓰자. 집합 $U \subset X$ 가 주어졌을 때, 임의의 $x \in U$ 에 대하여 $N_X(x, \epsilon) \subset U$ 인 양수 $\epsilon > 0$ 이 있으면, U 가 X **의 열린집합**, 혹은 X **안에서 열려 있다**고 말한다. 집합 $F \subset X$ 가 X **의 닫힌집합**이라 함은 $X \setminus F$ 가 X 의 열린집합이란 뜻이다. 지금까지 논의과정에서 $\mathbb{R}^n$ 을 X 로, $N(x, r)$ 을 $N_X(x, r)$ 로 대치하면, 그에 상응하는 결론을 얻을 수 있는데 각자 확인해 보기 바란다. 끝으로, $\mathbb{R}^n$ 의 열린집합과 X 의 열린집합 사이에 어떤 관계가 있는지 살펴보고 이 절을 맺는다. 닫힌집합에 대해서도 물론 같은 관계가 성립한다.

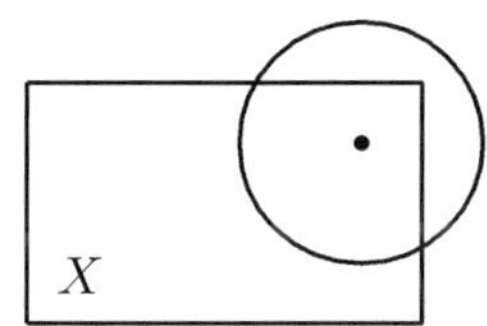

명제 2.2.5. 다음 관계 $U \subset X \subset \mathbb{R}^n$ 을 만족하는 집합 U 와 X 에 대하여 다음은 동치이다.

(가) U 는 X 의 열린집합이다.

(나) $U = V \cap X$ 인 $\mathbb{R}^n$ 의 열린집합 V 가 있다.

증명: 먼저 U 가 X 의 열린집합이라 하자. 그러면 각 $x \in U$ 에 대하여 $N_X(x, \epsilon_x) \subset U$ 인 $\epsilon_x > 0$ 이 있다. 이제 $V = \bigcup_{x \in U} N(x, \epsilon_x)$ 라 두면 V 는 $\mathbb{R}^n$ 의 열린집합이고 $U \subset V \cap X$ 임은 자명하다. 또한,

$$X \cap V = \bigcup_{x \in U} X \cap N(x, \epsilon_x) = \bigcup_{x \in U} N_X(x, \epsilon_x) \subset U$$

이므로 $U = X \cap V$ 이다. 역으로 V 가 $\mathbb{R}^n$ 의 열린집합이라 하자. 각 $x \in U$ 는 V 의 원이므로 $N(x, \epsilon) \subset V$ 인 $\epsilon > 0$ 이 있는데, 이로부터

$$N_X(x, \epsilon) = X \cap N(x, \epsilon) \subset X \cap V = U$$

임을 알 수 있다. □

문제 2.2.8. 닫힌집합에 대하여 명제 2.2.5 에 상응하는 명제를 쓰고 증명하여라.

2.3 유계집합과 코시수열

이 절에서는 좌표공간을 공부할 때 필요한 또 하나의 중요한 개념으로서 유계집합을 다룬다. 집합 $A \subset \mathbb{R}^n$ 이 **유계집합**이라 함은, 적당한 양수 R 에 대하여 $A \subset N(0, R)$ 이란 뜻이다. 다시 말하여

$$x \in A \Longrightarrow \|x\| < R$$

인 양수 R 이 있으면 A 는 유계이다. 일차원공간에서는 1.2 절에서 정의한 것과 물론 같은 개념임을 쉽게 알 수 있다. 유계집합의 핵심 성질인 볼차노-바이어슈트라스 정리는 임의의 무한 유계집합이 극한점을 가진다는 것을 말해 준다. 이 정리를 증명하기에 앞서서, 1.4 절에서 공부한 일차원의 축소구간정리를 좌표공간 $\mathbb{R}^N$ 으로 확장하자. 증명은 축소구간정리에 의하여 명백하므로 생략한다.

도움정리 2.3.1. 각 $k = 1, 2, \ldots, N$ 과 $n = 1, 2, \ldots$ 에 대하여 유계닫힌구간 I_n^k 이 주어져 있고

$$B_n = I_n^1 \times I_n^2 \times \cdots \times I_n^N \subset \mathbb{R}^N, \qquad n = 1, 2, \ldots$$

라 두자. 만일 각 $n = 1, 2, \ldots$ 에 대하여 $B_{n+1} \subset B_n$ 이라면 그 교집합 $\bigcap_{n=1}^{\infty} B_n$ 은 비어 있지 않다.

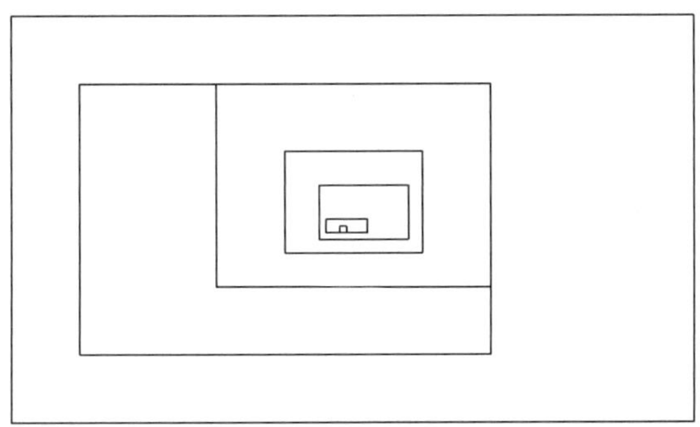

문제 2.3.1. 도움정리 2.3.1 을 증명하여라.

위 집합 B_n 과 같이 유계닫힌구간들의 곱집합으로 표시되는 집합을 **상자**라 부른다.

정리 2.3.2. (볼차노-바이어슈트라스[4]) 유계집합 $A \subset \mathbb{R}^N$ 가 무한집합이면 극한점을 가진다.

증명: 집합 A 가 유계이므로 A 는 적당한 상자 B_1 에 들어간다. 이제, 각 자연수 $n = 1, 2, \ldots$ 에 대하여 다음 성질

(가) $B_{n+1} \subset B_n$

(나) $B_n \cap A$ 는 무한집합이다

을 만족하는 상자 B_n 을 만들려 한다. 귀납적으로 상자열 $\langle B_n \rangle$ 을 정하기 위하여 $B_1, B_2, \ldots, B_n$ 이 정해졌다 하자. $B_n = I^1 \times \cdots \times I^N$ 이면 각 구간 I^k 를 이등분함으로써 B_n 을 2^N 개의 상자로 등분할 수 있다. 상자 B_n 이 A 의 점을 무한히 많이 가지므로 이를 2^N 등분한 상자 중에 적어도 하나는 A 의 점을 무한히 많이 가지게 되는데, 이 중의 하나를 B_{n+1} 로 두면 된다. 도움정리에 의하여 모든 B_n 의 원소가 되는 점 $x \in \bigcap_n B_n$ 이 있는데 이 점 x 가 A 의 극한점임을 보이자.

유계집합 $X \subset \mathbb{R}^N$ 에 대하여 그 **지름**을

$$\operatorname{diam} X = \sup\{\|x - y\| : x, y \in X\}$$

로 두면 $\lim_n \operatorname{diam} B_n = 0$ 임은 명백하다. 이제 임의의 $\epsilon > 0$ 에 대하여 $\operatorname{diam} B_n < \frac{\epsilon}{2}$ 인 자연수 n 을 잡자. 점 x 가 이미 B_n 의 원소이므로, $y \in B_n$ 이면 $\|x - y\| \le \frac{\epsilon}{2} < \epsilon$ 가 되어서 $B_n \subset N(x, \epsilon)$ 임을 알 수 있다. 상자 B_n 은 A 의 점을 무한히 많이 가지고 있으므로 $N(x, \epsilon)$ 또한 마찬가지이다. 따라서, x 는 A 의 극한점이다. □

---

4) Bernhard Bolzano (1781∼1848), 보헤미아의 성직자. 함수의 연속성, 수열의 극한을 다루는 과정에서 보다 엄밀한 논증을 시도하였으며, 나아가서 실수체계의 확립에 공헌이 크다. 그는 1817년 논문에서 사이값정리의 증명과 관련하여 처음으로 완비성공리를 언급하였다. 참고문헌 [12] 3.3 절이나 [16] 16 장을 참조하라.

Karl Theodor Wilhelm Weierstrass (1815∼1897), 독일 수학자. 김나지움 교사로 있다가 40세가 넘어 베를린 대학에 초빙되어 그 곳에서 죽을 때까지 활동하였다. 그는 해석학 전반에 걸쳐서 이루 헤아릴 수 없이 많은 업적을 남겼는데, 특히 ϵ-δ 를 이용한 극한의 정의는 그가 확립한 것이다.

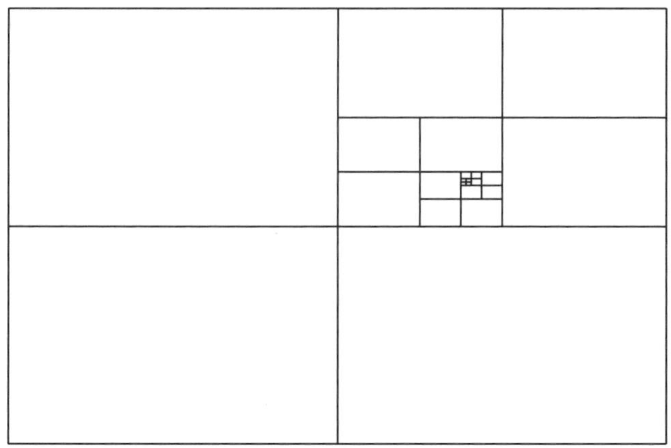

이미 2.2 절의 보기 4 에서 유한집합은 극한점을 가지지 않음을 보았다. 따라서 위 정리는 유계집합인 경우 그 역이 성립함을 말해 주고 있다. 극한점을 가지는 집합이 반드시 무한이어야 한다는 것은 다음 명제로도 알 수 있다.

명제 2.3.3. 점 $x \in \mathbb{R}^n$ 이 집합 $A \subset \mathbb{R}^n$ 의 극한점이라 하자. 그러면 임의의 $\epsilon > 0$ 에 대하여 $A \cap N(x, \epsilon)$ 는 무한집합이다.

증명: 만일 어떤 양수 $\epsilon > 0$ 에 대하여 $A \cap N(x, \epsilon) = \{x_1, \ldots, x_n\}$ 이면

$$\delta = \min\{\|x - x_i\| : x_i \neq x,\ i = 1, \ldots, n\}$$

이 양수이고, $N(x, \delta) \cap (A \setminus \{x\}) = \emptyset$ 이 되어서 모순이다. □

이제 볼차노-바이어슈트라스 정리를 수열의 극한에 응용하여 보자. 이를 위하여 부분수열의 개념이 필요하다. 함수 $n : \mathbb{N} \to \mathbb{N}$ 이 임의의 $k = 1, 2, \ldots$ 에 대하여 $n(k) < n(k+1)$ 이라 하자. 이 함수와 수열 $n \mapsto x_n$ 의 합성

$$k \mapsto x_{n(k)}$$

를 $\langle x_n \rangle$ 의 **부분수열**이라 한다. 수열 $\langle x_n \rangle$ 이 x 로 수렴하면, $\langle x_n \rangle$ 의 모든 부분수열이 x 로 수렴함은 자명하다.

정리 2.3.4. 유계수열은 항상 수렴하는 부분수열을 가진다.

증명: 수열 $\langle x_n \rangle$ 이 유계라 하자. 만일 그 치역 $\{x_n : n = 1, 2, \dots\}$ 이 유한집합인 경우, 그 중 어느 한 점 x 는 무한히 많은 n 에 대하여 x_n 과 같은 점이다. 이 무한히 많은 n 들을 $n(1), n(2), \dots$ 로 늘어놓으면 $\lim_k x_{n(k)} = x$ 이다.

이제, 수열의 치역이 무한집합이라 하자. 볼차노-바이어슈트라스 정리에 의하여 그 치역은 극한점 x 를 가진다. 점 x 로 수렴하면서 $x_{n(k)} \neq x$ 인 부분수열 $\langle x_{n(k)} \rangle$ 을 찾기 위하여 자연수열 $\langle n(k) \rangle$ 을 귀납적으로 구성하려 한다. 우선 $x_{n(1)} \neq x$ 인 $n(1)$ 을 잡고, $n(2), \dots, n(k)$ 를 찾았다 하자. $\epsilon_k = \|x - x_{n(k)}\| > 0$ 라 두면 명제 2.3.3 에 의하여 $N(x, \frac{\epsilon_k}{2})$ 안에는 무한히 많은 $\langle x_n \rangle$ 의 점이 있다. 따라서

$$x_{n(k+1)} \in N(x, \frac{\epsilon_k}{2}) \setminus \{x\}, \qquad n(k+1) > n(k)$$

인 $n(k+1) \in \mathbb{N}$ 을 찾을 수 있다. 이제 $\lim_k x_{n(k)} = x$ 임은 분명하다. □

유계실수열의 상극한과 하극한은 정리 2.3.4 와 관련하여 다음과 같이 설명할 수 있다. 유계실수열 $\langle a_n \rangle$ 에 대하여,

$$A = \{\alpha \in \mathbb{R} : \alpha \text{ 로 수렴하는 } \langle a_n \rangle \text{ 의 부분수열이 존재한다}\} \tag{6}$$

라 정의하자. 집합 A 는 정리 2.3.4 에 의하여 비어 있지 않은데, 명제 2.2.2 (가) 와 따름정리 2.2.4 를 적용하면 집합 A 가 닫힌집합임을 쉽게 확인할 수 있다. 따라서, 집합 A 는 최대값 $\max A$ 와 최소값 $\min A$ 를 가진다.

문제 2.3.2. 집합 A 가 유계닫힌집합임을 증명하여라.

문제 2.3.3. 유계닫힌집합 $A \subset \mathbb{R}$ 는 최대값과 최소값을 가짐을 보여라.

정리 2.3.5. 유계실수열 $\langle a_n \rangle$ 에 대하여, 집합 A 를 (6) 과 같이 정의하면 다음

$$\limsup_{n\to\infty} a_n = \max A, \qquad \liminf_{n\to\infty} a_n = \min A$$

이 성립한다.

증명: 수열 $\langle a_n \rangle$ 의 상극한을 α 라 두고 양수 $\epsilon > 0$ 을 택하자. 명제 1.4.3 의 (가) 를 적용하면, 임의의 $\beta \in A$ 에 대하여 $\beta \le \alpha + \epsilon$ 이므로 $\max A \le \alpha + \epsilon$ 이다. 따라서 $\max A \le \alpha$ 이다. 명제 1.4.3 의 (나) 를 적용하면 구간 $(\alpha - \epsilon, \alpha + \epsilon)$ 안에 들어가는 $\langle a_n \rangle$ 의 점이 무한개 있으므로, 정리 2.3.4 에 의하여 이 점들로 이루어진 수렴하는 부분수열을 잡을 수

있다. 따라서 $\alpha-\epsilon \le \max A$ 이고, 따라서 $\alpha \le \max A$ 가 된다. 둘째 관계식도 마찬가지로 증명된다. □

보기 1. 구간 $[0,1]$ 사이의 모든 유리수를 $\{r_1, r_2, \dots\}$ 로 나타내자. 그러면 수열 $\langle r_n \rangle$ 에 대하여 (6) 에 의한 집합은 $[0,1]$ 이고, 따라서 $\langle r_n \rangle$ 의 상극한과 하극한은 각각 1, 0 이다. □

제 1장에서 공부한 주요 정리 중 하나인 정리 1.4.1 의 장점은 수열의 극한값을 구체적으로 모르는 상황에서 그 수열의 수렴성을 확인할 수 있다는 점이다. 이제 순서구조가 없는 좌표공간에서도 이러한 꼴의 정리를 얻을 수 있다. 수열 $\langle x_n \rangle$ 이 있을 때, 임의의 양수 $\epsilon > 0$ 에 대하여 조건

$$m, n \ge N \Longrightarrow \|x_n - x_m\| < \epsilon \tag{7}$$

을 만족하는 자연수 N 이 있으면, $\langle x_n \rangle$ 을 **코시수열**이라 한다. 다음은 코시수열의 기본적인 성질들이다.

명제 2.3.6. 수렴하는 수열은 코시수열이다. 또한, 임의의 코시수열은 유계이다.

증명: 수열 $\langle x_n \rangle$ 이 x 로 수렴한다 하자. 주어진 양수 $\epsilon > 0$ 에 대하여

$$n \ge N \Longrightarrow \|x_n - x\| < \frac{\epsilon}{2}$$

인 자연수 N 을 잡자. 그러면, $m, n \ge N$ 에 대하여

$$\|x_n - x_m\| \le \|x_n - x\| + \|x - x_m\| < \frac{\epsilon}{2} + \frac{\epsilon}{2} = \epsilon$$

이다. 이제 $\langle x_n \rangle$ 이 코시수열이라 하고 조건 (7) 을 만족하는 자연수 N 을 잡자. 그러면, $\{x_n : n \ge N\}$ 은 근방 $N(x_N, \epsilon)$ 안에 들어 있으므로 유계이다. 나머지는 유한집합이므로 물론 유계이다. □

문제 2.3.4. 좌표공간 $\mathbb{R}^\nu$ 의 수열 $\langle x_n \rangle$ 의 각 점이

$$x_n = (x_1^n, x_2^n, \dots, x_\nu^n), \qquad n = 1, 2, \dots$$

로 주어져 있을 때, 다음 두 명제가 동치임을 보여라.

(가) $\langle x_n \rangle$ 이 코시수열이다.

(나) 각 $i = 1, 2, \ldots, \nu$ 에 대하여 실수열 $\langle x_i^n : n = 1, 2, \ldots \rangle$ 이 코시수열이다.

이제 볼차노-바이어슈트라스 정리를 이용하여 임의의 코시수열이 수렴함을 보이자. 먼저 다음 도움정리를 미리 증명하는 것이 편하다.

도움정리 2.3.7. 코시수열 $\langle x_n \rangle$ 의 한 부분수열 $\langle x_{n(k)} \rangle$ 이 점 x 로 수렴하면 $\langle x_n \rangle$ 도 x 로 수렴한다.

증명: 양수 $\epsilon > 0$ 이 주어졌을 때, 먼저 성질 (7) 이 성립하는 자연수 N 을 잡고

$$k \geq K \Longrightarrow \|x_{n(k)} - x\| < \frac{\epsilon}{2}, \qquad n(K) \geq N$$

가 성립되도록 자연수 K 를 잡자. 이제 $n \geq n(K)$ 이면

$$\|x_n - x\| \leq \|x_n - x_{n(K)}\| + \|x_{n(K)} - x\| < \frac{\epsilon}{2} + \frac{\epsilon}{2} = \epsilon$$

이 되어서 $x_n \to x$ 이다. □

정리 2.3.8. (코시 판정법) 좌표공간의 코시수열은 항상 수렴한다.

증명: 수열 $\langle x_n \rangle$ 이 코시수열이라 하자. 앞에서 증명한 것들을 종합하면, 우선 $\langle x_n \rangle$ 이 유계이므로 수렴하는 부분수열을 가지고, 이 부분수열이 수렴하므로 위 도움정리에 의하여 $\langle x_n \rangle$ 도 수렴한다. □

코시 판정법을 급수에 적용하면 다음을 얻는다.

따름정리 2.3.9. (코시 판정법) 임의의 급수 $\sum_n a_n$ 에 대하여 다음은 동치이다.

(가) 급수 $\sum a_n$ 이 수렴한다.

(나) 임의의 양수 $\epsilon > 0$ 에 대하여 다음 성질

$$n > m \geq N \implies |a_{m+1} + a_{m+2} + \cdots + a_n| < \epsilon$$

을 만족하는 자연수 N 이 존재한다.

위 따름정리의 (나) 에 $m+1=n$ 을 적용하면,

$$n > N \implies |a_n| < \epsilon$$

이므로 다음

$$\text{급수 } \sum a_n \text{ 이 수렴한다} \implies \lim_n a_n = 0 \tag{8}$$

이 성립함을 금방 알 수 있다.

문제 2.3.5. 다음과 같이 점화식으로 정의된 수열이 코시수열이 되도록 첫째 항과 둘째 항을 정하고, 그 극한값을 구하여라.

(가) $x_{n+2} = \dfrac{x_{n+1} + x_n}{2}$ (나) $x_{n+1} = x_n + x(-1)^n \dfrac{1}{3n+1}$

2.4 급수의 수렴판정

이 장에서는 급수의 수렴판정법을 몇 가지 공부하는데, 그 주요 방법은 코시 판정법이다. 급수의 수렴판정을 논하기 앞서서, 급수의 항들을 새로이 결합하거나 교환하는 경우 어떤 일이 일어나는지 살펴보자. 예를 들어서 급수 $\sum a_n$ 을

$$(a_1 + a_2) + a_3 + (a_4 + a_5 + a_6) + (a_7 + a_8) + \dots$$

로 다시 결합하자. 급수 $\sum a_n$ 의 부분합의 수열을 $\langle s_n \rangle$ 이라 두면, 위 새 급수의 합은 수열 $\langle s_2, s_3, s_6, s_8, \dots \rangle$ 의 극한이 어떻게 되는가 하는 문제로 귀결된다. 따라서, 만일 급수 $\sum a_n$ 이 수렴한다면 이를 다른 방법으로 결합하여도 수렴 여부나 급수의 합은 변하지 않는다. 물론, 수렴하지 않는 급수의 경우는 함부로 괄호를 칠 수 없다는 것을 잘 알고 있을 것이다.

이제, 급수의 항을 교환하는 문제를 살펴보자. 급수 $\sum_n a_n$ 과 전단사함수 $r : \mathbb{N} \to \mathbb{N}$ 이 주어져 있을 때, 급수 $\sum_n a_{r(n)}$ 을 $\sum_n a_n$ 의 **재배열급수**라 한다.

명제 2.4.1. 각 $n = 1, 2, \dots$ 에 대하여 $a_n \geq 0$ 이고, 함수 $r : \mathbb{N} \to \mathbb{N}$ 이 전단사 함수라 하자. 만일 급수 $\sum_n a_n$ 이 s 로 수렴하면, $\sum_n a_{r(n)} = s$ 이다. 또한, $\sum_n a_n$ 이 발산하면 $\sum_n a_{r(n)}$ 역시 발산한다.

증명: 각 자연수 n 에 대하여 $m(n) = \max\{r(1), r(2), \ldots, r(n)\}$ 이라 두자. 그러면

$$\{a_{r(1)}, a_{r(2)}, \ldots, a_{r(n)}\} \subset \{a_1, a_2, \ldots, a_{m(n)}\}, \qquad n = 1, 2, \ldots$$

이고, 따라서

$$\sum_{i=1}^{n} a_{r(i)} \leq \sum_{i=1}^{m} a_i \leq s, \qquad n = 1, 2, \ldots$$

이다. 정리 1.4.1 에 의하여 $\sum_n a_{r(n)}$ 은 수렴하고, 그 합을 t 라 두면 $t \leq s$ 이다. 함수 r 의 역함수를 생각하고, 위의 결과를 적용하면 $t \geq s$ 를 얻는다. □

일반적으로 재배열급수는 원래급수의 극한과 다른 극한값을 가진다. 이러한 예를 구체적으로 살펴보기 앞서서 코시 판정법의 간단한 응용을 알아보자.

정리 2.4.2. (교대급수판정법) **실수열 $\langle x_n \rangle$ 이 다음 성질들**

$$x_1 \geq \cdots \geq x_n \geq x_{n+1} \geq \cdots \geq 0, \qquad \lim_n x_n = 0$$

을 만족하면 급수 $\sum_n (-1)^{n-1} x_n$ 이 수렴한다.

증명: 이를 보이기 위하여 부분합수열 $\langle s_n \rangle$ 이 코시수열임을 보이면 된다. 우선

$$n \geq N \Longrightarrow x_n < \epsilon$$

인 자연수 N 을 잡자. 그러면 $n > m \geq N$ 에 대하여

$$|s_n - s_m| = x_{m+1} - x_{m+2} + \cdots \pm x_n \leq x_{m+1} < \epsilon$$

이 되어 $\langle s_n \rangle$ 은 코시수열이다. □

보기 1. 예로서 급수 $\sum_n (-1)^{n-1} \frac{1}{n}$ 은 수렴함을 알 수 있다. 후에 이 급수가 $\log 2$ 로 수렴함을 알게 된다.[5] 그런데 이 급수의 재배열급수

$$1 + \frac{1}{3} - \frac{1}{2} + \frac{1}{5} + \frac{1}{7} - \frac{1}{4} + \frac{1}{9} + \frac{1}{11} - \frac{1}{6} + \frac{1}{13} + \cdots \tag{9}$$

를 생각하자. 일단 이 급수가 수렴한다 가정하고 그 합을 s 라 두면,

$$s < 1 - \frac{1}{2} + \frac{1}{3} = \frac{5}{6}$$

5) 6.4 절의 보기 3 을 참조하라.

이다. 재배열급수의 부분합의 수열을 $\langle s'_n \rangle$ 이라 두자. 그러면

$$s'_3 < s'_6 < s'_9 < \dots \tag{10}$$

임을 쉽게 알 수 있고, 따라서

$$\limsup_{n\to\infty} s'_n > s'_3 = \frac{5}{6}$$

이므로 부분합의 수열 $\langle s'_n \rangle$ 은 s 로 수렴할 수 없다. □

문제 2.4.1. 위 보기에서 (10) 이 성립함을 보이고, (9) 에서 정의된 급수가 수렴함을 보여라.

보기 2. 실수열 $\langle x_n \rangle$ 을 다음

$$x_1 = 1, \qquad x_{n+1} = 1 + \frac{1}{x_n}, \qquad n = 1, 2, \dots$$

과 같이 점화식으로 정의하자. 만일 자연수열 $\langle p_n \rangle$ 을 역시 점화식

$$p_0 = p_1 = 1, \qquad p_{n+1} = p_n + p_{n-1}, \qquad n = 1, 2, \dots$$

로 정의하면

$$p_{n+3}p_n - p_{n+2}p_{n+1} = p_{n+2}p_n - p_{n+1}^2 = (-1)^n, \qquad n = 1, 2, \dots$$

이고, 또한 $x_n = \dfrac{p_n}{p_{n-1}}$ 임을 쉽게 알 수 있다. 따라서

$$x_{2k+2} - x_{2k} = \frac{p_{2k+2}}{p_{2k+1}} - \frac{p_{2k}}{p_{2k-1}} = \frac{-1}{p_{2k+1}p_{2k-1}}$$

이고, 마찬가지로

$$x_{2k+1} - x_{2k-1} = \frac{1}{p_{2k}p_{2k-2}}, \qquad x_{2k} - x_{2k+1} = \frac{1}{p_{2k}p_{2k-1}}$$

을 얻는다. 그러므로

$$x_1 < x_3 < x_5 < \cdots < x_6 < x_4 < x_2, \qquad \lim_n |x_{n+1} - x_n| = 0$$

이 되고, 교대급수판정법의 증명에서 보는 바와 같이 $\langle x_n \rangle$ 은 코시수열이 된다. 이제, 그 극한값을 x 라 두면 관계식 $x = 1 + \dfrac{1}{x}$ 을 만족해야 하고, 따라서

$$\lim_n x_n = \frac{1 + \sqrt{5}}{2}$$

이다. □

만일 $\sum_n |a_n|$ 이 수렴하면, 급수 $\sum_n a_n$ 이 **절대수렴**한다고 한다. 명제 2.4.1 을 이용하면 절대수렴하는 급수의 재배열급수도 원래 급수와 같은 값으로 수렴함을 알 수 있다.

문제 2.4.2. 절대수렴하는 급수의 재배열급수는 원래 급수와 같은 값으로 수렴함을 보여라.

코시 판정법을 이용하면 절대수렴하는 급수는 항상 수렴함을 금방 알 수 있다. 수렴하지만 절대수렴하지 않는 급수는 **조건수렴**급수라 한다. 다음 정리는 코시 판정법 혹은 따름정리 1.4.2 에 의하여 바로 얻을 수 있는 것이지만, 사실 거의 모든 수렴판정법은 이 정리의 응용이다.

정리 2.4.3. (비교판정법) 각 자연수 n 에 대하여 $0 \le a_n \le b_n$ 이라 하자. 만일 $\sum_n b_n$ 이 수렴하면 $\sum_n a_n$ 도 수렴한다.

문제 2.4.3. 급수 $\sum_n a_n$ 이 절대수렴하고 $\langle a_{n(k)} \rangle$ 이 $\langle a_n \rangle$ 의 부분수열이면, $\sum_k a_{n(k)}$ 가 절대수렴함을 보여라.

문제 2.4.4. 각 항이 양수인 단조감소수열 $\langle a_n \rangle$ 이 0 으로 수렴하면, $\sum_k a_{n(k)}$ 가 수렴하는 부분수열 $\langle a_{n(k)} \rangle$ 이 존재함을 보여라.

문제 2.4.5. 각 $n = 1, 2, \ldots$ 에 대하여 $a_n \ge 0$ 이고 $\lim_n a_n = 0$ 이라 하자. 임의의 $\epsilon > 0$ 에 대하여 $\sum_n b_n < \epsilon$ 을 만족하는 $\langle a_n \rangle$ 의 부분수열 $\langle b_n \rangle$ 이 존재함을 보여라.

유한개의 급수항은 수렴 여부를 결정하는데 전혀 관계가 없다. 따라서, 충분히 큰 모든 n 에 대하여 $0 \le a_n \le b_n$ 이기만 하면 결론에는 지장이 없다. 만일

$$0 \le |a_n| \le b_n$$

이고 $\sum_n b_n$ 이 수렴하면, $\sum_n a_n$ 은 절대수렴하고, 따라서 물론 수렴한다.

명제 2.4.4. (근판정법) 급수 $\sum_n a_n$ 에 대하여

$$\alpha = \limsup_n |a_n|^{1/n}$$

이라 두자. 만일 $\alpha < 1$ 이면 $\sum_n a_n$ 은 절대수렴하고, $\alpha > 1$ 이면 $\sum_n a_n$ 은 발산한다.

증명: 우선 $\alpha < 1$ 인 경우를 생각하고 $\alpha < \beta < 1$ 인 실수 β 를 잡자. 명제 1.4.3 에 의하면 충분히 큰 n 에 대하여 $|a_n|^{1/n} < \beta$, 혹은 $|a_n| < \beta^n$ 인데, 급수 $\sum_n \beta^n$ 이 수렴하므로

비교판정법을 적용할 수 있다. 다음 $\alpha > 1$ 인 경우도 마찬가지로 $\alpha > \beta > 1$ 인 $\beta \in \mathbb{R}$ 를 잡으면 무한히 많은 n 에 대하여 $|a_n| > \beta^n \geq 1$ 이고, 따라서 수열 $\langle a_n \rangle$ 은 0 으로 수렴하지 않고 (8) 에 의하여 급수 $\sum_n a_n$ 은 발산한다. □

명제 2.4.5. (비율판정법) 급수 $\sum_n a_n$ 에 대하여,

$$\alpha_n = \left| \frac{a_{n+1}}{a_n} \right|$$

라 두자. 만일 $\limsup_n \alpha_n < 1$ 이면 급수 $\sum_n a_n$ 은 절대수렴하고, 충분히 큰 모든 n 에 대하여 $\alpha_n \geq 1$ 이면 급수 $\sum_n a_n$ 은 발산한다.

증명: 만일 $\limsup_n \alpha_n < 1$ 이면 $\limsup_n \alpha_n < \beta < 1$ 인 $\beta \in \mathbb{R}$ 을 잡은 후, 다음 성질

$$n \geq N \implies \left| \frac{a_{n+1}}{a_n} \right| < \beta$$

을 만족하는 자연수 N 을 잡는다. 그러면, 귀납법에 의하여

$$|a_{N+i}| < \beta^i |a_N|, \qquad i = 1, 2, \ldots$$

임을 쉽게 알 수 있다. 따라서

$$n \geq N \implies |a_n| \leq |a_N| \beta^{-N} \beta^n$$

을 얻고, 비교판정법을 적용할 수 있다. 충분히 큰 모든 n 에 대하여 $\alpha_n \geq 1$ 인 경우, 수열 $\langle a_n \rangle$ 이 0 으로 수렴할 수 없다. □

위 정리에서

$$\liminf_n \alpha_n > 1$$

이면 충분히 큰 모든 n 에 대하여 $\alpha_n > 1$ 이므로 급수 $\sum_n a_n$ 은 역시 발산한다. 위의 두 가지 판정법은 그 증명에서 보는 바와 같이 등비급수와 비교함으로써 수렴 여부를 판단하는 것이다. 급수 $\sum_n \dfrac{1}{n}$ 과 $\sum_n \dfrac{1}{n^2}$ 을 생각하여 보면, $\limsup_n |a_n|^{1/n} = 1$ 이거나 $\lim_n |a_{n+1}/a_n| = 1$ 인 경우 두 가지 판정법 모두 쓸모 없음을 알 수 있다. 두 가지 판정법의 장단점을 따지기 위하여 두 극한 사이의 관계를 살펴볼 필요가 있다.

명제 2.4.6. 각 n 에 대하여 $c_n > 0$ 이면

$$\liminf_{n\to\infty} \frac{c_{n+1}}{c_n} \leq \liminf_{n\to\infty} c_n^{1/n} \leq \limsup_{n\to\infty} c_n^{1/n} \leq \limsup_{n\to\infty} \frac{c_{n+1}}{c_n}$$

이 성립한다.

증명: 첫번째 부등식을 보이기 위하여 $\liminf_n \dfrac{c_{n+1}}{c_n} = \alpha$ 라 두자. $\alpha = 0$ 이면 증명할 것이 없으므로 $\alpha > 0$ 이라 하고, 임의의 양수 $\epsilon \in (0, \alpha)$ 에 대하여 다음 성질

$$n \geq N \implies \frac{c_{n+1}}{c_n} \geq \alpha - \epsilon$$

을 만족하는 자연수 N 을 잡자. 그러면, 비율판정법의 증명과 마찬가지 방법을 사용하여 $n \geq N$ 이면

$$c_n \geq c_N(\alpha - \epsilon)^{-N}(\alpha - \epsilon)^n$$

임을 알 수 있고, 따라서

$$c_n^{1/n} \geq \left(c_N(\alpha - \epsilon)^{-N}\right)^{1/n}(\alpha - \epsilon), \qquad n = N, N+1, \ldots$$

이다. 양수 $a > 0$ 에 대하여 $\lim_n a^{1/n} = 1$ 이므로

$$\liminf_{n\to\infty} c_n^{1/n} \geq \alpha - \epsilon$$

이다. 만일 $\alpha = +\infty$ 이면 $\alpha - \epsilon$ 대신에 임의의 실수를 쓰면 마찬가지로 증명된다. 둘째 부등식은 당연하고, 셋째 부등식도 첫째와 마찬가지이다. □

문제 2.4.6. 명제 2.4.6 의 셋째 부등식을 증명하여라.

위 명제에 의하여, 비율판정법이 적용되는 급수에는 근판정법도 적용할 수 있음을 알 수 있다. 물론, 많은 경우 $\langle c_n^{1/n} \rangle$ 의 극한보다 $\langle c_{n+1}/c_n \rangle$ 의 극한을 구하는 것이 쉬우므로, 비율판정법은 나름대로 그 가치가 있다. 특히 $\langle c_{n+1}/c_n \rangle$ 이 수렴하고 그 극한이 γ 이면 $\langle c_n^{1/n} \rangle$ 의 극한도 γ 이다. 그러나 그 역은 성립하지 않는다.

보기 3. 다음 급수

$$\frac{1}{2^1} + \frac{1}{2^0} + \frac{1}{2^3} + \frac{1}{2^2} + \frac{1}{2^5} + \frac{1}{2^4} + \frac{1}{2^7} + \frac{1}{2^6} + \cdots$$

를 생각하여 보자. 명제 2.4.1 에 의하여 이 급수의 합이 2 임은 이미 알고 있지만, 위에서 공부한 판정법을 적용하여 보자. 우선

$$\lim_{n\to\infty} a_n^{1/n} = \frac{1}{2}$$

이므로 근판정법을 적용할 수 있다. 그러나

$$\liminf_{n\to\infty} \frac{a_{n+1}}{a_n} = \frac{1}{8}, \qquad \limsup_{n\to\infty} \frac{a_{n+1}}{a_n} = 2$$

이어서, 비율판정법을 적용할 수 없다. □

문제 2.4.7. 다음 급수의 수렴 여부를 판정하여라.

(가) $\displaystyle\sum_{n=1}^{\infty} \frac{2^n}{n!}$ (나) $\displaystyle\sum_{n=1}^{\infty} \frac{n^{1/n}}{n}$

(다) $\displaystyle\sum_{n=1}^{\infty} a^n n^a$ (단, $a>0$) (라) $\displaystyle\sum_{n=1}^{\infty} (n^{1/n}-1)^n$

(마) $\displaystyle\sum_{n=2}^{\infty} \frac{1}{n(\log n)^p}$ (단, $p>0$) (바) $\displaystyle\sum_{n=2}^{\infty} \frac{1}{n^p - n^q}$ (단, $0<q<p$)

(사) $\displaystyle\sum_{n=1}^{\infty} \frac{1}{1+a^n}$ (단, $a>-1$) (아) $\displaystyle\sum_{n=2}^{\infty} n\left(\frac{1}{\sqrt{n-1}} - \frac{1}{\sqrt{n}}\right)$

2.5 옹골집합

집합족 $\{U_i : i \in I\}$ 와 집합 K 가 있을 때, 만일

$$\bigcup_{i\in I} U_i \supseteq K$$

이면 $\{U_i : i \in I\}$ 를 K 의 **덮개** 혹은 **피복**이라 하고, 열린집합들로 이루어진 덮개를 **열린덮개**라 한다. 첨자집합 I 의 부분집합 J 가 있을 때, $\{U_i : i \in J\}$ 도 K 의 덮개이면 이를 $\{U_i : i \in I\}$ 의 **부분덮개**라 한다. 끝으로, 집합 K 의 임의의 열린덮개가 유한 부분덮개를 가지면, K 를 **옹골집합** 혹은 **콤팩트집합**이라 한다. 주어진 집합 K 가 옹골집합이 아니라는 것을 보이려면 유한 부분덮개를 가지지 않는 열린덮개의 예를 하나 찾아야 한다. 다시 말하면

$$\bigcup_{i\in I} U_i \supseteq K$$

이 성립하지만 $\{U_i : i \in I\}$ 들 가운데 유한개만 가지고는 K 를 덮을 수 없는 열린집합족 $\{U_i : i \in I\}$ 의 예를 하나 찾아야 한다. 개념을 보다 분명히 정립하기 위하여 몇 가지

예를 들어 보자.

보기 1. 집합족

$$\left\{\left(k-\frac{1}{2},\ k+\frac{1}{2}\right) \subset \mathbb{R} : k \in \mathbb{N}\right\}$$

이 $\mathbb{N}$ 의 열린덮개임은 자명하다. 이 집합들 중에서 하나라도 빠지면 더 이상 덮개가 될 수 없어서 자기 자신 이외는 부분덮개가 없고, 특히 유한 부분덮개를 가지지 않는다. 따라서 집합 $\mathbb{N}$ 은 옹골집합이 아니다. 집합 $\mathbb{N}$ 이 옹골집합이 아님을 보이기 위하여 열린덮개

$$\{(-k, k) \subset \mathbb{R} : k = 1, 2, \ldots\}$$

를 생각하여도 된다. 이제, 좌표공간 $\mathbb{R}^n$ 자체의 열린덮개

$$\{N(0, k) \subset \mathbb{R}^n : k = 1, 2, \ldots\}$$

를 생각하면 $\mathbb{R}^n$ 도 옹골집합이 아님을 알 수 있다. □

보기 2. 열린구간 $(0, 1)$ 의 열린덮개

$$\left\{\left(\frac{1}{k},\ 1\right) \subset \mathbb{R} : k = 2, 3, \ldots\right\}$$

는 유한 부분덮개를 가지지 않는다. 따라서 열린구간 $(0, 1)$ 도 옹골집합이 아님을 알 수 있다. □

위 두 가지 보기는 옹골집합이 아닌 전형적인 것들인데, 다음 명제가 그것을 말해 준다. 실제로 보기 1 의 집합 $\mathbb{N}$ 이나 $\mathbb{R}$ 은 유계집합이 아니고, 보기 2의 집합 $(0, 1)$ 은 닫힌집합이 아니다.

명제 2.5.1. 임의의 옹골집합은 유계이고 닫혀있다.

증명: 집합 K 가 옹골집합이라 하자. 집합족 $\{N(0, k) : k \in \mathbb{N}\}$ 는 K 의 열린덮개임이 분명하다. 정의에 의하여, 유한개의 자연수 $k_1, \ldots, k_m$ 이 존재하여

$$K \subset N(0, k_1) \cup \cdots \cup N(0, k_m)$$

이 된다. 이제, $R = \max\{k_1, \ldots, k_m\}$ 이라 두면 $K \subset N(0, R)$ 이 되어서 K 가 유계임을 알 수 있다. 집합 K 가 닫힌집합임을 보이기 위하여 $x \in \mathbb{R}^n \setminus K$ 라 하자. 각 자연수 k 에 대하여

$$U_k = \left\{y \in \mathbb{R}^n : \|x - y\| > \frac{1}{k}\right\}$$

이라 두면 $\bigcup_k U_k = \mathbb{R}^n \setminus \{x\}$ 가 되어서 $\{U_k : k \in \mathbb{N}\}$ 이 K 의 열린덮개이다. 따라서 이 열린덮개는 유한 부분덮개를 가지는데, $U_1 \subset U_2 \subset \ldots$ 이므로 적당한 자연수 k 에 대하여 $K \subset U_k$ 가 된다. 따라서

$$N(x, \frac{1}{k}) \subset \mathbb{R}^n \setminus U_k \subset \mathbb{R}^n \setminus K$$

가 되고 이는 x 가 $\mathbb{R}^n \setminus K$ 의 안점임을 뜻한다. 그러므로 $\mathbb{R}^n \setminus K$ 는 열린집합이고, 따라서 K 는 닫힌집합이다. □

이제, 옹골집합의 보기들을 들어 보자.

보기 3. 유한집합은 옹골집합이다. 실제로 $K = \{x_1, x_2, \ldots, x_n\}$ 이고 $\{U_i : i \in I\}$ 가 K 의 열린덮개라 하자. 열린집합 U_i 들 중에서 x_1 을 포함하는 $U_{i(1)}$, x_2 를 포함하는 $U_{i(2)}$ 등을 찾아 내면, $\{U_{i(1)}, \ldots, U_{i(n)}\}$ 이 K 의 유한 부분덮개임을 알 수 있다. □

보기 4. 이제 무한 옹골집합의 보기를 들기 위하여

$$K = \{0\} \cup \left\{\frac{1}{n} : n = 1, 2, \ldots\right\}$$

라 두고 $\{U_i : i \in I\}$ 가 K 의 열린덮개라 하자. 우선 $0 \in K$ 를 포함하는 열린집합을 $\{U_i\}$ 중에서 택하여 이를 U_0 라 하고 $N(0, \epsilon) \subset U_0$ 인 $\epsilon > 0$ 을 잡으면, 유한개를 제외한 K 의 모든 점은 U_0 의 원소가 됨을 알 수 있다. 이 나머지 유한개의 원소에 대하여 위 보기 3 과 같이 각 원을 포함하는 U_i 를 택하면 유한 부분덮개를 얻을 수 있다. □

문제 2.5.1. 집합 $A \subset \mathbb{R}^n$ 의 모든 점이 고립점이라 가정하자. 그러면 A 가 옹골집합일 필요충분조건은 A 가 유한임을 보여라.

옹골집합 K 의 부분집합 K_1 이 주어져 있을 때, 유한개의 열린집합들이 K 를 덮으면 이 집합들은 K_1 도 덮으므로 K_1 역시 옹골집합라고 생각할 수도 있는데, 이는 옹골집합의 정의를 정확하게 이해하지 못한 데에 따른 잘못이다. 위 보기 4 는 이를 분명하게 보여주는 예이다. 보다 일반적인 경우를 살펴보자. 좌표공간의 수열 $\langle x_n \rangle$ 이 x_0 로 수렴할 때, 집합

$$K = \{x_n : n = 1, 2, \ldots\} \cup \{x_0\}, \qquad K_1 = \{x_n : n = 1, 2, \ldots\}$$

을 생각하여 보자. 먼저, 집합 K 는 옹골집합이다. 그 이유는 위 보기의 경우와 같이 K 의 열린덮개를 어떻게 잡더라도 그 안에는 x_0 를 포함하는 열린집합이 있는데, 이 열린집합 안에는 이미 K 의 원소들 가운데 유한개를 제외하면 모두 들어가기 때문이다. 그러나

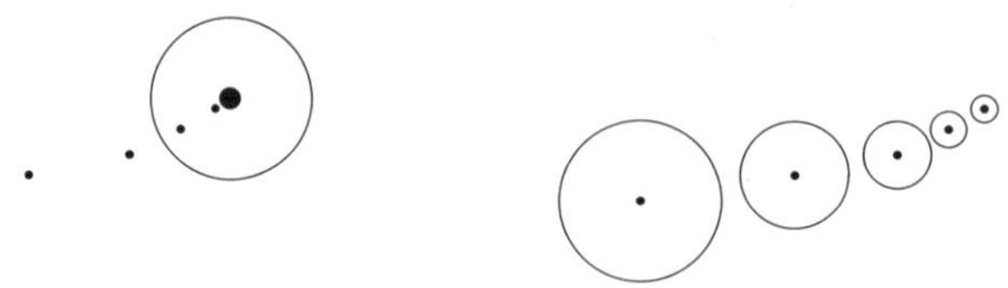

집합 K_1 의 극한점은 x_0 하나뿐인데 $x_0 \notin K_1$ 이기 때문에 이러한 논증을 할 수 없다. 실제로 K_1 의 각 원소 $x \in A$ 에 대하여

$$N(x, r_x) \cap A = \{x\}$$

인 양수 $r_x > 0$ 를 잡으면, 열린집합들의 모임

$$\mathcal{U} = \{N(x, r_x) : x \in X\}$$

은 X 의 열린덮개이다. 그런데 이 중 하나만 빠져도 더 이상 덮개가 되지 않으므로, $\mathcal{U}$ 유한부분덮개를 가지지 않는다. 따라서, K_1 은 옹골집합이 아니다.

문제 2.5.2. 집합 $A_1, A_2, \ldots, A_n$ 이 옹골집합이면 $A_1 \cup \cdots \cup A_n$ 도 옹골집합임을 보여라. 무한히 많은 옹골집합모임에 대하여 같은 이야기를 할 수 있는지 살펴보아라.

이제 옹골집합의 가장 중요한 보기로서 유계닫힌구간이 옹골집합임을 보이고자 한다. 그 증명은 축소구간정리의 또 다른 구체적 응용이다.

정리 2.5.2. 상자 $B = I^1 \times \cdots \times I^N \subset \mathbb{R}^N$ 은 옹골집합이다.

증명: 집합족 $\{U_i : i \in I\}$ 이 상자 B 의 열린덮개라 하고, 이 덮개가 유한 부분덮개를 가지지 않는다고 하자. 이제 상자열 $\langle B_n \rangle$ 을 만들되, 각 자연수 $n = 1, 2, \ldots$ 에 대하여 다음 성질

(가) $B_n \supseteq B_{n+1}$

(나) $\{U_i\}$ 는 B_n 의 유한 부분덮개를 가지지 않는다

을 만족하도록 하려 한다. 우선 $B_1 = B$ 라 두고, 귀납적으로 $\langle B_n \rangle$ 을 만들기 위하여 $B_1, \ldots, B_n$ 이 정해졌다고 하자. 볼차노-바이어슈트라스 정리를 증명할 때와 같이 B_n 을 2^N 등분하면 이 중에 적어도 어느 하나는 위 성질 (나) 를 만족하는데, 이를 B_{n+1} 이라 두면 된다. 도움정리 2.3.1 에 의하여 $\bigcap_n B_n$ 의 원소 x 가 존재하는데, $\{U_i\}$ 중에서 x 를 품는 것을 U_0 라 두자. 그러면 $N(x, \epsilon) \subset U_0$ 인 $\epsilon > 0$ 이 있고, 정리 2.3.2 의 증명처럼

$B_n \subset N(x, \epsilon)$ 인 상자 B_n 을 찾을 수 있다. 이제, $B_n \subset U_0$ 가 되고 B_n 은 유한 부분덮개 $\{U_0\}$ 를 가지게 되어 성질 (나) 에 모순이다. □

이제 이 절의 핵심 주제인 하이네-보렐[6] 정리를 증명하려 한다. 이에 의하면, 좌표공간의 부분집합 K 가 옹골집합일 필요충분조건은 K 가 유계닫힌집합임이다. 이를 위하여 다음 명제를 먼저 증명하는 것이 편리하다.

명제 2.5.3. 집합 $K \subset \mathbb{R}^n$ 이 옹골집합이고 F 가 K 의 닫힌부분집합이면, F 도 옹골집합이다.

증명: 집합족 $\{U_i : i \in I\}$ 가 F 의 열린덮개라 하자. 그러면

$$\{U_i : i \in I\} \cup (\mathbb{R}^n \setminus F)$$

는 K 의 열린덮개이다. 이제 K 가 옹골집합이므로 유한 부분덮개

$$\{U_1, U_2, \ldots, U_m, \mathbb{R}^n \setminus F\}$$

를 잡을 수 있다. 그러면

$$F \subset K \subset U_1 \cup \cdots \cup U_m \cup (\mathbb{R}^n \setminus F)$$

6) 정리 2.5.4 의 (가) $\Longleftrightarrow$ (나) 를 하이네-보렐 정리, 혹은 보렐-르벡 정리라 부른다. 일반적으로 벡터공간에 (노1) - (노3) 을 만족하는 '노음' 이 정의되면 이를 노음공간이라 하는데, 열린집합, 닫힌집합, 유계집합, 코시수열, 옹골집합 등 지금까지 정의한 개념들은 임의의 노음공간에서도 마찬가지로 정의할 수 있다. 또한, 증명과정에서 (노1) - (노3) 만 사용한 정리는 임의의 노음공간에서도 성립하는데, 특히 2절에서 전개한 내용과 정리 2.5.4 의 (가) $\Longrightarrow$ (나) 가 그러하다. 그 역 (나) $\Longrightarrow$ (가) 를 증명하는 과정에서 완비성공리가 사용됨을 주목하기 바란다. 실제로, 임의의 유계닫힌집합이 옹골집합이 된다는 것은 유한차원공간의 독특한 성질이다. 정리 7.1.3 및 7.1 절의 보기 1, 그리고 7.2 절의 (9) 다음에 나오는 이야기를 참조하라.

Heinrich Eduard Heine (1821～1881), 독일 수학자. Göttingen 과 베를린에서 공부하고 Halle 에서 활동하였다.

Émile Borel (1871～1956), 프랑스 수학자. École Normale Supérieure 에서 공부하고, 이 곳과 Sorbonne 에서 활동하였다. 정치에 관여하여 1925년 해군장관을 지내기도 했으며 뿌앵카레 연구소를 설립하는 데에 관여하여 죽을 때까지 소장을 하였다.

Henri Léon Lebesgue (1875～1941), 프랑스 수학자. École Normale Supérieure 에서 공부하고 Sorbonne, Collège de France 등에서 활동하였다.

이고, 따라서 $F \subset U_1 \cup \cdots \cup U_m$ 이다. □

정리 2.5.4. 좌표공간의 부분집합 $K \subset \mathbb{R}^n$ 에 대하여 다음은 동치이다.

(가) 집합 K 는 옹골집합이다.

(나) 집합 K 는 유계이며 닫혀있다.

(다) 집합 K 안의 임의의 무한집합은 K 안에서 극한점을 가진다.

(라) 집합 K 안의 임의의 수열은 K 안에서 수렴하는 부분수열을 가진다.

증명: 집합 $K \subset \mathbb{R}^n$ 이 유계이고 닫힌집합이라 하자. 그러면 K 는 유계이므로 적당한 상자 B 에 포함된다. 정리 2.5.2 에 의하여 B 는 옹골집합이고 K 가 닫혀있으므로 명제 2.5.3 에 의하여 K 는 옹골집합이다. 따라서, 명제 2.5.1 과 더불어 (가) $\Longleftrightarrow$ (나) 가 증명되었다. 또한 (나) $\Longrightarrow$ (다) $\Longrightarrow$ (라) 는 2.3 절에서 공부한 내용에 의하여 자명하다. 끝으로, (라) $\Longrightarrow$ (나) 를 보이자. 만일 K 가 유계가 아니라면 각 자연수 k 에 대하여 $K \not\subset N(0,k)$ 이므로 $K \setminus N(0,k)$ 의 원소 $x_k \in \mathbb{R}^n$ 을 택할 수 있다. 이제, $\|x_k\| \to \infty$ 이므로 $\langle x_k \rangle$ 의 모든 부분수열이 발산한다. 또한 만일 K 가 닫힌집합이 아니라면, K 의 원이 아닌 K 의 극한점 $x \in \mathbb{R}^n$ 이 있다. 이제 K 안에서 x 로 수렴하는 수열을 잡으면 모든 부분수열도 x 로 수렴하게 되어 K 안에서는 수렴하지 않는다. □

문제 2.5.3. 옹골집합들의 교집합이 항상 옹골집합임을 보여라.

문제 2.5.4. 닫힌집합 A 와 옹골집합 B 에 대하여 $A \cap B$ 가 옹골집합임을 보여라.

문제 2.5.5. 집합 A 가 유계이면, 그 닫힘 $\overline{A}$ 가 옹골집합임을 보여라.

방금 증명한 하이네-보렐 정리에 의하면, 적어도 좌표공간을 공부하는 한 옹골집합이라고 하는 개념은 유계닫힌집합으로 대치될 수 있다. 그럼에도 불구하고 옹골집합의 개념은 그 정의의 간결성 —열린집합만을 이용했음에 유의하라— 때문에 좌표공간에서도 매우 유용한 개념이다. 또 한가지 유의해야 할 사실이 있다. 여태까지 우리가 공부한 열린집합이나 닫힌집합이란 개념은 2.2 절에서 이미 살펴보았듯이 전체집합이 무엇인가에 의존하지만, 옹골집합은 그렇지 않다는 것이다. 구체적으로 말하여, $K \subset X$ 일 때 옹골집합의 정의에서 X 의 열린집합을 사용하거나 K 의 열린집합을 사용하거나 무관하게, K 가 옹골집합인지 아닌지 결정된다는 것이다.

이를 보이기 위하여 K 가 K 의 부분집합으로서 옹골집합이라 가정하자. 이제 K 가 X 의 부분집합으로서 옹골집합임을 보이기 위하여 열린덮개 $\{U_i : i \in I\}$ 가 주어졌다고 하자. 이는 U_i 가 X 의 열린집합이란 뜻이다. 명제 2.2.5 에 의하여 $U_i \cap K$ 는 K 의 열린집합이고, 가정에 의하여 유한 부분집합족 $\{U_i \cap K : i \in J\}$ 가 K 를 덮는다. 따라서, $\{U_i : i \in J\}$ 도 K 를 덮고, K 는 X 에서 옹골집합이다. 역으로 K 가 X 에서 옹골집합이면 K 에서도 옹골집합임도 마찬가지로 쉽게 알 수 있다.

문제 2.5.6. 집합 K 가 $X \subset \mathbb{R}^n$ 의 부분집합일 때, K 가 X 에서 옹골집합이면 K 는 $\mathbb{R}^n$ 에서 옹골집합임을 보여라.

지금까지 우리가 논의를 전개하는 데 핵심 역할을 한 축소구간정리, 나아가서 도움정리 2.3.1 은 감소하는 옹골집합열에 대해서도 성립하는데, 사실 다음과 같이 더 강력한 결과가 성립한다.

정리 2.5.5. 옹골집합들로 구성된 집합족 $\{K_i : i \in I\}$ 가 다음 성질

$$\text{임의의 유한 부분집합 } J \subset I \text{ 에 대하여 } \bigcap_{i\in J} K_i \neq \emptyset \text{ 이다}$$

을 만족하면 $\bigcap_{i\in I} K_i \neq \emptyset$ 이다.

증명: 집합족 $\{K_i\}$ 중의 하나를 K 라 두자. 만일 $\bigcap_{i\in I} K_i = \emptyset$ 이라 가정하면 물론 $K \cap (\bigcap_{i\in I} K_i) = \emptyset$ 이고, 따라서

$$K \subset \mathbb{R}^n \setminus \bigcap_{i\in I} K_i = \bigcup_{i\in I} (\mathbb{R}^n \setminus K_i)$$

가 된다. K 가 옹골집합이므로 I 의 유한 부분집합 J 가 있어서 $K \subset \bigcup_{i\in J}(\mathbb{R}^n \setminus K_i)$ 이고, 따라서

$$K \cap (\bigcap_{i\in J} K_i) = \emptyset$$

이 되어 정리의 가정에 모순이다. □

지난 2.2 절의 보기 6 에서 칸토르집합은 고립점을 가지지 않음을 보였다. 고립점을 가지지 않는 칸토르집합 C 나 닫힌구간 $[0, 1]$ 이 셀수없는 집합이라는 사실은 다음 명제에 의하여 추론될 수도 있다. 실제로 고립점을 가지지 않는 닫힌집합은 항상 셀수없는 집합이다.

따름정리 2.5.6. 셀수있는 닫힌집합 $S \subset \mathbb{R}^N$ 은 고립점을 가진다.

증명: 집합 $S = \{x_1, x_2, x_3, \ldots\}$ 라 두고, S 의 모든 점이 극한점이라 가정하자. 그러면, 각 자연수 n 에 대하여 근방 U_n 을 귀납적으로 구성하되, 다음 성질

$$\overline{U_{n+1}} \subset U_n, \qquad x_n \notin \overline{U_{n+1}}, \qquad U_n \cap S \neq \emptyset, \qquad n = 1, 2, \ldots$$

을 가지도록 할 수 있다. 이제 각 $\overline{U_n}$ 은 유계이므로

$$K_n = \overline{U_n} \cap S$$

는 옹골집합이고, $K_n \neq \emptyset$ 이다. 또한, $\langle K_n \rangle$ 은 감소하는 집합열이므로 정리 2.5.5 에 의하여 $\bigcap_n K_n$ 에는 적어도 한 점이 있는데, 이는 물론 S 의 원이다. 그러나 이는 위 둘째 성질에 모순이다. □

2.6 연결집합

앞 절에서 공부한 옹골집합이라는 개념은, 열린집합을 이용하여 유계닫힌구간 혹은 더 나아가서 유계닫힌집합의 성질을 특징지은 것이다. 이제 구간의 성질을 비슷한 방법으로 특징짓기로 한다.

우선, 실수의 부분집합 S 에 관한 다음 성질

$$a, b \in S,\ a < c < b \implies c \in S \tag{11}$$

을 생각하자. 모든 구간이 이 성질을 가짐은 자명하다. 역으로, 비어 있지 않은 집합 $S \subset \mathbb{R}$ 이 성질 (11) 을 가진다고 하자. 이제, $a = \inf S$, $b = \sup S$ 라 두자. 여기서 물론, S 가 아래로 유계가 아니면 $a = -\infty$, 위로 유계가 아니면 $b = +\infty$ 임을 뜻한다. 그러면 a, b 가 S 의 원소인가 아닌가에 따라서

$$[a, b], \qquad [a, b), \qquad (a, b], \qquad (a, b)$$

중의 하나임을 쉽게 알 수 있다. 그러므로 $\mathbb{R}$ 의 부분집합 S 가 구간일 필요충분조건은 (11) 임을 알 수 있다. 다음 정리는 위 성질 (11) 이 열린집합을 이용하여 특징지어짐을 보여 준다.

명제 2.6.1. 실수의 부분집합 $S \subset \mathbb{R}$ 이 있을 때, 다음은 동치이다.

(가) 집합 S 는 조건 (11) 을 만족하지 않는다.

(나) 다음 성질

$$U \cap S \neq \emptyset, \quad V \cap S \neq \emptyset, \quad U \cap V \cap S = \emptyset, \quad U \cup V \supseteq S \tag{12}$$

을 만족하는 $\mathbb{R}$ 의 열린집합 U, V 가 존재한다.

(다) 다음 성질

$$U \neq \emptyset, \quad V \neq \emptyset, \quad U \cap V = \emptyset, \quad U \cup V = S \tag{13}$$

을 만족하는 S 의 열린집합 U, V 가 존재한다.

증명: 집합 S 가 조건 (11) 을 만족하지 않는다면

$$a, b \in S, \quad a < c < b, \quad c \notin S$$

인 세 실수 a, b, c 를 찾을 수 있다. 이제 $U = (-\infty, c)$, $V = (c, \infty)$ 라 두었을 때 조건 (12) 가 성립함은 자명하다. 이제 조건 (12) 를 만족하는 열린집합 U, V 가 있다면 $U \cap S$ 와 $V \cap S$ 가 조건 (13) 을 만족함은 명백하다. 마지막으로 (다) $\Longrightarrow$ (가) 를 보이기 위하여 (13) 을 만족하는 S 의 열린집합 U, V 가 있다고 하고, (11) 이 성립한다 가정하자. 이제, $a \in U$ 와 $b \in V$ 를 잡으면 일반성을 잃지 않고 $a < b$ 라 하여도 무방하고,

$$c = \sup(U \cap [a, b])$$

라 정의할 수 있다. 그러면, 가정에 의하여 $c \in [a, b] \subset S$ 이므로 $c \in U$ 이거나 $c \in V$ 이다. 만일 $c \in U$ 이면 $a \leq c < b$ 이고, $U \cap [a, b)$ 가 $[a, b)$ 의 열린집합이므로

$$N(c, \delta_1) \cap [a, b) \subset U \cap [a, b)$$

인 양수 $\delta_1 > 0$ 이 있다. 따라서,

$$c < d < b, \quad d \in U \cap [a, b)$$

를 만족하는 실수 $d \in \mathbb{R}$ 이 있고, 이는 c 가 $U \cap [a, b]$ 의 상계라는 데 모순이다. 만일 $c \in V$ 이면, 마찬가지로

$$c \in N(c, \delta_2) \cap (a, b] \subset V \cap (a, b]$$

인 양수 $\delta_2 > 0$ 가 있다. 그런데 c 의 정의에 의하여 $N(c, \delta_2) \cap (a, b]$ 안에는 $U \cap [a, b]$ 의 원소 e 를 찾을 수 있는데, $e \in V$ 가 되어서 $U \cap V = \emptyset$ 에 모순이다. □

이제, 집합 $S \subset \mathbb{R}^n$ 이 있을 때, 조건 (13) 을 만족하는 S 의 열린집합 U, V 가 존재하지 않으면 S 를 **연결**집합이라 한다. 위 명제에 의하여 일차원공간의 연결집합이란 구간 혹은 한점뿐임을 알 수 있다. 이차원 이상의 공간에서는 정의에 의하여 어느 집합이 연결집합임을 보이기란 쉬운 일이 아닌데, 다음 명제는 이러한 경우 요긴하게 쓰일 수 있다.

명제 2.6.2. 연결집합들로 이루어진 집합족 $\{C_i : i \in I\}$ 의 교집합 $\bigcap_i C_i$ 이 비어 있지 않으면, 그 합집합 $C = \bigcup_i C_i$ 도 연결집합이다.

증명: 집합 $C = \bigcup_i C_i$ 가 연결이 아니라 가정하고

$$U \cap V = \emptyset, \qquad U \cup V = C \qquad U, V \neq \emptyset$$

인 C 의 열린집합 U, V 가 있다고 하자. 각 $i \in I$ 에 대하여

$$U_i = U \cap C_i, \qquad V_i = V \cap C_i$$

라 두자. 그러면 $U_i \cup V_i = C_i, U_i \cap V_i = \emptyset$ 이 되고, C_i 가 연결이므로 각 $i \in I$ 에 대하여

$$U_i = \emptyset,\ V_i = C_i \quad \text{이거나} \quad U_i = C_i,\ V_i = \emptyset$$

임을 알 수 있다. 이제

$$J = \{i \in I : U_i = \emptyset,\ V_i = C_i\}$$

라 두면, $U = \bigcup_i U_i \neq \emptyset$ 이므로 $J \subsetneqq I$ 이고, 마찬가지로 $J \neq \emptyset$ 이다. 따라서, $i \in J$ 와 $j \in I \setminus J$ 를 잡으면 $V_i = C_i, U_j = C_j$ 이고,

$$C_i \cap C_j = V_i \cap U_j \subset V \cap U = \emptyset$$

이어서 모순이다. □

보기 1. 좌표공간의 두 점 $x, y \in \mathbb{R}^n$ 에 대하여 **선분** $[x, y]$ 를

$$[x, y] = \{(1 - t)x + ty \in \mathbb{R}^n : t \in [0, 1]\}$$

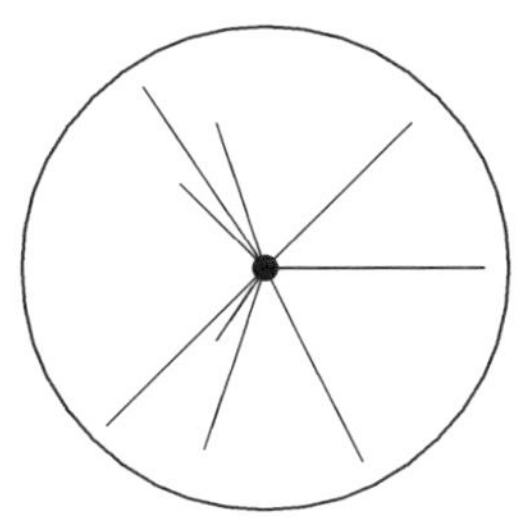

로 정의하자. 그러면 명제 2.6.1 과 같은 방법으로 $[x,y]$ 가 연결집합임을 알 수 있다. 그런데

$$N(x,r) = \bigcup_{y\in N(x,r)} [x,y], \qquad \bigcap_{y\in N(x,r)} [x,y] = \{x\}$$

이므로, 명제 2.6.2 에 의하여 모든 근방은 연결집합이다. 마찬가지로, 닫힌집합

$$\overline{N(x,r)} = \{y \in \mathbb{R}^n : \|x-y\| \leq r\}$$

도 연결집합임을 알 수 있다. □

집합 $S \subset \mathbb{R}^n$ 가 다음 조건

$$x, y \in S,\ 0 \leq t \leq 1 \implies (1-t)x + ty \in S$$

을 만족하면, 이를 **볼록**집합이라 한다. 볼록집합이 주어졌을 때, 그 안에 임의의 한 점을 고정하고 위와 같은 방법을 쓰면 모든 볼록집합이 연결집합임을 알 수 있다.

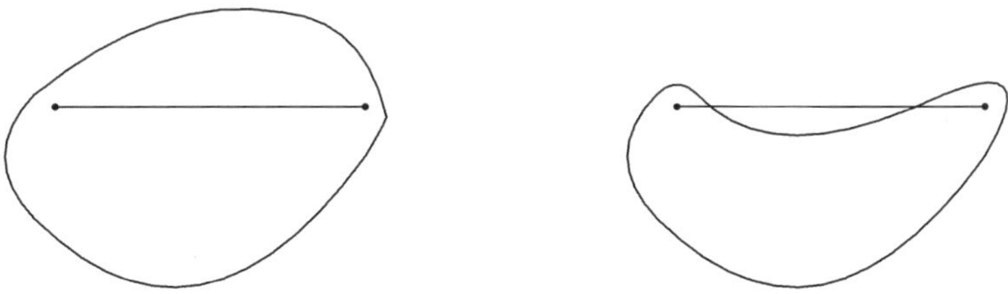

문제 2.6.1. 두 점 이상으로 이루어진 유한집합은 연결집합이 아님을 보여라.

문제 2.6.2. 볼록집합이 항상 연결집합임을 보여라.

문제 2.6.3. 집합 $\{(x,y) \in \mathbb{R}^2 : (x+1)^2 + y^2 \leq 1$ 혹은 $(x-1)^2 + y^2 < 1\}$ 이 연결집합임을 보여라.

2.7 연습문제

2.7.1. 집합 X 가 주어져 있을 때, X 에서 정의된 실함수 $f : X \to \mathbb{R}$ 전체의 집합 $F(X, \mathbb{R})$ 을 생각하고, $f, g \in F(X, \mathbb{R})$ 과 $a \in \mathbb{R}$ 에 대하여

$$(f+g)(x) = f(x) + g(x), \quad (af)(x) = af(x), \qquad x \in X$$

라고 정의하자.

(가) 이 연산에 대하여 (벡1) - (벡7) 이 성립함을 보여라.

(나) 실벡터공간 $\mathbb{R}^n$ 의 원소 $x = (x_1, \ldots, x_n)$ 에 대하여 함수 $f_x : \{1, \ldots, n\} \to \mathbb{R}$ 을 다음

$$f_x(i) = x_i, \qquad i = 1, 2, \ldots$$

과 같이 정의하면 $x \mapsto f_x$ 는 $\mathbb{R}^n$ 에서 $F(\{1, \ldots, n\}, \mathbb{R})$ 로 가는 전단사함수임을 보여라.

(다) 또한, $x, y \in \mathbb{R}^n$ 과 $a \in \mathbb{R}$ 에 대하여 관계식

$$f_{x+y} = f_x + f_y, \qquad f_{ax} = af_x$$

이 성립함을 보여라.

2.7.2. 함수 $\mathbb{R}^2 \times \mathbb{R}^2 \to \mathbb{R}$ 중에서 (내1), (내2), (내3) 을 만족하는 함수는

$$\left(\begin{pmatrix} x_1 \\ x_2 \end{pmatrix}, \begin{pmatrix} y_1 \\ y_2 \end{pmatrix} \right) \mapsto \begin{pmatrix} x_1 & x_2 \end{pmatrix} \begin{pmatrix} a & b \\ c & d \end{pmatrix} \begin{pmatrix} y_1 \\ y_2 \end{pmatrix}$$
$$= ax_1y_1 + bx_1y_2 + cx_2y_1 + dx_2y_2$$

의 꼴로 표시됨을 보여라. 이러한 함수들 가운데 (내1) - (내5) 를 만족하는 것들을 모두 찾아라.

2.7.3. 좌표공간 $\mathbb{R}^n$ 에서 (4) 와 같이 내적에 의하여 노음을 정의하면 다음 등식[7)]

$$\|x+y\|^2 + \|x-y\|^2 = 2(\|x\|^2 + \|y\|^2), \qquad x, y \in \mathbb{R}^n \tag{14}$$

7) 이를 나란히꼴 공식, 혹은 평행사변형 공식이라 부른다.

이 성립함을 보여라. 관계식 (5) 에 의하여 정의된 노음 $x \mapsto \|x\|_1$ 및 $x \mapsto \|x\|_\infty$ 에 대하여 이 등식이 성립하는지 살펴보아라.

2.7.4. 임의의 집합 $A \subset \mathbb{R}^n$ 에 대하여 $\operatorname{int} A$ 가 열린집합임을 보여라. 만일 U 가 열린집합이고 $U \subset A$ 이면 $U \subset \operatorname{int} A$ 임을 보여라. 즉, $\operatorname{int} A$ 는 A 에 포함되는 가장 큰 열린집합이다.

2.7.5. 집합 A 의 닫힘 $\overline{A}$ 는 A 를 포함하는 가장 작은 닫힌집합임을 증명하여라.

2.7.6. 집합 $A \subset \mathbb{R}^n$ 과 점 $x \in \mathbb{R}^n$ 이 주어져 있을 때, 임의의 양수 $\epsilon > 0$ 에 대하여

$$N(x,\epsilon) \cap A \neq \emptyset, \qquad N(x,\epsilon) \cap (\mathbb{R}^n \setminus A) \neq \emptyset$$

이 동시에 성립하면, 점 x 가 집합 A 의 **경계점**이라고 부른다. 또한, 집합 A 에 대하여 경계점 전체의 집합을 ∂A 로 표시한다.

(가) 임의의 집합 $A \subset \mathbb{R}^n$ 에 대하여 다음

$$\partial A = \overline{A} \cap \overline{\mathbb{R}^n \setminus A}$$

이 성립함을 보여라. 또한, ∂A 는 항상 닫힌 집합임을 보여라.

(나) A 가 열린집합이면 $A \cap \partial A = \emptyset$ 임을 보여라. 그 역이 성립하는지 살펴보아라.

(다) A 가 닫힌집합이면 $\partial A \subset A$ 임을 보여라. 그 역이 성립하는지 살펴보아라.

(라) A 가 열린집합이거나 닫힌집합이면 $\operatorname{int}(\partial A) = \emptyset$ 임을 보여라. 그 역이 성립하는지 살펴보아라.

(마) $\operatorname{int}(\partial A) \neq \emptyset$ 인 집합 A 의 예를 들어라.

2.7.7. 집합 $A, B \subset \mathbb{R}^n$ 에 대하여,

$$A + B = \{x + y \in \mathbb{R}^n : x \in A, y \in B\},$$
$$AB = \{xy \in \mathbb{R}^n : x \in A, y \in B\}$$

이라 정의하자. 집합 A 가 열린집합이면 $A + B$ 도 열린집합임을 보여라. 집합 A 와 B 가 닫힌집합일 때 $A + B$ 가 닫힌집합인지 살펴보아라. 집합 $A \subset \mathbb{R}$ 이 열린집합이고 $B \subset \mathbb{R}$ 일 때, 집합 AB 가 열린집합인지 살펴보아라. 집합 B 도 열린집합이면 어떻게 되는가?

2.7.8. 비어 있지 않은 집합 $A \subset \mathbb{R}^n$ 와 한 점 $x \in \mathbb{R}^n$ 에 대하여,

$$\rho(x, A) = \inf\{\|x - y\| : y \in A\}$$

라 정의하자.

(가) 집합 $N(A,\epsilon) = \{x \in \mathbb{R}^n : \rho(x,A) < \epsilon\}$ 이 열린집합임을 보여라.

(나) 집합 $N(A,\epsilon)$ 의 닫힘이

$$\overline{N(A,\epsilon)} = \{x \in \mathbb{R}^n : \rho(x,A) \le \epsilon\}$$

으로 주어짐을 보여라.

(다) 집합 A 가 닫힌집합일 필요충분조건이 $A = \bigcap_{\epsilon>0} \overline{N(A,\epsilon)}$ 임을 보여라.

(라) 위 문제 (다) 에서 $\overline{N(A,\epsilon)}$ 을 $N(A,\epsilon)$ 으로 바꾸면 어떻게 되는가?

2.7.9. 집합 $\{\sin n : n = 1,2,\ldots\}$ 가 구간 $[-1,1]$ 안에서 조밀함을 보여라. 또한, θ 가 무리수일 때 다음 집합

$$\{e^{2\pi in\theta} : n = 1,2,\ldots\}$$

이 단위원 $\{e^{2\pi it} : t \in [0,1)\}$ 안에서 조밀함을 보여라.

2.7.10. 아르키메데스 법칙을 가지는 순서체 F 가 성질 '임의의 코시수열이 수렴한다' 를 만족하면, F 가 완비순서체임을 증명하여라.[8)]

2.7.11. 유계실수열 $\langle x_n \rangle$ 이 다음 조건

$$2x_n \le x_{n-1} + x_{n+1}, \qquad n = 1,2,\ldots$$

을 만족할 때, $\lim_n (x_{n+1} - x_n) = 0$ 임을 보여라.

2.7.12. 실수열 $\langle a_n \rangle$ 에 대하여 새로운 수열 $\langle \sigma_n \rangle$ 을 다음

$$\sigma_n = \frac{1}{n}(a_1 + a_2 + \cdots + a_n), \qquad n = 1,2,\ldots$$

과 같이 정의하자. 이 때, $\lim_n a_n = a$ 이면 $\lim_n \sigma_n = a$ 임을 보여라. [도움말: 먼저 $a = 0$ 인 경우를 생각한다.]

2.7.13. 좌표공간의 수열 $\langle x_n \rangle$ 이 고정된 실수 $r < 1$ 에 대하여 다음 조건

$$\|x_{n+2} - x_{n+1}\| \le r\|x_{n+1} - x_n\|, \qquad n = 1,2,\ldots$$

을 만족할 때, 수열 $\langle x_n \rangle$ 이 코시수열임을 보여라. 위 조건이

$$\|x_{n+2} - x_{n+1}\| < \|x_{n+1} - x_n\|, \qquad n = 1,2,\ldots$$

으로 바뀌면 어떻게 되는가 살펴보아라.

---

8) 참고문헌 [21] 1장을 참조하라.

2.7.14. 좌표공간의 수열 $\langle x_n \rangle$ 이 점 x 로 수렴한다 하고, 각 $k = 1, 2, \ldots$ 에 대하여 $A_k = \{x_i : i = k, k+1, \ldots\}$ 라 두자. 이 때,

$$\bigcap_{k=1}^{\infty} \overline{A_k} = \{x\}$$

임을 보여라.

2.7.15. 급수 $\sum_n a_n$ 이 절대수렴할 때, 다음 급수들도 절대수렴함을 보여라.

$$(가)\ \sum_{n=1}^{\infty} a_n^2 \qquad (나)\ \sum_{n=1}^{\infty} \frac{a_n}{1+a_n}\ \ (단,\ a_n \neq -1) \qquad (다)\ \sum_{n=1}^{\infty} \frac{a_n^2}{1+a_n^2}$$

2.7.16. 실수열 $\langle a_n \rangle$ 이 다음

$$a_0 = a_1 = 1, \quad a_n = a_{n-1} + a_{n-2}, \qquad n = 2, 3, \ldots$$

과 같이 주어졌을 때, 급수 $\displaystyle\sum_{n=0}^{\infty} \frac{1}{a_n}$ 이 수렴하는지 살펴보아라.

2.7.17. 극한값이 0 이지만 $\displaystyle\sum_{n=1}^{\infty} (-1)^n a_n$ 이 발산하는 수열 $\langle a_n \rangle$ (단, $a_n \geq 0$) 의 예를 들어라.

2.7.18. 임의의 단조감소수열 $\langle a_n \rangle$ (단, $a_n \geq 0$) 에 대하여, $\sum_n a_n$ 이 수렴할 필요충분조건은 $\sum_n 2^n a_{2^n}$ 이 수렴함임을 증명하여라. 이를 이용하여 $\displaystyle\sum_{n=1}^{\infty} \frac{1}{n^s}$ 이 수렴할 필요충분조건이 $s > 1$ 임을 보여라.

2.7.19. 수열 $\langle a_n \rangle$ 의 각 항이 열 개의 숫자 $0, 1, 2, \ldots, 9$ 중의 하나라 가정하자. 즉, $a : \mathbb{N} \to \{0, 1, \ldots, 9\}$ 이다. 그러면 급수 $\sum_{n=1}^{\infty} a_n 10^{-n}$ 이 $[0, 1]$ 의 한 점으로 수렴함을 증명하여라. 역으로, 임의의 $x \in [0, 1]$ 에 대하여 $x = \sum_{n=1}^{\infty} a_n 10^{-n}$ 인 수열 $a : \mathbb{N} \to \{0, 1, \ldots, 9\}$ 가 존재함을 보여라.

2.7.20. 만일 $A \subset \mathbb{R}^n$ 과 $B \subset \mathbb{R}^m$ 이 옹골집합이면 그 곱집합 $A \times B \subset \mathbb{R}^{m+n}$ 도 옹골집합임을 보여라.

2.7.21. 집합 A 는 십진법전개에서 1 과 5 만으로 이루어진 수 $x \in [0, 1]$ 전체의 모임이다. 즉,

$$A = \left\{ x = \sum_{n=1}^{\infty} a_n \frac{1}{10^n} \in [0, 1] : a_n \in \{1, 5\},\ n = 1, 2, \ldots \right\}$$

이다. 집합 A 가 닫힌집합인가, 옹골집합인가, 고립점을 가지는가, 구간을 포함할 수 있는지 각각 살펴보아라.

2.7.22. 정리 2.5.2 를 이용하여 문제 1.6.8 (가) 를 증명하여라.

2.7.23.

(가) 임의의 유계집합 $X \subset \mathbb{R}^n$ 에 대하여 다음 등식

$$\operatorname{diam} X = \operatorname{diam} \overline{X}$$

이 성립함을 보여라.

(나) 수열 $\langle x_n \rangle$ 이 코시수열일 필요충분조건은

$$\lim_{N\to\infty} \operatorname{diam}\{x_k : k \geq N\} = 0$$

이 성립함임을 보여라.

(다) 옹골집합열 $\langle X_n \rangle$ 이 $X_{n+1} \subset X_n$ 이고 $\lim_{n\to\infty} \operatorname{diam} X_n = 0$ 이면 $\bigcap_{n=1}^{\infty} X_n$ 는 단 한 점으로 이루어진 집합임을 보여라.

2.7.24. 실수축 $\mathbb{R}$ 의 부분집합 A 가 열린집합이면서 동시에 닫힌집합이면 $A = \mathbb{R}$ 이거나 $A = \emptyset$ 임을 보여라.

2.7.25. 만일 $A \subset \mathbb{R}^n$ 이 연결집합이고, $A \subset B \subset \overline{A}$ 이면 B 도 연결집합임을 보여라.

2.7.26. 연결집합 $A \subset \mathbb{R}^n$ 이 적어도 두 점 이상을 가지고 있으면, A 의 모든 점이 A 의 극한점임을 보여라.

제 3 장
연속함수의 성질

이제 좌표공간 사이에 정의된 연속함수의 여러 가지 성질들을 공부한다. 가장 중요한 것은 최대최소정리와 사이값정리인데, 옹골집합과 연결집합을 이용하여 보다 일반적인 연속함수에 대하여 이를 증명한다. 일변수함수에서 생각해 보면, 최대최소정리는 구간 $[a, b]$ 의 치역이 유계닫힌집합임을, 사이값정리는 구간 $[a, b]$ 의 치역이 구간임을 말해 준다. 2 절에서는 다변수 연속함수에 대하여 옹골집합과 연결집합의 치역이 각각 옹골집합, 연결집합임을 증명하려 한다. 이를 위하여 극한의 정의로부터 설명되는 연속함수의 정의가 열린집합의 개념을 이용하여 보다 일반적인 정의로 대치될 수 있음을 먼저 보인다. 일변수함수의 사이값정리는 보다 일반적인 함수에 대하여 성립하는데, 다음 장에서 원시함수를 가지는 함수에 대하여 사이값정리를 증명한다. 또한 연속성보다 더 강한 조건인 고른연속성에 대하여 공부하고, 정의역이 옹골집합이면 두 개념이 일치함을 보인다. 끝으로, 일변수 함수의 좌극한과 우극한 및 단조함수의 연속성에 관하여 공부한다. 이 장을 공부하는 동안, 함수의 정의역과 치역을 나타내는 집합 X, Y, Z 는 항상 좌표공간의 부분집합이다. 좌표공간의 부분집합은 그 자체에 거리 $\|x - y\|$ 가 주어져 있고 그 안에서 열린집합 닫힌집합 등의 개념이 정의됨을 상기하기 바란다.

3.1 함수의 극한과 연속성의 정의

함수 $f : X \to Y$ 와 정의역의 극한점 $x_0 \in X'$ 및 $y_0 \in Y$ 가 주어져 있다. 임의로 주어진 $\epsilon > 0$ 에 대하여 다음 성질

$$x \in X,\ 0 < \|x - x_0\| < \delta \Longrightarrow \|f(x) - y_0\| < \epsilon \tag{1}$$

이 성립하는 $\delta > 0$ 가 존재하면

$$\lim_{x \to x_0} f(x) = y_0$$

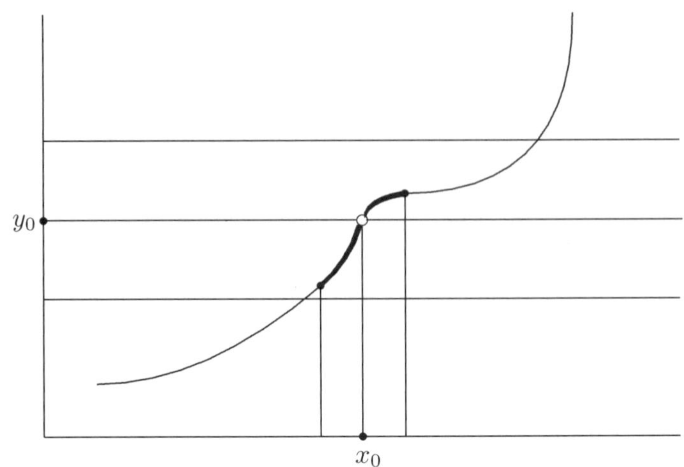

라 한다. 물론 우리가 찾아야 하는 δ 는 x_0 와 ϵ 에 의하여 결정된다.

먼저, 함수 f 의 정의역과 치역이 $\mathbb{R}$ 의 부분집합인 경우 조건 (1) 이 의미하는 바를 살펴보자. 조건의

$$0 < \|x - x_0\| < \delta, \qquad \|f(x) - y_0\| < \epsilon$$

는 각각

$$x_0 - \delta < x < x_0 + \delta,\ x \neq x_0, \qquad y_0 - \epsilon < f(x) < y_0 + \epsilon$$

을 의미한다. 따라서, 직선 $y = y_0$ 를 중심으로 폭이 2ϵ 인 수평 띠를 그리면 x 의 범위를 적절히 조정하여 그 그래프가 띠 안에 들어가야 한다는 것이다. 여기에서 $\epsilon > 0$ 은 임의의 양수이므로 $\epsilon > 0$ 이 작아지면 $\delta > 0$ 도 따라서 작아져야 한다.

보기 1. 예를 들어서 $\lim_{x \to 2} 3x = 6$ 임을 증명하여 보자. 위 정의를 살펴보면, 다음 명제

$$|x - 2| < (\qquad) \Longrightarrow |3x - 6| < \epsilon$$

가 항상 성립하도록 괄호 안을 채우라는 뜻이다. 한 눈에 살펴보면 $|3x - 6| = 3|x - 2|$ 이므로 $\dfrac{\epsilon}{3}$ 을 넣으면 된다는 것을 알 수 있다. □

보기 2. 이제 조금 복잡한 문제를 다루기 위하여 $\lim_{x \to 2} x^2 = 4$ 임을 증명하여 보자. 바로 전과 마찬가지로

$$|x - 2| < (\qquad) \Longrightarrow |x^2 - 4| < \epsilon$$

가 성립되어야 한다. 먼저 위 명제의 좌변과 우변을 비교하여 보자. 그러면 당연히 관계식

$$|x^2 - 4| = |x + 2|\,|x - 2|$$

을 주목해야 할 것이다. 그런데 이 경우는 전과 달리 $|x+2|$ 가 x 의 값에 따라 0 이 될 수도 있다. 이를 방지하기 위하여 먼저 x 의 범위를 $1 < x < 3$ 혹은 $|x-2| < 1$ 로 한정하자. 이는 바꾸어 말하여 δ 의 값을 1 보다 작은 값으로 한정하겠다는 뜻이다. 그러면 $|x+2| < 5$ 이므로 $\delta = \min\left\{1, \frac{\epsilon}{5}\right\}$ 으로 잡으면 된다는 것이 자명하다. 번거로운 일이지만 실제로 확인하여 보자.

만일 $|x-2| < \delta = \min\left\{1, \frac{\epsilon}{5}\right\}$ 이면, 부등식 $|x-2| < 1$ 로부터 $-1 < x-2 < 1$ 및 $3 < x+2 < 5$ 를 얻는다. 따라서,

$$|x^2-4| \le |x+2|\,|x-2| < 5|x-2|$$

인데 $|x-2| < \frac{\epsilon}{5}$ 이므로 $|x^2-4| < \epsilon$ 이 된다. □

위 보기에서 보듯이 δ 를 찾아 내는 일률적인 방법은 없다. 특히 한 가지 유의해야 할 점은, 극한의 정의로부터 주어진 함수의 극한값이 얼마인지를 알아 낼 수는 없다는 점이다. 극한의 정의는 우리가 추측해 본 값이 실제 극한값인지를 확인하여 주는 것뿐이다. 다음 정리들은 고등학교 때부터 이미 알고 있던 것인데, 위 정의를 이용하여 실제로 증명할 수 있다. 증명은 수열의 극한에서 이미 한 것과 유사하므로 생략한다.

명제 3.1.1. 두 함수 $f, g : X \to Y$ 와 정의역의 한 점 $x_0 \in X$ 에 대하여,

$$\lim_{x\to x_0} f(x) = y_0, \qquad \lim_{x\to x_0} g(x) = z_0$$

라 하자. 그러면 다음이 성립한다.

(가) a, b 가 실수이면 $\lim_{x\to x_0}(af(x)+bg(x)) = ay_0+bz_0$ 이다.

(나) $Y \subset \mathbb{R}$ 이면 $\lim_{x\to x_0} f(x)g(x) = y_0z_0$ 이다.

(다) $Y \subset \mathbb{R}$ 이고 $z_0 \ne 0$ 이면 $\lim_{x\to x_0} \frac{f(x)}{g(x)} = \frac{y_0}{z_0}$ 이다.

문제 3.1.1. 명제 3.1.1 을 증명하여라.

함수 $f : X \to Y$ 와 $x_0 \in X$ 가 주어져 있을 때, 임의의 $\epsilon > 0$ 에 대하여 다음의 성질

$$x \in X,\ \|x-x_0\| < \delta \Longrightarrow \|f(x)-f(x_0)\| < \epsilon \tag{2}$$

이 성립하는 $\delta > 0$ 가 존재하면, 함수 f 가 점 x_0 에서 **연속**이라 한다. 이 정의로부터 임의의 함수는 고립점에서 항상 연속임을 알 수 있다. 또한 x_0 가 정의역 X 의 극한점이면, 함수 $f : X \to Y$ 가 점 x_0 에서 연속일 필요충분조건이

$$\lim_{x\to x_0} f(x) = f(x_0)$$

임을 알 수 있다. 만일 집합 $A \subset X$ 의 모든 점에서 f 가 연속이면 A 위에서 연속이라 하고, 정의역 위에서 연속인 함수를 **연속함수**라고 한다.

문제 3.1.2. 함수 $f : X \to \mathbb{R}^n$ 가 다음

$$f(x) = (f_1(x), f_2(x), \ldots, f_n(x)), \qquad x \in X$$

과 같이 주어져 있을 때, 다음 두 명제

(가) 함수 f 가 연속이다

(나) 각 $i = 1, 2, \ldots, n$ 에 대하여 $f_i : X \to \mathbb{R}$ 이 연속이다

가 동치임을 보여라.

두 함수 $f, g : X \to \mathbb{R}^n$ 와 실수 $a \in \mathbb{R}$ 이 있을 때, 새로운 함수 $f + g$ 와 af 를

$$(f + g)(x) = f(x) + g(x), \qquad (af)(x) = af(x), \qquad x \in X$$

로 정의한다. 만일 함수들의 치역이 $\mathbb{R}$ 의 부분집합이면 위와 마찬가지로 fg 가 정의되고, 특히 g 의 치역이 0 을 포함하지 않으면 $\dfrac{f}{g}$ 도 정의된다. 다음은 명제 3.1.1 에 의하여 자명하다.

명제 3.1.2. 두 함수 $f, g : X \to \mathbb{R}^n$ 가 X 에서 연속이라 하자. 그러면 임의의 실수 $a, b \in \mathbb{R}$ 에 대하여 $af + bg$ 도 X 에서 연속이다. 만일 fg 나 $\dfrac{f}{g}$ 가 정의되면 이 함수들도 연속이다.

문제 3.1.3. 명제 3.1.2 를 증명하여라.

문제 3.1.4. (가) 함수 $f : X \to \mathbb{R}$ 가 연속이면 $|f| : x \mapsto |f(x)|$ 도 연속임을 보여라.

(나) 함수 $f : X \to \mathbb{R}$ 에 대하여 다음

$$f_+(x) = \max\{f(x), 0\}, \qquad f_-(x) = -\min\{f(x), 0\}, \qquad x \in X \tag{3}$$

과 같이 정의하면, $f = f_+ - f_-$ 이고 $f_+ \geq 0, f_- \geq 0$ 임을 보여라. 만일 f 가 연속이면 f_+ 와 f_- 도 연속임을 보여라.

이제, 위 명제 (2) 를 부정하여 함수 f 가 점 $x_0 \in X$ 에서 연속이 아닐 조건을 알아보자. 이 명제를 부정하기 위하여 다음 성질을 만족하는 양수 ϵ_0 가 있어야 한다;

임의의 $\delta > 0$ 에 대하여 조건 $\|x - x_0\| < \delta, \ \ \|f(x) - f(x_0)\| \geq \epsilon_0$

을 만족하는 $x \in X$ 가 존재한다.

다음 정리는 고등학교에서 로그를 취하여 극한값을 구할 때 이미 썼던 정리로서 수열의 극한과 연속함수는 그 순서를 바꿀 수 있다는 것이다. 이 정리는 또한 어느 함수가 극한값을 가지지 않음을 증명하려고 할 때 요긴하게 쓰일 수 있다.

명제 3.1.3. 함수 $f : X \to Y$ 와 정의역의 한 점 $x_0 \in X$ 에 대하여 다음은 동치이다.

(가) 함수 f 는 x_0 에서 연속이다.

(나) X 안의 수열 $\langle x_n \rangle$ 이 x_0 로 수렴하면, 수열 $\langle f(x_n) \rangle$ 이 $f(x_0)$ 로 수렴한다.

증명: 함수 $f : X \to Y$ 가 점 $x_0 \in X$ 에서 연속이고 $\lim_n x_n = x_0$ 라 하자. 주어진 $\epsilon > 0$ 에 대하여 다음 성질

$$\|x - x_0\| < \delta \Longrightarrow \|f(x) - f(x_0)\| < \epsilon$$

을 만족하는 $\delta > 0$ 을 잡고, 이 δ 에 대하여

$$n \geq N \Longrightarrow \|x_n - x_0\| < \delta$$

가 되도록 자연수 N 을 잡자. 그러면 이렇게 잡은 N 에 대하여

$$n \geq N \Longrightarrow \|f(x_n) - f(x_0)\| < \epsilon$$

이 당연히 성립하고, 따라서 $\lim_n f(x_n) = f(x_0)$ 이다.

역을 보이기 위하여, 함수 f 가 x_0 에서 연속이 아니라 가정하자. 위에서 살펴본 바와 같이 적당한 $\epsilon_0 > 0$ 에 대하여

$$\|x_n - x_0\| < \frac{1}{n}, \quad \|f(x_n) - f(x_0)\| \geq \epsilon_0, \qquad n = 1, 2, \ldots$$

를 만족하는 수열 $\langle x_n \rangle$ 을 잡을 수 있다. 이 수열 $\langle x_n \rangle$ 은 x_0 로 수렴하지만 수열 $\langle f(x_n) \rangle$ 은 $f(x_0)$ 로 수렴하지 않는다. □

문제 3.1.5. 두 연속함수 $f, g : \mathbb{R} \to \mathbb{R}$ 이 각 유리수점에서 함수값이 일치할 때 $f = g$ 임을 보여라.

위에서 (가) $\Longrightarrow$ (나) 를 증명하는 것과 꼭 같은 방법을 쓰면 다음 명제도 쉽게 보일 수 있다.

명제 3.1.4. 함수 $f : X \to Y$ 와 $g : Y \to Z$ 가 $x_0 \in X$ 와 $f(x_0) \in Y$ 에서 각각 연속이면, 그 합성함수 $g \circ f : X \to Z$ 도 x_0 에서 연속이다.

문제 3.1.6. 명제 3.1.4 를 증명하여라.

보기 3. 다음과 같이 정의된 두 함수 $f : [0,1] \to \mathbb{R}$ 를 생각하자.

$$f(x) = \begin{cases} 0, & x \text{ 가 무리수}, \\ 1, & x \text{ 가 유리수} \end{cases}$$

극한 $\lim_{x\to 0} f(x)$ 가 존재하지 않음을 보이려면 0 으로 수렴하는 유리수열과 무리수열을 생각하면 된다. 마찬가지로 정의역 위의 임의의 점 $x_0 \in [0,1]$ 을 잡아도 $\lim_{x\to x_0} f(x)$ 는 존재하지 않고, 따라서 f 는 모든 점에서 불연속이다. 한편

$$g(x) = \begin{cases} 0, & x = 0, 1 \text{ 이거나 } x \text{ 가 무리수}, \\ \frac{1}{q}, & x = \frac{p}{q} \text{ 는 기약분수} \end{cases}$$

라 정의하면, 똑같은 방법을 써서 g 는 각 유리수에서 불연속임을 쉽게 알 수 있다. 이제, 함수 g 가 무리수에서 연속임을 보이자. 이를 위하여 $x_0 \in [0,1]$ 을 무리수라 하고 $\lim_{x\to x_0} g(x) = 0$ 임을 보이면 된다.

우선, 함수 g 의 치역은 $\left\{0, 1, \frac{1}{2}, \frac{1}{3}, \cdots\right\}$ 이다. 또한, 각 자연수 n 에 대하여 함수값 $g(x)$ 를 $\frac{1}{n}$ 로 가지는 $x \in [0,1]$ 은 유한개뿐이다. 따라서, 임의의 $\epsilon > 0$ 에 대하여 집합

$$A = \{x \in [0,1] : g(x) \geq \epsilon\}$$

은 유한집합이고

$$\delta = \min\{|x - x_0| : x \in A\}$$

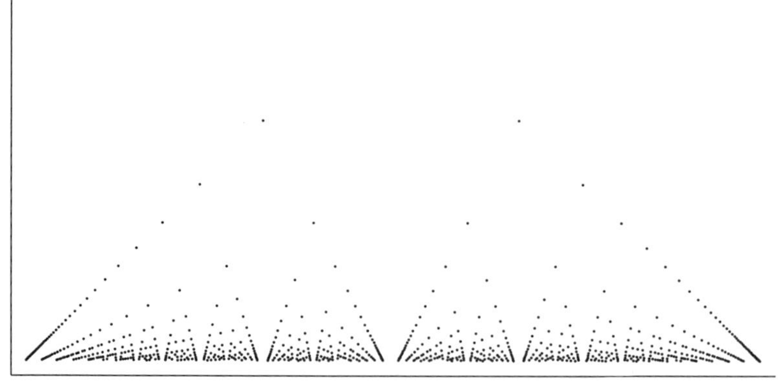

는 양수이다. 이제 $|x - x_0| < \delta \Longrightarrow |g(x)| < \epsilon$ 은 당연하다. □

지금부터 다루는 내용은 이 절의 주요 정리로서, 다음 절에서 최대최소정리와 사이값 정리를 증명할 때 요긴하게 쓰인다. 특히 중요한 점은 함수의 연속성을 논할 때 거리의 개념을 쓰지 않고 열린집합 또는 닫힌집합의 개념만으로 연속성을 말할 수 있다는 점이다.

이를 위하여 일반적인 함수 $f : X \to Y$ 에 관한 몇 가지 용어를 설명하자. 정의역 X 의 부분집합 $A \subset X$ 가 있을 때, f 에 관한 A 의 **상** $f(A)$ 를

$$f(A) = \{f(x) \in Y : x \in A\}$$

로 정의한다. 또한, 공변역 Y 의 부분집합 $B \subset Y$ 가 있을 때 f 에 의한 B 의 **역상** $f^{-1}(B)$ 를

$$f^{-1}(B) = \{x \in X : f(x) \in B\}$$

로 정의한다. 함수 $f : X \to Y$ 가 전사일 필요충분조건이 $f(X) = Y$ 임은 정의에 의하여 자명하다. 다음 관계

$$f^{-1}(f(A)) \supset A, \qquad f(f^{-1}(B)) \subset B \tag{4}$$

또한 정의를 사용하여 금방 보일 수 있다. 위 첫 관계에서 두 집합이 항상 같아질 필요충분조건은 f 가 단사임이고, 둘째 관계에서 등호가 항상 성립할 필요충분조건은 f 가 전사임이다.

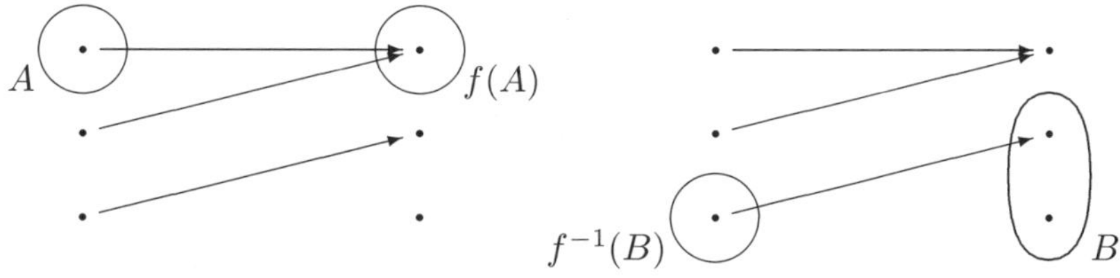

문제 3.1.7. 임의의 부분집합 $A \subset X$ 에 대하여 (4) 의 첫째 등식이 성립할 필요충분조건은 f 가 단사임을 보여라. 또한, 임의의 부분집합 $B \subset Y$ 에 대하여 (4) 의 둘째 등식이 성립할 필요충분조건은 f 가 전사임을 보여라.

이제, $\{A_i\}$ 가 X 의 부분집합들이고 $\{B_i\}$ 가 Y 의 부분집합들이면

$$\begin{aligned} &f(\textstyle\bigcup_i A_i) = \bigcup_i f(A_i), &\qquad &f(\textstyle\bigcap_i A_i) \subset \bigcap_i f(A_i), \\ &f^{-1}(\textstyle\bigcup_i B_i) = \bigcup_i f^{-1}(B_i), &\qquad &f^{-1}(\textstyle\bigcap_i B_i) = \bigcap_i f^{-1}(B_i) \end{aligned} \tag{5}$$

이 성립한다는 것 역시 정의로부터 금방 유도된다. 관계식 (5) 의 두 번째에서 일반적으로 등호가 성립하지 않는 보기는 상수함수 등을 생각해 보면 된다. 위에서 정의한 기호를 사용하면 연속함수를 정의하는 성질 (2) 는 다음 성질

$$f(N(x_0,\delta)\cap X)\subset N(f(x_0),\epsilon)\cap Y \tag{6}$$

로 바꾸어 쓸 수 있다.

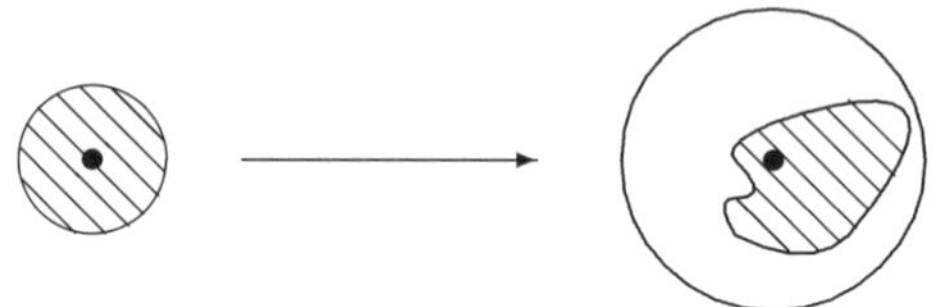

문제 3.1.8. 관계식 (5) 를 증명하여라.

이제 이 절의 주된 정리를 서술하고 이를 증명하자.

정리 3.1.5. 함수 $f: X \to Y$ 에 대하여 다음은 동치이다.

(가) 함수 f 는 X 위에서 연속이다.

(나) 집합 $B \subset Y$ 가 Y 의 열린집합이면 $f^{-1}(B)$ 도 X 의 열린집합이다.

(다) 집합 $B \subset Y$ 가 Y 의 닫힌집합이면 $f^{-1}(B)$ 도 X 의 닫힌집합이다.

증명: 먼저 (가) $\Longrightarrow$ (나) 를 보이기 위하여 $f : X \to Y$ 가 연속이고 B 가 Y 의 열린집합이라 하자. 이제 B 의 역상 $f^{-1}(B)$ 가 X 의 열린집합임을 증명하기 위하여 한 점 $x_0 \in f^{-1}(B)$ 를 택하자. 그러면 $f(x_0) \in B$ 이므로

$$N(f(x_0),\epsilon)\cap Y\subset B$$

를 만족하는 양수 $\epsilon > 0$ 을 잡을 수 있다. 이제 f 가 x_0 에서 연속이므로 성질 (6) 을 만족하는 양수 $\delta > 0$ 을 취하자. 그러면

$$\begin{aligned} N(x_0,\delta)\cap X &\subset f^{-1}[f(N(x_0,\delta)\cap X)] \\ &\subset f^{-1}(N(f(x_0),\epsilon)\cap Y)\subset f^{-1}(B) \end{aligned}$$

이고, x_0 는 $f^{-1}(B)$ 의 임의의 점이었으므로 $f^{-1}(B)$ 가 X 의 열린집합임이 증명되었다.

이제 역을 보이기 위하여 (나) 를 가정한다. 함수 f 가 연속임을 보이기 위하여 $x_0 \in X$ 와 양수 $\epsilon > 0$ 이 주어졌다고 하자. 우선 $N(f(x_0),\epsilon)\cap Y$ 가 Y 의 열린집합이므로, 가정에 의하여 $f^{-1}(N(f(x_0),\epsilon)\cap Y)$ 가 X 의 열린집합이다. 점 x_0 가 이 집합의 원소이므로

$$X\cap N(x_0,\delta)\subset f^{-1}(N(f(x_0),\epsilon)\cap Y)$$

를 만족하는 양수 $\delta > 0$ 를 잡을 수 있다. 그러면

$$f(X \cap N(x_0, \delta)) \subset f[f^{-1}(N(f(x_0), \epsilon) \cap Y)] \subset N(f(x_0), \epsilon) \cap Y$$

이므로 (6) 을 만족하고, 따라서 f 는 x_0 에서 연속이다.

이제 (나) 를 가정하고, B 가 Y 의 닫힌집합이라 하자. 그러면 $Y \setminus B$ 는 Y 의 열린집합이고, 가정에 의하여 $f^{-1}(Y \setminus B)$ 는 X 의 열린집합이다. 그런데 일반적으로 다음 관계

$$f^{-1}(Y \setminus B) = X \setminus f^{-1}(B)$$

가 성립함을 쉽게 알 수 있고, 따라서 $f^{-1}(B)$ 는 X 의 닫힌집합이다. 마지막으로 (다) $\Longrightarrow$ (나) 도 마찬가지로 증명된다. □

문제 3.1.9. 명제 3.1.5 의 (다) $\Longrightarrow$ (나) 를 증명하여라.

3.2 최대최소정리와 사이값정리

이 절에서는 연속함수의 가장 중요한 성질인 최대최소정리와 사이값정리를 증명한다. 먼저 최대최소정리를 살펴보는데, 이를 위하여 보다 일반적인 다음 정리를 먼저 증명하기로 하자.

정리 3.2.1. 함수 $f : X \to Y$ 가 연속이고 전사함수일 때, X 가 옹골집합이면 Y 도 옹골집합이다.

증명: 집합 Y 가 옹골집합임을 보이기 위하여 임의의 열린덮개 $\{U_i : i \in I\}$ 를 생각하자. 정리 3.1.5 에 의하여 $f^{-1}(U_i)$ 는 모두 X 의 열린집합이고,

$$\bigcup_{i\in I} f^{-1}(U_i) = f^{-1}(\bigcup_{i\in I} U_i) = f^{-1}(Y) = X$$

이므로 $\{f^{-1}(U_i) : i \in I\}$ 는 X 의 열린덮개이다. 가정에 의하여 X 가 옹골집합이므로, 유한부분덮개 $\{f^{-1}(U_i) : i \in J\}$ 가 존재한다. 이제 함수 f 가 전사이므로

$$Y = f(X) = f(\bigcup_{i\in J} f^{-1}(U_i)) = \bigcup_{i\in J} f(f^{-1}(U_i)) = \bigcup_{i\in J} U_i$$

이고, 따라서 $\{U_i : i \in J\}$ 는 $\{U_i : i \in I\}$ 의 유한부분덮개이다. □

지난 2.5 절에서 살펴본 바와 같이, 옹골집합이라는 개념은 어느 집합의 부분집합으로 생각하나 마찬가지이다. 따라서, 위 정리에서 전사라는 가정이 빠지더라도 함수의 상 $f(X)$ 가 옹골집합인 것으로 결론 내릴 수 있다. 실수축 $\mathbb{R}$ 의 옹골집합은 유계이므로 최대하계 α 와 최소상계 β 를 가지고, 닫힌집합이므로 α 와 β 는 그 집합의 원소가 되어 각각 최소값과 최대값이 된다.

따름정리 3.2.2. (최대최소정리) 옹골집합 위에서 정의된 연속 실함수 $f : X \to \mathbb{R}$ 는 최대값과 최소값을 가진다.

따름정리 3.2.3. 옹골집합 위에서 정의된 연속 실함수 $f : X \to \mathbb{R}$ 의 함수값이 항상 양이면 다음 성질

$$\text{임의의 } x \in X \text{ 에 대하여 } f(x) \geq \delta \text{ 이다}$$

을 만족하는 양수 $\delta > 0$ 가 존재한다.

따름정리 3.2.4. 유계닫힌구간에서 정의된 연속함수 $f : [a, b] \to \mathbb{R}$ 는 최대값과 최소값을 가진다.

따름정리 3.2.5. 정의역이 옹골집합인 전단사 함수 $f : X \to Y$ 가 연속이면, 그 역함수 $g : Y \to X$ 도 연속이다.

증명: 함수 g 의 치역인 X 의 열린집합 U 를 잡자. 그러면 $X \setminus U$ 는 옹골집합X 의 닫힌집합이므로 명제 2.5.3 에 의하여 옹골집합이다. 따라서, $f(X \setminus U) = Y \setminus f(U)$ 는 옹골집합이므로 닫힌집합이고, $g^{-1}(U) = f(U)$ 는 Y 의 열린집합이다. 열린집합 U 를 임의로 택했으므로 정리 3.1.5 에 의하여 g 는 연속이다. □

보기 1. 전단사함수 $f : X \to Y$ 가 연속이라도 일반적으로 그 역함수가 연속일 필요는 없다. 예를 들어서 함수 $f : \{0\} \cup (1, 2] \to [0, 1]$ 를

$$f(x) = \begin{cases} 0, & x = 0, \\ x - 1, & 1 < x \leq 2 \end{cases}$$

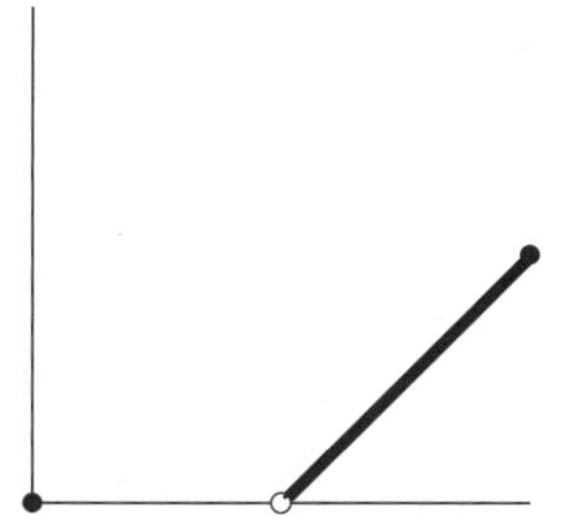

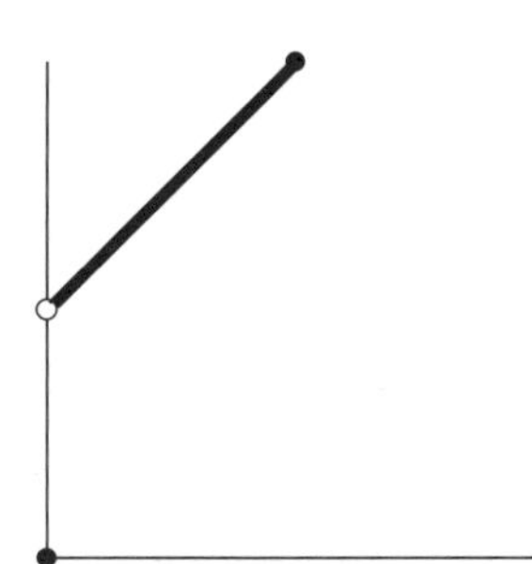

로 정의하면 전단사 연속함수가 되지만 그 역함수는 연속이 아니다. □

좌표공간의 부분집합 $A, B \subset \mathbb{R}^n$ 가 있을 때, 두 집합 사이의 **거리** $\operatorname{dist}(A, B)$ 를

$$\operatorname{dist}(A, B) = \inf\{\|x - y\| : x \in A,\ y \in B\}$$

로 정의한다. 두 집합 사이에 겹치는 부분이 있으면 그 거리는 물론 0 이다. 끝점을 공유하는 두 열린구간을 생각하면 서로소인 집합이라도 그 거리는 0 이 될 수 있는데, 이러한 현상은 닫힌집합 사이에서도 일어난다. 예를 들어서

$$A = \{n \in \mathbb{R} : n = 2, 3, \dots\}, \qquad B = \left\{n + \frac{1}{n} \in \mathbb{R} : n = 2, 3, \dots\right\}$$

이면, $\operatorname{dist}(A, B) = 0$ 이다. 평면에서는 함수 $y = \dfrac{1}{x}$ 의 그래프와 y 축을 생각하면 더욱 간단한 예를 얻을 수 있다. 다음 정리는 복소평면 사이에 정의된 복소함수를 공부할 때 유용하게 쓰인다.

명제 3.2.6. 좌표공간 $\mathbb{R}^n$ 의 옹골집합 A 와 닫힌집합 B 가 서로소이면 $\operatorname{dist}(A, B) > 0$ 이다.

증명: 만일 A 가 한점 x 로 이루어진 집합이면 x 가 $\mathbb{R}^n \setminus B$ 의 안점이므로 결론은 당연하다. 이제 A 의 각 점 x 에 대하여

$$f(x) = \operatorname{dist}(\{x\}, B)$$

라 정의하자. 그러면 임의의 $x, y \in A$ 에 대하여

$$|f(x) - f(y)| \leq \|x - y\| \tag{7}$$

임을 쉽게 확인할 수 있다. 따라서 함수 $f : A \to \mathbb{R}$ 는 연속이고 따름정리 3.2.3 을 적용할 수 있다. □

문제 3.2.1. 부등식 (7) 을 증명하여라.

이제 연속함수의 사이값정리를 살펴보자. 연속함수의 사이값정리는 역사적으로 볼 때 실수체의 완비성공리가 도입된 직접적인 동기가 되었을 뿐 아니라 집합의 연결성과 밀접한 관계가 있으므로, 먼저 좌표공간의 부분집합이 연결집합일 필요충분조건을 살펴본다.

도움정리 3.2.7. 좌표공간의 부분집합 S 에 대하여 다음은 동치이다.

(가) 집합 S 는 연결되어 있지 않다.

(나) 집합 S 에서 정의된 전사 연속함수 $f : S \to \{0, 1\}$ 가 존재한다.

증명: 집합 S 가 연결되어 있지 않으면 2.6 절의 조건 (13) 을 만족하는 열린집합 U, V 가 있다. 이제 함수 $f : S \to \{0, 1\}$ 를

$$f(x) = \begin{cases} 0, & x \in U, \\ 1, & x \in V \end{cases}$$

로 정의하면 f 는 전사 연속함수이다. 역으로 그러한 함수가 있을 때,

$$U = f^{-1}(\{0\}), \qquad V = f^{-1}(\{1\})$$

이라 정의하면 2.6 절의 조건 (13) 이 성립한다. □

정리 3.2.8. 함수 $f : X \to Y$ 가 연속이고 전사함수일 때, X 가 연결집합이면 Y 도 연결집합이다.

증명: 집합 Y 가 연결되어 있지 않다고 가정하자. 위 도움정리에 의하여 전사 연속함수 $g : Y \to \{0, 1\}$ 가 존재한다. 그러면 $g \circ f : X \to \{0, 1\}$ 역시 전사 연속함수이고, 따라서 X 는 연결집합이 아니다. □

위 도움정리에서, 집합 $\{0, 1\}$ 은 두 점으로 이루어진 집합이면 아무것이라도 상관 없다는 것을 바로 알 수 있다. 또한, 위 정리에서 정의역과 치역이 실수축의 부분집합이면 다음 정리가 성립한다.

따름정리 3.2.9. 구간 $I \subset \mathbb{R}$ 에서 정의된 연속함수 $f : I \to \mathbb{R}$ 의 상 $f(I)$ 은 구간이다.

따름정리 3.2.10. (사이값정리[1]) 함수 $f:[a,b]\to\mathbb{R}$ 가 연속이고 $f(a)\le\alpha\le f(b)$ 이면, $f(c)=\alpha$ 를 만족하는 $c\in[a,b]$ 가 존재한다.

다음 장에서 연속이 아니더라도 원시함수를 가지는 함수에 대하여 사이값정리가 성립함을 증명한다. 이제 사이값정리와 최대최소정리를 합치면 다음을 얻는다.

따름정리 3.2.11. 유계닫힌구간 $[a,b]$ 에서 정의된 연속 실함수 f 의 상 $f([a,b])$ 는 유계닫힌구간이다.

보기 2. 구간의 상이 항상 구간인 함수라도 연속이 아닐 수 있다. 예를 들어 함수 $f:\mathbb{R}\to\mathbb{R}$ 를

$$f(x)=\begin{cases}0, & x=0,\\ \sin\dfrac{1}{x}, & x\neq 0\end{cases}$$

로 정의하면, 구간의 상은 항상 구간이지만 연속함수는 아니다. □

문제 3.2.2. 연결집합 X 에서 정의된 함수 $f:X\to\mathbb{R}$ 가 연속이고, 각 $x\in X$ 에 대하여 $f(x)\neq 0$ 이라 하자. 이 때, 각 $x\in X$ 에 대하여 $f(x)>0$ 이거나, 각 $x\in X$ 에 대하여 $f(x)<0$ 임을 보여라.

문제 3.2.3. 치역이 $\mathbb{Q}$ 인 연속함수 $f:\mathbb{R}\to\mathbb{Q}$ 를 모두 찾아라.

집합 X 에서 X 로 가는 함수 $f:X\to X$ 가 있을 때,

$$f(x)=x$$

가 되는 점 $x\in X$ 를 f 의 **고정점**이라고 부른다. 고정점의 존재 여부나 고정점을 찾는 문제는 수학의 여러 분야에서 매우 중요한데, 다음은 가장 초보적인 형태의 고정점정리이다.

따름정리 3.2.12. 유계닫힌구간 $[a,b]$ 에서 $[a,b]$ 로 가는 연속함수 $f:[a,b]\to[a,b]$ 는 항상 고정점을 가진다.

증명: 함수 $g:[a,b]\to\mathbb{R}$ 을 $g(x)=x-f(x)$ 로 정의하자. 그러면

$$g(a)=a-f(a)\le 0\le b-f(b)=g(b)$$

1) 이를 중간값정리라 부르기도 한다.

이므로, 사이값정리에 의하여 $g(\alpha) = 0$ 인 $\alpha \in [a, b]$ 가 존재한다. 그런데 $\alpha - f(\alpha) = 0$ 이므로 α 는 고정점이 된다. □

문제 3.2.4. 만일 임의의 $x, y \in [a, b]$ 에 대하여 $|f(x) - f(y)| < |x - y|$ (단, $x \neq y$) 를 만족하면, 따름정리 3.2.12 의 고정점이 하나밖에 없음을 보여라.

정리 3.2.8 은 집합의 연결성을 논하는 경우에도 매우 유용하게 쓸 수 있다. 예를 들면 지난 2.6 절에서 두 점 $x, y \in \mathbb{R}^n$ 사이의 선분 $[x, y]$ 가 연결집합임을 언급하였는데, 이는 함수

$$t \mapsto (1 - t)x + ty$$

의 연속성에서 바로 결론지을 수 있다. 일반적으로 유계닫힌구간에서 정의된 연속함수

$$f : [a, b] \to X(\subset \mathbb{R}^n)$$

를 X 안의 **곡선**이라 부른다. 만일 집합 X 안의 두점 x, y 에 대하여 $f(a) = x, f(b) = y$ 인 곡선 $f : [a, b] \to X$ 가 있으면 X 를 **곡선연결집합**이라 한다. 지난 2.6 절의 보기 1 과 같은 방법을 적용하면, 모든 곡선연결집합은 자동적으로 연결집합임을 알 수 있다.

보기 3. 연결집합임에도 불구하고 곡선연결이 아닌 것도 있다. 열린구간 $(0, 1)$ 에서 정의된 함수 $f(x) = \sin \dfrac{1}{x}$ 의 그래프를 S 라 하자. 그러면 S 는 연속함수

$$x \mapsto \left(x, \sin \frac{1}{x}\right) \in \mathbb{R}^2$$

에 의한 구간 $(0, 1)$ 의 상이므로 S 는 연결집합이고, 그 닫힘

$$\overline{S} = S \cup (\{0\} \times [-1, 1])$$

도 연결집합임을 쉽게 보일 수 있다. 그러나 $\overline{S}$ 는 곡선연결집합이 아니다. 실제로 $\{0\} \times [-1, 1]$ 위의 점 x 와 S 위의 점 y 를 연결하는 곡선이 없음을 보이자. 만일 함수 $\alpha : [0, 1] \to \overline{S}$ 가 있고 $\alpha(0) = x, \alpha(1) = y$ 라 하자. 이제,

$$t_0 = \sup\{t \in [0, 1] : \alpha(t) \in \{0\} \times [-1, 1]\}$$

로 정의하면 함수 α 가 점 $t_0 \in [0, 1]$ 에서 불연속임을 쉽게 보일 수 있다. □

문제 3.2.5. 보기 3 의 증명을 완결하여라.

3.3 고른연속함수

연속함수의 정의를 잘 들여다보면 이는 함수가 각 점에서 연속이란 뜻이고, 어느 특정한 점에서 함수가 연속인지 살펴보는 경우 함수 전체의 모습과는 무관하게 그 점 근방에서 함수가 어떻게 생겼는가 하는 점만이 문제된다. 이러한 의미에서 함수의 연속성은 **국소적** 성질이다. 특히, 함수의 연속성을 보이기 위한 3.1 절의 성질 (2) 를 만족하는 양수 $\delta > 0$ 는 주어진 양수 $\epsilon > 0$ 뿐 아니라 주어진 점 $x_0 \in X$ 에도 크게 의존한다. 3.1 절에서 살펴본 보기 1 과 보기 2 에서도 알 수 있듯이, δ 는 대충 x_0 근방에서 함수의 증가분의 역수보다 작게 잡아야 된다. 따라서, 함수의 증가율이 무한정 커진다면 모든 점에서 공통적으로 적용될 수 있는 $\delta > 0$ 를 잡는 것이 불가능해진다. 이 절에서는 이와 달리 모든 점에서 공통적으로 적용되는 $\delta > 0$ 를 잡을 수 있는 연속함수를 공부하려 한다.

함수 $f : X \to Y$ 가 있을 때, 임의의 양수 $\epsilon > 0$ 에 대하여 다음 성질

$$x, y \in X,\ \|x - y\| < \delta \Longrightarrow \|f(x) - f(y)\| < \epsilon \tag{8}$$

을 만족하는 양수 $\delta > 0$ 가 존재하면, 함수 f 가 X 에서 **고른연속**, 혹은 **평등연속**이라 한다. 정의에 의하여 고른연속함수는 물론 모든 점에서 연속이다. 또 한 가지 짚고 넘어가야 할 점은, 고른연속은 어느 특정한 점에서 정의된 개념이 아니고 정의역 전체에서 정의된 개념이라는 것이다. 특히 '어느 함수가 점 x_0 에서 고른연속이다' 라는 등의 말은 그 옳고 그름을 떠나서 명제 자체가 성립되지 않는다. 후에 배울 기회가 있겠지만, 고른연속은 정의역과 치역의 거리개념에 의존하기 때문에 정리 3.1.5 와 같이 열린집합이나 닫힌집합 만을 이용하여 정의하는 것은 불가능하다.

보기 1. 함수 $x \mapsto x^2 : [0, \infty) \to \mathbb{R}$ 은 고른연속이 아니다. 이를 보이기 위하여 임의의 $\delta > 0$ 에 대하여

$$x, y \in \mathbb{R}, \quad |x - y| < \delta, \quad |x^2 - y^2| \geq 1$$

을 만족하는 $x, y \in \mathbb{R}$ 을 찾으면 된다는 것을 쉽게 알 수 있다. 실제로,

$$x = \frac{1}{\delta}, \qquad y = \frac{1}{\delta} + \frac{1}{2}\delta$$

로 잡으면 된다. 만일 정의역을 유계집합으로 한정시키면 상황이 달라진다. 예를 들어 함수 $x \mapsto x^2 : [0, 1] \to \mathbb{R}$ 를 보자. 그러면

$$|x^2 - y^2| = |x + y|\,|x - y| \leq 2|x - y|, \qquad x, y \in [0, 1]$$

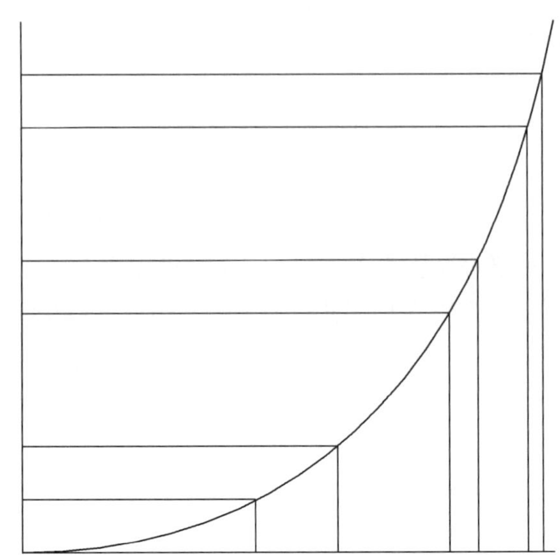

이므로 $\delta = \dfrac{1}{2}\epsilon$ 으로 잡으면 된다. 이 $\delta > 0$ 를 잡을 때 나온 숫자 2는 사실 이 함수의 최대증가율임을 주목할 필요가 있다. □

보기 1 에 의하면 고른연속함수의 곱이 고른연속일 필요가 없음을 알 수 있다.

보기 2. 집합 $X \subset \mathbb{R}^n$ 의 한 점 x_0 를 고정하자. 그러면 거리로 주어진 함수

$$x \mapsto \|x - x_0\| : X \to \mathbb{R}$$

은 고른연속이다. 이는 부등식

$$|\|x - x_0\| - \|y - x_0\|| \leq \|x - y\|$$

에 의하여 자명하다. □

문제 3.3.1. 다음 함수 $f : X \to \mathbb{R}$ 가 고른연속인지 살펴보아라.

(가) $f(x) = x^2, \qquad x \in (0, 5)$

(나) $f(x) = \dfrac{1}{x}, \qquad x \in (0, 1)$

(다) $f(x) = \sin \dfrac{1}{x}, \qquad x \in (0, 1)$

(라) $f(x) = x \sin \dfrac{1}{x}, \qquad x \in (0, 1)$

(마) $f(x) = \sqrt{x}, \qquad x \in (0, \infty)$

(바) $f(x) = \dfrac{1}{1 + x^2}, \qquad x \in (-\infty, \infty)$

문제 3.3.2. 두 고른연속함수의 합성은 고른연속인가 살펴보아라. 우선 명제를 명확히 쓴 후에 이를 살펴보아라.

문제 3.3.3. 함수 $f : X \to \mathbb{R}^n$ 에 대하여 다음 성질

$$\|f(x) - f(y)\| \leq M\|x - y\|, \qquad x, y \in X$$

을 만족하는 양수 $M > 0$ 가 있을 때, f 가 고른연속임을 보여라.

옹골집합은 여러 가지 의미에서 유한집합의 좋은 성질들을 그대로 가지고 있다. 실수의 유한부분집합이 최대값과 최소값을 가진다는 사실을 반영하는 최대최소정리는 그 대표적인 예이다. 이 절의 주요 정리인 다음 정리도 마찬가지 예로서 그 응용 범위가 매우 넓으며, 그 증명과정 또한 옹골집합의 정의를 매우 정교하게 이용하는 것이다.

정리 3.3.1. (하이네) **옹골집합에서 정의된 연속함수 $f : X \to Y$ 는 고른연속이다.**

증명: 양수 $\epsilon > 0$ 이 주어지면, 정의역의 각 점 $x \in X$ 에 대하여

$$y \in X,\ \|x - y\| < \delta(x) \Longrightarrow \|f(x) - f(y)\| < \frac{\epsilon}{2} \tag{9}$$

을 만족하는 양수 $\delta(x)$ 를 잡을 수 있다. 각 점 $x \in X$ 에 대하여 $N(x) = N(x, \frac{\delta(x)}{2})$ 라 두면 집합족 $\{N(x) : x \in X\}$ 는 당연히 X 의 열린덮개이고, 따라서

$$N(x_1) \cup N(x_2) \cup \cdots \cup N(x_n) \supseteq X \tag{10}$$

가 되는 유한개의 점 $x_1, \ldots, x_n$ 이 있다. 이제

$$\delta = \min\left\{\frac{\delta(x_1)}{2}, \frac{\delta(x_2)}{2}, \ldots, \frac{\delta(x_n)}{2}\right\}$$

라 두고, 성질 (8) 을 보이면 된다. 두 점 $x, y \in X$ 가 $\|x - y\| < \delta$ 라 하자. 우선 (10) 에 의하여

$$\|x - x_i\| < \frac{\delta(x_i)}{2} < \delta(x_i)$$

인 x_i 를 찾을 수 있고, 또한

$$\|y - x_i\| \leq \|y - x\| + \|x - x_i\| < \delta + \frac{\delta(x_i)}{2} \leq \delta(x_i)$$

이다. 따라서, 점 x_i 에 대하여 (9) 를 적용하면

$$\|f(x) - f(y)\| \leq \|f(x) - f(x_i)\| + \|f(x_i) - f(y)\| < \frac{\epsilon}{2} + \frac{\epsilon}{2} = \epsilon$$

이 되어서 증명이 끝난다. □

명제 3.1.3 에서 함수의 연속성과 수열의 수렴성을 보존한다는 것은 동치임을 알았다. 그러나 코시수열의 경우는 이야기가 다르다. 예를 들어, 구간 $(0,1)$ 의 수열 $\left\langle \frac{1}{n} \right\rangle$ 가 코시수열이고 $x \mapsto \frac{1}{x}$ 으로 정의된 함수 $f:(0,1) \to \mathbb{R}$ 는 연속이지만, 그 상 $\langle n \rangle$ 은 코시수열이 아니다. 이는 또한 함수 f 가 정의역의 닫힘 $[0,1]$ 까지 왜 연속적으로 확장될 수 없는가 하는 설명이 될 수도 있다.

정리 3.3.2. 함수 $f : X \to Y$ 가 고른연속이고 $\langle x_n \rangle$ 이 X 의 코시수열이면, 그 상 $\langle f(x_n) \rangle$ 도 Y 의 코시수열이다.

증명: 임의로 주어진 양수 $\epsilon > 0$ 에 대하여 성질 (8) 을 만족하는 $\delta > 0$ 을 잡자. 그러면

$$m, n \geq N \Longrightarrow \|x_m - x_n\| < \delta$$

를 만족하는 자연수 N 이 존재한다. 따라서

$$m, n \geq N \Longrightarrow \|f(x_m) - f(x_n)\| < \epsilon$$

가 성립하고, $\langle f(x_n) \rangle$ 은 코시수열이다. □

연속함수 $f : A \to Y$ 가 있고 $A \subset X$ 라 하자. 만일 A 에서 함수값이 f 와 일치하는 연속함수 $g : X \to Y$ 가 있으면, $f : A \to Y$ 가 X 까지 **연속적으로 확장가능**하다고 한다. 함수의 확장가능성 여부를 묻는 것은 수학의 여러 분야에서 매우 중요한 역할을 한다.

따름정리 3.3.3. 함수 $f : X \to \mathbb{R}^N$ 가 고른연속이라 하자. 그러면 함수 f 는 정의역의 닫힘 $\overline{X}$ 까지 연속적으로 확장가능하다.

증명: 점 x_0 가 X 의 극한점이라 하자. 그러면 x_0 로 수렴하는 X 안의 수열 $\langle x_n \rangle$ 을 잡을 수 있고, 정리 3.3.2 에 의하여 $\langle f(x_n) \rangle$ 은 코시수열이다. 정리 2.3.8 에 의하여 $\langle f(x_n) \rangle$ 은 $\mathbb{R}^N$ 의 한 점 α 로 수렴한다. 함수 f 가 x_0 에서 연속이 되려면 $f(x_0) = \alpha$ 로 정의해야 하는데, x_0 로 수렴하는 수열을 달리 잡으면 어떻게 되는지 살펴보자. 만일 $\langle y_n \rangle$ 도 역시 x_0 로 수렴하는 X 의 수열이고 $\lim_n f(y_n) = \beta$ 라 하자. 그러면

$$0 \leq \lim_{n\to\infty} \|x_n - y_n\| \leq \lim_{n\to\infty} (\|x_n - x_0\| + \|y_n - x_0\|) = 0$$

이고, 위 정리의 증명과 마찬가지로 $\lim_n \|f(x_n) - f(y_n)\| = 0$ 임을 알 수 있다. 그런데

$$0 \leq \|\alpha - \beta\| \leq \|\alpha - f(x_n)\| + \|f(x_n) - f(y_n)\| + \|f(y_n) - \beta\| \to 0$$

이므로 $\alpha = \beta$ 이고, 따라서 $f(x_0) = \alpha$ 로 정의하는 것이 가능하다. 또한, 모든 극한점에 대하여 이렇게 정의하면 명제 3.1.3 에 의하여 $f : \overline{X} \to \mathbb{R}^N$ 는 연속함수가 된다. □

예를 들어서 열린구간 (a, b) 에서 정의된 고른연속함수는 닫힌구간 $[a, b]$ 까지 연속적으로 확장된다. 열린구간 $(0, 1)$ 에서 정의된 실함수

$$x \mapsto \sin\frac{1}{x}$$

를 생각하여 보면, 열린구간에서 정의된 유계함수[2)]라 하더라도 그 닫힘 $[0, 1]$ 까지 연속적으로 확장가능한 것은 아니다.

3.4 단조함수

이제부터 실수 $\mathbb{R}$ 의 부분집합에서 정의된 일변수함수에 대하여 공부하기로 한다. 우선 연속성과 관련하여, 고등학교 때 이미 배운 바 있는 좌극한과 우극한을 다루기로 하자. 실수의 집합 $X \subset \mathbb{R}$ 에서 정의된 실함수 $f : X \to \mathbb{R}$ 와 점 $x_0 \in \mathbb{R}$ 및 실수 α 가 주어졌다 하자. 임의의 양수 $\epsilon > 0$ 에 대하여 다음 두 성질

$$(x_0, x_0 + \delta) \subset X, \qquad x_0 < x < x_0 + \delta \Longrightarrow |f(x) - \alpha| < \epsilon$$

을 만족하는 양수 $\delta > 0$ 가 존재하면, 점 x_0 에서 함수 f 의 **우극한**이 α 라 하고

$$\lim_{x \to x_0+} f(x) = \alpha \qquad \text{혹은 간단히} \qquad f(x_0+) = \alpha$$

라 쓴다. 좌극한도 같은 방법으로 정의하고 $\lim_{x \to x_0-} f(x) = \alpha$ 혹은 $f(x_0-) = \alpha$ 로 쓴다. 만일 x_0 가 정의역의 안점이면

$$\lim_{x \to x_0} f(x) = \alpha \iff f(x_0+) = f(x_0-) = \alpha$$

---

2) 수열의 경우와 마찬가지로, 그 치역이 유계집합인 함수를 **유계함수**라 한다. 다시 말하여, 함수 $f : X \to \mathbb{R}^n$ 가 유계라 함은 다음 성질

$$x \in X \Longrightarrow \|f(x)\| \leq M$$

을 만족하는 양수 $M > 0$ 이 존재한다는 뜻이다. 최대최소정리에 의하면 옹골집합에서 정의된 연속함수는 항상 유계이다.

임은 정의로부터 명백하다. 우극한의 정의를 살펴보면, 함수의 정의역이 x_0 를 왼쪽 끝점으로 가지는 구간을 포함하고 있어야 함을 알 수 있다. 따라서 이 절에서는 함수의 정의역이 항상 구간이라 가정한다.

좌극한과 우극한은 극한값이 $+\infty$ 이거나 $-\infty$ 일 때에도 정의할 수 있다. 예를 들어서 $f : X \to \mathbb{R}$ 에 대하여, $f(x_0+) = +\infty$ 의 의미는 임의의 양수 M 에 대하여 다음 성질

$$(x_0, x_0 + \delta) \subset X, \qquad x_0 < x < x_0 + \delta \Longrightarrow f(x) > M$$

을 만족하는 양수 $\delta > 0$ 이 있다는 뜻이다. 좌극한이나 극한값이 $-\infty$ 인 경우도 위와 마찬가지로 정의된다. 또한 $f(x_0+) = f(x_0-) = +\infty$ 이면 $\lim_{x \to x_0} f(x) = +\infty$ 라 쓴다. 물론 $\lim_{x \to x_0} f(x) = -\infty$ 도 꼭 같이 정의한다.

보기 1. 예를 들어 $\lim_{x \to 0-} \dfrac{1}{x} = -\infty$ 이다. 이를 증명하기 위하여 명제

$$-(\qquad) < x < 0 \Longrightarrow \frac{1}{x} < -M$$

이 양수 M 의 값에 관계없이 성립하도록 괄호 안에 적당한 양수를 넣을 수 있으면 되는데, 이 경우 물론 $\dfrac{1}{M}$ 을 넣으면 된다. □

문제 3.4.1. 지난 3.1 절의 보기 3 에 나오는 함수 f 와 g 의 불연속점에서 좌극한과 우극한이 존재하는가 살펴보아라.

일변수 함수 $f : X \to \mathbb{R}$ 가 다음 성질

$$x,\ y \in X,\ x < y \implies f(x) \le f(y)$$

을 만족하면 f 가 X 에서 **단조증가함수**라고 말하고, 만일

$$x,\ y \in X,\ x < y \implies f(x) < f(y)$$

이면 **증가함수**라 한다. **단조감소함수**, **감소함수** 등의 용어도 마찬가지로 정의한다. 함수가 단조증가하거나 단조감소하면 그냥 **단조함수**라 한다. 다음 정리는 단조함수의 주요 성질 중의 하나이다.

정리 3.4.1. 열린구간 (a, b) 에서 정의된 단조함수 f 는 정의역의 어느 점에서나 좌극한과 우극한을 가지며, $f(a+)$ 와 $f(b-)$ 가 존재한다. 만일 f 가 단조증가하고 $a < x < y < b$ 이면

$$f(a+) \le f(x-) \le f(x) \le f(x+) \le f(y-) \le f(y) \le f(y+) \le f(b-) \tag{11}$$

이 성립한다.

증명: 함수 f 가 단조증가할 때 다음 관계식

$$\begin{aligned} f(x-) &= \sup\{f(t) : a < t < x\}, \qquad a < x \le b \\ f(x+) &= \inf\{f(t) : x < t < b\}, \qquad a \le x < b \end{aligned} \tag{12}$$

이 성립함을 보이자. 우선, $\alpha = \sup\{f(t) : a < t < x\}$ 라 두고 $\epsilon > 0$ 이 주어졌다 하자. 그러면

$$a < t_0 < x, \quad f(t_0) > \alpha - \epsilon$$

인 t_0 를 찾을 수 있다. 이제 $\delta = x - t_0$ 라 두자. 만일 $x - \delta < t < x$ 이면

$$\alpha - \epsilon < f(t_0) = f(x - \delta) \le f(t) \le \alpha < \alpha + \epsilon$$

이 되어 $|f(t) - \alpha| < \epsilon$ 이므로 $f(x-) = \alpha$ 임이 증명되었다. 특히, 집합

$$\{f(t) : a < t < x\}$$

는 상계 $f(x)$ 를 가지므로 α 는 물론 실수이다. 만일 $x = b$ 이면 집합

$$\{f(t) : a < t < b\}$$

이 위로 유계인 경우와 그렇지 못한 경우가 있다. 위로 유계라면 $f(b-)$ 는 이 집합의 최소상계와 같고, 그렇지 않은 경우는 $f(b-) = +\infty$ 임을 쉽게 보일 수 있다. 관계식 (12) 의 둘째 식도 마찬가지로 증명되며, 부등식 (11) 은 (12) 에 의하여 자명하다. □

문제 3.4.2. 정리 3.4.1 의 증명을 마무리지어라.

따름정리 3.4.2. 구간에서 정의된 단조함수의 불연속점은 셀수있는 집합이다.

증명: 단조증가함수 f 가 불연속인 정의역의 점들의 집합을 D 라 두자. 만일 $f(x-) = f(x+)$ 이면 (11) 에 의하여 f 가 x 에서 연속이 되므로, $x \in D$ 이면 $f(x-) < f(x+)$ 이다. 이제, 각 $x \in D$ 에 대하여 구간

$$I_x = (f(x-), f(x+))$$

안의 유리수 r_x 를 택하자. 정리 3.4.1 에 의하여 구간들 $\{I_x : x \in D\}$ 는 서로소이고, 따라서 함수 $x \mapsto r_x \in \mathbb{Q}$ 는 단사함수이다. 그런데 집합 $\mathbb{Q}$ 가 셀수있는 집합이므로 D 는 셀수있는 집합이다. □

구간에서 정의된 증가함수나 감소함수는 당연히 단사함수이다. 연속함수에 대해서는 그 역이 성립할 뿐 아니라, 치역에서 정의된 역함수가 자동적으로 연속함수가 된다. 이는 따름정리 3.2.5 와 함께 역함수의 연속성이 보장되는 또 다른 예이다.

정리 3.4.3. 구간에서 정의된 연속함수 $f : I \to \mathbb{R}$ 에 대하여 다음은 동치이다.
(가) f 가 단사함수이다.
(나) f 가 증가함수이거나 감소함수이다.
만일 위 조건들이 충족되면 f 의 역함수는 연속이다.

증명: 함수 f 가 단사이지만 증가도 아니고 감소도 아니라 가정하자. 그러면

$$x < y, \quad f(x) > f(y), \quad z < w, \quad f(z) < f(w) \tag{13}$$

인 정의역의 점 $x, y, z, w \in I$ 가 있다. 이제, 이 네 점 사이의 순서를 생각하면

$$x < y < z < w$$

를 비롯한 여섯 경우가 있다. 어느 경우나 (13) 이 성립하기 위해서는 사이값정리에 의하여 단사함수가 될 수 없음을 쉽게 확인할 수 있다. 따라서 (가) $\Longrightarrow$ (나) 가 증명되었고, 그 역은 정의에 의하여 자명하다.

이제 함수 f 가 증가함수라 가정한 뒤, 그 치역을 J 라 두고 f 의 역함수를 $g : J \to I$ 로 표시하자. 함수 g 가 연속임을 보이기 위하여 J 의 한 점 $y_0 \in J$ 와 양수 $\epsilon > 0$ 을 잡고, $x_0 = g(y_0)$ 라 두자. 이제

$$\delta = \min\{f(x_0 + \epsilon) - f(x_0), f(x_0) - f(x_0 - \epsilon)\} > 0$$

라 두자. 그러면 $y_0 - \delta < y < y_0 + \delta$ 일 때

$$f(x_0 - \epsilon) \le f(x_0) - \delta < y < f(x_0) + \delta < f(x_0 + \epsilon)$$

이 된다. 그런데 증가함수의 역함수가 증가하는 것은 분명하므로

$$g(y_0) - \epsilon = x_0 - \epsilon < g(y) < x_0 + \epsilon = g(y_0) + \epsilon$$

이 되어서 g 가 y_0 에서 연속임이 증명되었다. 함수 f 가 감소함수일 때에도 마찬가지 방법으로 증명된다. □

문제 3.4.3. 정리 3.4.3 의 증명을 마무리지어라.

문제 3.4.4. 다음 함수 $f : \mathbb{R} \to \mathbb{R}$ (단, $f(0) = 0$) 의 불연속점을 모두 찾아라. 이러한 점들에서 좌극한과 우극한이 존재하는가 살펴보고, 존재하면 그 값을 구하여라. (단, $[x]$ 는 x 를 넘지 않는 최대정수를 나타낸다.)

(가) $f(x) = [x]$　　(나) $f(x) = [x^2]$

(다) $f(x) = x\left[\dfrac{1}{x}\right]$　　(라) $f(x) = \dfrac{1}{x}\left[\dfrac{1}{x}\right]$

(마) $f(x) = e^{1/x}$　　(바) $f(x) = e^{1/x} + \sin\dfrac{1}{x}$

3.5 연습문제

3.5.1. 연속함수 $f : \mathbb{R} \to \mathbb{R}$ 에 대하여 다음 명제가 성립하는지 살펴보아라.

(가) 집합 V 가 $\mathbb{R}$ 의 열린집합이면 $f(V)$ 도 $\mathbb{R}$ 의 열린집합이다.

(나) 집합 V 가 $\mathbb{R}$ 의 열린집합이면 $f(V)$ 도 $f(\mathbb{R})$ 의 열린집합이다.

(다) 집합 F 가 $\mathbb{R}$ 의 닫힌집합이면 $f(F)$ 도 $\mathbb{R}$ 의 닫힌집합이다.

(라) 집합 F 가 $\mathbb{R}$ 의 닫힌집합이면 $f(F)$ 도 $f(\mathbb{R})$ 의 닫힌집합이다.

3.5.2. 연속함수 $f : \mathbb{R} \to \mathbb{R}$ 가 다음 성질

$$f(x+y) = f(x) + f(y), \qquad x, y \in \mathbb{R}$$

을 가지면, 적당한 실수 $a \in \mathbb{R}$ 에 대하여 $f(x) = ax$ 임을 보여라.

3.5.3. 좌표공간의 열린집합 X 에서 정의된 연속함수 $f : X \to \mathbb{R}$ 가 X 의 한 점 $x_0 \in X$ 에 대하여 $f(x_0) > 0$ 이라 하자. 이 때, x_0 를 포함하고 다음 성질

$$x \in U \Longrightarrow f(x) > 0$$

을 만족하는 열린집합 $U \subset X$ 가 있음을 보여라.

3.5.4. 함수 $f : \mathbb{R} \to \mathbb{R}$ 가 유계라 하자. 이 때, 함수 f 가 연속일 필요충분조건은 집합

$$\{(x, f(x)) \in \mathbb{R} \times \mathbb{R} : x \in \mathbb{R}\}$$

이 $\mathbb{R} \times \mathbb{R}$ 의 닫힌집합임을 증명하여라. 함수 f 에 유계란 조건이 없으면 어떻게 되는가?

3.5.5. 완비성공리를 이용하여 임의의 연속함수 $f : [a, b] \to \mathbb{R}$ 가 유계임을 직접 증명하여라. 또한, 방금 증명한 내용과 귀류법을 이용하여 따름정리 3.2.4 를 증명하여라.

3.5.6. 연속함수 $f : [a, b] \to \mathbb{R}$ 에 대하여 함수 $g : [a, b] \to \mathbb{R}$ 를

$$g(x) = \max\{f(y) : a \leq y \leq x\}, \qquad x \in [a, b]$$

로 정의하였을 때, g 가 연속함수임을 보여라.

3.5.7. 닫힌구간 $[0, 1]$ 에서 열린구간 $(0, 1)$ 로 가는 전사연속함수가 존재하는지 살펴보아라.

3.5.8. 함수 $f : (0, \infty) \to \mathbb{R}$ 가 연속이고 $\lim_{x\to\infty} [f(x + 1) - f(x)] = \alpha$ 일 때,

$$\lim_{x\to\infty} \frac{f(x)}{x} = \alpha$$

임을 보여라. [도움말: $\alpha = 0$ 인 경우를 먼저 생각한다.]

3.5.9. 단위원 $\mathbb{T} = \{e^{it} : t \in [0, 2\pi]\}$ 위에서 정의된 함수 $f : \mathbb{T} \to \mathbb{R}$ 가 연속이면, $f(x) = f(-x)$ 인 $x \in \mathbb{T}$ 가 있음을 보여라.

3.5.10. 좌표공간의 부분집합 X 위에서 정의된 함수 $f : X \to X$ 에 대하여, 다음 성질

$$x, y \in X \implies \|f(x) - f(y)\| \leq r\|x - y\|$$

을 만족하는 실수 $r \in (0, 1)$ 이 존재한다고 가정하자.

(가) 함수 f 는 연속임을 보여라.

(나) 임의의 점 $x_0 \in X$ 를 택한 후 수열 $\langle x_n \rangle$ 을

$$x_{n+1} = f(x_n), \qquad n = 0, 1, 2, \ldots$$

라 정의하면, $\langle x_n \rangle$ 이 코시수열임을 보여라.

(다) 만일 X 가 닫힌집합이면 수열 $\langle x_n \rangle$ 의 극한점 $x = \lim_n x_n$ 이 X 의 원이 되고, 이 경우 $x \in X$ 가 함수 f 의 고정점임을 보여라.

3.5.11. 좌표공간의 부분집합 X 사이에 정의된 함수 $f : X \to X$ 가 다음 성질

$$x, y \in X, \ \ x \neq y \implies \|f(x) - f(y)\| < \|x - y\|$$

을 만족한다고 하자.

(가) 함수 f 의 고정점은 기껏해야 하나밖에 없음을 보여라.

(나) 함수 $f : \mathbb{R} \to \mathbb{R}$ 중에서 위 조건을 만족하지만 고정점이 없는 예를 들어라.

(다) 만일 X 가 옹골집합이면 함수 f 가 고정점을 가짐을 보여라.

3.5.12. 고른연속함수 $f : [0, \infty) \to \mathbb{R}$ 가 다음 성질

$$\lim_{n \to +\infty} f(n + x) = 0, \qquad x \in [0, 1]$$

을 만족할 때, $\lim_{x \to +\infty} f(x) = 0$ 임을 보여라. 함수 f 가 그냥 연속인 경우에도 같은 결론을 내릴 수 있는지 살펴보아라.

3.5.13. 정리 3.3.2 의 역을 쓰고 이 명제가 성립하는지 살펴보아라. 정의역이 유계인 경우와 그렇지 않은 경우를 나누어 생각하여 보아라.

3.5.14. 유계집합에서 정의된 고른연속함수가 유계임을 보여라.

3.5.15. 집합 $A \subset \mathbb{R}^n$ 에 대하여 함수 $f_A : \mathbb{R}^n \to \mathbb{R}$ 을

$$f_A(x) = \operatorname{dist}(\{x\}, A), \qquad x \in \mathbb{R}^n$$

이라 정의하자 (명제 3.2.6 의 증명 및 연습문제 2.7.8 참조).

(가) 함수 f_A 가 고른연속임을 보여라.

(나) $\overline{A} = \{x \in \mathbb{R}^n : f_A(x) = 0\}$ 임을 증명하여라.

(다) 서로소인 닫힌집합 A, B 에 대하여 함수 $\rho : \mathbb{R}^n \to \mathbb{R}$ 을

$$\rho(x) = \frac{f_A(x)}{f_A(x) + f_B(x)}, \qquad x \in \mathbb{R}^n$$

이라 정의하면, ρ 가 연속함수임을 보여라.

(라) 닫힌집합 A, B 가 서로소이면, 다음 성질

$$A \subset U, \qquad B \subset V, \qquad U \cap V = \emptyset$$

을 만족하는 열린집합 U, V 가 존재함을 보여라.

3.5.16. 실수 $\mathbb{R}$ 의 부분집합 $X \subset \mathbb{R}$ 에서 정의된 증가함수 $f : X \to \mathbb{R}$ 의 치역 $f(X)$ 가 연결집합이면 f 가 연속임을 보여라.

3.5.17. 함수 $f : \mathbb{R} \to \mathbb{R}$ 가 주어져 있고, 두 함수 $e^x f(x)$ 와 $e^{-f(x)}$ 가 모두 단조감소함수라 가정하자. 이 때, 함수 f 가 연속함수임을 보여라.

제 4 장
미분가능함수의 성질

이제부터 해석개론의 중심과제인 미적분을 공부하는데, 여기에서는 일변수함수에 관심을 집중하고자 한다. 이 장에서는 그 출발점으로 미분을 공부하는데, 거의 모든 내용은 이미 고등학교 때나 대학의 미적분 시간에 배웠을 것이므로 많은 경우 증명은 생략하고 주요 정리를 복습하기로 한다. 우선, 4.1 절에서는 후에 다변수함수의 미분을 정의하는 데 활용하기 위하여 뉴턴 몫을 이용하지 않고 미분가능성을 논하는 방법을 생각하기로 한다. 4.2 절에서는 미분가능함수의 핵심성질인 평균값정리를 공부하는데, 최대최소정리를 이용하여 간략히 증명하고 그 응용을 살펴보려 한다. 그 첫째로 이미 고등학교 때부터 잘 알고 있던 로피탈의 정리를 증명하고, 원시함수를 가지는 함수의 사이값정리를 증명한다. 끝으로 4.3 절에서 테일러 전개를 공부하는데, 이는 평균값정리의 일반화로 이해할 수도 있다. 이와 관련된 거듭제곱급수 이론이나 해석함수에 관한 것은 후에 함수열을 공부하는 과정에서 다룬다.

4.1 미분가능성

열린구간에서 정의된 함수 $f:(a,b)\to\mathbb{R}$ 와 $x_0\in(a,b)$ 가 주어져 있을 때, 극한

$$\lim_{h\to 0}\frac{f(x_0+h)-f(x_0)}{h} \tag{1}$$

이 존재하면 f 가 x_0 에서 **미분가능**하다고 말한다. 또한 그 극한값을 **미분계수**라 하고 $f'(x_0)$ 로 쓴다. 함수 $f:(a,b)\to\mathbb{R}$ 가 x_0 에서 미분가능할 때, 0 을 제외한 0 의 근방에서 정의된 새로운 함수 $\eta: N(0,\delta)\setminus\{0\}\to\mathbb{R}$ 를

$$\eta(h)=\begin{cases}\dfrac{f(x_0+h)-f(x_0)}{h}-f'(x_0), & h>0,\\ -\dfrac{f(x_0+h)-f(x_0)}{h}+f'(x_0), & h<0\end{cases}$$

로 정의하면

$$f(x_0+h)-f(x_0)=hf'(x_0)+|h|\,\eta(h), \qquad \lim_{h\to 0}\eta(h)=0$$

을 만족한다. 따라서 (1) 처럼 분수식을 이용하지 않고도 미분가능성을 논할 수 있다.

명제 4.1.1. 함수 $f:(a,b)\to\mathbb{R}$ 와 $x_0\in(a,b)$ 에 대하여 다음은 동치이다.

(가) 함수 f 는 x_0 에서 미분가능하다.

(나) 다음 두 성질

$$\begin{aligned} &f(x_0+h)-f(x_0)=h\alpha+|h|\,\eta(h) \\ &\lim_{h\to 0}\eta(h)=0 \end{aligned} \tag{2}$$

을 만족하는 실수 $\alpha\in\mathbb{R}$ 과 함수 $\eta:N(0,\delta)\setminus\{0\}\to\mathbb{R}$ 이 존재한다.

한쪽 방향은 이미 증명하였다. 만일 (2) 를 충족하는 실수 α 와 함수 η 가 있다면

$$\lim_{h\to 0}\frac{f(x_0+h)-f(x_0)}{h}=\lim_{h\to 0}\left[\alpha+\frac{h}{|h|}\eta(h)\right]=\alpha$$

가 되어 f 가 미분가능하고 그 미분계수가 α 임을 알 수 있다. 실제로 조건 (2) 를 만족하는 실수 α 가 있다면 하나밖에 있을 수 없다는 것도 직접 증명할 수 있다.

문제 4.1.1. 조건 (2) 를 만족하는 실수 α 는 많아야 하나밖에 없음을 보여라.

함수 $f:(a,b)\to\mathbb{R}$ 가 정의역의 모든 점에서 미분가능하면, 함수 f 가 **미분가능**하다고 말한다. 이 때, 함수

$$x\mapsto f'(x)$$

를 f 의 **도함수**라 하고 이를 f' 으로 쓴다. 연속의 경우와 마찬가지로 미분가능성 역시 국소적 성질임을 주목할 필요가 있다. 위 정의에서 a 와 b 는 각각 $-\infty$ 와 $+\infty$ 로 대치되어도 상관없다. 만일 정의역이 $[a,b)$ 라면 함수극한의 정의로부터 $x\to a$ 일 때 분수식 (1) 의 극한값이 정의되므로 $x=a$ 에서 미분가능성과 $f'(a)$ 를 말할 수 있다. 오른쪽 끝점에서도 물론 마찬가지이고, 따라서 임의의 구간에서 정의된 함수의 미분가능성을 논할 수 있다.

보기 1. 미분가능함수의 도함수가 반드시 연속일 필요는 없다. 함수 $f:\mathbb{R}\to\mathbb{R}$ 를 다음

$$f(x)=\begin{cases}0, & x=0,\\ x^2\sin\dfrac{1}{x}, & x\neq 0\end{cases}$$

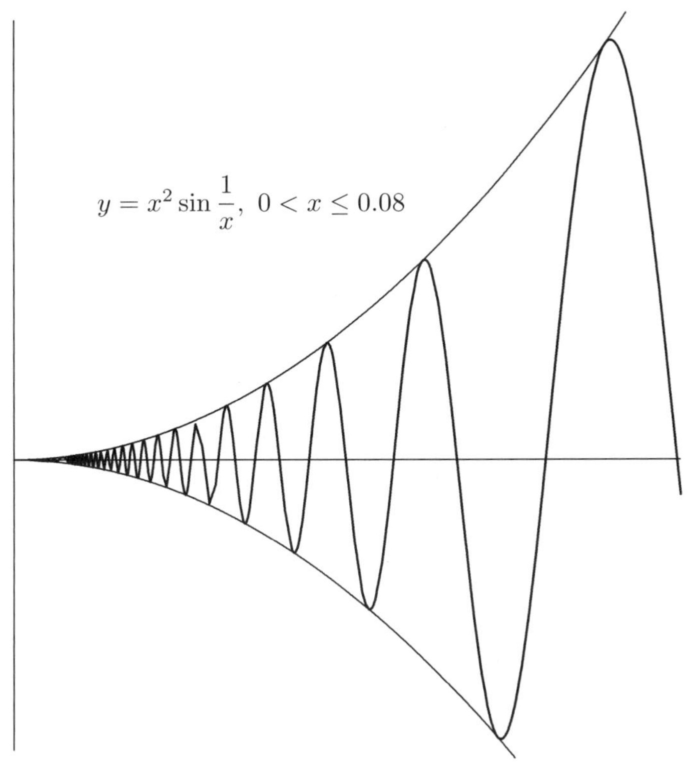

과 같이 정의하면 f 가 미분가능하고 그 도함수는

$$f'(x) = \begin{cases} 0, & x = 0, \\ 2x \sin \dfrac{1}{x} - \cos \dfrac{1}{x}, & x \neq 0 \end{cases}$$

임을 금방 확인할 수 있고, 따라서 f' 은 $x = 0$ 에서 연속이 아니다. □

구간에서 정의된 함수 $f : I \to \mathbb{R}$ 가 미분가능하고 그 도함수가 연속일 때, f 는 C^1-**함수**라 한다. 만일 f' 이 C^1-함수이면 f 는 C^2-**함수**라 한다. 이와 같이 n 계 도함수 $f^{(n)}$ 가 존재하고 연속인 함수를 C^n-**함수**라 부르고 임의의 자연수 n 에 대하여 C^n-함수이면 C^∞-**함수**라 한다. 후에 연속이지만 정의역의 모든 점에서 미분불가능한 함수의 보기도 있다는 것을 알게 된다.

문제 4.1.2. 각 $n = 1, 2, \ldots$ 에 대하여

$$f(x) = \begin{cases} x^{n+1}, & x \geq 0 \\ 0, & x < 0 \end{cases}$$

라 정의하자. 이 함수가 C^n-함수이지만 C^{n+1}-함수가 아님을 보여라.

보기 2. 함수 $f:\mathbb{R}\to\mathbb{R}$ 를 다음

$$f(x)=\begin{cases}0, & x\le 0\\ \exp\left[-\dfrac{1}{x^2}\right], & x>0\end{cases}$$

과 같이 정의하자. 그러면

$$f'(x)=\begin{cases}0, & x\le 0\\ \dfrac{2}{x^3}\exp\left[-\dfrac{1}{x^2}\right], & x>0\end{cases}$$

임을 쉽게 확인할 수 있다. 다음

$$f^{(n)}(0)=0, \qquad n=1,2,\ldots$$

이 성립하고 f 가 C^∞-함수임은 연습문제로 남긴다. □

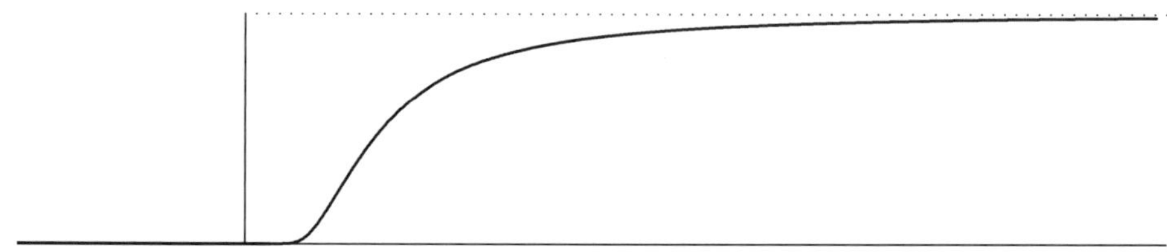

문제 4.1.3. 보기 2 에 나오는 함수 f 가 C^∞-함수임을 보여라.

문제 4.1.4. 보기 1 과 보기 2 에서 도함수 f' 의 그래프를 그려라.

다음 명제 4.1.2 는 관계식 (2) 로부터 자명하다. 명제 4.1.3 도 이미 그 증명을 고등학교에서 배운 바 있고 또한 명제 3.1.1 을 적용하면 되므로 연습문제로 남긴다.

명제 4.1.2. 함수 $f:I\to\mathbb{R}$ 가 점 x_0 에서 미분가능하면 f 는 x_0 에서 연속이다.

명제 4.1.3. 두 함수 $f,g:I\to\mathbb{R}$ 이 점 x_0 에서 미분가능하면 다음이 성립한다.

(가) 함수 $f+g$ 와 fg 가 x_0 에서 미분가능하고, 점 x_0 에서 미분계수는 각각

$$f'(x_0)+g'(x_0), \qquad f'(x_0)g(x_0)+f(x_0)g'(x_0)$$

이다.

(나) 만일 $g(x_0) \neq 0$ 이면 함수 $\dfrac{f}{g}$ 도 x_0 에서 미분가능하고, 그 미분계수는

$$\left(\frac{f}{g}\right)'(x_0) = \frac{f'(x_0)g(x_0) - f(x_0)g'(x_0)}{g(x_0)^2}$$

으로 주어진다.

문제 4.1.5. 명제 4.1.2 와 명제 4.1.3 을 증명하여라.

미분계수를 실제로 계산할 때 가장 유용하게 쓰이는 연쇄법칙을 증명하고 이 절을 맺는다.

명제 4.1.4. (연쇄법칙) 함수 $f : I \to J$ 가 $x_0 \in I$ 에서 미분가능하고, 함수 $g : J \to \mathbb{R}$ 이 $y_0 = f(x_0) \in J$ 에서 미분가능하면 그 합성함수 $g \circ f : I \to \mathbb{R}$ 도 x_0 에서 미분가능하고 그 미분계수는

$$(g \circ f)'(x_0) = g'(f(x_0))\, f'(x_0)$$

로 주어진다.

증명: 명제 4.1.1 을 이용하기 위하여 $f'(x_0) = \alpha, g'(y_0) = \beta$ 라 두고 f 와 g 에 대응하는 명제 4.1.1 (나) 의 함수를 각각 η, ζ 라 하자. 그러면

$$f(x_0 + h) - f(x_0) = \alpha h + |h|\, \eta(h), \qquad \lim_{h \to 0} \eta(h) = 0$$

$$g(y_0 + k) - g(y_0) = \beta k + |k|\, \zeta(k), \qquad \lim_{k \to 0} \zeta(k) = 0$$

이 된다. 이제 $k = f(x_0 + h) - f(x_0)$ 라 두면

$$\begin{aligned}(g \circ f)(x_0 + h) - (g \circ f)(x_0) &= g(y_0 + k) - g(y_0) = \beta k + |k|\zeta(k) \\ &= \beta\,(\alpha h + |h|\, \eta(h)) + |k|\, \zeta(k)\end{aligned}$$

이고, 따라서

$$\frac{(g \circ f)(x_0 + h) - (g \circ f)(x_0)}{h} = \beta\alpha + \frac{|h|}{h}\, \beta\, \eta(h) + \frac{|k|}{h}\, \zeta(k)$$

이다. 그런데 $h \to 0$ 일 때 $k \to 0$ 이고 $\dfrac{|k|}{h} \to |f'(x_0)|$ 이므로 위 분수식의 극한값은 $\beta\,\alpha$ 가 된다. □

4.2 평균값정리

이 절에서는 미분가능함수의 가장 중요한 성질인 평균값정리를 증명하고 몇 가지 응용을 다룬다.

도움정리 4.2.1. 함수 $f : [a, b] \to \mathbb{R}$ 가 $[a, b]$ 에서 연속이고 (a, b) 에서 미분가능하다고 하자. 만일 $f(a) = f(b)$ 이면 $f'(c) = 0$ 인 $c \in (a, b)$ 가 존재한다.

증명: 만일 f 가 상수함수이면 결론은 자명하다. 함수 f 가 상수함수가 아니라 하자. 만일 $f(x) > f(a)$ 인 $x \in (a, b)$ 가 있으면, 최대최소정리에 의하여 다음 성질

$$f(x) \le f(c), \qquad x \in [a, b]$$

을 만족하는 점 $c \in (a, b)$ 가 존재한다. 그러면 뉴턴 몫

$$\frac{f(c+h) - f(c)}{h}$$

은 $h > 0$ 일 때 0 보다 작거나 같고, $h < 0$ 일 때 0 보다 크거나 같다. 가정에 의하여 극한값이 존재해야 하므로 $f'(c) = 0$ 이다. 또한, $f(x) < f(a)$ 인 $x \in (a, b)$ 가 있는 경우도 마찬가지이다. □

위 도움정리 4.2.1 에서 함수 f 가 유계닫힌구간 $[a, b]$ 위에서 연속이고 열린구간 (a, b) 위에서 미분가능임을 가정하였는데, 이로부터 양끝점에서 자동적으로 미분가능성이 나오는 것이 아닐까 생각할 수 있다. 즉, 처음부터 구간 $[a, b]$ 위에서 미분가능하다고 가정하는 것이나 마찬가지 아닐까 생각할 수 있는데, 그렇지 않다.

보기 1. 다음과 같이 $[0, 1]$ 에서 정의된 함수

$$f(x) = \begin{cases} 0, & x = 0 \\ x \sin \dfrac{1}{x}, & 0 < x \le 1 \end{cases}$$

를 생각해 보면, 닫힌구간 $[a, b]$ 에서 연속인 함수가 열린구간 (a, b) 에서 미분가능이라 하여 끝점에서 미분가능일 필요는 없다는 것을 알 수 있다. □

좌표공간의 부분집합 X 에서 정의된 실함수 $f : X \to \mathbb{R}$ 가 $x_0 \in X$ 에서 **극대값**을 가진다는 것은, 적당한 양수 $\delta > 0$ 에 대하여 다음

$$x \in X \cap N(x_0, \delta) \implies f(x) \le f(x_0)$$

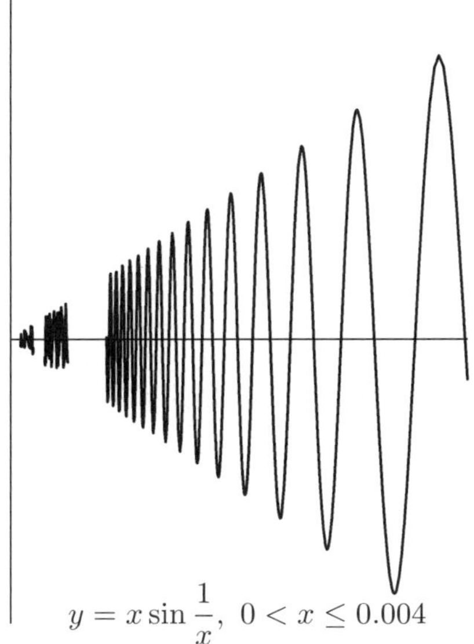

$y = x \sin \frac{1}{x},\ 0 < x \le 0.004$

이 성립한다는 뜻이다. 다시 말하여, 함수 f 가 x_0 의 적절한 근방에서 최대값을 가질 때, x_0 에서 극대값을 가진다고 말한다. 마찬가지로, 적당한 양수 $\delta > 0$ 에 대하여

$$x \in X \cap N(x_0, \delta) \implies f(x) \ge f(x_0)$$

가 성립하면 함수 f 가 x_0 에서 **극소값**을 가진다고 한다.

최대값과 최소값이 정의역 전체에서 함수의 모습을 살펴봐야 하는 **대역적** 성질인 데 반하여 극대값과 극소값은 국소적인 성질이다. 최대값과 최소값은 각각 극대값과 극소값이 된다. 특히, 주어진 함수가 어떤 구간에서 상수값을 가지면 그 구간의 모든 점에서 극대값과 극소값을 가진다. 위 도움정리의 증명과정을 살펴보면, 미분가능한 일변수함수는 극대점과 극소점에서 미분계수가 0 이 됨을 알 수 있다.

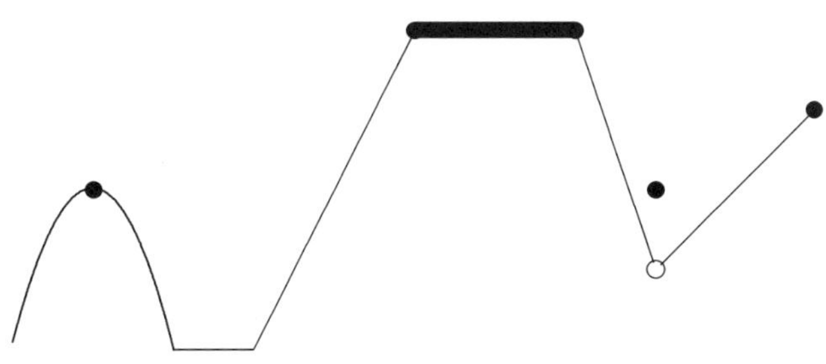

정리 4.2.2. (코시) 두 함수 $f, g : [a, b] \to \mathbb{R}$ 가 $[a, b]$ 에서 연속이고, (a, b) 에서 미분가능하다고 하자. 그러면

$$f'(c)\,[g(b) - g(a)] = g'(c)\,[f(b) - f(a)]$$

를 만족하는 점 $c \in (a, b)$ 가 존재한다.

증명: 새로운 함수 $h : [a, b] \to \mathbb{R}$ 을

$$h(x) = [f(b) - f(a)]\; g(x) - [g(b) - g(a)]\; f(x), \qquad x \in [a, b]$$

라 정의하자. 그러면 바로 도움정리 4.2.1 을 적용하여 결론을 끌어 낼 수 있다. □

위 정리에서 $g(x) = x$ 라 두면 평균값정리를 얻는다.

따름정리 4.2.3. (평균값정리) 함수 $f : [a, b] \to \mathbb{R}$ 가 $[a, b]$ 에서 연속이고 (a, b) 에서 미분가능하면

$$f(b) - f(a) = f'(c)(b - a)$$

를 만족하는 점 $c \in (a, b)$ 가 존재한다.

따름정리 4.2.4. 함수 $f : (a, b) \to \mathbb{R}$ 가 미분가능하다고 하자. 그러면 f 가 각각 단조증가, 상수함수, 단조감소할 필요충분조건은 각각 $f' \geq 0,\ f' = 0,\ f' \leq 0$ 이다.

문제 4.2.1. 따름정리 4.2.4 를 증명하여라.

이제, 함수의 극한값을 구하는 데 아주 편리하게 사용되는 로피탈[1)]정리를 증명하여 보자.

정리 4.2.5. 두 함수 f, g 에 대하여 $\lim_{x \to x_0} f(x) = \lim_{x \to x_0} g(x) = 0$ 이라 하자. 만일

$$\lim_{x \to x_0} \frac{f'(x)}{g'(x)} = \alpha$$

이면, 등식

$$\lim_{x \to x_0} \frac{f(x)}{g(x)} = \alpha$$

1) Guillaume L'Hôpital (1661∼1704), 프랑스 수학자.

역시 성립한다.

증명을 하기에 앞서서, 몇 가지 주의가 필요하다. 가정에서 f, g 가 x_0 를 뺀 x_0 의 적당한 근방 $N(x_0, r) \setminus \{x_0\}$ 에서 정의되어 있고, 특히 $g' \neq 0$ 임이 암묵적으로 가정되어 있다. 또한 증명과정에서 함수 $\dfrac{f(x)}{g(x)}$ 의 극한이 제대로 정의된다는 것도 알게 된다. 이 정리는 분자와 분모를 각각 미분하여 극한값을 구하면 원래 분수함수의 극한값이 됨을 말해 주고 있다.

증명: 만일 $f(x_0) = g(x_0) = 0$ 으로 정의하면 f 와 g 는 x_0 를 포함하는 적당한 열린구간에서 연속이다. 임의의 양수 $\epsilon > 0$ 에 대하여

$$0 < |x - x_0| < \delta \implies \left| \frac{f'(x)}{g'(x)} - \alpha \right| < \epsilon \tag{3}$$

이 되는 양수 $\delta > 0$ 를 잡을 수 있다. 이제 $0 < |x - x_0| < \delta$ 인 x 를 고정하고 구간 $[x, x_0]$ 나 $[x_0, x]$ 에서 정리 4.2.2 를 적용하면 다음 두 성질

$$0 < |x_0 - c_x| < |x_0 - x|, \qquad \frac{f(x)}{g(x)} = \frac{f(x) - f(x_0)}{g(x) - g(x_0)} = \frac{f'(c_x)}{g'(c_x)}$$

을 만족하는 c_x 를 찾을 수 있다. 그러면 $0 < |x_0 - c_x| < \delta$ 이므로 (3) 에 의하여

$$\left| \frac{f(x)}{g(x)} - \alpha \right| = \left| \frac{f'(c_x)}{g'(c_x)} - \alpha \right| < \epsilon$$

이 되어서 증명이 끝났다. □

보기 2. 한 가지 주의해야 할 점은 위 정리의 역은 성립하지 않는다는 것이다. 예를 들어서

$$f(x) = \begin{cases} 0, & x = 0, \\ x^2 \sin \dfrac{1}{x}, & x \neq 0, \end{cases} \qquad\qquad g(x) = x$$

라 두면 정리 4.2.5 의 전제조건들이 만족된다. 그런데

$$\lim_{x \to 0} \frac{f(x)}{g(x)} = 0$$

이지만 극한값 $\displaystyle\lim_{x \to 0} \frac{f'(x)}{g'(x)}$ 은 존재하지 않는다. □

정리 4.2.5 에서는 $\dfrac{0}{0}$ 꼴의 극한에 대하여만 언급했지만 $\dfrac{\infty}{\infty}$ 등의 경우에도 물론 성립한다. 이 경우의 정확한 정리내용을 진술하고 증명하는 것은 연습문제로 남긴다.

문제 4.2.2. 정리 4.2.5 에서 x_0 를 ∞ 로 바꾸었을 때, 명제를 명확히 쓰고 증명하여라.

이제 끝으로 사이값정리를 다음과 같이 확장하고 이 절을 맺는다. 함수 F 가 미분가능하고

$$F' = f$$

이면, F 를 f 의 **원시함수**라 부른다.

정리 4.2.6. 함수 $F : [a,b] \to \mathbb{R}$ 가 미분가능하고 $F'(a) < \alpha < F'(b)$ 이면,

$$F'(c) = \alpha$$

인 $c \in (a,b)$ 가 존재한다.

증명: 새로운 함수

$$G(x) = F(x) - \alpha x$$

를 정의하고 G 가 점 c 에서 최소값을 가진다고 하자. 가정에 의하여 $G'(a) < 0$ 이고 $G'(b) > 0$ 이므로 최소점 c 는 열린구간 (a,b) 안에 있게 된다. 그러면 $G'(c) = 0$ 이고 따라서 $F'(c) = \alpha$ 이다. □

따름정리 4.2.7. 구간 I 에서 정의된 함수 $f : I \to \mathbb{R}$ 가 원시함수를 가진다면, f 에 의한 구간 $J \subset I$ 의 상 $f(J)$ 는 항상 구간이다.

보기 3. 위 정리는 어느 함수가 원시함수를 가지지 않는다는 것을 증명할 때 요긴하게 쓰일 수 있다. 예를 들어 함수

$$f(x) = \begin{cases} 0, & x < 0 \\ 1, & x \geq 0 \end{cases}$$

는 원시함수를 가지지 않는다. □

다음 장에서 임의의 연속함수는 원시함수를 가진다는 사실을 증명할 것이다. 따라서, 다음 관계

$$\text{연속이다} \implies \text{원시함수를 가진다} \implies \text{구간의 상이 구간이다} \tag{4}$$

가 성립함을 알게 된다.

4.3 테일러 전개

이 절에서는 평균값정리를 반복적으로 사용하여, 주어진 함수를 다항식으로 근사시키는 방법을 공부한다.

정리 4.3.1. 서로 다른 두 실수 a, b 를 끝점으로 하는 닫힌구간 I 에서 정의된 두 함수 $f, g : I \to \mathbb{R}$ 와 자연수 $n = 0, 1, \ldots$ 이 주어져 있으며, $f^{(n)}$ 과 $g^{(n)}$ 이 I 에서 연속이고 $\operatorname{int} I$ 에서 미분가능하다고 하자. 그러면, 각 $x \in \operatorname{int} I$ 에 대하여 다음 관계식

$$\left[f(x) - \sum_{k=0}^{n} \frac{f^{(k)}(a)}{k!}(x-a)^k \right] g^{(n+1)}(c_x) = \left[g(x) - \sum_{k=0}^{n} \frac{g^{(k)}(a)}{k!}(x-a)^k \right] f^{(n+1)}(c_x) \tag{5}$$

이 성립하는 c_x 가 a 와 x 사이에 존재한다.

증명: 편의상 $a < x < b$ 라 하자. 함수 F, G 를 각각

$$F(t) = \sum_{k=0}^{n} \frac{f^{(k)}(t)}{k!}(x-t)^k, \qquad G(t) = \sum_{k=0}^{n} \frac{g^{(k)}(t)}{k!}(x-t)^k$$

로 정의하면, 정리 4.2.2 에 의하여

$$[F(x) - F(a)]\ G'(c_x) = [G(x) - G(a)]\ F'(c_x) \tag{6}$$

를 만족하는 $c_x \in (a, x)$ 가 존재한다. 그런데

$$F'(t) = \frac{(x-t)^n}{n!} f^{(n+1)}(t), \qquad G'(t) = \frac{(x-t)^n}{n!} g^{(n+1)}(t)$$

임을 계산에 의하여 금방 알 수 있고, 이를 (6) 에 넣으면 (5) 를 얻는다. □

위 정리에서 $g(x) = (x-a)^{n+1}$ 이라 두면, 각 $k = 0, 1, \ldots, n$ 에 대하여 $g^{(k)}(a) = 0$ 이고

$$g^{(n+1)}(a) \equiv (n+1)!$$

이다. 따라서, 다음 정리를 얻는다.

따름정리 4.3.2. (테일러[2]) 서로 다른 두 실수 a, b 를 끝점으로 하는 닫힌구간 I 에서 정의된 함수 $f : I \to \mathbb{R}$ 와 자연수 $n = 0, 1, \ldots$ 이 주어져 있으며, $f^{(n)}$ 이 I 에서 연속이고 $\operatorname{int} I$ 에서 미분가능하다고 하자. 그러면, 각 $x \in \operatorname{int} I$ 에 대하여 다음 관계식

$$f(x) = \sum_{k=0}^{n} \frac{f^{(k)}(a)}{k!} (x-a)^k + \frac{f^{(n+1)}(c_x)}{(n+1)!} (x-a)^{n+1} \tag{7}$$

이 성립하는 c_x 가 a 와 x 사이에 존재한다.

테일러 정리에서 왼쪽과 오른쪽 끝점 역할에 차이가 없으므로, 정의역의 안점 a 에서 테일러 공식을 적용하면 식 (7) 은 a 의 근방에서 성립함을 알 수 있다. 위 식 (7) 에서 $(n+1)$ 차 항을 **나머지항**이라 한다. 만일 f 가 C^∞-함수라면, 위 과정을 계속 반복하여 무한급수

$$f(a) + \frac{f'(a)}{1!} (x-a) + \cdots + \frac{f^{(n)}(a)}{n!} (x-a)^n + \cdots \tag{8}$$

를 얻는데 이를 f 의 **테일러급수**라 한다. 4.1 절의 보기 2 를 생각하면 $x = a$ 이외의 고정된 $x \in I$ 에 대하여는 이 급수가 $f(x)$ 로 수렴할 필요가 없고, 따라서 이런 경우 테일러급수는 별 의미가 없다. 만일 $a \in I$ 가 C^∞-함수 $f : I \to \mathbb{R}$ 의 정의역의 안점이고, a 의 적당한 근방의 모든 점에서 급수 (8) 이 $f(x)$ 로 수렴하면, f 가 점 a 에서 **해석적**이라 한다. 정의역의 모든 점에서 해석적인 함수를 **해석함수**라 부르는데, 해석함수는 다항식함수의 일반화라고 이해할 수도 있다.

급수 (8) 이 원래 함수로 수렴하는가 여부는 물론 나머지항이 0 으로 수렴하는가에 달려 있다. 다음 명제는 이를 살펴보는 데 큰 도움이 된다.

명제 4.3.3. 구간 I 에서 정의된 실함수 $f : I \to \mathbb{R}$ 가 C^∞ 이고, I 의 서로 다른 두 점 a 와 x 사이의 닫힌구간을 J 라 하자. 만일 다음 집합

$$\{|f^{(n)}(t)| : t \in J,\ n = 0, 1, 2, \ldots\} \tag{9}$$

이 위로 유계이면, 테일러급수 (8) 은 $f(x)$ 로 수렴한다.

증명 : 나머지항이 점 x 에서 0 으로 수렴함을 보이면 된다. 위 집합의 상계 M 을 잡으면, 테일러 전개식 (7) 의 나머지항은

$$\left| \frac{f^{(n+1)}(c_x)}{(n+1)!} (x-a)^{n+1} \right| \le M \frac{|x-a|^{n+1}}{(n+1)!}$$

---

2) Brook Taylor (1685∼1731), 영국 수학자.

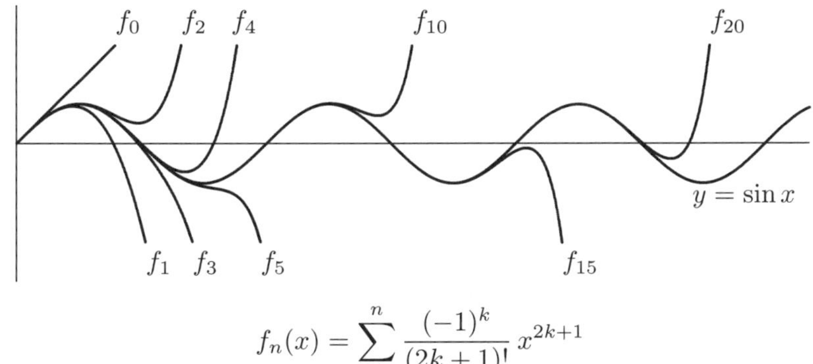

$$f_n(x) = \sum_{k=0}^{n} \frac{(-1)^k}{(2k+1)!} x^{2k+1}$$

이 된다. 그런데 양수 $\alpha > 0$ 가 있을 때, 수열 $\left\langle \frac{\alpha^n}{n!} \right\rangle$ 이 0 으로 수렴함은 쉽게 보일 수 있다. □

보기 1. 삼각함수 sin 이나 cos 은 명제 4.3.3 의 가정을 만족한다. 따라서 사인함수와 코사인함수의 테일러급수

$$\sin x = x - \frac{x^3}{3!} + \frac{x^5}{5!} - \frac{x^7}{7!} + \dots \tag{10}$$

$$\cos x = 1 - \frac{x^2}{2!} + \frac{x^4}{4!} - \frac{x^6}{6!} + \dots \tag{11}$$

는 모든 실수 $x \in \mathbb{R}$ 에 대하여 실제로 그 등호가 성립한다.

지수함수 exp 도 마찬가지이다. 만일 $x < 0$ 이면 이는 당연하고, $x > 0$ 이면 집합 (9) 의 상계를 e^x 로 잡으면 된다. 그러므로

$$e^x = 1 + x + \frac{x^2}{2!} + \frac{x^3}{3!} + \frac{x^4}{4!} + \dots \tag{12}$$

역시 모든 실수 $x \in \mathbb{R}$ 에 대하여 성립한다. 지수함수와 sin, cos 등의 삼각함수는 대표적인 해석함수의 예이다. □

문제 4.3.1. 관계식 (11), (12) 의 오른쪽에서 n 항까지 합을 각각 $f_n(x)$ 라 하자. 이 두 가지 함수에 대하여 $y = f_1(x)$, $y = f_2(x)$, $y = f_5(x)$, $y = f_{10}(x)$, $y = f_{15}(x)$ 및 $y = f_{20}(x)$ 의 그래프를 그려라. 이러한 그래프들을 각각 왼쪽의 원래 함수와 비교하여 보아라. 그 근들이 어떻게 변하는지 살펴보아라.

문제 4.3.2. 함수 $f(x) = \arctan x$ 와 $y = \log(1+x)$ 의 테일러 전개를 구하여라. 이 경우 위 문제 4.3.1 과 마찬가지로 그래프를 그려 보아라.

이제 끝으로 사인함수의 테일러급수를 이용하여 급수

$$\sum_{n=1}^{\infty} \frac{1}{n^2}$$

의 값을 추측하여 보자. 우선, n 차 방정식 $a_0 + a_1 x + \cdots + a_n x^n = 0$ 의 근이 $\alpha_1, \ldots, \alpha_n$ 일 때

$$\frac{1}{\alpha_1} + \frac{1}{\alpha_2} + \cdots + \frac{1}{\alpha_n} = -\frac{a_1}{a_0}$$

임을 쉽게 알 수 있다. 관계식 (10) 에서

$$\frac{\sin x}{x} = 1 - \frac{x^2}{3!} + \frac{x^4}{5!} - \cdots$$

이므로 급수 $1 - \dfrac{x}{3!} + \dfrac{x^2}{5!} - \cdots$ 으로 정의된 함수의 근은

$$\{n^2\pi^2 : n = 1, 2, \ldots\}$$

인데, 이를 다항식인 것처럼 취급하여 위 관계식을 이용하면

$$\sum_{n=1}^{\infty} \frac{1}{n^2} = \frac{\pi^2}{6} \tag{13}$$

임을 추측할 수 있다. 이는 오일러[3]가 위 급수의 값을 알아 내기 위하여 실제로 썼던 방법인데, 엄밀한 증명은 푸리에급수를 배우는 과정에서 하기로 한다. 함수

$$y = \frac{\sin x}{x}$$

는 푸리에급수에서 중요한 역할을 한다.

문제 4.3.3. 각 $n = 0, 1, 2, \ldots$ 에 대하여

$$f_n(x) = 1 - \frac{x}{3!} + \cdots + (-1)^n \frac{x^n}{(2n+1)!}, \qquad x \in \mathbb{R}$$

3) Leonhard Euler (1707∼1783), 스위스 태생의 수학자. 주로 상트페테르부르크와 베를린에서 활동하였다. Gauss 와 더불어 역사상 최고의 수학자로 일컬어진다. 만년에 양쪽 눈을 모두 잃었다.
편히 읽을 수 있는 수학잡지 중의 하나인 *The Mathematical Intelligencer* 는 독자들을 상대로 수학의 어느 정리가 가장 아름다운가에 대하여 설문조사를 한 바 있는데, 등식 (13) 이 다섯 번째를 차지하였다. 첫째는 오일러 등식 $e^{i\pi} = -1$, 둘째는 다각형의 꼭지점, 모서리, 면의 개수에 관한 오일러 공식 $V + F = E + 2$, 셋째는 소수가 무한히 많다는 정리, 넷째는 정다면체가 다섯 개 있다는 정리가 선정되었다. 다음 기사 [D. Wells, Are these the most beautiful?, Math. Intelligencer Vol. 12, No. 3 (1990), pp. 37- 41] 를 참조하라.

이라 정의하자. 각 $n = 1, 2, 5, 10, 15, 20$ 에 대하여 $y = f_n(x)$ 의 그래프를 그리고, 함수

$$y = \frac{\sin\sqrt{x}}{\sqrt{x}}$$

의 그래프와 비교하여 보아라.

관계식 (10) 과 (11) 을 비교하면 (10) 의 각 항을 미분하여 (11) 의 해당 항이 나온다. 이는 (12) 에서 각 항을 미분하여 더하면 자기 자신이 되는 것과 마찬가지이다. 따라서, 해석함수인 경우 각 항별로 미분하여 더하면 원래 함수의 미분이 되지 않을까 생각해 보게 된다. 다시 말하여 두 가지 극한, 즉 무한합과 미분의 순서를 바꾸어도 되는가 하는 문제인데, 이는 뒤에 나오는 6장의 핵심 주제이고 해석함수의 경우 이게 가능하다는 것도 알게 될 것이다. 오일러 시대만 하여도 '함수' 는 당연히 해석함수인 것으로 간주되었고, 미분가능하지 않거나 연속이 아닌 것도 함수로 취급된 것은 19세기 이후의 일이다.

4.4 연습문제

4.4.1. 지난 3.1 절의 보기 3 에 나오는 함수 g 가 각 무리수점에서 미분가능한가 살펴보아라.

4.4.2. 다음 성질

$$x < y \implies f(x) \le \frac{f(y) - f(x)}{y - x} \le f(y)$$

을 만족하는 함수 $f : \mathbb{R} \to \mathbb{R}$ 를 모두 찾아라.

4.4.3. 수학적 귀납법을 이용하여, 다음 등식

$$(fg)^{(n)}(x) = \sum_{k=0}^{n} \binom{n}{k} f^{(k)}(x) g^{(n-k)}(x), \qquad n = 1, 2, \ldots$$

을 보여라. (단, $\binom{n}{k} = \frac{n!}{k!(n-k)!}$ 이다.)

4.4.4. 구간에서 정의된 함수 f 와 구간의 점 c 에 대하여, 다음 성질

$$0 < |x - c| < \delta \implies |f(x) - f(c)| < M|x - c|^{\alpha}$$

을 만족하는 양수 $\delta > 0, M > 0, \alpha > 0$ 이 존재하면,[4] 함수 f 가 점 c 에서 연속임을 보여라. 만일 위 성질을 만족하는 양수 $\delta > 0, M > 0$ 과 $\alpha > 1$ 이 존재하면 f 가 점 c 에서 미분가능함을 보여라.

4.4.5. 열린구간 $(0,1)$ 위에서 함수값이 양수이고, 그 바깥에서 함수값이 0 인 C^∞-함수 $f:\mathbb{R}\to\mathbb{R}$ 의 예를 들어라. 또한, 다음 성질

$$x<0 \Longrightarrow g(x)=0, \quad x>1 \Longrightarrow g(x)=1$$

을 만족하는 C^∞-함수 g 의 예를 들어라.

4.4.6. 구간 I 위에서 정의된 미분가능함수 f 의 도함수가 $f'>0$ 이면, f 가 증가함수임을 보여라. 그 역함수를 g 라 두었을 때, g' 과 f' 의 관계를 구하여라.

4.4.7. 함수 $f:[0,1]\to\mathbb{R}$ 가 미분가능하다고 하자. 만일 그 도함수 f' 가 유계이면 f 가 고른연속임을 보여라. 그 역이 성립하는지 살펴보아라.

4.4.8. 함수 $f:\mathbb{R}\to\mathbb{R}$ 가 다음 성질

$$|f(x)-f(y)|\le |x-y|^2, \qquad x,y\in\mathbb{R}$$

을 만족하면, f 가 상수함수임을 보여라.

4.4.9. 함수 $f:(a,b)\to\mathbb{R}$ 가 연속이고, 임의의 점 $x\in(a,b)\setminus\{c\}$ 에서 미분가능하다고 하자. (단, $a<c<b$) 만일 극한값 $\lim_{x\to c} f'(x)$ 이 존재한다면, 함수 f 가 점 c 에서 미분가능하고, $f'(c)$ 가 바로 이 극한값임을 증명하여라.

4.4.10. 구간의 상이 항상 구간이지만 원시함수를 가지지 않는 함수의 예를 들어라.

4.4.11. 구간 I 에서 정의된 미분가능함수 $f:I\to\mathbb{R}$ 가 각 점 $x\in I$ 에 대하여 $f'(x)\neq 0$ 이라 하자. 이 때, $f'>0$ 이거나 $f'<0$ 임을 보여라.

4.4.12. 각 자연수 $n=1,2,\ldots$ 에 대하여, 다항함수

$$f(x)=(x^2-x)^n$$

---

4) 이 때, 함수 f 가 점 c 에서 α 차수 **립쉬츠조건**을 만족한다고 말한다. 9.2 절을 참조하라.
Rudolf Otto Sigismund Lipschitz (1832∼1903), 독일 수학자. Königsberg (Kaliningrad, 현재 러시아 영토)와 베를린에서 공부한 뒤 주로 Bonn 에서 활동하였다.

의 n 계 도함수 $f^{(n)}$ 이 구간 $[0,1]$ 사이에서 서로 다른 n 개의 실근을 가짐을 보여라.

4.4.13. 함수 f 가 점 c 근방에서 정의되고 $f''(c)$ 가 존재한다고 하자. 이 때, 다음 극한

$$\lim_{h\to 0}\frac{1}{h^2}(f(c+h)+f(c-h)-2f(c))$$

이 존재하고 그 값이 $f''(c)$ 임을 보여라. 이 극한값이 존재하지만 $f''(c)$ 는 존재하지 않는 예를 들어라.

제 5 장
리만-스틸체스 적분

이 장에서는 미적분학의 중심과제인 적분을 공부한다. 적분에는 여러 가지 형태가 있는데, 그 중 가장 초보적 형태인 유계닫힌구간에서 정의된 유계 실함수의 리만적분을 다룬다. 우선 어떤 함수가 적분가능한가 하는 점을 공부하는데 연속함수와 단조함수는 적분가능 함수의 대표적인 보기이다. 다음으로 공부할 내용은 적분가능한 함수의 적분값을 실제로 구하는 문제인데, 미분과 관련하여 고등학교에서 배운 미적분의 기본정리를 증명한다. 리만적분이란 기본적으로 함수의 그래프와 x 축 사이의 면적을 구하기 위하여, 정의역 $[a, b]$ 를 잘게 자르고 이 위의 직사각형 면적의 합들의 극한을 구하는 것이다. 스틸체스적분은 정의역에 새로운 '자', 혹은 길이함수를 도입하여 면적을 구하는데, 이를 위하여 우선 유계변동함수를 공부한다. 유계변동함수란 함수의 증감을 모두 더했을 때 유한값을 가지는 함수로서 자의 역할을 하며 본질적으로 단조함수이다. 따라서 우리는 단조함수를 길이함수로 취하는 스틸체스적분부터 정의하고, 이를 이용하여 일반적인 경우를 다루게 된다.

5.1 리만적분

이 절에서 함수 $f : [a, b] \to \mathbb{R}$ 는 항상 유계라 가정한다. 함수가 **유계**란 말은 그 함수의 치역이 유계집합이란 말이다. 구간 $[a, b]$ 의 유한 부분집합으로서 양 끝점을 포함하는 것을 **분할**이라 부르고, 구간 $[a, b]$ 의 분할 전체의 집합을 $\mathcal{P}[a, b]$ 로 쓴다. 이제 유계함수 $f : [a, b] \to \mathbb{R}$ 와 분할

$$P = \{x_0(= a), x_1, \ldots, x_{n-1}, x_n(= b)\}$$

가 주어지면, 각 $i = 1, 2, \ldots, n$ 에 대하여

$$M_i = \sup\{f(x) : x_{i-1} \le x \le x_i\}, \qquad m_i = \inf\{f(x) : x_{i-1} \le x \le x_i\}$$

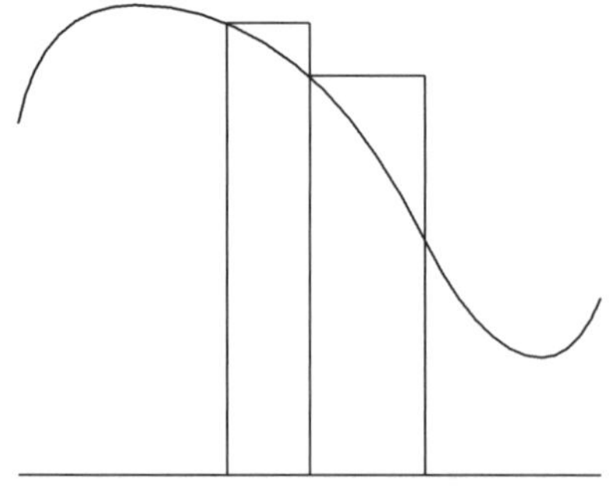
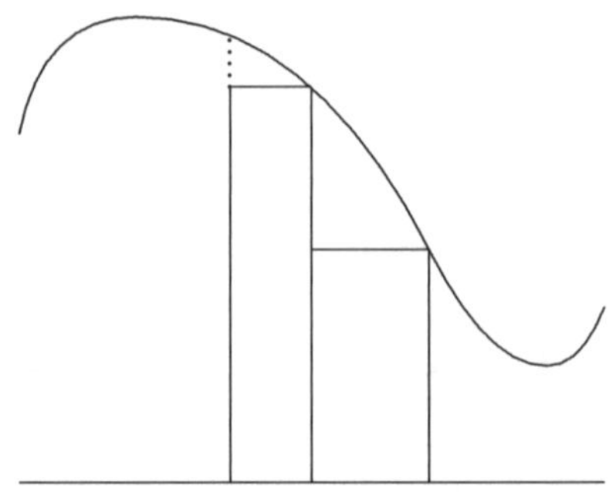

는 유한값이고, 그 **상합** $U_a^b(f,P)$ 과 **하합** $L_a^b(f,P)$ 을

$$U_a^b(f,P) = \sum_{i=1}^{n} M_i(x_i - x_{i-1}), \qquad L_a^b(f,P) = \sum_{i=1}^{n} m_i(x_i - x_{i-1})$$

로 정의한다. 정의역이 분명할 때는 그냥 $U(f,P)$ 및 $L(f,P)$ 로 쓴다. 이는 구분구적법에서 직사각형의 합을 계산하는 것과 비슷하나, 밑변의 길이를 아무렇게나 취할 수 있다는 점이 다르다.

명제 5.1.1. 만일 두 분할 P, Q 가 포함관계 $P \subset Q$ 를 가지면

$$L(f,P) \le L(f,Q) \le U(f,Q) \le U(f,P)$$

가 성립한다. 또한, 임의의 분할 P, P' 에 대하여 $L(f,P) \le U(f,P')$ 이다.

증명: 첫째 명제는 명백하므로 생략한다. 둘째 것은 부등식

$$L(f,P) \le L(f,P \cup P') \le U(f,P \cup P') \le U(f,P')$$

을 보면 된다. □

문제 5.1.1. 명제 5.1.1 의 첫째 부등식을 증명하여라.

위 명제는 상합 전체의 집합이 아래로 유계이고, 하합 전체의 집합은 위로 유계임을 말해 준다. 따라서, **상적분**과 **하적분**을 다음

$$\overline{\int_a^b} f = \inf\{U_a^b(f,P) : P \in \mathcal{P}[a,b]\}$$

$$\underline{\int_a^b} f = \sup\{L_a^b(f,P) : P \in \mathcal{P}[a,b]\}$$

과 같이 각각 정의할 수 있다. 명제 5.1.1 로부터

$$\overline{\int_a^b} f \ \geq \ \underline{\int_a^b} f \tag{1}$$

는 명백하다. 이제 함수 f 의 상적분과 하적분의 값이 같아지면 f 가 **리만[1]적분가능**하다고 말하고 그 공통값을

$$\int_a^b f \qquad 혹은 \qquad \int_a^b f(x)dx$$

라 쓴다. 만일 $f, g : [a, b] \to \mathbb{R}$ 이 리만적분가능하고 $f \leq g$ 이면, 부등식

$$\int_a^b f \ \leq \ \int_a^b g \tag{2}$$

이 성립함은 정의에 의하여 명백하다.

문제 5.1.2. 부등식 (2) 를 증명하여라.

보기 1. 지난 3.1 절의 보기 3 에 나오는 함수 $f : [0, 1] \to \mathbb{R}$ 를 생각하자. 그러면 어떤 분할을 잡아도 그 상합과 하합이 각각 1 과 0 이다. 따라서, 상적분은 1 이고 하적분은 0 이 되어 이 함수는 리만적분가능하지 않다. □

다음 명제는 리만적분가능성을 살펴보기 위한 간단한 것이다.

명제 5.1.2. 유계함수 $f : [a, b] \to \mathbb{R}$ 에 대하여 다음은 동치이다.

(가) 함수 f 는 리만적분가능하다.

(나) 임의의 양수 $\epsilon > 0$ 에 대하여

$$U(f, P) - L(f, P) < \epsilon \tag{3}$$

을 만족하는 분할 $P \in \mathcal{P}[a, b]$ 가 존재한다.

증명: (나) 를 가정하면, 임의의 양수 $\epsilon > 0$ 에 대하여

$$0 \leq \overline{\int_a^b} f \ - \ \underline{\int_a^b} f \leq U(f, P) - L(f, P) < \epsilon$$

---

1) Georg Friedrich Bernhard Riemann (1826~1866), 독일 수학자. Göttingen 과 베를린에서 공부한 후 Göttingen 에서 활동하였다. 우리가 배우는 적분론뿐 아니라, 기하학을 비롯한 수학 전반에 매우 큰 영향을 끼쳤다.

사실 리만은 원래 다음 절에서 배울 리만합의 극한으로 적분을 정의하였다. 상합과 하합을 이용한 적분의 정의는 리만적분을 약간 변형하여 프랑스 수학자 Jean Gaston Darboux (1842~1917) 가 정의한 것이다. 다음 절의 주제는 이 두 정의가 사실상 같음을 보이는 것이다. 참고문헌 [19] 의 11 장을 참조하라.

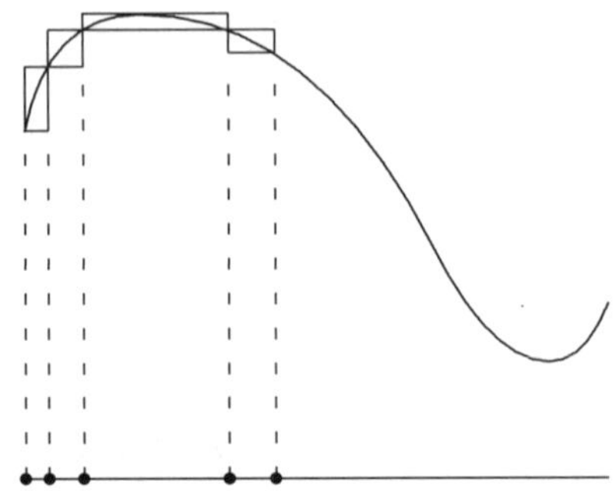

이므로 (1) 에서 등호가 성립한다. 이제, f 가 리만적분가능하다 하고 양수 $\epsilon > 0$ 이 주어졌다 하자. 그러면 적당한 분할 P_1 과 P_2 에 대하여

$$0 \le U(f, P_1) - \int_a^b f < \frac{\epsilon}{2}, \qquad 0 \le \int_a^b f - L(f, P_2) < \frac{\epsilon}{2}$$

이 된다. 이제 $P = P_1 \cup P_2$ 라 두면 명제 5.1.1 에 의하여 (3) 이 성립된다. □

보기 2. 함수 $f : [-1, 1] \to \mathbb{R}$ 를

$$f(x) = \begin{cases} 0, & x \neq 0 \\ 1, & x = 0 \end{cases}$$

로 정의하면, 임의의 분할에 대하여 하합이 0 이므로 하적분은 0 이다. 이제, f 가 리만적분가능하다는 것을 보이기 위하여 $U(f, P) < \epsilon$ 인 분할을 만들면 되는데,

$$P = \left\{-1, -\frac{\epsilon}{3}, \frac{\epsilon}{3}, 1\right\}$$

로 두면

$$U(f, P) = \frac{2}{3}\epsilon$$

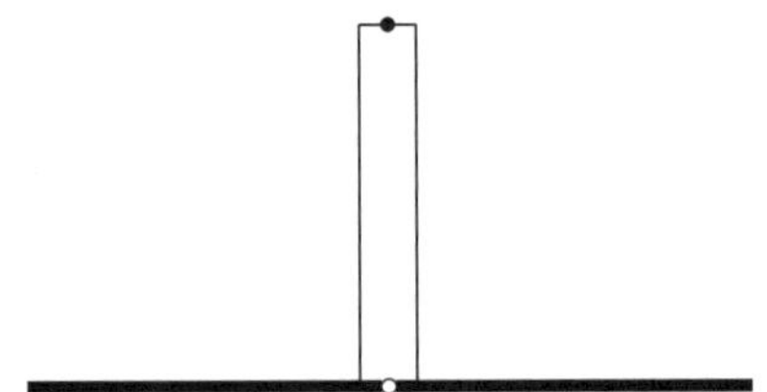

이다. 이와 같은 방법을 사용하면 유한개의 점에서 함수값을 임의로 바꾸어도 적분가능성이나 적분값에 영향이 없음을 쉽게 알 수 있다. □

보기 3. 집합 $A = \left\{ \frac{1}{n} : n = 2, 3, \ldots \right\}$ 이라 두고, 함수 $f : [0, 1] \to \mathbb{R}$ 를

$$f(x) = \begin{cases} 0, & x \notin A, \\ 1, & x \in A \end{cases}$$

라 두면 앞의 보기 2 와 마찬가지로 하합은 0 이다. 이제 상합이 $\epsilon > 0$ 보다 작도록 분할을 만들어 보자. 우선,

$$A \cap \left[\frac{\epsilon}{2}, 1 \right] = \{x_1, x_2, \ldots, x_N\}$$

이라 하고 각 $i = 1, 2, \ldots, N$ 에 대하여 $y_i < x_i < z_i < y_{i+1}$ 이고 $z_i - y_i < \frac{\epsilon}{2N}$ 이 되도록 y_i, z_i 를 잡자. 이제

$$P = \{0, \frac{\epsilon}{2}, y_1, z_1, y_2, z_2, \ldots, y_N, z_N, 1\} \cap [0, 1]$$

이라 두면 $U(f, P) < \epsilon$ 임을 쉽게 알 수 있다. 따라서, 불연속점이 무한개임에도 불구하고 리만적분가능일 수 있다. □

보기 4. 집합 A 가 1.5 절의 보기 3 에서 설명한 칸토르집합이라 하고 함수 f 를 앞의 보기 3 과 같이 정의하자. 1.5 절의 (17) 을 이용하면 이 함수가 리만적분가능하고 그 적분값이 0 임은 그리 어렵지 않게 보일 수 있다. 그리고 이 함수는 A 의 모든 점에서 불연속이므로 불연속점의 집합이 셀수없는 집합이지만 리만적분가능한 보기가 된다. □

문제 5.1.3. 보기 4 에 나오는 함수가 적분가능하고 그 적분값이 0 임을 보여라.

문제 5.1.4. 지난 3.1 절의 보기 3 에 나오는 함수 g 가 리만적분가능한지 살펴보고, 적분가능하면 그 적분값을 구하여라.

이 절의 보기 1 이나 보기 3 및 보기 4 에서 보는 바와 같이, 불연속점이 무한히 많더라도 리만적분가능한 경우도 있고 그렇지 않은 경우도 있다. 함수값이 집합 A 에서 1 이고 나머지에서 0 인 함수의 적분값은 직관적으로 집합 A 의 '길이' 이다. 보기 1 이나 보기 3 에서 A 가 모두 셀수있는 집합으로서 길이가 같음에 틀림없다. 그러나 경우에 따라서 집합 $A \times [0, 1]$ 의 '면적' 을 잴 수 있는 경우도 있고 잴 수 없는 경우도 있게 된다. 또한, 보기 1 과 보기 4 의 경우를 비교하면 불연속점의 개수는 같아도 적분가능성은 달라진다. 따라서, 리만적분은 불연속점이 얼마나 많은가 하는 점도 문제이지만 그 분포가 더욱

문제인 것을 알 수 있다. 후에 배우게 될 르벡적분은 불연속점의 분포나 개수에 관계없이 집합 A 의 '길이' 에 의하여 그 적분값이 결정되도록 고안된 것이다.

적분의 가장 중요한 성질은 각 함수에 실수를 대응시키는 방법이 선형이라는 점이다. 다음 정리에서 이것을 증명한다.

정리 5.1.3. 함수 $f, g : [a, b] \to \mathbb{R}$ 이 리만적분가능하다고 하고, 실수 $\alpha \in \mathbb{R}$ 가 주어지면 다음이 성립한다.

(가) 함수 $f + g$ 가 리만적분가능하고, $\int_a^b (f+g) = \int_a^b f + \int_a^b g$ 이다.

(나) 함수 αf 가 리만적분가능하고, $\int_a^b (\alpha f) = \alpha \int_a^b f$ 이다.

증명: 첫째 명제를 보이기 위하여 다음 부등식

$$\underline{\int_a^b} f + \underline{\int_a^b} g \le \underline{\int_a^b} (f+g) \le \overline{\int_a^b} (f+g) \le \overline{\int_a^b} f + \overline{\int_a^b} g \tag{4}$$

을 보이면 된다. 두 번째 부등식은 당연하고 첫째와 셋째는 비슷하므로 셋째 부등식만 증명하려 하는데, 우선 1.2 절의 부등식 (7) 로부터

$$U(f+g, P) \le U(f, P) + U(g, P), \qquad P \in \mathcal{P}[a, b]$$

임을 알 수 있다. 이제 양수 $\epsilon > 0$ 이 주어지면

$$U(f, P) < \overline{\int_a^b} f + \frac{\epsilon}{2}, \qquad U(g, Q) < \overline{\int_a^b} g + \frac{\epsilon}{2}$$

인 분할 P, Q 를 잡을 수 있다. 그러면,

$$\begin{aligned}\overline{\int_a^b} (f+g) &\le U(f+g, P \cup Q) \le U(f, P \cup Q) + U(g, P \cup Q) \\ &\le U(f, P) + U(g, Q) < \overline{\int_a^b} f + \overline{\int_a^b} g + \epsilon\end{aligned}$$

이 된다. 그런데 $\epsilon > 0$ 을 임의로 잡았으므로 (4) 의 셋째 부등식이 증명되었다.

이제 (나) 를 증명하는데 $\alpha = 0$ 이면 자명하다. 우선, $\alpha > 0$ 인 경우는 명제 1.2.8 에 의하여

$$U(\alpha f, P) = \alpha U(f, P), \qquad L(\alpha f, P) = \alpha L(f, P)$$

이고, 따라서

$$\underline{\int_a^b}(\alpha f) = \alpha\underline{\int_a^b} f = \alpha\overline{\int_a^b} f = \overline{\int_a^b}(\alpha f)$$

이다. 만일 $\alpha < 0$ 인 경우는 비슷하지만 sup 과 inf 을 붙일 때 조심하여야 한다. 우선

$$\sup\{\alpha x : x \in S\} = \alpha \inf S, \qquad \inf\{\alpha x : x \in S\} = \alpha \sup S$$

임을 쉽게 확인할 수 있다. 따라서

$$U(\alpha f, P) = \alpha L(f, P), \qquad L(\alpha f, P) = \alpha U(f, P)$$

가 되고, 다시

$$\overline{\int_a^b}(\alpha f) = \alpha\underline{\int_a^b} f = \alpha\overline{\int_a^b} f = \underline{\int_a^b}(\alpha f)$$

가 되어서 증명이 끝났다. □

이 절의 보기 1 에 나오는 함수 f 와 $-f$ 를 생각하면 (4) 의 첫째나 셋째 부등식에서 부등호가 성립할 수도 있음을 알 수 있다. 다음 성질 또한 적분이 갖추어야 할 가장 중요한 성질 중 하나이다.

정리 5.1.4. 함수 $f : [a, b] \to \mathbb{R}$ 가 리만적분가능하고 $a < c < b$ 이면 함수 f 는 구간 $[a, c]$ 와 $[c, b]$ 에서도 리만적분가능하며

$$\int_a^c f + \int_c^b f = \int_a^b f \tag{5}$$

가 성립한다. 역으로 함수 f 가 구간 $[a, c]$ 와 $[c, b]$ 에서 리만적분가능하다면 구간 $[a, b]$ 에서도 리만적분가능하며, 등식 (5) 가 성립한다.

증명: 우선 $[a, b]$ 의 분할 P 에 대하여 $P_0 = ([a, c] \cap P) \cup \{c\}$ 라 두면

$$U_a^c(f, P_0) - L_a^c(f, P_0) \le U_a^b(f, P) - L_a^b(f, P)$$

임이 분명하다. 따라서, f 가 $[a, b]$ 위에서 리만적분가능이면 명제 5.1.2 에 의하여 $[a, c]$ 위에서 리만적분가능이다. 그러므로 정리를 증명하기 위하여

$$\overline{\int_a^c} f + \overline{\int_c^b} f = \overline{\int_a^b} f, \qquad \underline{\int_a^c} f + \underline{\int_c^b} f = \underline{\int_a^b} f \tag{6}$$

를 보이면 된다.

먼저 $\overline{\int_a^c} f + \overline{\int_c^b} f \leq \overline{\int_a^b} f$ 임을 보이자. 구간 $[a,b]$ 의 임의의 분할 $P \in \mathcal{P}[a,b]$ 가 주어졌을 때,

$$Q = (P \cap [a,c]) \cup \{c\} \in \mathcal{P}[a,c], \qquad R = (P \cap [c,b]) \cup \{c\} \in \mathcal{P}[c,b]$$

라 두면

$$\overline{\int_a^c} f + \overline{\int_c^b} f \leq U_a^c(f,Q) + U_c^b(f,R) = U_a^b(f, P \cup \{c\}) \leq U_a^b(f,P)$$

가 되는데, P 가 임의의 분할이었으므로 $\overline{\int_a^c} f + \overline{\int_c^b} f \leq \overline{\int_a^b} f$ 가 증명되었다. 이제, 그 반대 방향의 부등호를 보이기 위하여 임의의 양수 $\epsilon > 0$ 를 택하자. 그러면

$$U_a^c(f,P) < \overline{\int_a^c} f + \frac{\epsilon}{2}, \qquad U_c^b(f,Q) < \overline{\int_c^b} f + \frac{\epsilon}{2}$$

인 $P \in \mathcal{P}[a,c]$ 와 $Q \in \mathcal{P}[c,b]$ 를 잡을 수 있고, 따라서

$$\overline{\int_a^b} f \leq U_a^b(f, P \cup Q) = U_a^c(f,P) + U_c^b(f,Q) < \overline{\int_a^c} f + \overline{\int_c^b} f + \epsilon$$

이다. 양수 $\epsilon > 0$ 을 임의로 잡았으므로 (6) 의 첫째 등식이 증명되었고, 둘째 등식도 마찬가지로 보일 수 있다. □

문제 5.1.5. 정리 5.1.3 과 5.1.4 의 증명을 마무리지어라.

정리 5.1.5. 함수 $f : [a,b] \to \mathbb{R}$ 가 리만적분가능하면 $|f|$ 도 리만적분가능하고

$$\left| \int_a^b f \right| \leq \int_a^b |f|$$

가 성립한다.

증명 : 관계식 $||f(x)| - |f(y)|| \leq |f(x) - f(y)|$ 로부터

$$U(|f|,P) - L(|f|,P) \leq U(f,P) - L(f,P)$$

가 성립하므로, 명제 5.1.2 를 적용할 수 있다. 또한 $-|f| \le f \le |f|$ 이므로 (2) 에 의하여 증명이 끝난다. □

문제 5.1.6. 정리 5.1.5 의 역이 성립하는지 살펴보아라. 즉, $|f|$ 가 적분가능하면 f 도 적분가능한지 살펴보아라.

리만적분가능성은 연속성과 마찬가지로 함수끼리 곱하기나 max, min 등을 취해도 그대로 보존되는데, 증명은 연습문제로 남긴다.

5.2 리만적분가능함수

이 절에서는 연속함수와 단조함수가 항상 리만적분가능함을 보인다. 또한 상합이나 하합 대신에 리만합을 이용한 적분의 정의도 검토한다. 우선 명제 5.1.2 를 이용하여 연속함수와 단조함수가 리만적분가능임을 보이자.

정리 5.2.1. 연속함수 $f : [a, b] \to \mathbb{R}$ 는 리만적분가능하다.

증명: 정리 3.3.1 에 의하여 함수 f 는 고른연속이다. 따라서, 양수 $\epsilon > 0$ 이 주어지면 다음 성질

$$|x - y| < \delta \implies |f(x) - f(y)| < \frac{\epsilon}{b-a}$$

을 만족하는 $\delta > 0$ 가 있다. 이제 분할 $P = \{x_0, x_1, \ldots, x_n\}$ 을 잡는데, 각 $i = 1, 2, \ldots, n$ 에 대하여 $x_i - x_{i-1} < \delta$ 가 되도록 하자. 그러면 구간 $[x_{i-1}, x_i]$ 에서 최대값과 최소값의 차이는 기껏해야 $\frac{\epsilon}{b-a}$ 이므로

$$U(f, P) - L(f, P) \le \sum_{i=1}^{n} \frac{\epsilon}{b-a}(x_i - x_{i-1}) = \epsilon$$

이 되고, 따라서 명제 5.1.2 에 의하여 f 는 적분가능하다. □

정리 5.2.2. 단조함수 $f : [a, b] \to \mathbb{R}$ 는 리만적분가능하다.

증명: 함수 f 가 단조증가라 하자. 주어진 양수 $\epsilon > 0$ 에 대하여

$$\frac{b-a}{n}(f(b) - f(a)) < \epsilon$$

인 자연수 n 을 잡고, 분할 $P = \{x_0, x_1, \ldots, x_n\}$ 을 잡되 각 $i = 1, \ldots, n$ 에 대하여 $x_i - x_{i-1} = \dfrac{b-a}{n}$ 이 되도록 하자. 그러면 구간 $[x_{i-1}, x_i]$ 에서 최대값과 최소값의 차이는 $f(x_i) - f(x_{i-1})$ 이므로

$$
\begin{aligned}
U(f,P) - L(f,P) &= \sum_{i=1}^{n} (f(x_i) - f(x_{i-1}))(x_i - x_{i-1}) \\
&= \frac{b-a}{n} \sum_{i=1}^{n} (f(x_i) - f(x_{i-1})) = \frac{b-a}{n}(f(b) - f(a)) < \epsilon
\end{aligned}
$$

이 되어, 명제 5.1.2 를 적용할 수 있다. □

이제 리만적분의 의미를 극한으로서 다시 음미하여 보자. 여태까지 정의한 수열이나 함수의 극한을 살펴보면, 정의역의 역할을 하는 자연수나 실수의 순서구조가 핵심적인 역할을 했음을 알 수 있다. 리만적분가능성에 관한 명제 5.1.2 는 다음과 같이 해석할 수 있다. 임의의 양수 $\epsilon > 0$ 에 대하여 명제 5.1.2 의 (나) 항에 나오는 분할을 P_0 라 두면,

$$
P \supseteq P_0 \implies 0 \le U_a^b(f,P) - \int_a^b f < \epsilon, \; 0 \le \int_a^b f - L_a^b(f,P) < \epsilon
$$

이 됨을 명제 5.1.1 에 의하여 쉽게 알 수 있다. 따라서, 적분값은 $\mathcal{P}[a,b]$ 에서 정의된 두 실함수

$$
P \mapsto U(f,P), \; P \mapsto L(f,P) : \mathcal{P}[a,b] \to \mathbb{R}
$$

의 극한으로 이해될 수 있고, 이 경우 정의역 $\mathcal{P}[a,b]$ 의 순서는 집합의 포함관계에 의하여 주어졌음을 알 수 있다. 이제 또 다른 순서를 생각하기 위하여 분할 $P = \{x_0, \ldots, x_n\}$ 의 **노음** $\|P\|$ 를

$$
\|P\| = \max\{|x_i - x_{i-1}| : i = 1, 2, \ldots, n\}
$$

로 정의한다. 다음 관계

$$
P \supseteq Q \implies \|P\| \le \|Q\| \tag{7}
$$

는 당연하다.

문제 5.2.1. 명제 (7) 의 역이 성립하지 않음을 보여라.

다음 정리는 어느 순서를 생각하나 리만적분가능성을 따지는 데 상관이 없음을 말해 준다. 분할 $P = \{x_0, \ldots, x_n\}$ 이 주어졌을 때 각 $i = 1, 2, \ldots, n$ 에 대하여 구간 $[x_{i-1}, x_i]$ 의 점 t_i 를 택하자. 이 구간에 의한 **리만합** $R(f,P)$ 를

$$
R(f,P) = \sum_{i=1}^{n} f(t_i)(x_i - x_{i-1})
$$

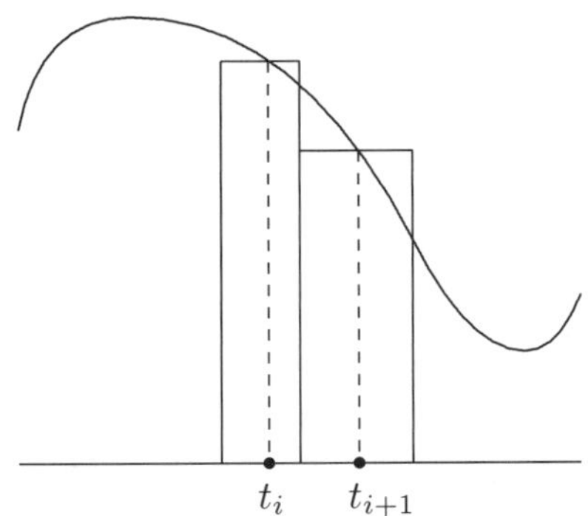

로 정의하자.

정리 5.2.3. 유계함수 $f : [a,b] \to \mathbb{R}$ 와 실수 $A \in \mathbb{R}$ 에 대하여 다음은 동치이다.

(가) 함수 f 는 리만적분가능하고 $\displaystyle\int_a^b f = A$ 이다.

(나) 임의의 양수 $\epsilon > 0$ 에 대하여 다음 성질

$$P \in \mathcal{P}[a,b], \quad \|P\| < \delta \implies |R(f,P) - A| < \epsilon \tag{8}$$

을 만족하는 양수 $\delta > 0$ 가 존재한다.

(다) 임의의 양수 $\epsilon > 0$ 에 대하여 다음 성질

$$P \in \mathcal{P}[a,b], \quad P \supseteq P_0 \implies |R(f,P) - A| < \epsilon$$

을 만족하는 분할 $P_0 \in \mathcal{P}[a,b]$ 가 존재한다.

위 정리의 명제 (8) 은 간단히 $\displaystyle\lim_{\|P\|\to 0} R(f,P) = A$ 로 표현할 수 있다.

증명: 먼저 f 가 리만적분가능하고, $\displaystyle\int_a^b f = A$ 라 하자. 양수 $\epsilon > 0$ 이 주어지면 가정에 의하여

$$U(f,P_0) < A + \epsilon$$

인 분할 $P_0 = \{x_0, x_1, \ldots, x_n\}$ 을 잡을 수 있다. 이제 함수 $|f|$ 의 상계 M 이 있을 때 $\delta_1 = \dfrac{\epsilon}{nM}$ 이라 두자. 또한 노음이 δ_1 보다 작은 분할 $P = \{y_0, y_1, \ldots, y_m\}$ 가 주어졌을 때

$$I = \{i = 1, 2, \ldots, m : (y_{i-1}, y_i) \cap P_0 \neq \emptyset\},$$

$$J = \{i = 1, 2, \ldots, m : (y_{i-1}, y_i) \cap P_0 = \emptyset\}$$

이라 두자.

먼저 $f > 0$ 인 경우를 생각하자. 이 경우

$$\begin{aligned} U(f,P) &= \sum_{i=1}^{m} M_i(y_i - y_{i-1}) \\ &= \sum_{i\in I} M_i(y_i - y_{i-1}) + \sum_{i\in J} M_i(y_i - y_{i-1}) \\ &< nM\|P\| + U(f,P_0) < \epsilon + A + \epsilon = A + 2\epsilon \end{aligned}$$

이 된다. 여기서 M_i 는 물론 상합의 정의에 나오는 값이다. 일반적인 경우, $f+c > 0$ 되는 상수 c 를 잡아서 살펴보면 위 부등식이 마찬가지로 성립함을 알 수 있다. 같은 방법으로

$$\|P\| < \delta_2 \implies L(f,P) > A - 2\epsilon$$

이 되는 양수 $\delta_2 > 0$ 를 잡을 수 있다.

이제 $\delta = \min\{\delta_1, \delta_2\}$ 라 두자. 만일 $\|P\| < \delta$ 이면

$$A - 2\epsilon < L(f,P) \le R(f,P) \le U(f,P) < A + 2\epsilon$$

이므로 $|R(f,P) - A| < 2\epsilon$ 이 되고, (가) $\Longrightarrow$ (나) 가 증명되었다. 관계 (7) 에 의하여 (나) $\Longrightarrow$ (다) 는 당연하다.

이제, 명제 (다) 를 가정하고 $P \supseteq P_0$ 인 분할 P 를 생각하자. 그러면

$$A - \epsilon < R(f,P) < A + \epsilon$$

이므로

$$A - \epsilon \le L(f,P) \le U(f,P) \le A + \epsilon$$

이 되고, $U(f,P) - L(f,P) \le 2\epsilon$ 이 성립한다. 따라서, 명제 5.1.2 에 의하여 (가) 가 성립된다. □

문제 5.2.2. 리만합의 정의로부터, 두 실수 A, A' 가 정리 5.2.3 의 (다) 를 만족하면 $A = A'$ 임을 보여라.

5.3 미적분의 기본정리

이제까지 주로 리만적분의 적분가능성을 다루었는데, 이 절에서는 적분가능함수의 적분값을 구하는 방법을 생각한다. 특히 고등학교에서 배운 기본정리는 연속이 아닌 경

우까지 확장될 수 있다. 만일 유계함수 $f : [a,b] \to \mathbb{R}$ 가 리만적분가능하면, 정리 5.1.4 에 의하여 f 는 $[a,b]$ 의 임의의 부분구간에서도 리만적분가능하다. 따라서, 새로운 함수 $F : [a,b] \to \mathbb{R}$ 을

$$F(x) = \int_a^x f(t)dt, \qquad x \in [a,b] \tag{9}$$

로 정의할 수 있다.

정리 5.3.1. 리만적분가능한 함수 $f : [a,b] \to \mathbb{R}$ 에 대하여 (9) 로 정의된 함수 F 는 고른 연속함수이다. 만일 f 가 점 x_0 에서 연속이면 F 는 x_0 에서 미분가능하고

$$F'(x_0) = f(x_0)$$

이다.

증명: 가정에 의하여 f 는 유계함수이고, 임의의 $x \in [a,b]$ 에 대하여 $|f(x)| \le M$ 이라 하자. 그러면 부등식

$$|F(y) - F(x)| = \left| \int_x^y f(t)dt \right| \le \int_x^y |f(t)|dt \le M(y-x)$$

에 의하여 F 가 고른연속임을 알 수 있다. 이제 f 가 x_0 에서 연속이라 하고, 임의의 양수 $\epsilon > 0$ 에 대하여

$$x \in [a,b], \ |x - x_0| < \delta \implies |f(x) - f(x_0)| < \epsilon$$

이 성립하는 $\delta > 0$ 를 잡자. 만일 $|x - x_0| < \delta$ 이면

$$\left| \frac{F(x) - F(x_0)}{x - x_0} - f(x_0) \right| = \left| \frac{1}{x - x_0} \int_{x_0}^x (f(t) - f(x_0))dt \right| < \epsilon$$

이 되므로, F 는 x_0 에서 미분가능이고 $F'(x_0) = f(x_0)$ 이다. □

문제 5.3.1. 정리 5.3.1 에서 F 가 x_0 에서 미분가능하면 f 가 x_0 에서 반드시 연속인지 살펴보아라.

다음 정리는 적분에 관한 평균값정리로서 그 응용 범위가 매우 넓다. 증명은 (9) 에 의하여 정의된 함수에 평균값정리를 적용하면 된다.

따름정리 5.3.2. 함수 $f : [a,b] \to \mathbb{R}$ 가 연속이면

$$\frac{1}{b-a} \int_a^b f(x)dx = f(x_0)$$

가 되는 점 $x_0 \in (a,b)$ 가 존재한다.

만일 $f:[a,b] \to \mathbb{R}$ 가 연속이면 (9) 에 의하여 정의된 함수 F 는 f 의 원시함수이고, 따라서 임의의 연속함수는 원시함수를 가짐을 알 수 있다. 만일 $G:[a,b] \to \mathbb{R}$ 이 f 의 또 다른 원시함수라면 $F' = G' = f$ 이고 따라서 $F - G$ 는 상수함수이므로, 모든 $x \in [a,b]$ 에 대하여 $F(x) - G(x) = -G(a)$ 이다. 특히,

$$G' = f \implies \int_a^b f(t)dt = F(b) = G(b) - G(a)$$

가 된다. 이는 연속함수의 적분값을 구하는 데 필수 불가결한 공식으로서 **미적분의 기본정리**라 불린다. 위 공식은 사실 f 가 연속이 아니어도 마찬가지로 성립한다.

정리 5.3.3. (미적분의 기본정리[2]) 함수 $f:[a,b] \to \mathbb{R}$ 가 리만적분가능하고

$$F' = f$$

이면

$$\int_a^b f(t)dt = F(b) - F(a) \tag{10}$$

가 성립한다.

증명: 임의의 분할 $P = \{x_0, \ldots, x_n\}$ 이 주어졌을 때, 함수 F 에 평균값정리를 적용하면 각 $i = 1, 2, \ldots, n$ 에 대하여

$$F(x_i) - F(x_{i-1}) = f(t_i)(x_i - x_{i-1})$$

2) 보통 정리 5.3.1 과 5.3.3 을 합쳐서 미적분의 기본정리라 한다. 전혀 다른 관점에서 출발한 미분과 적분(여기서는 물론 정적분을 말한다)이 이처럼 관련되어 있다는 것은 실로 놀라운 발견이다. 이 정리에 의하면 정적분의 값을 구하기 위하여 원시함수를 구하면 되고, 따라서 적분은 미분의 역산으로 이해할 수 있는데, 이는 적분의 정의가 아니고 정리이다.
우리가 경우에 따라서 '적분이 되지 않는다' 라는 말을 하는데, 여기서도 주의가 필요하다. 정리 5.3.1 에 의하여 연속함수는 항상 원시함수를 가진다. 그러나 정리 5.3.3 을 적용하려면 이 원시함수를 우리가 잘 아는 다른 함수로 나타내는 것이 필요한데, 이게 바로 부정적분이다. 따라서, 원시함수가 있는가 없는가 하는 것과, 원시함수를 다른 함수의 형태로 나타낼 수 있는가 하는 것은 전혀 별개의 문제이며, 적분이 되지 않는다는 것은 후자의 경우를 이름이다. 4.2 절의 (4) 를 참조하라. 미적분학 기본정리의 역사적 배경을 알고 싶은 이는 [20] 의 23 절을 참조하라.

가 되는 점 $t_i \in (x_{i-1}, x_i)$ 가 있고, 따라서

$$F(b) - F(a) = \sum_{i=1}^{n} f(t_i)(x_i - x_{i-1})$$

이다. 위 식의 우변은 리만합이므로

$$L(f, P) \le F(b) - F(a) \le U(f, P), \qquad P \in \mathcal{P}[a, b]$$

이다. 그런데 가정에 의하여 f 가 리만적분가능하므로 (10) 이 성립한다. □

문제 5.3.2. 함수 $f(x) = \int_{x^2}^{x} \sqrt{1+t^2}dt$ 의 도함수를 구하여라.

이제 고등학교에서 배운 치환적분과 부분적분 공식을 증명하자.

명제 5.3.4. 전사함수 $g : [a, b] \to [c, d]$ 가 C^1-함수이고 $f : [c, d] \to \mathbb{R}$ 가 연속이라 하자. 그러면, 다음 관계식

$$\int_{g(a)}^{g(b)} f(x)dx = \int_a^b f(g(t))g'(t)dt$$

이 성립한다.

증명: 함수 $F : [a, b] \to \mathbb{R}$ 과 $G : [a, b] \to \mathbb{R}$ 을 각각

$$F(x) = \int_{g(a)}^{g(x)} f(t)dt, \qquad G(x) = \int_a^x f(g(t))g'(t)dt$$

라 정의하자. 그러면 F 와 G 의 도함수가 모두 $f(g(x))g'(x)$ 이므로 $F - G$ 는 상수함수이다. 그런데 $F(a) = G(a) = 0$ 이므로 $F \equiv G$ 이다. □

위 증명과정에서 정리 5.3.1 을 이용하기 위하여 함수 f 와 g' 의 연속성을 가정하였으나 실제로 꼭 필요한 가정은 아니다. 위 공식을 이용할 때 한 가지 유의할 점은 치환함수 g 의 모습에 아무런 제한이 없다는 것이다. 실제 g 가 증가함수이거나 감소함수일 필요가 없고, g 의 치역 $[c, d]$ 가 구간 $[g(a), g(b)]$ 나 $[g(b), g(a)]$ 보다 커도 아무런 상관이 없다.

명제 5.3.5. 함수 $F, G : [a, b] \to \mathbb{R}$ 이 미분가능하고 $f = F'$ 과 $g = G'$ 이 각각 리만적분가능하면, 다음 관계식

$$\int_a^b F(x)g(x)dx = F(b)G(b) - F(a)G(a) - \int_a^b f(x)G(x)dx$$

이 성립한다.

증명: 함수 $x \mapsto F(x)G(x)$ 의 도함수가 $Fg+fG$ 이므로, 미적분의 기본정리에 의하여

$$\int_a^b F(x)g(x)dx + \int_a^b f(x)G(x)dx = F(b)G(b) - F(a)G(a)$$

를 얻는다. □

5.4 유계변동함수

이 절에서는 스틸체스적분을 정의하기 위한 준비 단계로서 유계변동함수의 여러 가지 성질들을 공부한다. 유계변동함수란 간단히 말하여 함수의 증감을 모두 더했을 때 유한 값이 되는 함수를 말한다. 따라서 유계닫힌구간에서 정의된 단조함수는 당연히 유계변동함수이다. 이 절의 주요 정리는 본질적으로 그 역이 성립한다는 것이다. 보다 구체적으로 말하여, 임의의 유계변동함수는 두 단조함수의 차이로 쓸 수 있다. 또한 유계변동의 정의를 벡터함수에 확장하면 곡선의 길이를 얻는다.

이제 보다 구체적인 정의를 위하여 함수 $f : [a,b] \to \mathbb{R}$ 와 구간 $[a,b]$ 의 분할 $P = \{x_0, \ldots, x_n\}$ 가 주어졌다 하자. 분할 P 에 의한 함수 f 의 **변동** $V_a^b(f,P)$ 을

$$V_a^b(f,P) = \sum_{i=1}^{n} |f(x_i) - f(x_{i-1})|$$

로 정의한다. 집합 $\{V_a^b(f,P) : P \in \mathcal{P}[a,b]\}$ 가 위로 유계일 때, 함수 f 가 **유계변동함수**라 하고, 이 경우 **전변동** $V_a^b(f)$ 를

$$V_a^b(f) = \sup\{V_a^b(f,P) : P \in \mathcal{P}[a,b]\}$$

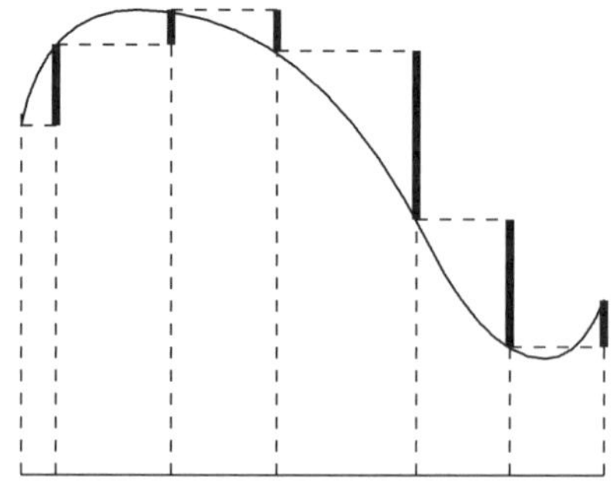

로 정의한다.

보기 1. 함수 $f : [0,1] \to \mathbb{R}$ 를 4.2 절의 보기 1 과 같이 정의하자. 각 $n = 1, 2, \ldots$ 에 대하여 분할 P_n 을

$$P_n = \left\{0, \frac{2}{n\pi}, \frac{2}{(n-1)\pi}, \ldots, \frac{2}{2\pi}, \frac{2}{\pi}, 1\right\}$$

라 두자. 그러면

$$V_0^1(f, P_{2n+1}) \geq \frac{2}{\pi} + \frac{2}{3\pi} + \cdots + \frac{2}{(2n+1)\pi}$$

이 되어 $n \to \infty$ 에 따라 $V_0^1(f, P_{2n+1}) \to \infty$ 이고, 따라서 f 는 유계변동함수가 아니다. □

보기 2. 임의의 단조함수 $f : [a,b] \to \mathbb{R}$ 가 유계변동이고 그 전변동이

$$V_a^b(f) = |f(b) - f(a)|$$

임은 정의에 의하여 명백하다. □

보기 3. 함수 $f : [a,b] \to \mathbb{R}$ 가 미분가능하고 그 도함수 f' 이 유계이면, f 는 유계변동함수이다. 실제로 임의의 $x \in [a,b]$ 에 대하여 $|f'(x)| \leq M$ 이면, 어떤 분할을 택하더라도 평균값정리에 의하여

$$V_a^b(f, P) = \sum_{i=1}^{n} |f(x_i) - f(x_{i-1})| \leq \sum_{i=1}^{n} M(x_i - x_{i-1}) = M(b-a)$$

이다. 예를 들어, 4.1 절의 보기 1 에 나오는 함수 f 는 유계구간에서 그 도함수가 유계이므로 유계변동함수이다. □

문제 5.4.1. 미분가능한 함수 $f : [a,b] \to \mathbb{R}$ 가 유계변동이면 f' 가 유계인가 살펴보아라.

문제 5.4.2. 다음 함수 f 와 g 가 각각 구간 $[0,1]$ 위에서 유계변동함수인지 살펴보아라.

$$f(0) = g(0) = 0, \qquad f(x) = x^2 \sin\frac{1}{x}, \quad g(x) = \sqrt{x}\sin\frac{1}{x}, \quad x \neq 0$$

보기 4. 유계변동함수 $f : [a,b] \to \mathbb{R}$ 는 당연히 유계이다. 실제로, 임의의 $x \in [a,b]$ 에 대하여 분할 $\{a, x, b\}$ 를 생각하면

$$|f(x)| \leq |f(x) - f(a)| + |f(a)| \leq V_a^b(f) + |f(a)|$$

이므로 f 는 유계이다. □

명제 5.4.1. 함수 $f, g : [a,b] \to \mathbb{R}$ 가 유계변동이면 다음이 성립한다.

(가) 함수 $f+g$ 와 fg 도 유계변동함수이고,

$$V_a^b(f+g) \le V_a^b(f) + V_a^b(g), \qquad V_a^b(fg) \le M_f V_a^b(g) + M_g V_a^b(f) \tag{11}$$

이다. 단, M_f, M_g 는 각각 $|f| \le M_f,\ |g| \le M_g$ 인 양수이다.

(나) 실수 $\alpha \in \mathbb{R}$ 에 대하여 αf 도 유계변동함수이고,

$$V_a^b(\alpha f) = |\alpha| V_a^b(f) \tag{12}$$

이 성립한다.

증명: 분할 $P = \{x_0, \ldots, x_n\}$ 이 주어졌을 때,

$$V_a^b(f+g,P) \le V_a^b(f,P) + V_a^b(g,P) \le V_a^b(f) + V_a^b(g)$$

임이 명백하므로 (11) 의 첫째 식이 성립한다. 둘째 식 역시 다음 부등식

$$\begin{aligned} V_a^b(fg,P) &= \sum_{i=1}^n |f(x_i)g(x_i) - f(x_{i-1})g(x_{i-1})| \\ &\le \sum_{i=1}^n [\,|f(x_i)(g(x_i) - g(x_{i-1}))| + |g(x_{i-1})(f(x_i) - f(x_{i-1}))|\,] \\ &\le M_f V_a^b(g,P) + M_g V_a^b(f,P) \le M_f V_a^b(g) + M_g V_a^b(f) \end{aligned}$$

에서 나온다. 등식 (12) 는 정의로부터 명백하다. □

유계변동함수의 전변동은 리만적분과 유사한 성질을 가지는데, 이는 임의의 유계변동함수가 두 단조함수의 차이라는 것을 보이기 위한 주요 단계이다.

정리 5.4.2. 함수 $f : [a,b] \to \mathbb{R}$ 가 유계변동이고 $a < c < b$ 이면 함수 f 는 구간 $[a,c]$ 와 $[c,b]$ 에서도 유계변동이며

$$V_a^c(f) + V_c^b(f) = V_a^b(f) \tag{13}$$

가 성립한다. 역으로 함수 f 가 구간 $[a,c]$ 와 $[c,b]$ 에서 유계변동이면 구간 $[a,b]$ 에서도 유계변동이고, 등식 (13) 이 성립한다.

증명: 분할 $P \in \mathcal{P}[a,c]$ 와 $Q \in \mathcal{P}[c,b]$ 가 주어지면 $P \cup Q \in \mathcal{P}[a,b]$ 이고

$$V_a^c(f,P) + V_c^b(f,Q) = V_a^b(f, P \cup Q)$$

임은 명백하다. 따라서 명제 1.2.8 에 의하여

$$V_a^c(f) + V_c^b(f) = \sup\{V_a^b(f, P \cup Q) : P \in \mathcal{P}[a,c],\ Q \in \mathcal{P}[c,b]\} \le V_a^b(f)$$

가 되어서, f 가 $[a,b]$ 에서 유계변동이면 구간 $[a,c]$ 와 $[c,b]$ 에서 유계변동이다. 이제 반대 방향의 부등식을 보이기 위하여, $P \in \mathcal{P}[a,b]$ 에 대하여

$$Q = (P \cap [a,c]) \cup \{c\} \in \mathcal{P}[a,c], \qquad R = (P \cap [c,b]) \cup \{c\} \in \mathcal{P}[c,b]$$

로 정의하면

$$V_a^b(f,P) \le V_a^c(f,Q) + V_c^b(f,R) \le V_a^c(f) + V_c^b(f)$$

가 되어 $V_a^b(f) \le V_a^c(f) + V_c^b(f)$ 이고, f 가 구간 $[a,c]$ 와 $[c,b]$ 에서 유계변동함수이면 f 는 $[a,b]$ 에서 역시 유계변동함수이다. □

이제 이 절의 핵심 정리를 증명하자. 이 정리는 임의의 유계변동함수가 항상 두 단조증가함수의 차로 표시됨을 말해 준다.

정리 5.4.3. 함수 $f : [a,b] \to \mathbb{R}$ 에 대하여 다음은 동치이다.

(가) 함수 f 가 유계변동함수이다.

(나) 관계식 $f = g - h$ 가 성립하는 단조증가함수 $g, h : [a,b] \to \mathbb{R}$ 이 존재한다.

증명: 함수 g, h 가 단조함수이면 이는 유계변동함수가 되고 명제 5.4.1 에 의하여 $g - h$ 는 유계변동함수이다. 이제 그 역을 보이기 위하여 f 가 유계변동함수라 가정하고, 함수 $g, h : [a,b] \to \mathbb{R}$ 을

$$g(x) = V_a^x(f), \qquad h(x) = g(x) - f(x), \qquad x \in [a,b]$$

라 정의하자. 그러면 $f = g - h$ 이고, 정리 5.4.2 에 의하여 g 는 단조증가함수이므로 h 가 단조증가임을 보이면 된다. 만일 $a \le x < y \le b$ 이면

$$\begin{aligned} h(y) - h(x) &= (V_a^y(f) - f(y)) - (V_a^x(f) - f(x)) \\ &= (V_a^y(f) - V_a^x(f)) - (f(y) - f(x)) \end{aligned}$$

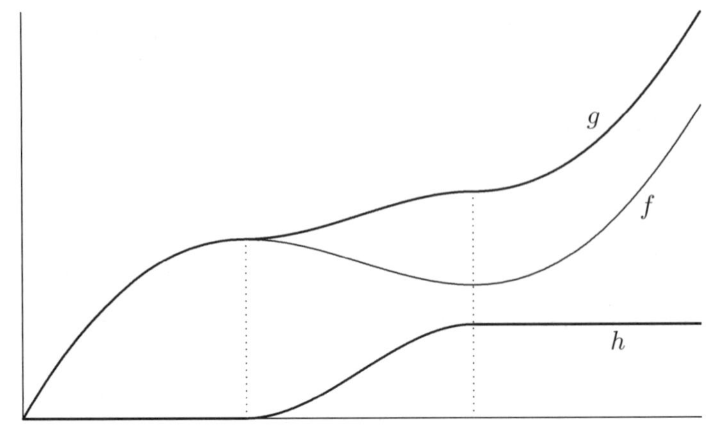

인데, 정리 5.4.2 에 의하여

$$V_a^y(f) - V_a^x(f) = V_x^y(f), \qquad f(y) - f(x) \le V_x^y(f)$$

이므로

$$h(y) - h(x) \ge V_x^y(f) - V_x^y(f) = 0$$

이다. □

실함수의 전변동의 정의를 벡터함수로 확장하면 바로 곡선의 길이가 된다. 곡선 $\alpha : [a, b] \to \mathbb{R}^m$ 과 분할 $P = \{x_0, \ldots, x_n\}$ 이 주어지면

$$\Lambda(\alpha, P) = \sum_{i=1}^{n} \|\alpha(x_i) - \alpha(x_{i-1})\|$$

$$\Lambda(\alpha) = \sup\{\Lambda(\alpha, P) : P \in \mathcal{P}[a, b]\}$$

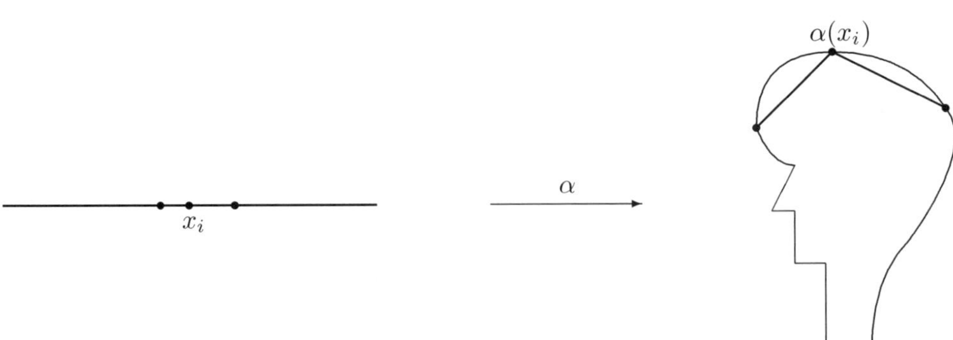

로 정의하자. 만일 $\Lambda(\alpha)$ 가 유한값이면 이를 곡선 α 의 길이라 한다.

만일 $\mathbb{R}^m$ 의 점 $A = (a_1, \ldots, a_m)$ 이 주어지면 각 $k = 1, 2, \ldots, m$ 에 대하여

$$|a_k| \le \|A\| \le |a_1| + \cdots + |a_m| \tag{14}$$

가 성립함을 알 수 있다.

문제 5.4.3. 관계식 (14) 를 증명하여라.

명제 5.4.4. 곡선 $\alpha : [a, b] \to \mathbb{R}^m$ 의 성분함수가 $\alpha_1, \ldots, \alpha_m$ 으로 주어지면 다음은 동치이다.

(가) 곡선 α 의 길이가 유한값이다.

(나) 각 성분함수 α_k 가 유계변동함수이다.

증명: 부등식 (14) 에 의하여 각 $k = 1, 2, \ldots, m$ 에 대하여 부등식

$$\sum_{i=1}^{n} |\alpha_k(x_i) - \alpha_k(x_{i-1})| \le \Lambda(\alpha, P) \le \sum_{i=1}^{n}\sum_{k=1}^{m} |\alpha_k(x_i) - \alpha_k(x_{i-1})|$$

이 성립하고, 따라서

$$V_a^b(\alpha_k, P) \le \Lambda(\alpha, P) \le V_a^b(\alpha_1, P) + \cdots + V_a^b(\alpha_m, P)$$

이 되어서 명제가 증명된다. □

길이를 구하는 다음 공식은 정리 3.3.1 의 또 다른 응용이다. 곡선의 성분함수가 모두 C^1-함수이면 이를 C^1-**곡선**이라 부른다. 또한, $\alpha = (\alpha_1, \ldots, \alpha_m)$ 일 때 각 성분함수를 미분한 벡터함수 $(\alpha_1', \ldots, \alpha_m')$ 을 α' 으로 쓴다. 좌표공간의 점 $A = (a_1, \ldots, a_m)$ 과 $B = (b_1, \ldots, b_m)$ 이 주어지면 (14) 와 마찬가지로

$$\big|\|A\| - \|B\|\big| \le \|A - B\| \le \sum_{k=1}^{m} |a_k - b_k| \tag{15}$$

가 성립함을 금방 알 수 있다.

문제 5.4.4. 관계식 (15) 를 증명하여라.

정리 5.4.5. 임의의 C^1-곡선 $\alpha : [a, b] \to \mathbb{R}^m$ 은 길이가 유한이며, 그 값은

$$\Lambda(\alpha) = \int_a^b \|\alpha'(x)\| dx$$

로 주어진다.

증명: 분할 $P = \{x_0, \ldots, x_n\} \in \mathcal{P}[a,b]$ 가 주어지면, 각 $k = 1, \ldots, m$ 과 $i = 1, \ldots, n$ 에 대하여 다음 식

$$\alpha_k(x_i) - \alpha_k(x_{i-1}) = \alpha_k'(t_i^k)(x_i - x_{i-1})$$

이 충족되는 점 $t_i^k \in (x_{i-1}, x_i)$ 가 있다. 따라서

$$\Lambda(\alpha, P) = \sum_{i=1}^{n} \sqrt{\sum_{k=1}^{m} \alpha_k'(t_i^k)^2}\,(x_i - x_{i-1})$$

이 된다. 이제 양수 $\epsilon > 0$ 이 주어지면, 가정과 정리 3.3.1 에 의하여

$$k = 1, 2, \ldots, m, \quad |x - y| < \delta_1 \implies |\alpha_k'(x) - \alpha_k'(y)| < \frac{\epsilon}{m(b-a)}$$

이 성립되는 양수 $\delta_1 > 0$ 를 잡을 수 있다. 이제 분할 P 가 $\|P\| \le \delta_1$ 라 하고 각 $i = 1, \ldots, n$ 에 대하여 $x_{i-1} \le s_i \le x_i$ 라 하자. 그러면 부등식 (15) 에 의하여

$$\left| \sqrt{\sum_{k=1}^{m} \alpha_k'(t_i^k)^2} - \sqrt{\sum_{k=1}^{m} \alpha_k'(s_i)^2} \right| \le \sum_{k=1}^{m} |\alpha_k'(t_i^k) - \alpha_k'(s_i)|$$

이고, 따라서

$$\begin{aligned} |\Lambda(\alpha, P) - R(\|\alpha'\|, P)| &\le \sum_{i=1}^{n} \left(\sum_{k=1}^{m} |\alpha_k'(t_i^k) - \alpha_k'(s_i)| \right) (x_i - x_{i-1}) \\ &\le \sum_{i=1}^{n} m \frac{\epsilon}{m(b-a)} (x_i - x_{i-1}) = \epsilon \end{aligned}$$

이 된다. 또한 함수 $x \mapsto \|\alpha'(x)\|$ 가 연속이므로 정리 5.2.3 에 의하여

$$\|P\| < \delta_2 \implies \left| R(\|\alpha'\|, P) - \int_a^b \|\alpha'\| \right| < \epsilon$$

가 되는 $\delta_2 > 0$ 가 있다. 이제 $\delta = \min\{\delta_1, \delta_2\}$ 라 두면

$$\|P\| < \delta \implies \int_a^b \|\alpha'\| - 2\epsilon < \Lambda(\alpha, P) < \int_a^b \|\alpha'\| + 2\epsilon$$

이 되어

$$\int_a^b \|\alpha'\| \le \Lambda(\alpha)$$

임을 알 수 있다. 한편, 임의의 분할 Q 에 대하여 $Q \subset R$ 이고 $\|R\| < \delta$ 인 분할 R 을 잡으면

$$\Lambda(\alpha, Q) \le \Lambda(\alpha, R) \le \int_a^b \|\alpha'\| + 2\epsilon$$

이 되어서, $\Lambda(\alpha) \le \displaystyle\int_a^b \|\alpha'\|$ 이 된다. □

5.5 스틸체스적분

여태까지 공부한 리만적분에서 함수의 정의구간의 길이를 재는 '자' 는 그 눈금이 일정하였다. 이 절에서는 이 눈금을 임의로 바꾸려 하는데, 지난 절에서 공부한 유계변동함수는 바로 이 눈금의 역할을 할 수 있는 함수들이다. 또한 정리 5.4.3 을 고려하여 눈금이 단조증가함수인 경우부터 생각하려 한다. 이제 유계함수 $f : [a, b] \to \mathbb{R}$ 와 단조증가함수 $\alpha : [a, b] \to \mathbb{R}$ 이 주어졌을 때, **리만-스틸체스**[3] **적분** $\displaystyle\int_a^b f d\alpha$ 를 정의하려 한다. 고등학교 때 치환적분을 하는 경우 이러한 기호를 쓴 일이 있을지 모르는데, 이 절에서 그 의미를 분명히 밝히고 그 적분값을 구하는 방법을 생각하려 한다.

이제 분할 $P = \{x_0, \ldots, x_n\} \in \mathcal{P}[a, b]$ 가 주어지면, 각 $i = 1, 2, \ldots, n$ 에 대하여

$$M_i = \sup\{f(x) : x_{i-1} \le x \le x_i\}, \qquad m_i = \inf\{f(x) : x_{i-1} \le x \le x_i\}$$

는 유한값이고, 그 **상합** $U_a^b(f, P, \alpha)$ 과 **하합** $L_a^b(f, P, \alpha)$ 를

$$U_a^b(f, P, \alpha) = \sum_{i=1}^n M_i(\alpha(x_i) - \alpha(x_{i-1})),$$
$$L_a^b(f, P, \alpha) = \sum_{i=1}^n m_i(\alpha(x_i) - \alpha(x_{i-1}))$$

3) Thomas Jan Stieltjes (1856∼1894), 네덜란드 수학자. Delft 에서 공부한 뒤 천문대에서 일하였다. 파리에서 학위를 받은 뒤 Toulouse 에서 활동하였다.

로 정의한다. 정의역이 분명할 때는 그냥 $U(f,P,\alpha)$ 및 $L(f,P,\alpha)$ 로 쓴다. 이는 리만적분에서 직사각형의 합을 계산하는 것과 유사하나, 밑변의 길이가 함수 α 에 의하여 주어진다는 점이 다르다. 만일 $\alpha(x) = x$ 이면 이는 물론 리만적분의 경우와 마찬가지이다. 이제 명제 5.1.1 이 마찬가지로 성립하여, **상적분**과 **하적분**을 다음

$$\overline{\int_a^b} f d\alpha = \inf\{U_a^b(f,P,\alpha) : P \in \mathcal{P}[a,b]\}$$

$$\underline{\int_a^b} f d\alpha = \sup\{L_a^b(f,P,\alpha) : P \in \mathcal{P}[a,b]\}$$

과 같이 각각 정의하면

$$\overline{\int_a^b} f d\alpha \ \geq \ \underline{\int_a^b} f d\alpha$$

는 명백하다. 함수 f 의 상적분과 하적분의 값이 같아지면, f 가 α 에 관하여 **리만-스틸체스 적분가능**하다고 말하고 $f \in \mathcal{R}(\alpha)$ 라 쓰며, 그 공통값을

$$\int_a^b f d\alpha \qquad \text{혹은} \qquad \int_a^b f(x) d\alpha(x)$$

라 쓴다. 만일 $f, g \in \mathcal{R}(\alpha)$ 이고 $f \leq g$ 이면

$$\int_a^b f d\alpha \ \leq \ \int_a^b g d\alpha$$

이 성립함은 정의에 의하여 명백하다. 리만적분가능성에 관한 정리 5.1.3 과 정리 5.1.4 는 리만-스틸체스 적분에도 성립하는데, 그 증명은 연습문제로 남긴다.

정리 5.5.1. 유계함수 $f, g : [a,b] \to \mathbb{R}$ 과 단조증가함수 $\alpha, \beta : [a,b] \to \mathbb{R}$ 에 대하여 다음이 성립한다.

(가) 만일 $f, g \in \mathcal{R}(\alpha)$ 이고 $c \in \mathbb{R}$ 이면 $f + g,\ cf \in \mathcal{R}(\alpha)$ 이고, 등식

$$\int_a^b (f+g) d\alpha = \int_a^b f d\alpha + \int_a^b g d\alpha, \qquad \int_a^b (cf) d\alpha = c \int_a^b f d\alpha$$

이 성립한다.

(나) 함수 f 가 구간 $[a,b]$ 에서 α 에 관하여 리만-스틸체스 적분가능하고 $a < c < b$ 이면, 함수 f 는 구간 $[a,c]$ 와 $[c,b]$ 에서도 리만-스틸체스 적분가능하며, 등식

$$\int_a^c f d\alpha + \int_c^b f d\alpha = \int_a^b f d\alpha$$

이 성립한다. 역으로 함수 f 가 구간 $[a,c]$ 와 $[c,b]$ 에서 리만-스틸체스 적분가능하다면 구간 $[a,b]$ 에서도 리만-스틸체스 적분가능하며, 마찬가지 등식이 성립한다.

(다) 만일 $f \in \mathcal{R}(\alpha)$, $f \in \mathcal{R}(\beta)$ 이고 $c > 0$ 이면 $f \in \mathcal{R}(\alpha+\beta)$, $f \in \mathcal{R}(c\alpha)$ 이고, 등식

$$\int_a^b f d(\alpha+\beta) = \int_a^b f d\alpha + \int_a^b f d\beta, \quad \int_a^b f d(c\alpha) = c\int_a^b f d\alpha$$

이 성립한다.

리만-스틸체스 적분가능성과 관련하여 한 가지 주의할 것은, 정리 5.2.3 에서 (나) $\Longrightarrow$ (다) $\Longrightarrow$ (가) 는 마찬가지로 성립하지만 (가) $\Longrightarrow$ (나) 는 일반적으로 성립하지 않는다는 점이다. 분할 $P = \{x_0, \ldots, x_n\}$ 이 있고, 각 $i = 1, \ldots, n$ 에 대하여 $x_{i-1} \le t_i \le x_i$ 일 때, 그 리만-스틸체스 합은

$$S(f,P,\alpha) = \sum_{i=1}^n f(t_i)(\alpha(x_i) - \alpha(x_{i-1}))$$

로 정의한다. 그러면 다음이 성립하는데 명제 5.1.2 의 경우와 유사하므로 증명은 생략한다.

정리 5.5.2. 유계함수 $f : [a,b] \to \mathbb{R}$ 와 단조증가함수 $\alpha : [a,b] \to \mathbb{R}$ 에 대하여 다음은 동치이다.

(가) 함수 f 가 α 에 관하여 리만-스틸체스 적분가능하다.

(나) 임의의 양수 $\epsilon > 0$ 에 대하여

$$U(f,P,\alpha) - L(f,P,\alpha) < \epsilon$$

을 만족하는 분할 $P \in \mathcal{P}[a,b]$ 가 존재한다.

(다) 실수 A 가 존재하여 다음 성질을 만족한다: 임의의 $\epsilon > 0$ 에 대하여

$$P \in \mathcal{P}[a,b], \quad P \supseteq P_0 \implies |S(f,P,\alpha) - A| < \epsilon$$

을 만족하는 분할 $P_0 \in \mathcal{P}[a,b]$ 가 존재한다.

문제 5.5.1. 정리 5.5.1 과 5.5.2 를 증명하여라.

위 명제 (다) 에 나오는 실수 A 는 물론 적분값 $\int_a^b f d\alpha$ 이다.

보기 1. 만일 함수 α 가 상수함수이면 임의의 유계함수 f 에 대하여 $f \in \mathcal{R}(\alpha)$ 임은 자명하고 $\int_a^b f d\alpha = 0$ 이다. □

보기 2. 이제 $a < c < b$ 일 때 함수 $\alpha : [a, b] \to \mathbb{R}$ 을

$$\alpha(x) = \begin{cases} 0, & x \leq c \\ 1, & x > c \end{cases}$$

로 정의하고, 유계함수 $f : [a, b] \to \mathbb{R}$ 가 점 c 에서

$$\lim_{x \to c+} f(x) = f(c)$$

라 하자. 만일 분할 $P = \{a, c, c + \delta, b\}$ 을 생각하면

$$U(f, P, \alpha) = \sup\{f(x) : c \leq x \leq c + \delta\},$$

$$L(f, P, \alpha) = \inf\{f(x) : c \leq x \leq c + \delta\}$$

인데, 가정 $\lim_{x \to c+} f(x) = f(c)$ 에 의하여 $\delta \to 0$ 일 때 상합과 하합의 차이는 0 으로 수렴한다. 따라서 정리 5.5.2 에 의하여 $f \in \mathcal{R}(\alpha)$ 이고,

$$\int_a^b f(x) d\alpha(x) = f(c)$$

이다. 결국, 이 경우 적분은 각 연속함수 f 에 점 c 에서 정의된 함수값 $f(c)$ 를 대응시키는 것이다. 이 보기에서 f 의 극한조건은 필수적인데, 예를 들어

$$f(x) = \begin{cases} 0, & x \leq c \\ 1, & x > c \end{cases}$$

이면 $f \notin \mathcal{R}(\alpha)$ 이 된다. 실제로 계산하여 보면 c 를 포함하는 임의의 분할에 대하여 상합은 1 이고 하합은 0 임을 쉽게 알 수 있다. □

보기 3. 지난 5.2 절의 관계 (7) 과 정리 5.5.2 (다) 를 생각하여 보자. 그러면

$$\lim_{\|P\| \to 0} S(f, P, \alpha) = A$$

이면 $f \in \mathcal{R}(\alpha)$ 임을 알 수 있다. 그러나 그 역은 성립하지 않는다. 만일

$$f(x) = \begin{cases} 0, & x < c \\ 1, & x \geq c \end{cases}$$

이면, 위 보기 2 에 의하여 $f \in \mathcal{R}(\alpha)$ 이지만 극한 $\lim_{\|P\|\to 0} S(f, P, \alpha)$ 은 존재하지 않음을 쉽게 확인할 수 있다. □

문제 5.5.2. 보기 2 와 보기 3 의 마지막 부분을 증명하여라.

위 보기는 불연속 단조증가함수 α 에 관하여 리만-스틸체스 적분을 할 때 피적분 함수의 연속성이 필수적인 요건임을 말해 준다. 뒤에 배울 르벡 적분과 측도론을 이용하면 이러한 제한이 없어진다.

이제 함수 $\alpha : [a, b] \to \mathbb{R}$ 이 유계변동함수인 경우까지 리만-스틸체스 적분을 정의하고자 하는데, 이 경우 정리 5.4.3 에 의하여 $\alpha = \alpha_1 - \alpha_2$ 인 단조증가함수 α_1, α_2 를 찾을 수 있다. 만일 $f \in \mathcal{R}(\alpha_1)$ 이고 동시에 $f \in \mathcal{R}(\alpha_2)$ 인 단조증가함수 α_1, α_2 가 있으면, f 가 α 에 관하여 **리만-스틸체스 적분가능**하다고 말하며,

$$\int_a^b f d\alpha = \int_a^b f d\alpha_1 - \int_a^b f d\alpha_2 \tag{16}$$

로 정의한다. 만일 α 가 다른 단조증가함수의 차이 $\beta_1 - \beta_2$ 로 표시되고 $f \in \mathcal{R}(\beta_1)$, $f \in \mathcal{R}(\beta_2)$ 이면 $\alpha_1 + \beta_2 = \alpha_2 + \beta_1$ 이 되어, 정리 5.5.1 (다) 에 의하면 적분값 $\int_a^b f d\alpha$ 은 α_1 과 α_2 의 선택에 관계없다. 만일 f 가 연속이고 α 가 단조증가하면, 정리 5.2.1 의 증명방법을 그대로 적용하여 $f \in \mathcal{R}(\alpha)$ 임을 알 수 있고, 따라서 다음을 얻는다.

명제 5.5.3. 만일 $f : [a, b] \to \mathbb{R}$ 가 연속함수이면, 임의의 유계변동함수 α 에 관하여 $f \in \mathcal{R}(\alpha)$ 이다.

문제 5.5.3. 명제 5.5.3 을 증명하여라.

유계함수 $f : [a, b] \to \mathbb{R}$ 와 유계변동함수 $\alpha : [a, b] \to \mathbb{R}$ 에 관한 **리만-스틸체스 합**도 역시 $x_{i-1} \leq t_i \leq x_i$ 에 대하여

$$S(f, P, \alpha) = \sum_{i=1}^{n} f(t_i)(\alpha(x_i) - \alpha(x_{i-1}))$$

로 정의한다. 그러면

$$S(f, P, \alpha_1 - \alpha_2) = S(f, P, \alpha_1) - S(f, P, \alpha_2) \tag{17}$$

이고, 따라서 $f \in \mathcal{R}(\alpha)$ 이면 정리 5.5.2 에 의하여 분할을 더 세분함에 따라

$$S(f, P, \alpha) \to \int_a^b f d\alpha$$

이 성립함을 알 수 있다. 이제, 그 역을 증명하려 한다.

정리 5.5.4. 유계함수 $f : [a, b] \to \mathbb{R}$ 와 유계변동함수 $\alpha : [a, b] \to \mathbb{R}$ 에 대하여 다음은 동치이다.

(가) 함수 f 가 α 에 관하여 리만-스틸체스 적분가능하고 $\displaystyle\int_a^b f d\alpha = A$ 이다.

(나) 임의의 양수 $\epsilon > 0$ 에 대하여 다음 성질

$$P \in \mathcal{P}[a, b], \ \ P \supseteq P_0 \implies |S(f, P, \alpha) - A| < \epsilon \tag{18}$$

을 만족하는 분할 P_0 가 존재한다.

증명: 앞서 살펴본 바와 같이 (가) $\Longrightarrow$ (나) 는 정리 5.5.2 와 관계식 (17) 에 의하여 자명하다. 그 역을 보이기 위하여 (나) 를 가정하고 함수 $V : [a, b] \to \mathbb{R}$ 을

$$V(x) = V_a^x(\alpha)$$

로 정의하자. 우선 $f \in \mathcal{R}(V)$ 임을 보이려 하는데, V 가 단조증가하므로 정리 5.5.2 의 (나) 를 보이면 된다.

주어진 양수 $\epsilon > 0$ 에 대하여 (18) 과 다음 성질

$$P = \{x_0, \ldots, x_n\}, \ P \supseteq P_0 \implies \sum_{i=1}^n |\alpha(x_i) - \alpha(x_{i-1})| > V(b) - \epsilon$$

을 동시에 만족하는 분할 P_0 를 잡는다. 이제 분할 $P = \{x_1, \ldots, x_n\}$ 가 $P \supseteq P_0$ 라 하고 각 구간 $[x_{i-1}, x_i]$ 에서 f 의 상한과 하한을 각각 M_i, m_i 라 두자. 또한, 간편한 계산을 위하여

$$\Delta\alpha_i = \alpha(x_i) - \alpha(x_{i-1}), \qquad \Delta V_i = V(x_i) - V(x_{i-1})$$

이라 두자. 그러면

$$\begin{aligned} U(f,P,V)-L(f,P,V) &= \sum_{i=1}^{n}[M_i-m_i]\Delta V_i \\ &\le \sum_{i=1}^{n}[M_i-m_i](\Delta V_i-|\Delta\alpha_i|)+\sum_{i=1}^{n}[M_i-m_i]|\Delta\alpha_i| \end{aligned} \tag{19}$$

이다. 이제 $|f| \le M$ 이면

$$\begin{aligned} \sum_{i=1}^{n}[M_i-m_i](\Delta V_i-|\Delta\alpha_i|) &\le 2M\sum_{i=1}^{n}(\Delta V_i-|\Delta\alpha_i|) \\ &= 2M\left(V(b)-\sum_{i=1}^{n}|\Delta\alpha_i|\right) < 2M\epsilon \end{aligned}$$

이다.

한편, (19) 의 마지막 항을 계산하기 위하여, 각 구간 $[x_{i-1}, x_i]$ 안에서 t_i, s_i 를 잡되

$$\Delta\alpha_i \ge 0 \Longrightarrow f(t_i)-f(s_i) > M_i-m_i-\epsilon$$

$$\Delta\alpha_i < 0 \Longrightarrow f(s_i)-f(t_i) > M_i-m_i-\epsilon$$

이 되게 하자. 이제 분할 $P=\{x_0,\ldots,x_n\}$ 에 의하여 생기는 부분구간들을 두 가지 경우로 나누어 생각하는데, $\Delta\alpha_i$ 이 양수인 경우와 음수인 경우로 분류한다. 보다 구체적으로,

$$I=\{i=1,2,\ldots,n:\Delta\alpha_i\ge 0\}, \qquad J=\{i=1,2,\ldots,n:\Delta\alpha_i<0\}$$

이라 두면

$$\begin{aligned} \sum_{i=1}^{n}[M_i-m_i]|\Delta\alpha_i| &= \sum_{i\in I}[M_i-m_i]|\Delta\alpha_i|+\sum_{i\in J}[M_i-m_i]|\Delta\alpha_i| \\ &< \sum_{i\in I}[f(t_i)-f(s_i)+\epsilon]|\Delta\alpha_i|+\sum_{i\in J}[f(s_i)-f(t_i)+\epsilon]|\Delta\alpha_i| \\ &= \sum_{i=1}^{n}[f(t_i)-f(s_i)]\Delta\alpha_i+\epsilon\sum_{i=1}^{n}|\Delta\alpha_i| < 2\epsilon+\epsilon V(b) \end{aligned}$$

이다. 여기서 마지막 부등식은 (18) 과 전변동 $V(b)$ 의 정의에 의한 것이다.

이제, 관계식 (19) 에 의하여

$$U(f,P,V)-L(f,P,V) < (2M+2+V(b))\epsilon$$

이 된다. 따라서 $f \in \mathcal{R}(V)$ 이고, (가) $\Longrightarrow$ (나) 에 의하여 분할을 세분함에 따라

$$S(f, P, V) \to \int_a^b f dV$$

이다.

이 성질과 가정 (나) 및 관계식 (17) 에 의하여

$$S(f, P, V - \alpha) \to \int_a^b f dV - A$$

가 됨을 쉽게 보일 수 있다. 함수 $V - \alpha$ 가 단조증가하므로 정리 5.5.2 에 의하여 $f \in \mathcal{R}(V - \alpha)$ 이다. 따라서, 정의에 의하여 $f \in \mathcal{R}(\alpha)$ 이고

$$\int_a^b f d\alpha = \int_a^b f dV - \int_a^b f d(V - \alpha) = A$$

가 성립한다. □

이제, 실제 리만-스틸체스 적분값을 실제로 계산하는 방법을 두 가지 소개한다. 먼저 함수 α 가 미분가능하고 그 도함수가 연속이면 리만-스틸체스 적분을 리만적분으로 바꾸어서 계산할 수 있다.

정리 5.5.5. 함수 $\alpha : [a, b] \to \mathbb{R}$ 가 미분가능하고 그 도함수 α' 이 연속이라 하자. 만일 유계함수 $f : [a, b] \to \mathbb{R}$ 가 α 에 관하여 리만-스틸체스 적분가능하면, 함수 $f\alpha'$ 이 리만 적분가능하고 등식

$$\int_a^b f(x) d\alpha(x) = \int_a^b f(x)\alpha'(x) dx \tag{20}$$

이 성립한다.

증명: 분할 $P = \{x_0, \ldots, x_n\}$ 가 주어지고, 각 $i = 1, \ldots, n$ 에 대하여 $x_{i-1} \le t_i \le x_i$ 라 하자. 그러면

$$\alpha(x_i) - \alpha(x_{i-1}) = \alpha'(s_i)(x_i - x_{i-1}), \qquad i = 1, \ldots, n$$

인 $s_i \in (x_{i-1}, x_i)$ 가 있으므로

$$\begin{aligned}
&|S(f, P, \alpha) - R(f\alpha', P)| \\
&\quad = \left| \sum_{i=1}^{n} f(t_i)(\alpha(x_i) - \alpha(x_{i-1})) - \sum_{i=1}^{n} f(t_i)\alpha'(t_i)(x_i - x_{i-1}) \right| \\
&\quad = \left| \sum_{i=1}^{n} f(t_i)(\alpha'(s_i) - \alpha'(t_i))(x_i - x_{i-1}) \right|
\end{aligned}$$

이 된다. 이제 $\int_a^b f d\alpha = A$ 라 하자. 양수 $\epsilon > 0$ 이 주어지면

$$P \supset P_0 \implies |S(f, P, \alpha) - A| < \epsilon$$

인 분할 P_0 를 잡을 수 있다. 함수 α' 가 구간 $[a, b]$ 위에서 고른연속이므로 다음

$$|s - t| < \delta \implies |\alpha'(s) - \alpha'(t)| < \frac{\epsilon}{M(b-a)}$$

이 성립하는 양수 $\delta > 0$ 를 잡을 수 있다. 여기에서 $|f| \le M$ 이다. 이제, $P_1 \supset P_0$ 이면서 $\|P_1\| < \delta$ 인 분할 P_1 을 잡자. 만일 $P \supset P_1$ 이면 $\|P\| < \delta$ 이고 $P \supset P_0$ 이므로, 다음

$$|R(f\alpha', P) - A| \le |R(f\alpha', P) - S(f, P, \alpha)| + |S(f, P, \alpha) - A| \le 2\epsilon$$

이 성립한다. 따라서, $f\alpha'$ 가 리만적분가능하고 등식 (20) 이 성립함을 알 수 있다. □

보기 4. 리만-스틸체스 적분 $\int_0^\pi \sin x d(\sin x)$ 의 값을 두 가지 방법으로 계산하여 보자. 먼저 정리 5.5.5 을 적용하면

$$\int_0^\pi \sin x d(\sin x) = \int_0^\pi \sin x \cos x dx = 0$$

임을 알 수 있다. □

이제 리만-스틸체스 적분의 부분적분 공식을 증명한다. 부분적분 공식은 단순히 적분값 $\int_a^b f d\alpha$ 을 구하는 방법만을 제시하는 것뿐 아니라 두 함수 f 와 α 가 어떻게 적분가능성과 관련되는지 말해 준다. 치환적분공식도 있으나 연습문제로 돌린다.

정리 5.5.6. 유계변동함수 $f, \alpha : [a, b] \to \mathbb{R}$ 가 주어져 있다고 하자. 만일 $f \in \mathcal{R}(\alpha)$ 이면 자동적으로 $\alpha \in \mathcal{R}(f)$ 이고 등식

$$\int_a^b f d\alpha + \int_a^b \alpha df = f(b)\alpha(b) - f(a)\alpha(a)$$

이 성립한다.

증명 : 양수 $\epsilon > 0$ 이 주어지면, 정리 5.5.4 에 의하여

$$P \supseteq P_0 \implies \left| S(f, P, \alpha) - \int_a^b f d\alpha \right| < \epsilon$$

인 분할 P_0를 잡을 수 있다. 분할 $P = \{x_0, \ldots, x_n\}$이 $P \supseteq P_0$이고, 각 $i = 1, \ldots, n$에 대하여 $x_{i-1} \leq t_i \leq x_i$라 하자. 이제

$$Q = P \cup \{t_1, \ldots, t_n\}, \qquad A = f(b)\alpha(b) - f(a)\alpha(a)$$

라 두면, 관계식

$$S(\alpha, P, f) = \sum_{i=1}^{n} \alpha(t_i)f(x_i) - \sum_{i=1}^{n} \alpha(t_i)f(x_{i-1})$$
$$A = \sum_{i=1}^{n} f(x_i)\alpha(x_i) - \sum_{i=1}^{n} f(x_{i-1})\alpha(x_{i-1})$$

에 의하여 $A - S(\alpha, P, f) = S(f, Q, \alpha)$임을 쉽게 알 수 있다. 그런데 $Q \supseteq P$이므로

$$\left|A - \int_a^b f d\alpha - S(\alpha, P, f)\right| = \left|S(f, Q, \alpha) - \int_a^b f d\alpha\right| < \epsilon$$

이 되고, 따라서 정리 5.5.4에 의하여

$$f(b)\alpha(b) - f(a)\alpha(a) - \int_a^b f d\alpha = \int_a^b \alpha df$$

이다. □

보기 5. 부분적분을 이용하여 계산하면

$$\int_0^\pi \sin x d(\sin x) + \int_0^\pi \sin x d(\sin x) = 0$$

에서

$$\int_0^\pi \sin x d(\sin x) = 0$$

임을 알 수 있다. □

문제 5.5.4. 다음 적분값을 구하여라.

(가) $\int_0^2 x d[x]$ (나) $\int_0^1 x d\frac{1}{[1/x]}$

(다) $\int_0^1 x^2 de^x$ (라) $\int_0^{2\pi} \sin x d\cos x$

(마) $\int_{-1}^1 x de^{-|x|}$

이제, $G : [a,b] \to \mathbb{R}$ 이 연속이고 $\alpha : [a,b] \to \mathbb{R}$ 이 단조증가라 하자. 함수 G 의 최대값과 최소값을 각각 M, m 이라 하면,

$$m[\alpha(b) - \alpha(a)] \le \int_a^b G d\alpha \le M[\alpha(b) - \alpha(a)]$$

이다. 사이값정리를 이용하면, 적당한 $c \in [a,b]$ 에 대하여

$$\int_a^b G d\alpha = G(c)[\alpha(b) - \alpha(a)] = G(c) \int_a^b d\alpha \tag{21}$$

이 성립함을 알 수 있다.

따름정리 5.5.7. 함수 $f : [a,b] \to \mathbb{R}$ 가 단조증가하고 $g : [a,b] \to \mathbb{R}$ 이 연속이라 하자. 그러면, 적당한 $c \in [a,b]$ 에 대하여 다음 등식

$$\int_a^b f(x)g(x)dx = f(a)\int_a^c g(x)dx + f(b)\int_c^b g(x)dx$$

이 성립한다.

증명: 각 $x \in [a,b]$ 에 대하여

$$G(x) = \int_a^x g(t)dt$$

라 하면 $G' = g$ 이므로,

$$\int_a^b fg = \int_a^b f dG = f(b)G(b) - f(a)G(a) - \int_a^b G df$$

이다. 그런데 (21) 에 의하여 $\int_a^b G df = G(c)\int_a^b df$ 인 $c \in [a,b]$ 를 잡을 수 있다. 따라서,

$$\begin{aligned}\int_a^b fg &= f(b)G(b) - f(a)G(a) - G(c)[f(b) - f(a)] \\ &= f(a)[G(c) - G(a)] + f(b)[G(b) - G(c)] \\ &= f(a)\int_a^c g(t)dt + f(b)\int_c^b g(t)dt\end{aligned}$$

를 얻는다. □

5.6 연습문제

5.6.1. 함수 $f, g, h : [a, b] \to \mathbb{R}$ 가 유계이고, $f \le g \le h$ 라 하자. 만일 f, h 가 적분가능하고

$$\int_a^b f = \int_a^b h = A$$

이면, g 도 적분가능하고 그 적분값이 A 임을 보여라.

5.6.2. 함수 f, g 가 적분가능하면 $\max\{f, g\}$, $\min\{f, g\}$ 도 적분가능함을 보여라.

5.6.3. 함수 f 가 적분가능하면 f^2 도 적분가능함을 보여라. 관계식

$$fg = \frac{1}{4}((f+g)^2 - (f-g)^2)$$

을 이용하여, f 와 g 가 적분가능하면 그 곱 fg 도 적분가능함을 보여라.

5.6.4. 함수 f 가 $[a, b]$ 위에서 리만적분가능할 때, 다음 극한

$$\lim_{n\to\infty} \frac{b-a}{n} \sum_{k=1}^{n} f\left(a + k\frac{b-a}{n}\right) \tag{22}$$

이 존재하고, 그 극한값이 $\displaystyle\int_a^b f$ 임을 보여라. 이를 이용하여, 다음 극한값

$$\lim_{n\to\infty} \sum_{k=1}^{n} \frac{n}{k^2+n^2}, \qquad \lim_{n\to\infty} \sum_{k=1}^{n} \frac{1}{\sqrt{k^2+n^2}}$$

을 구하여라. 극한값 (22) 가 존재할 때 f 가 리만적분가능한가 살펴보아라.

5.6.5. 연속함수 $f : [0, 1] \to \mathbb{R}$ 가 $f \ge 0$ 이고 $\displaystyle\int_0^1 f(x)dx = 0$ 이면, f 가 상수함수 $f = 0$ 임을 보여라.

5.6.6. 구간 $[a, b]$ 에서 정의된 연속함수 f 에 대하여, 다음 등식

$$\lim_{n\to\infty} \left(\int_a^b |f(x)|^n dx\right)^{\frac{1}{n}} = \max\{|f(x)| : x \in [a, b]\}$$

을 보여라.

5.6.7. 연속함수 $f : [0, 1] \to \mathbb{R}$ 가 다음 성질

$$\int_0^x f(t)dt = \int_x^1 f(t)dt, \qquad x \in [0, 1]$$

을 만족하면 $f = 0$ 임을 보여라.

5.6.8. 연속함수 $f : [a, b] \to \mathbb{R}$이 주어져 있다. 구간 $[a, b]$ 안에 있는 임의의 실수 $\alpha \le \beta$에 대하여 실수 $I_\alpha^\beta(f)$가 대응되는데 다음 성질

(1) 임의의 $x \in [\alpha, \beta]$에 대하여 $m \le f(x) \le M$이면

$$m(\beta - \alpha) \le I_\alpha^\beta(f) \le M(\beta - \alpha)$$

이 성립한다,

(2) 만일 $a \le \alpha \le \beta \le b$이면

$$I_a^\alpha(f) + I_\alpha^\beta(f) = I_a^\beta(f)$$

가 성립한다

을 가진다고 가정하자. 그러면 함수 $x \mapsto I_a^x(f)$는 구간 $[a, b]$ 위에서 미분가능하고 그 도함수가 f 임을 보여라. 또한, 두 대응 $I_\alpha^\beta(f)$와 $J_\alpha^\beta(f)$가 모두 (1)과 (2)를 만족하면 등식

$$I_a^b(f) = J_a^b(f)$$

가 성립함을 보여라. 이를 이용하여 구간 $[a, b]$ 위에서 정의된 연속함수는 리만적분가능함을 보여라.

5.6.9. 함수 $f : \mathbb{R} \to \mathbb{R}$가 연속이고, 임의의 유계구간 $[a, b]$에 대하여 $\displaystyle\int_a^b f(x)dx = 0$이라 하자. 이 때, f가 상수함수 $f = 0$이라고 할 수 있는지 살펴보아라.

5.6.10. 함수 $f, g : [a, b] \to \mathbb{R}$이 연속이고, $g \ge 0$이라 하자. 이 때, 다음 등식

$$\int_a^b f(x)g(x)dx = f(c) \int_a^b g(x)dx$$

을 만족하는 $c \in [a, b]$가 존재함을 보여라.

5.6.11. 유계변동함수의 좌극한과 우극한이 항상 존재함을 보여라.

5.6.12. 함수 $f : [0, 1] \to \mathbb{R}$가 다음

$$f(x) = \begin{cases} x^2 \sin \dfrac{1}{x^2}, & x \in (0, 1] \\ 0, & x = 0 \end{cases}$$

과 같이 정의되었을 때, f 가 구간 $[0,1]$ 위에서 유계변동인가 살펴보아라.

5.6.13. 구간 $[a,b]$ 에서 정의된 연속함수 f 가 유한개의 극점을 가질 때, f 는 유계변동함수임을 보이고, 이 때 전변동 $V_a^b(f)$ 를 어떻게 구할 수 있는지 설명하여라.

5.6.14. 함수 f 가 $[a,b]$ 위에서 리만적분가능하고 $F(x) = \int_a^x f(t)dt$ 라 하자. 이 때,

$$V_a^x(F) = \int_a^x |f(t)|dt, \qquad x \in [a,b]$$

임을 보여라.

5.6.15. 함수 $f : [0,n] \to \mathbb{R}$ 가 연속일 때 (단, n 은 자연수), 적분값

$$\int_0^n f(x)d[x]$$

을 구하여라.

5.6.16. 함수 $f : [a,b] \to \mathbb{R}$ 가 C^1-함수일 때 (단, a, b 는 정수), 다음 등식

$$\sum_{k=a}^{b} f(k) = \int_a^b f(x)dx + \int_a^b f'(x)\left(x - [x] - \frac{1}{2}\right)dx + \frac{f(a)+f(b)}{2}$$

이 성립함을 증명하여라.

5.6.17. 다음 등식

$$\sum_{k=1}^{n} \frac{1}{k^s} = \begin{cases} \dfrac{1}{n^{s-1}} + s\displaystyle\int_1^n \frac{[x]}{x^{s+1}}dx, & s \neq 1 \\ \log n - \displaystyle\int_1^n \frac{x-[x]}{x^2}dx + 1, & s = 1 \end{cases}$$

을 증명하여라.

5.6.18. 연속함수 $\phi : [c,d] \to [a,b]$ 가 증가하는 전사함수라 가정하자. 만일 $\alpha : [a,b] \to \mathbb{R}$ 이 단조증가하고 $f \in \mathcal{R}(\alpha)$ 이면 $f \circ \phi \in \mathcal{R}(\alpha \circ \phi)$ 이고, 등식

$$\int_c^d f(\phi(y))d\alpha(\phi(y)) = \int_a^b f(x)d\alpha(x)$$

이 성립함을 증명하여라.

5.6.19. 함수 $f : [1, \infty) \to (0, \infty)$ 가 단조감소함수이고

$$\lim_{x\to\infty} f(x) = 0$$

이라 하자. 각 자연수 $n = 1, 2, \ldots$ 에 대하여

$$s_n = \sum_{k=1}^{n} f(k), \qquad t_n = \int_1^n f(x)dx, \qquad d_n = s_n - t_n$$

이라 할 때, 다음을 증명하여라.

(가) 급수 $\sum_{n=1}^{\infty} f(n)$ 이 수렴할 필요충분조건은 수열 $\langle t_n \rangle$ 이 수렴함이다.

(나) 수열 $\langle d_n \rangle$ 이 수렴하고, 각 자연수 $k = 1, 2, \ldots$ 에 대하여 부등식

$$0 \le d_k - \lim_{n\to\infty} d_n \le f(k)$$

이 성립한다.

(다) 다음 수열

$$\left\langle \sum_{k=1}^{n} \frac{1}{k} - \log n : n = 1, 2, \ldots \right\rangle$$

이 수렴함을 보여라. 이 수열의 값을 $n = 1, 2, \ldots, 50$ 에 대하여 계산기로 계산하여 보아라.[4)]

---

4) 이 극한값을 오일러 상수라 하는데, 이 수가 유리수인지 무리수인지 아직 모른다. 8.2 절을 참조하라.

제 6 장
함수열

이 장은 해석개론 전체를 통하여 가장 중요한 부분인데, 주로 다룰 내용은 극한의 순서를 바꾸는 문제이다. 이미 대학 1학년 미적분과목에서 여러 가지 계산 도중 극한의 순서를 바꾸어야 할 경우를 본 적이 있을 것이다. 여기에서 말하는 극한이란 물론 넓은 의미로서 미분 및 적분을 포함한다. 가장 간단한 문제는 이중수열 $\langle a_{mn} \rangle$ 이 있을 때 $\lim_{n\to\infty}$ 과 $\lim_{m\to\infty}$ 의 순서를 바꿀 수 있는가 하는 것인데, 이는 연속함수열의 극한이 연속인가 하는 문제로 귀착된다. 이 물음에 긍정적인 답을 하기 위하여 고른수렴이란 개념을 공부하는데, 이는 이 장의 핵심적인 개념이다. 미분가능함수열과 적분가능함수열에 대하여도 언제 그 극한이 각각 미분가능 및 적분가능한가, 또 언제 극한과 미분, 적분의 순서를 바꿀 수 있는가 하는 것을 공부한다. 이는 특히 급수로 정의되는 함수의 미적분을 공부하는 데 큰 도움이 된다. 끝으로 삼각급수의 초보적인 성질들을 몇 가지 공부하는데, 이를 위하여 근판정법이나 비율판정법보다 정교한 수렴판정법을 다룬다. 이 장에서도 함수의 정의역과 치역은 항상 좌표공간의 부분집합인 것으로 간주한다.

6.1 연속함수열

좌표공간의 부분집합 X, Y 와 각 자연수 $n = 1, 2, \ldots$ 에 대하여 함수

$$f_n : X \to Y$$

가 주어져 있을 때, $\langle f_n \rangle$ 을 X 에서 Y 로 가는 함수열이라 부른다. 함수열의 극한을 정의하는 가장 손쉬운 방법은 점별극한이다. 함수 $f : X \to Y$ 가 주어져 있고, 정의역의 각 점 $x \in X$ 에 대하여

$$\lim_{n\to\infty} f_n(x) = f(x)$$

이면 $\langle f_n \rangle$ 이 f 로 **점별수렴**한다고 말한다. 이제 $\langle f_n \rangle$ 이 X 에서 Y 로 가는 **연속함수열**이라 하자. 이는 각 f_n 이 모두 연속함수란 뜻이다. 우리가 생각해 보고자 하는 첫째 문제는 그 점별극한함수 f 가 연속함수인가 하는 점이다. 즉, 어느 특정한 점 $x_0 \in X' \cap X$ 에서 $\lim_{x \to x_0} f(x) = f(x_0)$ 가 성립하는가 하는 문제이다. 그런데

$$f(x_0) = \lim_{n\to\infty} f_n(x_0) = \lim_{n\to\infty} \lim_{x\to x_0} f_n(x),$$

$$\lim_{x\to x_0} f(x) = \lim_{x\to x_0} \lim_{n\to\infty} f_n(x)$$

이므로, 결국 우리 문제는 과연 다음 등식

$$\lim_{n\to\infty} \lim_{x\to x_0} f_n(x) = \lim_{x\to x_0} \lim_{n\to\infty} f_n(x)\,? \tag{1}$$

이 성립하는가 하는 문제로 귀착된다.

보기 1. 닫힌구간 $[0,1]$ 에서 정의된 함수열

$$f_n(x) = x^n, \qquad x \in [0,1],\ \ n = 1, 2, \ldots$$

을 생각하자. 각 f_n 은 연속이지만

$$\lim_n f_n(x) = \begin{cases} 0, & 0 \le x < 1 \\ 1, & x = 1 \end{cases}$$

이므로 극한함수는 연속이 아니다. 극한의 순서를 바꿀 수 없는 예를 찾으려면 1 로 수렴하는 $[0,1)$ 안의 수열을 잡으면 된다. 예를 들어 $x_m = \dfrac{1}{2^{1/m}}$ 을 생각하면

$$\lim_{n\to\infty} \lim_{m\to\infty} \frac{1}{2^{n/m}} = 1$$

이지만 $\lim_n \dfrac{1}{2^{n/m}} = 0$ 이므로

$$\lim_{m\to\infty} \lim_{n\to\infty} \frac{1}{2^{n/m}} = 0$$

이다. □

우리 문제에 긍정적인 답을 하기 위하여 점별수렴보다 더 강한 수렴의 개념이 필요하다. 점별수렴의 정의를 다시 한 번 살펴보자. 함수열 $\langle f_n \rangle$ 이 함수 f 로 점별수렴한다는 뜻은, 임의의 양수 $\epsilon > 0$ 과 정의역의 점 $x \in X$ 에 대하여 다음 성질

$$n \geq N \implies \|f_n(x) - f(x)\| < \epsilon$$

이 성립하는 자연수 N 을 잡을 수 있다는 것이다. 여기서 주의해야 할 점은 자연수 N 이 양수 $\epsilon > 0$ 뿐 아니라 정의역의 점 $x \in X$ 에도 의존한다는 점이다. 이 때, 만일 정의역의 특정한 점 $x \in X$ 에 의존하지 않고 모든 점에서 공통적으로 적용되는 자연수 N 을 잡을 수 있으면, $\langle f_n \rangle$ 이 f 로 고르게 수렴한다고 한다. 보다 구체적으로 써 보기로 하자. 좌표공간의 부분집합 X 에서 정의된 함수열 $\langle f_n \rangle$ 과 함수 f 가 주어져 있을 때, 임의의 양수 $\epsilon > 0$ 에 대하여 다음 성질

$$n \geq N,\ x \in X \implies \|f_n(x) - f(x)\| < \epsilon \tag{2}$$

을 만족하는 자연수 N 이 있으면, 함수열 $\langle f_n \rangle$ 이 X 위에서 함수 f 로 **고르게 수렴**한다고 한다. 고르게 수렴하는 함수열은 당연히 점별수렴한다.

만일 함수 f 의 정의역과 치역이 $\mathbb{R}$ 의 부분집합이면 (2) 는 다음

$$n \geq N,\ x \in X \implies f(x) - \epsilon < f_n(x) < f(x) + \epsilon$$

과 같이 쓸 수 있다. 이는 충분히 큰 모든 n 에 대하여 $y = f_n(x)$ 의 그래프가 두 함수

$$y = f(x) - \epsilon, \qquad y = f(x) + \epsilon$$

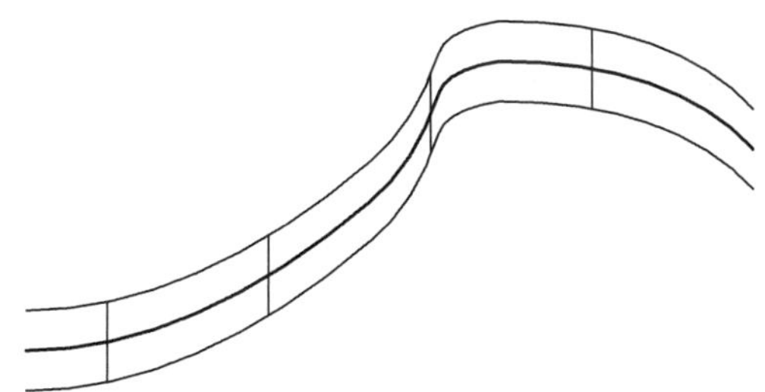

의 그래프 사이에 있어야 함을 이야기한다.

이제 X 위에서 정의된 함수 $f : X \to \mathbb{R}^m$ 에 대하여

$$\|f\|_{\text{sup}} = \sup\{\|f(x)\| : x \in X\} \tag{3}$$

로 정의하자. 그러면, 함수열 $\langle f_n \rangle$ 이 X 위에서 함수 f 로 고르게 수렴할 필요충분조건은

$$\|f_n - f\|_{\text{sup}} \to 0 \tag{4}$$

임을 쉽게 알 수 있다.

문제 6.1.1. 함수열 $\langle f_n \rangle$ 이 함수 f 로 고르게 수렴할 필요충분조건은 (4) 임을 보여라.

보기 2. 위에서 살펴본 보기 1 을 다시 한 번 들여다보자. 임의의 자연수 n 에 대하여 $(x_n)^n > \dfrac{1}{2}$ 인 수열 $\langle x_n \rangle$ 을 구간 $(0, 1)$ 안에서 찾을 수 있는데, 이는 $\epsilon = \dfrac{1}{2}$ 로 두면 성질 (2) 를 만족하는 자연수를 잡을 수 없다는 뜻이다. 따라서 함수열 $\langle f_n \rangle$ 은 고르게 수렴하지 않는다. 물론 (4) 와 비교하면 더욱 쉽게 알 수 있다. □

보기 3. 유계구간 $[0, 3]$ 에서 정의된 함수열 $f_n(x) = \dfrac{1}{n}x$ 를 생각하자. 양수 $\epsilon > 0$ 이 주어졌을 때, $\dfrac{3}{\epsilon}$ 보다 큰 자연수 N 을 생각하면

$$n \geq N,\ x \in [0, 3] \implies |f_n(x)| < \epsilon$$

임을 쉽게 알 수 있다. 따라서 f_n 은 $[0, 3]$ 위에서 상수함수 0 으로 고르게 수렴하고, 이는 임의의 유계집합 위에서도 마찬가지이다. 그러나 정의역이 유계가 아니면 상황이 달라진다. 실제로 $\langle f_n \rangle$ 이 $\mathbb{R}$ 위에서 고르게 수렴하지 않는다는 것은 쉽게 확인하여 볼 수 있다. □

문제 6.1.2. 보기 3 에서 정의된 함수열 $\langle f_n \rangle$ 이 $\mathbb{R}$ 위에서 고르게 수렴하지 않음을 보여라.

다음 정리는 고른수렴을 가정했을 때, 등식 (1) 이 성립함을 말해 준다. 그 증명은 함수열을 다루는 대표적인 방법[1]이므로, 세밀하게 검토하여 기억해 둘 필요가 있다.

정리 6.1.1. 좌표공간의 부분집합 X 에서 Y 로 가는 연속함수열 $\langle f_n \rangle$ 이 함수

$$f : X \to Y$$

로 고르게 수렴하면 f 는 연속함수이다.

증명: 양수 $\epsilon > 0$ 과 정의역의 점 $x_0 \in X$ 가 주어졌다 하고, 우선 다음 조건

$$x \in X \implies \|f(x) - f_N(x)\| < \frac{\epsilon}{3}$$

---

1) 이를 3ϵ-방법이라 한다.

을 만족하는 자연수 N 을 잡자. 이제 함수 f_N 이 연속이므로

$$x \in X,\ \|x - x_0\| < \delta \implies \|f_N(x) - f_N(x_0)\| < \frac{\epsilon}{3}$$

인 양수 $\delta > 0$ 가 있다. 만일 $x \in X$ 이고 $\|x - x_0\| < \delta$ 이면

$$\begin{aligned}\|f(x) - f(x_0)\| &\le \|f(x) - f_N(x)\| + \|f_N(x) - f_N(x_0)\| + \|f_N(x_0) - f(x_0)\| \\ &< \frac{\epsilon}{3} + \frac{\epsilon}{3} + \frac{\epsilon}{3} = \epsilon\end{aligned}$$

이 되어, 함수 f 는 점 x_0 에서 연속이다. □

위 증명에서, 고른수렴이 보장되지 않고 점별수렴인 경우 어느 부분에서 논증이 성립되지 않는지 각자 확인해 보기 바란다. 이제 정리 6.1.1 이나 관계식 (1) 보다 좀더 일반적인 상황을 생각해 보자. 집합 X 에서 Y 로 가는 함수열 $\langle f_n \rangle$ 이 함수 $f : X \to Y$ 로 고르게 수렴한다 가정하고, 정의역의 한 극한점 $x_0 \in X'$ 을 잡았을 때, 각 $n = 1, 2, \ldots$ 에 대하여 극한 $\lim_{x \to x_0} f_n(x)$ 가 존재한다면 등식 (1) 이 성립하는가 하는 물음이다. 결론부터 말하면 긍정적인데, 위 증명보다 정교한 논증이 필요하다. 우선

$$\lim_{x \to x_0} f_n(x) = a_n, \qquad n = 1, 2, \ldots$$

이라 두고, (2) 가 성립하는 자연수 N 을 잡는다. 이제, N 보다 큰 자연수 m, n 이 있을 때,

$$\|a_n - f_n(x)\| < \epsilon, \qquad \|a_m - f_m(x)\| < \epsilon$$

를 동시에 만족하는 $x \in X$ 를 잡으면

$$\begin{aligned}\|a_n - a_m\| \le \|a_n - f_n(x)\| &+ \|f_n(x) - f(x)\| \\ &+ \|f(x) - f_m(x)\| + \|f_m(x) - a_m\| < 4\epsilon\end{aligned}$$

이므로, $\langle a_n \rangle$ 은 코시수열이 된다. 그 극한을 a 라 두고 $\lim_{x \to x_0} f(x) = a$ 임을 보이면 되는데, 이는 위 정리의 증명과 마찬가지이다. 따라서, $\langle f_n \rangle$ 이 f 로 고르게 수렴하고 극한 $\lim_{x \to x_0} f_n(x)$ 이 존재하면, 다음 등식

$$\lim_{n \to \infty} \lim_{x \to x_0} f_n(x) = \lim_{x \to x_0} \lim_{n \to \infty} f_n(x), \qquad x_0 \in X' \tag{5}$$

을 얻는다.

함수열이 주어졌을 때 그 극한함수를 모르는 상태에서 고른수렴 여부를 따져야 할 경우가 있다. 급수로 주어진 함수열의 극한함수가 대표적인 경우인데, 다음 정리는 이런 경우 고른수렴 여부를 조사하는 데 큰 도움이 된다.

정리 6.1.2. 집합 X 에서 Y 로 가는 함수 $\langle f_n \rangle$ 에 대하여 다음은 동치이다.

(가) 함수열 $\langle f_n \rangle$ 이 함수 f 로 고르게 수렴한다.

(나) 임의의 $\epsilon > 0$ 에 대하여 다음 성질

$$m, n \geq N,\ x \in X \implies \|f_m(x) - f_n(x)\| < \epsilon \tag{6}$$

을 만족하는 자연수 N 이 존재한다.

증명: (가) $\implies$ (나) 는 수렴하는 수열이 코시수열이라는 명제 2.3.6 의 증명과 같으므로 생략한다. 이제 그 역을 증명하기 위하여 (나) 를 가정하자. 정의역의 한 점 $x \in X$ 를 고정하면

$$\langle f_n(x) : n = 1, 2, \ldots \rangle$$

은 치역의 수열이 되는데 가정에 의하여 코시수열이 된다. 이 수열은 정리 2.3.8 에 의하여 수렴하는데, 그 극한점을 $f(x)$ 라 두자. 이제 $\langle f_n \rangle$ 이 함수 f 로 고르게 수렴한다는 것을 보이려 한다. 임의의 양수 $\epsilon > 0$ 에 대하여 (6) 이 성립하는 자연수 N 을 잡고 극한 $\lim_{m \to \infty}$ 를 취하면, 각 $n \geq N$ 에 대하여 $\|f_n - f\|_{\text{sup}} \leq \epsilon$ 임을 알 수 있고, 따라서 $\langle f_n \rangle$ 은 f 로 고르게 수렴한다. □

따름정리 6.1.3. (바이어슈트라스 판정법) 집합 X 에서 $\mathbb{R}$ 로 가는 함수열 $\langle f_n \rangle$ 이 있을 때, 각 자연수 $n = 1, 2, \ldots$ 에 대하여 $|f_n| \leq M_n$ 인 양수 M_n 이 있다고 하자. 만일 무한급수 $\sum_{n=1}^{\infty} M_n$ 이 수렴하면, 무한급수

$$\sum_{n=1}^{\infty} f_n(x)$$

가 고르게 수렴한다.

증명: 가정에 의하면, 임의의 $x \in X$ 에 대하여

$$|f_m(x) + f_{m+1}(x) + \cdots + f_n(x)| \leq M_m + M_{m+1} + \cdots + M_n$$

임을 알 수 있다. 그런데 무한급수 $\sum_n M_n$ 이 수렴하므로, 부분합의 함수열에 대하여 정리 6.1.2 의 (나) 가 만족됨을 알 수 있다. □

문제 6.1.3. 다음 함수열 $\langle f_n \rangle$ 이 점별수렴하는 구간을 정하고, 그 구간 위에서 고르게 수렴하는지 살펴보아라. 고르게 수렴하지 않는 경우에 정의역을 적절히 줄임으로써 고르게 수렴시킬 수 있는지 살펴보아라.

(가) $f_n(x) = nx(1-x^2)^n$ (나) $f_n(x) = \sum_{k=1}^n \dfrac{x^k}{x^k+1}$

(다) $f_n(x) = \dfrac{1}{n}e^{-x^2/n}$ (라) $f_n(x) = \sum_{k=1}^n \dfrac{1}{x^2+k^2}$

(마) $f_n(x) = \dfrac{nx}{1+nx^2}$ (바) $f_n(x) = \sum_{k=1}^n \dfrac{1}{1+k^2x}$

바이어슈트라스 판정법은 특별한 성질을 가지는 연속함수를 만드는 데 매우 유용하게 쓰이는데, 대표적인 두 가지 예를 살펴본다.

보기 4. (공간 채우는 곡선) 이 보기에서는 상자 $B = [0,1] \times [0,1]$ 를 가득 채우는 곡선을 만들고자 한다. 다시 말하면, $I = [0,1]$ 에서 B 로 가는 전사 연속함수를 정의하려 한다. 이를 위하여 고르게 수렴하는 연속함수열 $\langle f_n \rangle$ 을 다음과 같이 정의한다. 우선 고정된 각 $n = 1, 2, \ldots$ 에 대하여 I 를 4^n 등분하여 각 부분구간을 순서대로

$$I_1^n, I_2^n, \ldots, I_{4^n}^n$$

이라 이름짓자. 상자 B 의 각 구간 $[0,1]$ 을 2^n 등분하여 얻어지는 각각의 부분상자 4^n 개에 다음

$$B_1^n, B_2^n, \ldots, B_{4^n}^n$$

과 같이 이름을 붙이되, 다음 조건을 만족하도록 할 수 있다.

(가) 각 $i = 1, 2, \ldots, 4^n - 1$ 에 대하여, B_i^n 과 B_{i+1}^n 은 한 변을 공유한다.

(나) 각 $n = 1, 2, \ldots$ 에 대하여, $I_i^n \subset I_j^{n-1}$ 이면 $B_i^n \subset B_j^{n-1}$ 이다.

그러면, 각 자연수 n 에 대하여

$$f_n(I_i^n) \subset B_i^n, \qquad i = 1, 2, \ldots, 4^n$$

이 되도록 연속함수 $f_n : I \to B$ 를 정의할 수 있다. 정리 6.1.2 를 적용하면 함수열 $\langle f_n \rangle$ 이 고르게 수렴함을 쉽게 알 수 있고, 따라서 그 극한함수 $f : I \to B$ 는 연속이다. 함수 f 가 전사임은 연습문제로 남긴다. □

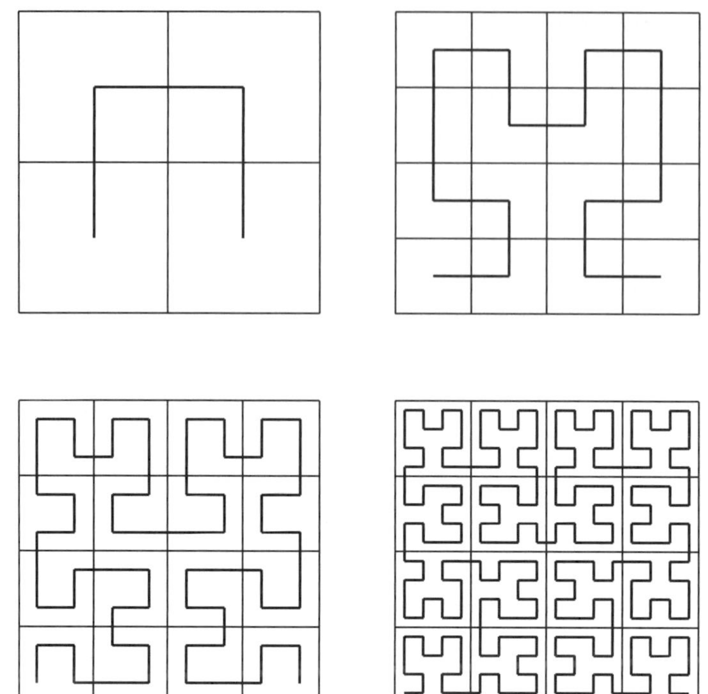

문제 6.1.4. 보기 4 의 두 조건 (가) 와 (나) 가 만족되도록 번호를 붙여 보아라. 또한, 연속함수열 $\langle f_n \rangle$ 이 고르게 수렴함을 보이고, 그 극한함수 $f : I \to B$ 가 전사함수임을 보여라.

보기 5. 각 자연수 $n = 1, 2, \ldots$ 에 대하여, 다음 xy 평면 위의 점

$$(0,0)\,,\ \left(\frac{1}{2^n}, \frac{1}{2^n}\right),\ \left(\frac{2}{2^n}, 0\right),\ \left(\frac{3}{2^n}, \frac{1}{2^n}\right), \ldots, \left(\frac{2^n-1}{2^n}, \frac{1}{2^n}\right),\ (1,0)$$

을 순서대로 선분으로 연결하여 그래프가 되도록 함수 $f_n : [0,1] \to \mathbb{R}$ 을 정의하자. 각 $n = 1, 2, \ldots$ 에 대하여 $|f_n| \leq \dfrac{1}{2^n}$ 이므로 따름정리 6.1.3 에 의하여 무한급수 $\sum_{n=1}^{\infty} f_n$ 은 고르게 수렴하고, 그 극한함수

$$f(x) = \sum_{n=1}^{\infty} f_n(x)$$

은 정리 6.1.1 에 의하여 연속함수이다. 만일

$$x_0 = \frac{p}{2^\nu}, \qquad x_n = \frac{p}{2^\nu} + \frac{1}{2^\nu} \cdot \frac{1}{2^{n-1}}, \qquad n = 1, 2, \ldots$$

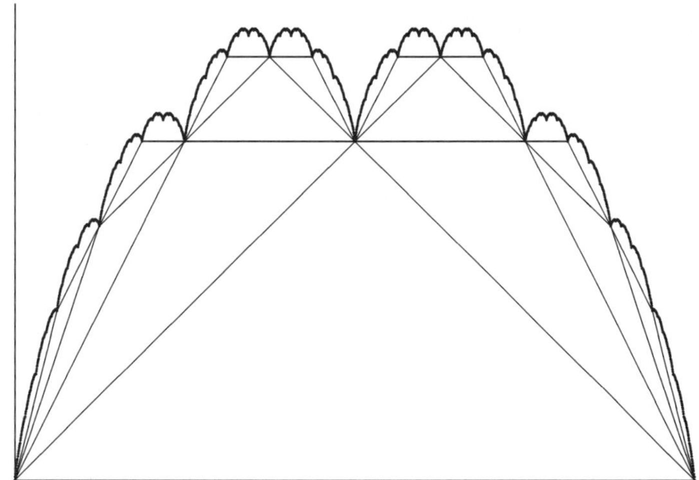

라 두면 (단, $0 \le p < 2^\nu$) 함수 $s_\nu = \sum_{k=1}^{\nu} f_k$ 는 구간 $[x_0, x_1]$ 위에서 기울기가 α 인 일차 함수가 되고,

$$f(x_n) = s_\nu(x_n) + \frac{1}{2^\nu} \cdot \frac{n-1}{2^{n-1}}, \qquad n = 2, 3, \ldots$$

임이 바로 확인된다. 따라서

$$\frac{f(x_n) - f(x_0)}{x_n - x_0} = \alpha + (n-1)$$

인데 $\lim_n x_n = x_0$ 이므로 f 는 x_0 에서 미분가능하지 않음을 알 수 있다. 즉, 함수 f 는 $\frac{p}{2^\nu}$ 형태의 점들에서 미분가능하지 않다. 함수 f 가 정의역의 어느 점에서도 미분가능하지 않다는 것은 연습문제로 남긴다.[2) □

문제 6.1.5. 보기 5 에서 정의된 함수 f 가 정의역의 어느 점에서도 미분가능하지 않음을 보여라.

---

2) 연속함수가 어느 정도 미분가능한가, 다시 말하여 연속함수에서 미분불가능한 점이 얼마나 있을까 하는 문제는 19세기 초부터 많은 사람들이 생각했던 문제로서, 뒤에서 배우게 될 함수의 푸리에급수 전개와 더불어 '함수' 의 개념이 정립되는 데 크게 공헌하였다. 어느 점에서도 미분가능하지 않은 연속함수의 예는 1872 년 7 월 Weierstrass 가 처음으로 발표하였다. 그는 적절한 삼각급수를 이용하여 예를 찾았는데, 다음

$$f(x) = \sum_{k=0}^{\infty} \frac{1}{2^k} \cos 3^k x$$

이 한 예이다. 이에 관한 역사적 배경을 알고 싶으면 [E. Neuenschwander, Riemann's example of a continuous, 'nondifferentiable' function, Math. Intelligencer Vol. 1, No. 1 (1978), pp. 40-44] 를 참조하라.

6.2 미분 및 적분가능함수열

이 절에서는 구간 $I \subset \mathbb{R}$ 에서 $\mathbb{R}$ 로 가는 함수열 $\langle f_n \rangle$ 과 그 점별극한함수 f 가 주어져 있을 때, 다음 질문에 답하고자 한다.

(가) 각 f_n 이 미분가능할 때, f 가 미분가능한가?

(나) 각 f_n 과 f 가 미분가능할 때 $\lim_n {f_n}' = f'$ 가 성립하는가?

앞의 6.1 절에 나오는 보기 1 을 생각하면 (가) 는 물론 부정적인데, 여기서는 고르게 수렴함에도 불구하고 (가) 가 성립하지 않는 보기를 들어 보자.

보기 1. 먼저 6.1 절의 보기 5 를 생각해 보자. 무리수 x_0 에서 각 f_n 은 미분가능하지만 그 극한함수는 고른수렴임에도 불구하고 x_0 에서 미분가능이 아니다. 또 다른 보기를 들어 보자. 각 자연수 n 에 대하여 함수 $f_n : [0,2] \to \mathbb{R}$ 을

$$f_n(x) = \frac{1-x}{1+x^n}, \qquad x \in [0,2], \ \ n = 1, 2, \ldots .$$

라 정의하자. 그러면 그 점별극한함수 f 는

$$f(x) = \lim_n f_n(x) = \begin{cases} 1-x, & 0 \le x \le 1 \\ 0, & 1 < x \le 2 \end{cases}$$

임을 쉽게 알 수 있고, f 는 점 $x = 1$ 에서 미분가능하지 않다. 고른수렴인가 살펴보기 위하여 우선 구간 $[0,1]$ 에서 생각하자. 이 경우

$$|f_n(x) - f(x)| = \left| \frac{(1-x)x^n}{1+x^n} \right| \le (1-x)x^n$$

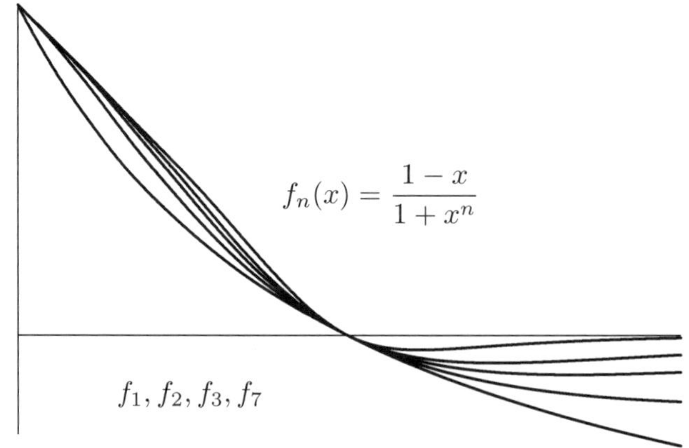

인데, 함수 $x \mapsto (1-x)x^n$ 이 $x = \dfrac{n}{n+1}$ 에서 최대값을 가지고, 이 최대값이 $n \to \infty$ 에 따라 0 으로 수렴함은 쉽게 확인할 수 있다. 따라서, 구간 $[0,1]$ 에서 $\|f_n - f\|_{\sup} \to 0$ 임을 알 수 있다. 구간 $[1,2]$ 에서는 부등식

$$|f_n(x) - f(x)| = \frac{x-1}{1+x^n} \le \frac{x-1}{x^n}$$

을 생각하면, 똑같은 방법으로 $\|f_n - f\|_{\sup} \to 0$ 임을 확인할 수 있다. 따라서, $\langle f_n \rangle$ 은 구간 $[0,2]$ 위에서 f 로 고르게 수렴한다. □

문제 6.2.1. 보기 1 에서 $\|f_n - f\|_{\sup} \to 0$ 임을 보여라. 또한, 함수열의 그래프를 그려라.

보기 2. 각 자연수 $n = 1, 2, \ldots$ 에 대하여

$$f_n(x) = \frac{1}{\sqrt{n}} \sin nx, \qquad x \in \mathbb{R}$$

라 정의하면 그 극한함수는 $f(x) = 0$ 으로 주어지고,

$$\|f_n - f\|_{\sup} = \frac{1}{\sqrt{n}} \to 0$$

이므로 고른수렴이다. 그러나

$$f_n{}'(x) = \sqrt{n} \cos nx$$

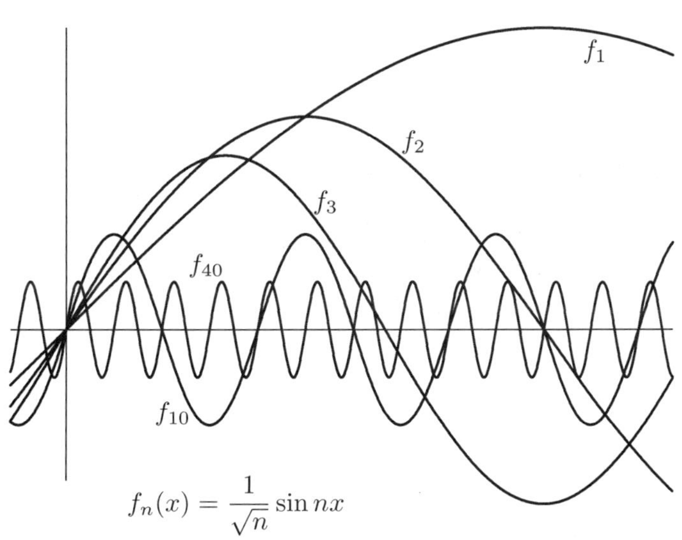

이므로 $\langle f_n{}'(0) \rangle$ 은 수렴조차 하지 않는다. 따라서 두 번째 질문 역시 고르게 수렴하더라도 부정적인 결론을 얻는다. □

보기 3. 또 다른 보기를 들기 위하여 구간 $[-1, 1]$ 에서

$$f_n(x) = \frac{x}{1 + nx^2}, \qquad x \in [-1, 1],\ n = 1, 2, \ldots$$

이라 두자. 앞의 보기 2와 마찬가지로 $\|f_n\|_{\sup}$ 를 계산하여 $\langle f_n \rangle$ 이 상수함수 $f \equiv 0$ 으로 고르게 수렴함을 쉽게 확인할 수 있다. 이제 각 n 에 대하여

$$f_n{}'(0) = 1$$

이므로 $\langle f_n{}' \rangle$ 은 $f'(0) = 0$ 으로 수렴하지 않는다. □

문제 6.2.2. 보기 3 에서 $\|f_n - f\|_{\sup} \to 0$ 임을 보여라.

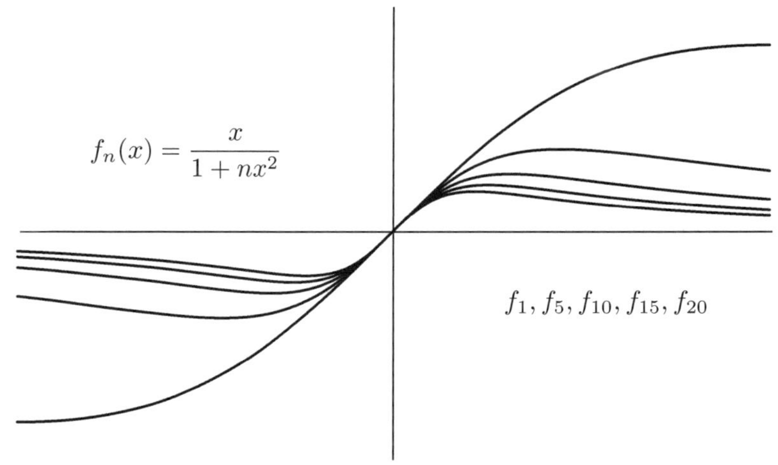

문제 6.2.3. 구간 $[0, 1]$ 에서 정의된 함수열

$$f_n(x) = \frac{2nx}{1 + n^2x^2}, \qquad n = 1, 2, \ldots$$

이 고르게 수렴하는지 살펴보아라. 또한, 그 도함수열 $\langle f_n' \rangle$ 의 수렴 여부를 조사하여라. 이 함수열의 그래프를 그려라.

이제, 도함수열 $\langle f_n{}' \rangle$ 이 고르게 수렴하면 위 두 가지 질문에 긍정적인 답을 줄 수 있다.

정리 6.2.1. 유계구간 $I = [a, b]$ 에서 정의된 함수열 $\langle f_n \rangle$ 이 다음 조건

(가) 각 f_n 이 I 에서 미분가능하다

(나) 적당한 $x_0 \in I$ 에 대하여 수열 $\langle f_n(x_0)\rangle$ 이 수렴한다

(다) 함수열 $\langle f_n{}'\rangle$ 이 고르게 수렴한다

을 만족하면, $\langle f_n\rangle$ 은 고르게 수렴한다. 이 때, 극한함수를 f 로 표시하면 f 는 I 에서 미분가능하고 관계식

$$f'(x) = \lim_{n\to\infty} f_n'(x), \qquad x \in I$$

이 성립한다.

증명: 임의의 양수 $\epsilon > 0$ 에 대하여 다음 관계

$$m, n \geq N,\ x \in [a,b] \Longrightarrow |f_m(x_0) - f_n(x_0)| < \epsilon,\ |f_m'(x) - f_n'(x)| < \frac{\epsilon}{b-a}$$

를 만족하는 자연수 N 을 잡자. 함수 $f_m - f_n$ 에 대하여 평균값정리를 적용하면, $m, n \geq N$ 이고 $x, y \in [a,b]$ 일 때

$$|(f_m(x) - f_n(x)) - (f_m(y) - f_n(y))| \leq |x-y|\,\frac{\epsilon}{b-a} \leq \epsilon \tag{7}$$

이 성립한다. 따라서, 각 $m, n \geq N$ 과 $x \in [a,b]$ 에 대하여

$$\begin{aligned} |f_m(x) - f_n(x)| &\leq |(f_m(x) - f_n(x)) - (f_m(x_0) - f_n(x_0))| + |f_m(x_0) - f_n(x_0)| \\ &< 2\epsilon \end{aligned}$$

이므로, 정리 6.1.2 에 의하여 함수열 $\langle f_n\rangle$ 은 고르게 수렴한다.

이제, 극한함수를 f 라 두고, $\lim_n f_n'(x) = f'(x)$ 임을 보이기 위하여,

$$g_n(y) = \frac{f_n(y) - f_n(x)}{y-x}, \quad g(y) = \frac{f(y) - f(x)}{y-x}, \qquad y \in [a,b] \setminus \{x\}$$

라 두자. 그러면 (7) 에 의하여 각 $m, n \geq N$ 에 대하여

$$|g_m(y) - g_n(y)| < \frac{\epsilon}{b-a}$$

이므로 함수열 $\langle g_n\rangle$ 은 $[a,b] \setminus \{x\}$ 위에서 고르게 수렴한다. 그런데 $\langle f_n\rangle$ 이 f 로 고르게 수렴하므로, g_n 과 g 의 정의에 의하여 $\langle g_n\rangle$ 은 집합 $[a,b] \setminus \{x\}$ 위에서 함수 g 로 고르게 수렴한다. 따라서, 관계식 (5) 에 의하여

$$f'(x) = \lim_{y\to x} g(y) = \lim_{y\to x}\lim_{n\to\infty} g_n(y) = \lim_{n\to\infty}\lim_{y\to x} g_n(y) = \lim_{n\to\infty} f_n'(x)$$

을 얻는다. □

리만적분에 대하여도 같은 질문을 제기할 수 있다. 구체적으로, 닫힌구간 $[a,b]$ 에서 정의된 함수열 $\langle f_n \rangle$ 과 그 점별극한함수 $f : [a,b] \to \mathbb{R}$ 에 대하여 다음 물음을 생각하려 한다.

(가) 각 f_n 이 리만적분가능할 때, f 가 리만적분가능한가?

(나) 각 f_n 과 f 가 리만적분가능할 때 등식

$$\lim_{n\to\infty} \int_a^b f_n = \int_a^b f \tag{8}$$

이 성립하는가?

결론부터 말하면 두 물음에 관한 답은 모두 부정적인데, 예를 들어 보자.

보기 4. 닫힌구간 $[0,1]$ 안의 모든 유리수를 $\{r_1, r_2, \ldots\}$ 로 표시하고, 각 자연수 n 에 대하여 $A_n = \{r_1, r_2, \ldots, r_n\}$ 이라 두자. 이제, 구간 $[0,1]$ 에서 정의된 함수열 $\langle f_n \rangle$ 을

$$f_n = \begin{cases} 1, & x \in A_n \\ 0, & x \notin A_n \end{cases}$$

라 정의하자. 그러면 각 f_n 은 리만적분가능하다. 그런데 그 점별극한함수는 5.1 절의 보기 1 에서 다룬 함수가 되어서 리만적분가능하지 않다. □

보기 5. 구간 $[0,1]$ 위의 함수열 $\langle f_n \rangle$ 을

$$f_n(x) = \begin{cases} n, & 0 < x < \dfrac{1}{n} \\ 0, & x = 0 \text{ 혹은 } \dfrac{1}{n} \le x \le 1 \end{cases}$$

라 정의하자. 그러면 각 $x \in [0,1]$ 에 대하여 $\lim_n f_n(x) = 0$ 이고, 따라서

$$\lim_n \int_0^1 f_n = 1 \neq 0 = \int_0^1 f$$

가 된다. □

문제 6.2.4. 구간 $[0,1]$ 에서 함수열 $\langle f_n \rangle$ 을 $f_n(x) = n^2 x e^{-nx}$ 라 정의하였을 때, 등식 (8) 이 성립하는지 살펴보아라.

함수열 $\langle f_n \rangle$ 이 f 로 고르게 수렴하는 경우 위 두 물음에 긍정적인 답을 할 수 있다.

명제 6.2.2. 구간 $[a, b]$ 에서 정의된 리만적분가능함수열 $\langle f_n \rangle$ 이 함수 $f : [a, b] \to \mathbb{R}$ 로 고르게 수렴하면, f 도 리만적분가능하고 관계식 (8) 이 성립한다.

증명: 각 $n = 1, 2, \ldots$ 에 대하여 $\epsilon_n = \|f_n - f\|_{\text{sup}}$ 라 두면,

$$f_n(x) - \epsilon_n \leq f(x) \leq f_n(x) + \epsilon_n, \qquad x \in [a, b],\ n = 1, 2, \ldots$$

이므로,

$$\int_a^b (f_n - \epsilon_n) \leq \underline{\int_a^b} f \leq \overline{\int_a^b} f \leq \int_a^b (f_n + \epsilon_n) \tag{9}$$

이다. 따라서

$$0 \leq \overline{\int_a^b} f - \underline{\int_a^b} f \leq 2\epsilon_n (b - a)$$

인데, 가정에 의하여 $\epsilon_n \to 0$ 이므로, f 는 리만적분가능하다. 부등식 (9) 를 다시 적용하면 관계식 (8) 이 성립함을 금방 알 수 있다. □

위 정리의 관계식 (8) 과 같이 극한과 적분의 순서를 바꾸는 등식을 보통 **수렴정리**라 한다. 사실, 위 명제에서 '고른수렴' 은 관계식 (8) 을 구체적인 계산에서 적용하기에는 너무 강한 조건이다. 실제로 수렴정리를 보장하여 주는 핵심적인 조건은 함수열 $\langle f_n \rangle$ 의 '크기' 가 적절히 조절될 수 있는가 하는 점이다. 보다 정확하게 말하면, 함수

$$x \mapsto \sup_n |f_n(x)|$$

의 '크기' 가 결정적인 역할을 한다. 이를 보다 구체적으로 살펴보기 위하여 다음 보기를 들여다 보자.

보기 6. 증가하는 양수의 수열 $\langle p_n \rangle$ 이 있을 때, 구간 $[0, 1]$ 위의 함수열 $\langle f_n \rangle$ 을

$$f_n(x) = \begin{cases} p_n, & 0 < x < \dfrac{1}{n} \\ 0, & x = 0 \text{ 혹은 } \dfrac{1}{n} \leq x \leq 1 \end{cases}$$

라 정의하자. 그러면

$$\int_0^1 f_n = \frac{p_n}{n}$$

이므로, 이 경우 등식 (8) 이 성립할 필요충분조건은

$$\lim_n \frac{p_n}{n} = 0$$

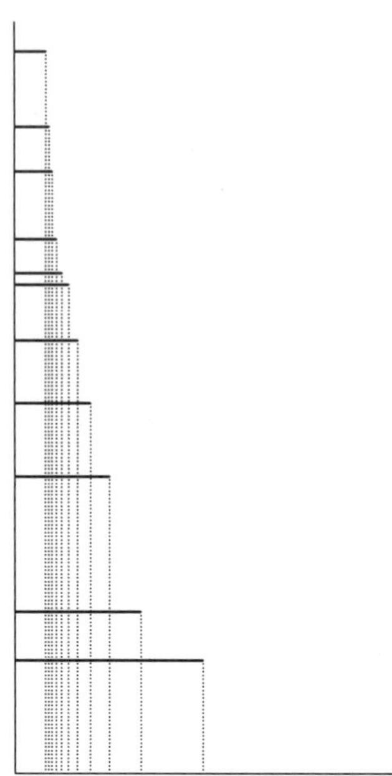

이다. 한편, 함수 $x \mapsto \sup_n |f_n(x)|$ 와 x 축 사이의 '면적' 은

$$\frac{1}{2} \cdot p_1 + \frac{1}{3} \cdot \frac{p_2}{2} + \cdots + \frac{1}{n+1} \cdot \frac{p_n}{n} + \cdots \tag{10}$$

이다. 이 급수의 부분합의 수열을 $\langle s_n \rangle$ 이라 두면

$$\begin{aligned} s_{2n-1} - s_{n-1} &= \frac{1}{n+1} \cdot \frac{p_n}{n} + \cdots + \frac{1}{2n} \cdot \frac{p_{2n-1}}{2n-1} \\ &\geq \frac{1}{2n} \cdot \frac{p_n}{2n} + \cdots + \frac{1}{2n} \cdot \frac{p_n}{2n} = n \cdot \frac{1}{2n} \cdot \frac{p_n}{2n} = \frac{p_n}{4n} \end{aligned}$$

이다. 만일 급수 (10) 이 수렴한다면

$$0 \leq \lim_{n \to \infty} \frac{p_n}{n} \leq 4 \lim_{n \to \infty} (s_{2n-1} - s_{n-1}) = 0$$

이다. 따라서, 이 보기의 경우, 함수 $x \mapsto \sup_n |f_n(x)|$ 의 '적분값' 이 유한이면 등식 (8) 이 성립함을 알 수 있다. □

문제 6.2.5. 보기 6 에서, 수열 $\langle p_n \rangle$ 이 증가한다는 조건을 생략했을 때에도, 급수 (10) 이 수렴하면 수열 $\left\langle \frac{p_n}{n} \right\rangle$ 의 극한이 0 이 되는가 살펴보아라.

6.3 이중수열과 이중급수

집합 $\mathbb{N} \times \mathbb{N}$ 위에서 정의된 함수

$$(m, n) \mapsto a_{mn}$$

를 **이중수열**이라 한다. 각 고정된 $m = 1, 2, \ldots$ 에 대하여 수열

$$n \mapsto a_{mn}$$

을 하나의 수열로 생각하면 이중수열은 이러한 수열들의 수열, 즉 수열열이 주어진 것으로 생각할 수 있다. 수열은 $\mathbb{N}$ 에서 정의된 함수이므로, 이중수열은 $\mathbb{N}$ 에서 정의된 함수열로 생각할 수 있다. 그런데 우리는 수렴하는 수열에 관심이 있으므로 6.1 절의 결과를 적용하기 좋게 함수열의 정의역을 조금 조정하여 생각한다.

집합 $\mathbb{N} \cup \{\infty\}$ 와 집합 $X = \{0\} \cup \left\{\frac{1}{n} : n = 1, 2, \ldots\right\}$ 를 다음 방법

$$\infty \longleftrightarrow 0, \qquad n \longleftrightarrow \frac{1}{n}, \quad n = 1, 2, \ldots$$

으로 대응시키자. 연속함수 $f : X \to \mathbb{R}$ 가 있을 때, 수열

$$a : n \mapsto f\left(\frac{1}{n}\right)$$

은 $f(0)$ 로 수렴한다. 역으로 수렴하는 수열 $a : \mathbb{N} \to \mathbb{R}$ 이 있을 때,

$$f(0) = \lim_n a(n), \qquad f\left(\frac{1}{n}\right) = a(n),\ n = 1, 2, \ldots$$

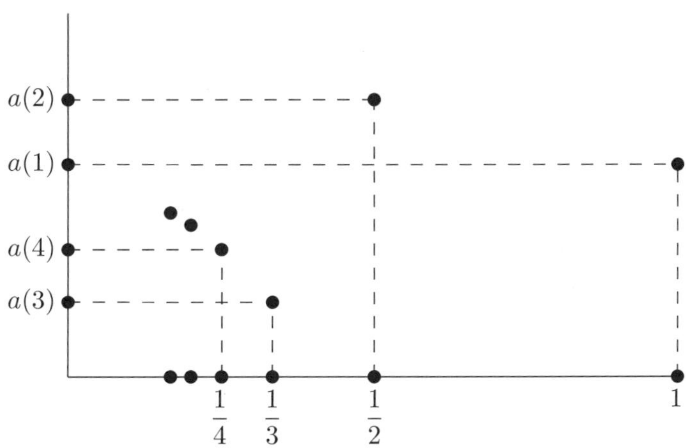

이라 두면 $f : X \to \mathbb{R}$ 는 연속함수이다. 따라서, 수렴하는 수열과 X 위에서 정의된 연속함수는 일대일대응 관계를 가진다. 이 경우 (5) 를 적용하면 이중수열의 극한에 관한 다음 명제를 얻을 수 있다.

명제 6.3.1. 이중수열 $\langle a_{mn} : m, n = 1, 2, \ldots \rangle$ 에 대하여 다음을 가정하자.

(가) 각 m 에 대하여 수열 $\langle a_{mn} : n = 1, 2, \ldots \rangle$ 이 b_m 으로 수렴한다.

(나) 각 n 에 대하여 수열 $\langle a_{mn} : m = 1, 2, \ldots \rangle$ 이 c_n 으로 수렴한다.

(다) 임의의 양수 $\epsilon > 0$ 에 대하여 다음 성질

$$m \geq N \implies |a_{mn} - c_n| < \epsilon, \quad n = 1, 2, \ldots$$

을 만족하는 자연수 N 이 존재한다.

그러면, 수열 $\langle c_n : n = 1, 2, \ldots \rangle$ 과 $\langle b_m : m = 1, 2, \ldots \rangle$ 은 같은 값으로 수렴한다.

위 명제의 결론을 간결하게 표현하면

$$\lim_{n\to\infty} \lim_{m\to\infty} a_{mn} = \lim_{m\to\infty} \lim_{n\to\infty} a_{mn}$$

으로 쓸 수 있다. 위 명제의 조건 (다) 는 물론 고른수렴의 정의를 다시 쓴 것에 지나지 않는다. 이중급수의 극한을 교환할 수 있는 조건은 보다 간결하게 표현할 수 있는데, 약간의 준비가 필요하다.

명제 6.3.2. 좌표공간의 부분집합 X 에서 Y 로 가는 연속함수열 $\langle f_n \rangle$ 이 함수 f 로 고르게 수렴하고 X 의 수열 $\langle x_n \rangle$ 이 $x \in X$ 로 수렴하면 $\langle f_n(x_n) \rangle$ 은 $f(x)$ 로 수렴한다.

문제 6.3.1. 명제 6.3.2 를 증명하여라. 함수열 $\langle f_n \rangle$ 이 f 로 점별수렴하는 경우 어떻게 되는지 살펴보아라.

명제 6.3.3. 이중수열 $\langle a_{mn} : m, n = 1, 2, \ldots \rangle$ 에 대하여 다음을 가정하자.

(가) 각 $m = 1, 2, \ldots$ 에 대하여 $\displaystyle\sum_{n=1}^{\infty} |a_{mn}| = b_m$ 이다.

(나) 급수 $\displaystyle\sum_{m=1}^{\infty} b_m$ 이 수렴한다.

그러면 다음 등식

$$\sum_{m=1}^{\infty} \sum_{n=1}^{\infty} a_{mn} = \sum_{n=1}^{\infty} \sum_{m=1}^{\infty} a_{mn} = \lim_{N\to\infty} \sum_{m,n=1}^{N} a_{mn} \tag{11}$$

이 성립한다.

증명: 집합 $X = \{0\} \cup \left\{ \frac{1}{n} : n = 1, 2, \ldots \right\}$ 에서 정의된 함수열 $\langle f_m \rangle$ 을 다음

$$f_m(0) = \sum_{j=1}^{\infty} a_{mj}, \qquad f_m\left(\frac{1}{n}\right) = \sum_{j=1}^{n} a_{mj}, \quad m, n = 1, 2, \ldots$$

과 같이 정의하고

$$g_n = \sum_{m=1}^{n} f_m$$

이라 두자. 그러면 $|f_m| \le b_m$ 이므로, 바이어슈트라스 판정법에 의하여 함수항급수 $\sum_m f_m$ 은 고르게 수렴한다. 각 f_m 이 연속이므로 급수의 합

$$g = \lim_{n\to\infty} g_n$$

도 연속함수이고, 명제 6.3.2 에 의하여 등식

$$\lim_{n\to\infty} g\left(\frac{1}{n}\right) = g(0) = \lim_{n\to\infty} g_n\left(\frac{1}{n}\right)$$

이 성립한다. 그런데

$$\sum_{m=1}^{\infty}\sum_{n=1}^{\infty} a_{mn} = \sum_{m=1}^{\infty} f_m(0) = g(0),$$

$$\begin{aligned}\sum_{n=1}^{\infty}\sum_{m=1}^{\infty} a_{mn} &= \lim_{n\to\infty}\sum_{j=1}^{n}\sum_{m=1}^{\infty} a_{mj} = \lim_{n\to\infty}\sum_{m=1}^{\infty}\sum_{j=1}^{n} a_{mj} \\ &= \lim_{n\to\infty}\sum_{m=1}^{\infty} f_m\left(\frac{1}{n}\right) = \lim_{n\to\infty} g\left(\frac{1}{n}\right)\end{aligned}$$

$$\lim_{N\to\infty}\sum_{m,n=1}^{N} a_{m,n} = \lim_{N\to\infty}\sum_{m=1}^{N} f_m\left(\frac{1}{N}\right) = \lim_{N\to\infty} g_N\left(\frac{1}{N}\right)$$

이므로 등식 (11) 이 증명된다. □

명제 6.3.4. 각 자연수 $m, n = 1, 2, \ldots$ 에 대하여 $a_{mn} \ge 0$ 이면 등식 (11) 이 성립한다.

증명: 임의의 $M \le N$ 에 대하여 부등식

$$\sum_{m=1}^{M}\sum_{n=1}^{N} a_{mn} \le \sum_{m,n=1}^{N} a_{mn}$$

이 성립하므로, 양변에 $\lim_{N\to\infty}$ 를 취하면 임의의 자연수 M 에 대하여

$$\sum_{m=1}^{M}\sum_{n=1}^{\infty} a_{mn} = \lim_{N\to\infty}\sum_{m=1}^{M}\sum_{n=1}^{N} a_{mn} \leq \lim_{N\to\infty}\sum_{m,n=1}^{N} a_{mn}$$

이 성립한다. 따라서, 부등식

$$\sum_{m=1}^{\infty}\sum_{n=1}^{\infty} a_{mn} \leq \lim_{N\to\infty}\sum_{m,n=1}^{N} a_{mn} \tag{12}$$

을 얻는다. 그런데 임의의 N 에 대하여

$$\sum_{m,n=1}^{N} a_{mn} \leq \sum_{n=1}^{N}\sum_{m=1}^{\infty} a_{mn}$$

이 성립하므로, (12) 의 반대 방향 부등식은 당연하다. 지금까지 논의한 데에서 m 과 n 의 역할을 바꾸면 등식 (11) 이 성립함을 알 수 있다. □

문제 6.3.2. 이중수열 $\langle a_{mn}\rangle$ 을 다음

$$a_{mn} = \begin{cases} 0, & m < n \\ -1, & m = n, \\ 2^{n-m}, & m > n \end{cases}$$

과 같이 정의하였을 때, $\sum_m \sum_n a_{mn}$ 과 $\sum_n \sum_m a_{mn}$ 을 구하여라.

경우에 따라서는 자연수에서 정의된 수열뿐 아니라 정수 전체의 집합 $\mathbb{Z}$ 에서 정의된 수열 $a : \mathbb{Z} \to \mathbb{R}$ 을 생각할 필요가 생긴다.

따름정리 6.3.5. 임의의 정수 $k \in \mathbb{Z}$ 에 대하여 $a_k \geq 0$ 이라 가정하자. 그러면 다음 등식

$$\lim_{n\to\infty}\sum_{k=-n}^{n} a_k = \lim_{n\to\infty}\lim_{m\to\infty}\sum_{k=-m}^{n} a_k = \lim_{m\to\infty}\lim_{n\to\infty}\sum_{k=-m}^{n} a_k \tag{13}$$

이 성립한다.

등식 (13) 이 성립하면 이 값을 $\sum_{n=-\infty}^{\infty} a_n$ 이라 쓴다.

따름정리 6.3.6. 만일 $\sum_{n=-\infty}^{\infty} |a_n| < \infty$ 이면 등식 (13) 이 성립한다.

문제 6.3.3. 따름정리 6.3.5 와 6.3.6 을 증명하여라.

6.4 거듭제곱급수

원점을 포함하는 열린구간 I 에서 정의된 C^∞-함수 $f : I \to \mathbb{R}$ 의 테일러급수는 4.3 절의 (8) 에서 보다시피 $\sum_n a_n x^n$ 의 꼴이다. 이 절에서는 수열 $\langle a_n \rangle$ 이 주어졌을 때 거듭제곱급수[3)]

$$\sum_{n=0}^{\infty} a_n x^n \tag{14}$$

의 성질을 살펴보자.

정리 6.4.1. 수열 $\langle a_n \rangle$ 에 대하여

$$\lambda = \limsup_{n\to\infty} |a_n|^{\frac{1}{n}}, \qquad R = \frac{1}{\lambda} \tag{15}$$

이라 두면 (단, $\lambda = 0$ 이면 $R = +\infty$ 라 둔다), 거듭제곱급수 (14) 는 $|x| < R$ 일 때 수렴하고, $|x| > R$ 일 때 발산한다. 임의의 양수 $\epsilon \in (0, R)$ 이 주어졌을 때, 급수 (14) 는 구간 $[-R+\epsilon, R-\epsilon]$ 에서 고르게 수렴한다. 만일

$$f(x) = \sum_{n=0}^{\infty} a_n x^n, \qquad x \in (-R, R) \tag{16}$$

이라 정의하면, 함수 f 는 $(-R, R)$ 위에서 미분가능하고, 그 도함수는

$$f'(x) = \sum_{n=1}^{\infty} n a_n x^{n-1}, \qquad x \in (-R, R) \tag{17}$$

로 주어진다.

증명: 첫째 명제는 근판정법을 적용하면 된다. 양수 $\epsilon > 0$ 이 있을 때,

$$|a_n x^n| \le |a_n (R-\epsilon)^n|, \qquad x \in [-R+\epsilon, R-\epsilon]$$

---

3) 거듭제곱급수는 **멱급수**로 불리기도 한다.

이고

$$\sum_{n=1}^{\infty} |a_n(R-\epsilon)^n|$$

이 수렴하므로, 바이어슈트라스 판정법에 의하여 닫힌구간 $[-R+\epsilon, R-\epsilon]$ 에서 고르게 수렴한다. 또한 $\lim_n n^{1/n} = 1$ 이므로 급수 (17) 도 구간 $[-R+\epsilon, R-\epsilon]$ 에서 고르게 수렴함을 알 수 있다. 정리 6.2.1 에 의하여 함수 f 는 구간 $[-R+\epsilon, R-\epsilon]$ 에서 미분가능하고, 등식 (17) 이 성립한다. □

관계식 (15) 에 의하여 주어진 실수 R 을 급수 (14) 의 **수렴반경**이라 부른다. 두 급수 $\sum_{n=1}^{\infty} \frac{1}{n} x^n$ 과 $\sum_{n=1}^{\infty} \frac{1}{n^2} x^n$ 을 생각하면, $x = R$ 이나 $x = -R$ 에서는 급수가 수렴할 수도, 발산할 수도 있음을 알 수 있다. 위 정리에서 $R = \infty$ 이면, (17) 을 증명하는 과정에서 $R - \epsilon$ 은 임의의 양수로 바꾸어 읽으면 된다. 이제 $\lim_n n^{1/n} = 1$ 이므로 거듭제곱급수 (17) 의 수렴반경은 원래 급수의 수렴반경과 같다. 따라서, 위 정리를 급수 (17) 에 반복하여 적용할 수 있다. 따라서 f 는 C^{∞}-함수가 되고, 각 $n = 1, 2, \ldots$ 에 대하여

$$f^{(n)}(x) = \sum_{k=n}^{\infty} k(k-1)\cdots(k-n+1)a_k x^{k-n}, \qquad x \in (-R, R) \tag{18}$$

임을 알 수 있으며, 특히

$$f^{(n)}(0) = n!a_n, \qquad n = 1, 2, \ldots \tag{19}$$

를 얻는다.

따라서, 수렴반경이 양수이면 관계식 (16) 에 의하여 거듭제곱급수로 정의된 함수 f 의 테일러급수는 원래의 급수 (14) 가 되어서, $x = 0$ 에서 해석적임을 알 수 있다. 원점에서 해석적인 함수가 거듭제곱급수로 표시될 수 있음은 정의에 의하여 자명하다. 관계식 (19) 에 의하면, 거듭제곱급수로 정의된 함수는 원점에서의 미분계수에 의하여 완전히 결정된다. 따라서 두 급수가 원점 **근방**에서 같은 함수를 정의하면 그 계수가 같아야 하고, 사실상 전체 수렴구간 $(-R, R)$ 에서 같은 함수가 된다. 사실, 극한점을 가지는 집합에서 두 거듭제곱급수의 값이 같으면 같은 함수를 정의한다는 것이 알려져 있다.

다음 정리는, 거듭제곱급수로 정의된 함수 f 가 $x = 0$ 뿐 아니라 열린구간 $(-R, R)$ 위의 모든 점에서 해석적임을 말해 준다. 따라서, 함수 f 가 어느 점에서 해석적이면 그 점의 적당한 근방 위에서 해석적임을 알 수 있다.

문제 6.4.1. 다음 거듭제곱급수들의 수렴반경을 구하고, 이 구간의 양끝점에 수렴 여부를 판별하여라.

(가) $\displaystyle\sum_{n=1}^{\infty} \frac{n}{2^n}\, x^n$ (나) $\displaystyle\sum_{n=1}^{\infty} \frac{1}{n(n+1)}\, x^n$

(다) $\displaystyle\sum_{n=1}^{\infty} (n^{1/n}-1)x^n$ (라) $\displaystyle\sum_{n=1}^{\infty} \frac{2^n}{n!}\, x^n$

문제 6.4.2. 거듭제곱급수 $\displaystyle\sum_{n=1}^{\infty} \frac{(-1)^{n+1}}{(2n+1)!}x^{2n+1}$ 의 수렴반경을 구하여라. [도움말: 극한 $\lim_n \dfrac{a_{n+1}}{a_n}$ 을 바로 계산할 수 없음에 유의하라.]

정리 6.4.2. 함수 $f : (-R,R) \to \mathbb{R}$ 가 관계식 (16) 에 의하여 정의되었다 하자. 만일 $-R < c < R$ 이면

$$f(x) = \sum_{n=0}^{\infty} \frac{f^{(n)}(c)}{n!}\,(x-c)^n, \qquad x \in N(c, R-|c|)$$

가 성립한다.

증명: 우선

$$f(x) = \sum_{n=0}^{\infty} a_n((x-c)+c)^n = \sum_{n=0}^{\infty} a_n \sum_{m=0}^{n} \binom{n}{m} c^{n-m}(x-c)^m \tag{20}$$

이 된다. 그런데 $|x-c|+|c| < R$ 이므로

$$\sum_{n=0}^{\infty}\sum_{m=0}^{n} \left| a_n \binom{n}{m} c^{n-m}(x-c)^m \right| = \sum_{n=0}^{\infty} |a_n|\,(|x-c|+|c|)^n$$

은 유한값이다. 명제 6.3.3 을 적용하여 (20) 에서 극한의 순서를 바꾸고, 관계식 (18) 을 적용하면

$$f(x) = \sum_{m=0}^{\infty} \left(\sum_{n=m}^{\infty} \binom{n}{m} a_n c^{n-m} \right) (x-c)^m = \sum_{m=0}^{\infty} \frac{f^{(m)}(c)}{m!}(x-c)^m$$

이 된다. □

정리 6.4.1 에 의하면 거듭제곱급수로 정의된 함수는 수렴구간에서 물론 연속이다. 급수가 이 수렴구간의 끝점에서 수렴하면 함수 f 는 이 점에서도 연속이 되는데, 이는 급수의

합을 구하는 데 유용하게 쓰인다. 이를 증명하기 위하여 거듭제곱급수의 곱하기를 먼저 생각하는데, 이에 앞서 급수의 코시곱을 정의하자. 급수 $\sum_n a_n$ 과 $\sum_n b_n$ 의 곱 $\sum_n c_n$ 은 자연스럽게 다음

$$c_n = a_0 b_n + a_1 b_{n-1} + \cdots + a_n b_0, \quad n = 0, 1, 2, \ldots \tag{21}$$

과 같이 정의할 수 있는데, 이를 **코시곱**이라 한다. 급수 $\sum_n a_n$ 과 $\sum_n b_n$ 이 수렴한다고 해서 코시곱으로 주어진 급수 $\sum_n c_n$ 이 수렴하지는 않는다.

보기 1. 수렴하는 급수

$$\sum_{n=0}^{\infty} \frac{(-1)^n}{\sqrt{n+1}}$$

를 생각할 때, 자기 자신과의 코시곱 $\sum_n c_n$ 을 생각하면

$$c_n = (-1)^n \sum_{k=0}^{n} \frac{1}{\sqrt{(n-k+1)(k+1)}}, \qquad n = 0, 1, 2, \ldots$$

이다. 그런데

$$\sqrt{(n-k+1)(k+1)} \le \frac{n+2}{2}$$

이므로 급수 $\sum c(n)$ 은 수렴하지 않는다. □

문제 6.4.3. 십진법으로 나타낸 두 자연수 $a = \sum a_n \cdot 10^n$ 와 $b = \sum b_n \cdot 10^n$ 의 곱셈을 코시곱으로 설명하여라.

명제 6.4.3. 급수 $\sum_n a_n = A$ 가 절대수렴하고, $\sum_n b_n = B$ 이면, 코시곱으로 정의된 급수 $\sum_n c_n$ 의 합은 AB 이다.

증명: 각 급수 $\sum a_n, \sum b_n, \sum c_n$ 의 부분합의 수열을 각각 $\langle A_n \rangle, \langle B_n \rangle, \langle C_n \rangle$ 이라 두고,

$$B_n - B = \beta_n, \qquad \gamma_n = a_0 \beta_n + a_1 \beta_{n-1} + \cdots + a_n \beta_0, \qquad n = 1, 2, \ldots$$

로 나타내면,

$$\begin{aligned} C_n &= a_0 b_0 + (a_0 b_1 + a_1 b_0) + \cdots + (a_0 b_n + \cdots + a_n b_0) \\ &= a_0 B_n + a_1 B_{n-1} + \cdots + a_n B_0 \\ &= a_0 (B + \beta_n) + a_1 (B + \beta_{n-1}) + \cdots + a_n (B + \beta_0) \\ &= A_n B + a_0 \beta_n + a_1 \beta_{n-1} + \cdots + a_n \beta_0 = A_n B + \gamma_n \end{aligned}$$

이 된다. 이제 $\lim_n A_n B = AB$ 이므로 $\lim_{n\to\infty} \gamma_n = 0$ 임을 보이면 된다. 임의의 양수 $\epsilon > 0$ 이 주어졌을 때,

$$n \geq N \implies |\beta_n| < \epsilon$$

을 만족하는 자연수 N 을 잡을 수 있다. 만일 $n \geq N$ 이면

$$\begin{aligned} |\gamma_n| &\leq |\beta_0 a_n + \cdots + \beta_N a_{n-N}| + |\beta_{N+1} a_{n-N-1} + \cdots + \beta_n a_0| \\ &\leq |\beta_0 a_n + \cdots + \beta_N a_{n-N}| + \epsilon \textstyle\sum_n |a_n| \end{aligned}$$

을 얻는다. 이제, N 을 고정하고 $n \to \infty$ 를 취하면

$$0 \leq \limsup_{n\to\infty} |\gamma_n| \leq \epsilon \textstyle\sum_n |a_n|$$

이 되어서 $\lim_n \gamma_n = 0$ 임을 알 수 있다. □

보기 2. 기하급수

$$\frac{1}{1-x} = \sum_{k=0}^{\infty} x^k, \qquad |x| < 1$$

로부터 등식

$$\frac{1}{(1-x)^{n+1}} = \sum_{k=0}^{\infty} \binom{n+k}{k} x^k, \qquad |x| < 1 \tag{22}$$

이 성립함을 보이자. 두 급수

$$\sum_{k=0}^{\infty} x^k, \qquad \sum_{k=0}^{\infty} \binom{n+k}{k} x^k$$

의 코시곱이

$$\sum_{k=0}^{\infty} \binom{n+1+k}{k} x^k$$

임을 보이면 수학적 귀납법에 의하여 원하는 등식을 얻는다. 그런데 이는 다음 등식

$$\binom{n}{0} + \binom{n+1}{1} + \cdots + \binom{n+k}{k} = \binom{n+1+k}{k}, \qquad k = 0, 1, 2, \ldots \tag{23}$$

에서 바로 나온다. □

문제 6.4.4. 등식 (23) 을 증명하여라.

두 급수

$$f(x) = \sum_n a_n x^n, \qquad g(x) = \sum_n b_n x^n$$

의 수렴반경이 각각 R, R' 이라 하자. 만일 $\sum a_n$ 과 $\sum b_n$ 의 코시곱을 $\langle c_n \rangle$ 이라 하면, 명제 6.4.3 에 의하여

$$f(x)g(x) = \sum_{n=0}^{\infty} c_n x^n, \qquad x \in N(0,R) \cap N(0,R') \tag{24}$$

임을 쉽게 알 수 있다.

문제 6.4.5. 등식 (24) 를 증명하여라.

정리 6.4.4. (아벨[4]) 구간 $(-R, R)$ 위에서 등식 (16) 이 성립한다고 가정하자. 만일 구간 $(-R, R)$ 의 끝점 $x = R$ 에서 급수

$$\sum_n a_n R^n$$

이 수렴하면 관계식

$$\lim_{x \to R-} f(x) = \sum_{n=0}^{\infty} a_n R^n$$

이 성립한다.

증명: 증명을 하는데 $R = 1$ 이라 가정하여도 무방하다. 급수 $\sum_n a_n$ 의 부분합의 수열을 $\langle c_n \rangle$, 그 합을 a 라 두자. 무한등비급수 $\sum_n x^n$ 을 생각하면 관계식 (24) 에 의하여

$$\frac{1}{1-x} f(x) = \sum_{n=0}^{\infty} c_n x^n$$

을 얻고, 따라서

$$f(x) - a = (1-x) \sum_{n=0}^{\infty} (c_n - a) x^n, \qquad -1 < x < 1$$

4) Niels Henrik Abel (1802∼1829), 노르웨이에서 태어나 수학은 거의 독학으로 공부하고 베를린과 파리에 유학하였다. 대수학과 해석학에서 당시 최고의 수학자였으나, 당대에 별로 인정받지 못하고 고향으로 돌아온 뒤 2 년만에 요절하였다. 오차 이상 방정식이 대수적으로 풀리지 않는다는 것을 증명하였다.

이 된다. 주어진 양수 $\epsilon > 0$ 에 대하여

$$n \geq N \implies |c_n - a| < \epsilon$$

를 만족하는 자연수 N 을 잡고,

$$M = \max\{|c_n - a| : n = 1, 2, \ldots, N-1\}$$

이라 두면

$$\begin{aligned} |f(x) - a| &= |(1-x)\sum_{n=0}^{N-1}(c_n - a)x^n| + |(1-x)\sum_{n=N}^{\infty}(c_n - a)x^n| \\ &\leq (1-x)MN + (1-x)\epsilon\frac{x^N}{1-x} < (1-x)MN + \epsilon \end{aligned}$$

이 된다. 따라서, $\lim_{x \to 1-} f(x) = a$ 이다. □

보기 3. 구간 $(-1, 1)$ 위에서

$$\log(1-x) = -\sum_{n=1}^{\infty}\frac{1}{n}x^n, \qquad x \in (-1, 1) \tag{25}$$

임은 쉽게 확인할 수 있다. 그런데 이 급수는 $x = -1$ 일 때 수렴하므로

$$\sum_{n=1}^{\infty}\frac{(-1)^{n-1}}{n} = \log 2$$

임을 알 수 있다. □

문제 6.4.6. 구간 $(-R, R)$ 위에서 등식 (16) 이 성립할 때, 다음

$$\int_0^x f(t)dt = \sum_{n=0}^{\infty}\frac{a_n}{n+1}x^{n+1}, \qquad x \in (-R, R)$$

이 성립함을 보여라.

문제 6.4.7. 등식 (25) 를 증명하여라.

정리 6.4.4 를 이용하면 코시곱이 수렴하는 다른 조건을 찾을 수 있다. 수렴하는 급수 $\sum a_n = A$ 와 $\sum b_n = B$ 의 코시곱을 $\sum c_n$ 이라 하자. 그러면, 관계식 (24) 에 의하여

$$\left(\sum_{n=0}^{\infty} a_n x^n\right)\left(\sum_{n=0}^{\infty} b_n x^n\right) = \sum_{n=0}^{\infty} c_n x^n, \qquad -1 < x < 1$$

임을 알 수 있다. 만일 $\sum c_n$ 이 수렴한다면, 양변에 $x \to 1-$ 을 취하여 다음을 얻는다.

따름정리 6.4.5. 수렴하는 급수 $\sum a_n$ 과 $\sum b_n$ 의 코시곱 $\sum c_n$ 이 수렴한다고 가정하자. 그러면 $\sum c_n = (\sum a_n)(\sum b_n)$ 이다.

이미 4장에서 지수함수, 삼각함수 등이 해석적임을 알았는데, 4.3 절의 (10), (11), (12) 등을 sin, cos, exp 함수의 **정의**로 사용하면 기하적인 정의와 무관하게 기존의 미분공식이나 여러 가지 연산공식을 해석적으로 확인할 수 있다.

6.5 삼각급수

이 절에서는 $\sum_n a_n \sin nx$ 나 $\sum_n b_n \cos nx$ 등으로 주어진 삼각급수의 몇 가지 초보적인 성질을 공부하는데 이를 위하여 복소수를 도입하는 것이 편리하다. 복소수에는 물론 더하기와 곱하기가 정의되어 체가 된다. 지난 1.1 절에서 살펴본 바와 같이 복소수체가 순서체는 되지 않지만, 절대값을 정의할 수 있다. 복소수 $z \in \mathbb{C}$ 에 대하여 실수부분과 허수부분을 각각 $\operatorname{Re} z$, $\operatorname{Im} z$ 라 두고,

$$|z| = \sqrt{|\operatorname{Re} z|^2 + |\operatorname{Im} z|^2}, \qquad z \in \mathbb{C} \tag{26}$$

라 정의하자. 복소수체 $\mathbb{C}$ 와 $\mathbb{R}^2$ 를

$$z \longleftrightarrow (\operatorname{Re} z, \operatorname{Im} z)$$

에 의하여 대응시키면, 식 (26) 은 사실 $\mathbb{R}^2$ 의 노음에 불과하다. 따라서, 명제 1.1.3 의 (가), (나), (라) 및 1.1 절의 부등식 (4) 가 성립함은 쉽게 알 수 있다.

집합 V 에 더하기 $V \times V \to V$ 와 복소스칼라곱 $\mathbb{C} \times V \to V$ 가 정의되어 2.1 절의 (벡1) - (벡7) 이 만족될 때, V 를 **복소벡터공간**이라 한다. 집합 $\mathbb{C}^n$ 은 자연스레 복소벡터공간이 된다. 이제 $\mathbb{C}^n$ 의 두 벡터 $z = (z_1, \ldots, z_n)$ 과 $w = (w_1, \ldots, w_n)$ 에 대하여

$$\langle z, w \rangle = z_1\overline{w_1} + \cdots + z_n\overline{w_n}$$

라 정의하면 2.1 절의 (내2) - (내5) 과 다음 성질

$$\langle z, w \rangle = \overline{\langle w, z \rangle}, \qquad z, w \in \mathbb{C}^n \tag{27}$$

이 성립한다.

일반적으로 복소벡터공간 V 에 (내2) - (내5) 와 (27) 을 만족하는 연산 $V \times V \to \mathbb{C}$ 가 정의되면, 이를 **복소내적공간**이라 부른다. 코시-슈바르츠 부등식은 복소내적공간에서도 그대로 성립하는데, 그 증명은 연습문제로 남긴다.

정리 6.5.1. (코시-슈바르츠 부등식) 복소벡터공간 V 에서 임의의 벡터 $x, y \in V$ 에 대하여 다음 부등식

$$|\langle x, y\rangle|^2 \le \langle x, x\rangle\langle y, y\rangle$$

이 성립한다.

문제 6.5.1. 정리 6.5.1 을 증명하여라.

각 $z \in \mathbb{C}^n$ 에 대하여

$$\|z\| = \langle z, z\rangle^{\frac{1}{2}}, \qquad z \in \mathbb{C}^n$$

로 정의하면 코시-슈바르츠 부등식에 의하여 (노1) - (노3) 을 모두 만족하므로, 우리가 이제까지 공부한 $\mathbb{R}^n$ 의 성질은 거의 모두 성립하게 되는데 각자 확인하여 보기 바란다. 특히, $z = (z_1, \ldots, z_n) \in \mathbb{C}^n$ 이고 각 $k = 1, \ldots, n$ 에 대하여 $z_k = a_k + ib_k$ 이면

$$\|z\| = \sqrt{|a_1|^2 + |b_1|^2 + \cdots + |a_n|^2 + |b_n|^2}$$

이므로, $\mathbb{C}^n$ 과 $\mathbb{R}^{2n}$ 은 그 위상적 성질이 같다. 따라서, 지난 2, 3, 6장에서 공부한 내용은 $\mathbb{R}$ 을 $\mathbb{C}$ 로 바꾸어도 큰 지장이 없다. 바로 앞 절에서 논의한 거듭제곱급수 또한 복소수에서 복소수로 가는 함수가 되는데, 이 경우 4.3 절의 (10), (11), (12) 는 각각 해당함수의 정의가 된다. 특히, $x \in \mathbb{R}$ 에 대하여

$$\begin{aligned} e^{ix} &= 1 + (ix) + \frac{(ix)^2}{2!} + \frac{(ix)^3}{3!} + \cdots \\ &= (1 - \frac{x^2}{2!} + \frac{x^4}{4!} - \cdots) + i\,(x - \frac{x^3}{3!} + \frac{x^5}{5!} - \cdots) \qquad (28) \\ &= \cos x + i \sin x \end{aligned}$$

가 되는데, 이 등식은 삼각급수를 다루는 데 매우 유용하다. 이 등식은 지수함수와 삼각함수가 본질적으로 같은 부류의 함수임을 말해 준다. 위 두 번째 등식에서 절대수렴급수의 재배열급수도 원래 급수의 합과 같다는 사실을 이용하였다.

앞 절에서 공부한 거듭제곱급수를 다룰 때 바이어슈트라스 판정법이 결정적인 역할을 하였는데, 삼각급수를 다룰 때에도 어느 정도 역할을 한다.

보기 1. 만일 $\sum_n |a_n|$ 이 수렴하면 바이어슈트라스 판정법에 의하여 급수

$$\sum_{n=1}^{\infty} a_n e^{inx}$$

가 $\mathbb{R}$ 위에서 고르게 수렴함을 쉽게 알 수 있다.[5] □

위 보기의 경우 바이어슈트라스 판정법이 그 역할을 하지만, 일반적인 삼각급수를 다루기 위하여 보다 정교한 판정법이 필요하다. 급수 $\sum_n a_n$ 의 부분합 수열을 $\langle A_n \rangle$ 이라 두면 (단, $A_0 = 0$), 또 다른 급수 $\sum_n b_n$ 에 대하여 다음 등식

$$\begin{aligned} \sum_{k=1}^{n} a_k b_k &= \sum_{k=1}^{n} (A_k - A_{k-1}) b_k \\ &= \sum_{k=1}^{n} A_k b_k - \sum_{k=1}^{n} A_k b_{k+1} + A_n b_{n+1} \\ &= A_n b_{n+1} - \sum_{k=1}^{n} A_k (b_{k+1} - b_k) \end{aligned} \tag{29}$$

을 얻는다. 따라서, $m < n$ 일 때

$$\sum_{k=m+1}^{n} a_k b_k = A_n b_{n+1} - A_m b_{m+1} - \sum_{k=m+1}^{n} A_k (b_{k+1} - b_k) \tag{30}$$

을 얻는다. 이 등식은 간단해 보이지만 $\sum_n f_n g_n$ 꼴의 함수항급수를 다루는데 매우 요긴하게 쓰인다. 함수항급수 $\sum_n f_n$ 의 부분합의 수열을 $\langle F_n \rangle$ 이라 두면

$$\begin{aligned} \sum_{k=m+1}^{n} f_k(x) g_k(x) = F_n(x) g_{n+1}(x) - F_m(x) g_{m+1}(x) \\ - \sum_{k=m+1}^{n} F_k(x)(g_{k+1}(x) - g_k(x)) \end{aligned}$$

5) 그 역은 성립하지 않는다. 예를 들어서 다음 급수

$$\sum_{n=1}^{\infty} \frac{1}{n} e^{in \log n} e^{inx}$$

는 $\mathbb{R}$ 위에서 고르게 수렴한다. [41] 의 정리 V.4.1 을 참조하라.

가 되는데, 다음 판정법은 이 등식에서 바로 증명된다.

정리 6.5.2. (디리클렛[6)]-데데킨트) 집합 X 에서 정의된 복소함수열 $\langle f_n \rangle$ 과 $\langle g_n \rangle$ 에 대하여 다음을 가정하자.

(가) 급수 $\sum_n f_n$ 의 부분합함수열 $\langle F_n \rangle$ 이 고른유계수열[7)] 이다.

(나) 급수 $\sum_n |g_n - g_{n-1}|$ 이 고르게 수렴한다.

(다) 수열 $\langle g_n \rangle$ 은 상수함수 0 으로 고르게 수렴한다.

그러면 함수항급수 $\sum f_n g_n$ 이 고르게 수렴한다.

문제 6.5.2. 정리 6.5.2 를 증명하여라.

정리 6.5.2 에서 각 함수가 상수함수인 경우를 생각하면 다음을 얻는다. 이를 이용하면 지난 2.4 절의 (9) 에서 정의된 급수의 수렴성을 바로 확인할 수 있다.

따름정리 6.5.3. 급수 $\sum a_n$ 의 부분합수열이 유계이고 $\langle b_n \rangle$ 이 단조감소하여 0 으로 수렴하면 $\sum a_n b_n$ 은 수렴한다.

문제 6.5.3. 따름정리 6.5.3 을 증명하여라. 또한, 다음 급수

$$1 + \frac{1}{2} - \frac{2}{3} + \frac{1}{4} + \frac{1}{5} - \frac{2}{6} + \cdots$$

가 수렴함을 보여라. 지난 2.4 절의 (9) 에서 정의된 급수가 수렴함을 보여라.

관계식 (29) 나 정리 6.5.2 를 삼각급수에 적용하기 위하여 $\sum_{k=1}^{n} e^{ikx}$ 를 먼저 계산하자. 만일 $x \neq 2m\pi$ $(m \in \mathbb{Z})$ 이면

$$\begin{aligned} \sum_{k=1}^{n} e^{ikx} &= e^{ix} \frac{1 - e^{inx}}{1 - e^{ix}} \\ &= \frac{e^{inx/2} - e^{-inx/2}}{e^{ix/2} - e^{-ix/2}} e^{i(n+1)x/2} = \frac{\sin \frac{nx}{2}}{\sin \frac{x}{2}} e^{i(n+1)x/2} \end{aligned} \tag{31}$$

6) Johann Peter Gustav Lejeune Dirichlet (1805∼1859), 독일 수학자. 파리 유학 후에 1826 년에 독일로 돌아와 주로 베를린에서 활동하다가 죽기 4년 전 Gauss 의 후임으로 Göttingen 에 초빙되었다.

7) 집합 X 에서 정의된 함수열 $\langle F_n \rangle$ 이 **고른유계**함수열이라 함은 다음

$$\{|F_n(x)| : x \in X,\ n = 1, 2, \dots\}$$

이 유계집합이란 뜻이다.

이다. 이 등식의 실수부분과 허수부분을 각각 생각하면, 다음 등식

$$\begin{aligned}\sum_{k=1}^{n} \cos kx &= \frac{\sin \frac{nx}{2} \cos \frac{(n+1)x}{2}}{\sin \frac{x}{2}} = -\frac{1}{2} + \frac{1}{2} \frac{\sin(n+\frac{1}{2})x}{\sin \frac{x}{2}} \\ \sum_{k=1}^{n} \sin kx &= \frac{\sin \frac{nx}{2} \sin \frac{(n+1)x}{2}}{\sin \frac{x}{2}} = \frac{1}{2} \cot \frac{x}{2} - \frac{1}{2} \frac{\cos(n+\frac{1}{2})x}{\sin \frac{x}{2}}\end{aligned} \tag{32}$$

을 얻는다. 따라서, $0 < \delta < \pi$ 일 때 각 $x \in [\delta, 2\pi - \delta]$ 에 대하여

$$\left| \sum_{k=1}^{n} \sin kx \right| \le \left| \frac{1}{\sin \frac{x}{2}} \right| \le \left| \frac{1}{\sin \frac{\delta}{2}} \right| \tag{33}$$

이고 $\sum_n a_n \cos nx$ 도 마찬가지이므로, 정리 6.5.2 를 적용하여 다음을 얻는다.

정리 6.5.4. 수열 $\langle a_n \rangle$ 이 0 으로 수렴하고 급수 $\sum_n |a_n - a_{n-1}|$ 이 수렴하면, 임의의 양수 $\delta \in (0, \pi)$ 에 대하여 함수항급수

$$\sum_{n=1}^{\infty} a_n \sin nx, \qquad \sum_{n=1}^{\infty} a_n \cos nx$$

가 구간 $[\delta, 2\pi - \delta]$ 위에서 고르게 수렴한다.

만일 $\langle a_n \rangle$ 이 단조감소하고 0 으로 수렴하면 위 명제의 가정이 충족됨을 금방 확인할 수 있다. 예를 들어,

$$\sum_{n=1}^{\infty} \frac{1}{n} \sin nx$$

는 구간 $[\delta, 2\pi - \delta]$ 위에서 고르게 수렴한다. 푸리에급수를 배우는 과정에서 등식

$$\sum_{n=1}^{\infty} \frac{1}{n} \sin nx = \frac{\pi - x}{2}, \qquad x \in (0, 2\pi)$$

이 성립함을 알게 된다. 그러면, 이 급수의 합은 $\mathbb{R}$ 에서 연속이 아니고, 따라서 이 급수는 $\mathbb{R}$ 위에서 고르게 수렴하지 않음을 알 수 있다. 이는 다음 정리에 의하여 알 수도 있다.

문제 6.5.4. 각 $n = 1, 2, \ldots$ 에 대하여 $f_n(x) = \sum_{k=1}^{n} \frac{1}{k} \sin kx$ 라 두고, $n = 1, 2, 5, 10, 20$ 에 대하여 $y = f_n(x)$ 의 그래프를 그려 보아라.

정리 6.5.5. 실수열 $\langle a_n \rangle$ 이 단조감소하고 0 으로 수렴한다 하자. 그러면 급수

$$\sum_{n=1}^{\infty} a_n \sin nx$$

가 $\mathbb{R}$ 위에서 고르게 수렴할 필요충분조건은 $na_n \to 0$ 이다.

증명: 우선 $\sum_n a_n \sin nx$ 가 $\mathbb{R}$ 에서 고르게 수렴한다 가정하고, 자연수 n 에 대하여 $\frac{n}{2}$ 보다 큰 최소정수를 m 이라 두자. 그러면 각 $k = m, m+1, \ldots, n$ 에 대하여 $\frac{1}{2} \geq \frac{k}{2n} \geq \frac{1}{4}$ 이므로

$$\sum_{k=m}^{n} a_k \sin k\,\frac{\pi}{2n} \geq a_n \sin\frac{\pi}{4} \sum_{k=m}^{n} 1 \geq a_n \frac{1}{\sqrt{2}}\,\frac{n}{2}$$

이고, 따라서 $na_n \to 0$ 이다. 그 역을 보이기 위하여, 각 자연수 $n = 1, 2, \ldots$ 에 대하여 $\epsilon_n = \sup\{ka_k : k \geq n\}$ 이라 두자. 이제 $x \in (0, \pi]$ 를 고정하고 $\frac{\pi}{N+1} \leq x < \frac{\pi}{N}$ 을 만족하는 자연수 N 을 잡자. 그러면

$$\left|\sum_{k=n}^{n+N-1} a_k \sin kx\right| \leq \sum_{k=n}^{n+N-1} a_k |\sin kx| \leq \sum_{k=n}^{n+N-1} a_k kx \leq N\epsilon_n x \leq \pi\epsilon_n$$

이다. 이제, 급수 $\sum_n \sin nx$ 의 부분합의 수열을 $\langle S_n \rangle$ 이라 두면 (33) 에 의하여 $|S_n(x)| \leq \frac{\pi}{x}$ 임을 알 수 있다. 따라서, (29) 와 같은 방법을 사용하면

$$\left|\sum_{k=n+N}^{\infty} a_k \sin kx\right| = \left|\sum_{k=n+N}^{\infty} (a_k - a_{k+1})S_k(x) - a_{n+N}S_{n+N-1}(x)\right|$$
$$\leq 2a_{n+N}\frac{\pi}{x} \leq 2a_{n+N}(N+1) \leq 2\epsilon_n$$

가 된다. 그러므로 각 $x \in [0, \pi]$ 와 $n = 1, 2, \ldots$ 에 대하여

$$\left|\sum_{k=n}^{\infty} a_k \sin kx\right| \leq (\pi + 2)\epsilon_n$$

을 얻는다. 만일 $na_n \to 0$ 이면 $\epsilon_n \to 0$ 이므로, $\sum_n a_n \sin nx$ 는 $[0, \pi]$ 위에서, 따라서 $\mathbb{R}$ 위에서 고르게 수렴한다. □

보기 2. 수열 $\langle a_n \rangle$ 의 각 항이 양수이고 단조감소한다고 가정하자. 정리 6.5.5 와 보기 1 을 비교할 때, $\sum_n a_n$ 이 수렴하면 $na_n \to 0$ 임을 알 수 있는데, 이는 6.2 절의 보기 6 과 비슷한 방법으로 직접 증명할 수 있다. 수열

$$\left\langle \frac{1}{n\log n} \right\rangle$$

을 생각하면 그 역은 성립하지 않는다. 각 $n = 1, 2^2, 3^2, 4^2, \ldots$ 에 대하여 $a_n = \dfrac{1}{n}$, 나머지 n 에 대하여 $a_n = 0$ 이라 두면 $\sum_n a_n$ 은 수렴하지만 $\langle na_n \rangle$ 의 상극한은 1 이다. 따라서, 일반적인 경우 $\sum_n a_n$ 이 수렴한다고 $na_n \to 0$ 이라 말할 수 없다. □

문제 6.5.5. 수열 $\langle a_n \rangle$ 의 각 항이 양수이고 단조감소한다고 하자. 지난 6.2 절의 보기 6 과 같은 방법을 사용하여, 급수 $\sum_n a_n$ 이 수렴하면 $\lim_n na_n = 0$ 임을 보여라. 수열 $\langle n \rangle$ 을 다른 수열로 바꾸어서 더 일반적인 결과를 얻을 수 있는지 살펴보아라.

이제 등식 (30) 을 이용한 또 하나의 판정법을 소개한다. 등식 (30) 에

$$b_{n+1} = \sum_{k=m+1}^{n} (b_{k+1} - b_k) + b_{m+1}$$

을 대입하면

$$\sum_{k=m+1}^{n} a_k b_k = (A_n - A_m) b_{m+1} + \sum_{k=m+1}^{n} (A_n - A_k)(b_{k+1} - b_k) \tag{34}$$

이 된다.

정리 6.5.6. (아벨) 집합 X 에서 정의된 복소함수열 $\langle f_n \rangle$ 과 실함수열 $\langle g_n \rangle$ 에 대하여 다음을 가정하자.

(가) 급수 $\sum_n f_n$ 이 고르게 수렴한다.

(나) 각 $x \in X$ 와 $n = 1, 2, \ldots$ 에 대하여 $g_{n+1}(x) \le g_n(x)$ 이다.

(다) 수열 $\langle g_n \rangle$ 이 고른유계수열이다.

그러면 급수 $\sum_n f_n g_n$ 이 고르게 수렴한다.

증명: 각 $x \in X$ 와 $n = 1, 2, \ldots$ 에 대하여 $|g_n(x)| \le M$ 이라 하고, $\sum_n f_n$ 의 부분합의 수열을 $\langle F_n \rangle$ 이라 두자. 또한, 임의의 양수 $\epsilon > 0$ 에 대하여

$$m, n \ge N \implies |F_n(x) - F_m(x)| < \epsilon, \qquad x \in X$$

를 만족하는 자연수 N 을 잡자. 이제 $n > m \ge N$ 이면 등식 (34) 를 이용하여

$$\begin{aligned} \left| \sum_{k=m+1}^{n} f_k(x) g_k(x) \right| &\le \epsilon M + \sum_{k=m+1}^{n} \epsilon \left(g_k(x) - g_{k+1}(x) \right) \\ &= \epsilon M + \epsilon \left(g_{m+1}(x) - g_{n+1}(x) \right) \le 3M\epsilon \end{aligned}$$

임을 알 수 있다. □

보기 3. 만일 $g_n(x) = e^{-nx}$ 라 두면 함수열 $\langle g_n \rangle$ 은 $[0, \infty)$ 에서 단조감소하고 고른유계 수열이다. 따라서 급수 $\sum_n \dfrac{(-1)^{n+1}}{n} e^{-nx}$ 는 고르게 수렴한다. □

보기 4. 함수열 $\langle x^n \rangle$ 역시 구간 $[0, 1]$ 위에서 단조감소하고 고른유계함수열이다. 따라서, 급수 $\sum_n a_n$ 이 수렴하면 급수 $\sum_n a_n x^n$ 은 $[0, 1]$ 위에서 고르게 수렴하고, 따라서 연속함수를 정의한다. 이는 정리 6.4.4 의 또 다른 증명이다. □

6.6 연습문제

6.6.1. 함수열 $\langle f_n \rangle$ 과 $\langle g_n \rangle$ 이 각각 f, g 로 고르게 수렴하면, $\langle f_n + g_n \rangle$ 도 $f + g$ 로 고르게 수렴함을 보여라. 함수열 $\langle f_n g_n \rangle$ 이 fg 로 고르게 수렴하는지 살펴보아라.

6.6.2. 구간 $[0, 1]$ 에서 정의된 연속함수열 $\langle f_n : n = 0, 1, 2, \ldots \rangle$ 이 상수함수 0 으로 고르게 수렴한다 하자. (단, $f_n(0) = f_n(1) = 0$) 새로운 함수 $f : [0, \infty) \to \mathbb{R}$ 를

$$f(x) = f_n(x - n), \qquad x \in [n, n+1]$$

라 정의했을 때, 함수 f 가 고른연속임을 보여라. 함수열 $\langle f_n \rangle$ 이 0 으로 고르게 수렴하지 않고 그냥 점별수렴하는 경우는 어떻게 되는가?

6.6.3. 구간 $[0, 1]$ 에서 함수열 $\langle f_n \rangle$ 을

$$f_n(x) = n^c x(1 - x^2)^n$$

이라 정의하고, 임의의 실수 $c \in \mathbb{R}$ 에 대하여 $\langle f_n \rangle$ 이 점별수렴함을 보여라. 실수 $c \in \mathbb{R}$ 가 변함에 따라서, 함수열의 그래프가 어떻게 바뀌는가 그려 보고, 어떤 $c \in \mathbb{R}$ 에 대하여 이 함수열이 고르게 수렴하는지 따져 보아라. 또한, 등식 (8) 이 언제 성립하는지 살펴보아라.

6.6.4. 구간 $[0, 1]$ 에서 정의된 연속함수열 $\langle f_n \rangle$ 이 f 로 고르게 수렴한다고 가정하자. 이 때, 다음 등식

$$\lim_{n \to \infty} \int_0^{1 - \frac{1}{n}} f_n(x)dx = \int_0^1 f(x)dx$$

이 성립하는지 따져 보아라.

6.6.5. 구간 $[0,1]$ 에서 정의된 연속함수 $f_0 : [0,1] \to \mathbb{R}$ 이 주어졌을 때, 각 $n = 1, 2, \ldots$ 에 대하여

$$f_n(x) = \int_0^x f_{n-1}(t)dt, \qquad x \in [0,1]$$

라 정의하자. 이 때, 각 $x \in [0,1]$ 에 대하여, 급수 $\sum_{n=1}^{\infty} f_n'(x)$ 가 수렴함을 보여라. 또한, 함수

$$g(x) = \sum_{n=1}^{\infty} f_n'(x)$$

가 연속함수임을 보여라.

6.6.6. 옹골집합 K 에서 $[0,\infty)$ 로 가는 단조감소 연속함수열 $\langle f_n \rangle$ 이 0 으로 점별수렴한다면, 자동적으로 고른수렴이 됨을 보여라.

6.6.7. 구간 $[0,1]$ 에서 $\mathbb{R}$ 로 가는 단조증가 함수열 $\langle f_n \rangle$ 이 0 으로 수렴할 때, 고른수렴인지 살펴보아라.

6.6.8. 실수에서 정의된 함수열 $\langle f_n \rangle$ 을 다음

$$f_0(x) = e^x, \qquad f_{n+1}(x) = x f_n'(x), \quad n = 0, 1, 2, \ldots$$

과 같이 정의하였을 때, $\displaystyle\sum_{n=0}^{\infty} \frac{f_n(1)}{n!}$ 의 값을 구하여라.

6.6.9. 집합 A 에서 정의된 함수 $f : A \to \mathbb{R}$ 가 다음 성질

$$\sup \left\{ \sum_{a \in F} |f(a)| : F \text{ 는 } A \text{ 의 유한부분집합} \right\} < \infty$$

을 가진다고 가정하자. 이 때, 집합

$$\{a \in A : f(a) \neq 0\}$$

는 셀수있는 집합임을 보여라. 이 집합의 원소를 $a_1, a_2, \ldots$ 로 쓰면, 늘어놓는 방법에 무관하게 $\displaystyle\sum_{n=1}^{\infty} f(a_n)$ 의 값이 결정됨을 보여라.[8)]

---

8) 이 값을 보통 $\displaystyle\sum_{a \in A} f(a)$ 라 쓴다.

6.6.10. 다음 거듭제곱급수의 수렴반경을 구하여라.

$$(\text{가})\ \sum_{n=1}^{\infty} \frac{n^n}{n!} x^n \qquad (\text{나})\ \sum_{n=1}^{\infty} \frac{n^c}{n!} x^n\ \ (\text{단, } c \in \mathbb{R}) \qquad (\text{다})\ \sum_{n=1}^{\infty} \frac{(2n)!}{(n!)^2} x^n$$

6.6.11. 거듭제곱급수 $\sum_{n=1}^{\infty} a_n x^n$ 의 수렴반경이 2 이고 k 가 고정된 자연수일 때, 다음 급수의 수렴반경을 구하여라.

$$(\text{가})\ \sum_{n=1}^{\infty} a_n^k x^n \qquad (\text{나})\ \sum_{n=1}^{\infty} a_n x^{kn} \qquad (\text{다})\ \sum_{n=1}^{\infty} a_n x^{n^2}$$

6.6.12. 거듭제곱급수 $f(x) = \sum_{n=0}^{\infty} a_n x^n$ 의 수렴반경이 1 보다 크고, 부등식

$$0 < a_0 < -\sum_{k=1}^{\infty} \frac{1}{2k+1} a_{2k}$$

이 성립한다고 하자. 이 때, 함수 f 는 구간 $(-1, 1)$ 안에 적어도 하나의 근을 가짐을 보여라.

6.6.13. 급수 $\displaystyle\sum_{n=0}^{\infty} (-1)^{n+1} \frac{1}{n+1}$ 과 자기 자신의 코시곱이 다음

$$2\sum_{n=1}^{\infty} \frac{(-1)^{n+1}}{n+1} \left(1 + \frac{1}{2} + \cdots + \frac{1}{n}\right)$$

과 같이 주어짐을 보여라. 이 급수가 수렴하는지 살펴보고, 수렴하는 경우 그 값을 구하여라.

6.6.14. 거듭제곱급수 $f(x) = \sum a_n x^n$ 이 구간 $(-1, 1)$ 위에서 수렴하고,

$$\lim_{x \to 1-} f(x) = L, \qquad \lim_{n \to \infty} n a_n = 0$$

이라 가정하자.

(가) $\displaystyle\lim_{n \to \infty} f\left(1 - \frac{1}{n}\right) = L$ 임을 보여라. [도움말: 도움정리 9.3.2.]

(나) $\displaystyle\sum_{n=1}^{\infty} a_n = L$ 임을 보여라.[9)]

6.6.15. 각 자연수 $n = 0, 1, \ldots$ 와 실수 $x \in \mathbb{R}$ 에 대하여 부등식

$$|\sin nx| \le n |\sin x|$$

---

9) 이는 아벨 정리의 역이 어떤 방식으로 성립하는지 말해 준다.

이 성립함을 보여라. 만일 $n = \frac{1}{2}$ 이면 어찌 되는가 살펴보아라.

6.6.16. 다음 급수가 구간 $[0, 1]$ 위에서 고르게 수렴하는지 살펴보아라.

$$(가)\ \sum_{n=1}^{\infty} \frac{x^n}{n!} e^{-nx} \qquad\qquad (나)\ \sum_{n=1}^{\infty} \frac{(-1)^n}{n} x^n$$

6.6.17. 다음 급수

$$\sum_{n=1}^{\infty} \left(1 + \frac{1}{2} + \cdots + \frac{1}{n}\right) \frac{\sin nx}{n}$$

가 수렴하는 실수들의 집합을 찾고, 고르게 수렴하는지 살펴보아라.

제 7 장
여러 가지 함수공간

지난 제 2장에서 좌표공간 $\mathbb{R}^n$ 을 노음공간으로 이해하고 공부하여 왔는데, 이러한 좌표공간의 중요 성질 중 하나는 그 차원이 유한이라는 점이다. 이 장에서는 몇 가지 무한차원 노음공간의 예를 공부한다. 먼저 옹골집합에서 정의된 연속함수들의 벡터공간에 노음을 정의하는데, 그 핵심은 이 노음에 관한 수렴이 고른수렴이 되도록 하는 것이다. 이러한 공간이 기존의 좌표공간과 어떻게 다른지 살펴본다. 무한차원공간의 또 다른 예로서 수열공간을 살펴본다. 사실 좌표공간의 원소는 길이가 모두 일정한 유한수열로 생각할 수 있으므로, 수열공간은 여러 가지 점에서 좌표공간의 성질을 공유한다. 그러나 각 수열에 어떠한 노음을 부여하느냐에 따라서 그 성질이 크게 달라진다. 끝으로 특이적분을 공부하고 그 특이적분이 수렴하는 함수들의 공간에 대하여 공부한다.

7.1 연속함수공간

집합 X 에서 벡터공간 $\mathbb{R}^m$ 으로 가는 함수 전체의 집합 $F(X, \mathbb{R}^m)$ 은 벡터공간이 된다. 여기서 더하기와 스칼라곱은 각 $f, g \in F(X, \mathbb{R}^m)$ 과 $a \in \mathbb{R}$ 에 대하여

$$(f+g)(x) = f(x) + g(x), \ \ (af)(x) = af(x), \qquad x \in X$$

로 정의하는데, 벡터공간의 공리 (벡1) - (벡7) 을 만족한다는 것은 쉽게 확인할 수 있다. 만일 X 가 좌표공간의 부분집합이면 연속성을 정의할 수 있고, 연속함수들의 합이나 스칼라곱이 연속함수이므로 X 에서 $\mathbb{R}^m$ 으로 가는 연속함수 전체의 집합 $C(X, \mathbb{R}^m)$ 역시 벡터공간이 된다. 만일 $m = 1$ 이면 그냥 $C(X)$ 라 쓴다.

예를 들어 $X = \{1, 2, \ldots, n\}$ 이면 $C(X)$ 는 좌표공간 $\mathbb{R}^n$ 과 같다. 우선 X 의 모든 점이 고립점이므로 연속성은 따질 필요가 없고, $\mathbb{R}^n$ 의 점 $(a_1, a_2, \ldots, a_n)$ 과 각 $i \in X$ 를 $a_i \in \mathbb{R}$ 로 보내는 $C(X)$ 의 함수를 대응시키면, 위 연산은 사실상 좌표공간의 연산과

같음을 곧 알 수 있다. 좀 더 구체적으로 표현하자면, 각 $a = (a_1, \ldots, a_n) \in \mathbb{R}^n$ 에 대하여 함수 $f_a \in C(X)$ 를

$$f_a(i) = a_i$$

라 정의하면

$$a \mapsto f_a : \mathbb{R}^n \to C(X)$$

가 일대일대응이 된다는 말이다.

지금까지 논의한 내용에서 $\mathbb{R}$ 을 $\mathbb{C}$ 로 바꾸어도 모든 내용이 그대로 성립하는데, 이 경우 $F(X, \mathbb{C}^m)$ 는 물론 복소벡터공간이 된다. 복소벡터공간에 노음이 주어지면 이를 **복소노음공간**이라 부른다. 지난 6.5 절에서 공부한 복소내적공간은 자연스레 복소노음공간이 된다. 앞으로 논의되는 내용에서도 $\mathbb{R}$ 을 $\mathbb{C}$ 로 바꾸고 '실함수' 를 '복소함수' 로 바꾸면 어떻게 되는지 유의하면서 읽기 바란다.[1)]

이제 X 가 옹골집합이고 $f, g \in C(X)$ 이면 최대최소정리에 의하여 6.1 절의 (3) 에 나오는 $\|f\|_{\text{sup}}$ 는 유한값이 되고, 2.1 절의 (노1) - (노3) 이 만족됨을 바로 확인할 수 있다. 따라서, $C(X)$ 는 노음공간이 된다. 이 경우 $C(X)$ 의 수열 $\langle f_n \rangle$ 이 $C(X)$ 에서 f 로 수렴한다는 뜻은 $\langle f_n \rangle$ 이 f 로 고르게 수렴한다는 것이다.

우리가 이미 2장에서 공부한 여러 가지 개념이나 명제 중에서 벡터공간이나 노음공간의 성질에만 의존하는 것들은 똑같이 정의하고 증명할 수 있다. 특히, 2.2 절의 내용은 $\|\cdot\|$ 를 $\|\cdot\|_{\text{sup}}$ 로 바꾸면 그대로 성립한다. 주의해야 할 점으로서, 2.3 절 이후 완비성공리를 이용했는지 여부를 세밀하게 검토해야 할 것이다. 결론부터 말하면, 정리 2.3.8 은 그대로 성립하지만 정리 2.5.4 는 성립하지 않는다. 따라서, 이 절에서는 우선 정리 2.3.8 을 $C(X)$ 에 대하여 증명한 후 $C(X)$ 의 옹골집합이 어떤 것들인가 하는 점을 공부한다.

문제 7.1.1. 집합 $F(X, \mathbb{R}^m)$ 이 벡터공간임을 보여라.

문제 7.1.2. 벡터공간 $C(X)$ 에서 (단, X 는 옹골집합) $f \mapsto \|f\|_{\text{sup}}$ 가 (노1) - (노3) 을 만족함을 보여라.

이제 X 가 옹골집합이고 $\langle f_n \rangle$ 이 $C(X)$ 의 코시수열이라 하자. 이는 바꾸어 말하여 정리 6.1.2 의 (나) 가 만족된다는 뜻이고, 따라서 함수열 $\langle f_n \rangle$ 은 적당한 함수 $f : X \to \mathbb{R}$ 로 고르게 수렴한다. 그런데 정리 6.1.1 에 의하여 f 는 $C(X)$ 의 원이 되고 $\|f_n - f\|_{\text{sup}} \to 0$ 이므로, $\langle f_n \rangle$ 은 $C(X)$ 에서 수렴한다. 따라서, 다음 정리를 얻는다.

---

1) 함수의 치역이 $\mathbb{R}$ 이면 실함수, 치역이 $\mathbb{C}$ 이면 복소함수라 부른다. 책에 따라서는 $C(X)$ 를 연속복소함수들의 공간을 나타내는 데 사용하고, 실연속함수들의 공간은 $C^{\mathbb{R}}(X)$ 로 나타내기도 한다. 이 책에서 공부하는 내용들은 두 가지를 굳이 구별할 필요가 없으므로 표현에 차이를 둘 필요가 없지만, 경우에 따라서는 두 공간의 성질이 크게 다르다.

정리 7.1.1. 옹골집합 X 가 있을 때, 노음공간 $C(X)$ 안의 코시수열은 항상 수렴한다.

노음공간 $C(X)$ 의 옹골집합에 대하여 공부하기 앞서서 우선 정리 2.5.4 가 성립하지 않는 보기를 들자. 사실, 정리 2.5.4 의 (나) $\Longrightarrow$ (가) 는 유한차원공간의 독특한 성질이다. 또한, 정리 2.5.4 의 (가), (다) 및 (라) 는 노음공간에서 모두 동치임이 잘 알려져 있으므로, 여기서는 성질 (라) 에 관심을 집중하려 한다.

보기 1. 옹골집합 $[0,1]$ 을 생각하면, $C([0,1])$ 의 부분집합

$$D = \{f \in C([0,1]) : \|f\|_{\sup} \leq 1\}$$

이 $C([0,1])$ 의 유계닫힌집합임은 금방 알 수 있다. 이제 6.1 절의 보기 1 에 나오는 함수열은 D 에 들어 있다. 그러나 부분수열을 어떻게 잡아도 그 점별극한함수가 불연속함수이므로 D 안에서 수렴할 수 없다. □

위 보기 1 에서 수렴하는 부분수열을 잡을 수 없는 가장 큰 이유는 함수들의 기울기가 한없이 커진다는 점이다. 이제 함수족에 대해서도 고른연속과 유사한 개념을 정의하려 한다. 좌표공간의 부분집합 X 가 있을 때 함수공간 $F(X, \mathbb{R}^m)$ 의 부분집합 $\mathcal{F}$ 를 생각하자. 만일 임의의 $\epsilon > 0$ 에 대하여 다음 성질

$$f \in \mathcal{F},\ x, y \in X,\ \|x - y\| < \delta \implies \|f(x) - f(y)\| < \epsilon \tag{1}$$

을 만족하는 양수 $\delta > 0$ 가 있으면, 함수모임 $\mathcal{F}$ 가 X 위에서 **동등연속**이라 한다. 함수모임 $\mathcal{F}$ 가 하나의 함수로 이루어져 있으면 이는 물론 고른연속과 다를 바 없다.

문제 7.1.3. 함수모임 $\mathcal{F}_1$ 과 $\mathcal{F}_2$ 가 동등연속이면 $\mathcal{F}_1 \cup \mathcal{F}_2$ 도 동등연속임을 보여라.

명제 7.1.2. 만일 X 가 옹골집합이고 $C(X)$ 의 함수열 $\langle f_n \rangle$ 이 X 위에서 고르게 수렴하면, 함수모임 $\{f_n : n = 1, 2, \ldots\}$ 는 X 위에서 동등연속이다.

증명: 임의의 양수 $\epsilon > 0$ 이 주어져 있을 때, 정리 6.1.2 를 적용하면 다음 성질

$$n \geq N \implies \|f_n - f_N\|_{\sup} < \epsilon$$

을 만족하는 자연수 N 을 잡을 수 있다. 또한, 정리 3.3.1 에 의하여 f_N 은 고른연속이므로

$$\|x - y\| < \delta \implies |f_N(x) - f_N(y)| < \epsilon$$

을 만족하는 양수 $\delta > 0$ 을 잡을 수 있다. 따라서, 각 $n \geq N$ 에 대하여

$$\begin{aligned}\|x - y\| < \delta \Longrightarrow |f_n(x) - f_n(y)| &\leq |f_n(x) - f_N(x)| \\ &\quad + |f_N(x) - f_N(y)| + |f_N(y) - f_n(y)| < 3\epsilon\end{aligned}$$

이 되어, 집합모임

$$\{f_n : n = N, N+1, \ldots\}$$

이 동등연속이다. 그런데 한 함수로 이루어진 집합모임 $\{f_i\}$ 가 동등연속이므로

$$\{f_n : n = 1, 2, \ldots\}$$

도 동등연속이다. □

다음 정리는 정리 2.5.4 의 (라) 가 성립하기 위한 조건을 말해 줄 뿐 아니라, 사실상 명제 7.1.2 의 역이 어떤 방식으로 성립하는가 말해 준다. 여기서, $C(X)$ 의 함수열이 수렴한다는 것은 물론 $C(X)$ 의 노음에 대하여 수렴한다는 뜻이다. 즉, 고르게 수렴한다는 뜻이다.

정리 7.1.3. (아르젤라-아스콜리[2]) **옹골집합 X 가 있을 때, 노음공간 $C(X)$ 의 부분집합 $\mathcal{F}$ 가 유계이고 동등연속이면, $\mathcal{F}$ 안의 임의의 함수열 $\langle f_n \rangle$ 은 수렴하는 부분수열을 가진다.**

증명: 자연수 $n = 1, 2, \ldots$ 를 고정하자. 옹골집합 X 의 덮개

$$\left\{ N(x, \frac{1}{n}) : x \in X \right\}$$

를 생각하면, 유한부분덮개를 가진다. 이 유한집합의 중심점들의 집합을 D_n 이라 하고,

$$D = \bigcup_{n=1}^{\infty} D_n$$

이라 두자. 그러면 $\overline{D} = X$ 임을 쉽게 확인할 수 있다. 각 D_n 이 유한집합이므로 D 는 셀수있는 집합인데,

$$D = \{x_1, x_2, \ldots, x_n, \ldots\}$$

라 표시하자.

이제 실수열 $\langle f_n(x_1) : n = 1, 2, \ldots \rangle$ 을 생각하면 가정에 의하여 유계이므로 볼차노-바이어슈트라스 정리에 의하여 수렴하는 부분수열을 가지는데, 이를

$$f_{11}(x_1), f_{12}(x_1), \ldots, f_{1n}(x_1), \ldots$$

로 나타내자. 실수열 $\langle f_{1n}(x_2) : n = 1, 2, \ldots \rangle$ 역시 마찬가지로 수렴하는 부분수열을 가지는데, 이를

$$f_{21}(x_2), f_{22}(x_2), \ldots, f_{2n}(x_2), \ldots$$

2) Cesare Arzelà (1847~1912), Giulio Ascoli (1843~1896), 둘 다 이탈리아 수학자.

로 표시하자. 이와 같은 과정을 반복하면 부분수열들

$$S_1 = \langle f_{11}, f_{12}, \ldots, f_{1n}, \ldots \rangle$$

$$S_2 = \langle f_{21}, f_{22}, \ldots, f_{2n}, \ldots \rangle$$

$$\cdots$$

$$S_n = \langle f_{n1}, f_{n2}, \ldots, f_{nn}, \ldots \rangle$$

$$\cdots$$

을 얻는데, 다음 성질을 가진다.

(가) 각 $n = 1, 2, \ldots$ 에 대하여, S_{n+1} 은 S_n 의 부분수열이다.

(나) 각 $n = 1, 2, \ldots$ 에 대하여, 함수열 S_n 은 점 $x_1, \ldots, x_n$ 에서 수렴한다.

이제, 각 자연수 k 에 대하여 $g_k = f_{kk}$ 라 정의하면 함수열 $\langle g_k \rangle$ 은 $\langle f_n \rangle$ 의 부분수열이고 집합 $D = \{x_1, x_2, \ldots\}$ 위에서 점별수렴한다.

함수열 $\langle g_k \rangle$ 가 X 위에서 고르게 수렴함을 보이기 위하여 성질 (1) 을 만족하는 양수 $\delta > 0$ 를 잡자. 앞서 언급한 바와 같이 $\overline{D} = X$ 이므로,

$$\{N(x_n, \delta) : n = 1, 2, \ldots\}$$

는 X 의 열린덮개이고, 따라서 적당한 자연수 P 에 대하여

$$X \subset N(x_1, \delta) \cup \cdots \cup N(x_P, \delta) \tag{2}$$

이다. 각 자연수 $i = 1, \ldots, P$ 에 대하여 수열 $\langle g_k(x_i) : k = 1, 2, \ldots \rangle$ 가 수렴하므로,

$$k, \ell \geq N \implies |g_k(x_i) - g_\ell(x_i)| < \epsilon, \qquad i = 1, 2, \ldots, P$$

인 자연수 N 을 잡을 수 있다. 이제, (2) 에 의하여 임의의 $x \in X$ 는 적당한 $N(x_i, \delta)$ 에 들어가고 (단, $i = 1, \ldots, P$), 따라서 (1) 에 의하면 각 $k = 1, 2, \ldots$ 에 대하여 $|g_k(x) - g_k(x_i)| < \epsilon$ 이다. 따라서, 만일 $k, \ell \geq N$ 이면

$$\begin{aligned} |g_k(x) - g_\ell(x)| \leq\ & |g_k(x) - g_k(x_i)| \\ & + |g_k(x_i) - g_\ell(x_i)| + |g_\ell(x_i) - g_\ell(x)| < 3\epsilon \end{aligned}$$

이고, 정리 6.1.2 에 의하여 $\langle g_k \rangle$ 은 X 위에서 고르게 수렴한다. □

위 정리를 증명하는 방법 역시 정리 6.1.1 의 경우와 함께 해석학의 여러 분야에서 자주 사용하는 방법[3]이다. 위 정리 7.1.3 에서 $\mathcal{F}$ 가 유계라 함은 물론 적당한 양수 M 에 대하여 다음 성질

$$f \in \mathcal{F},\ x \in X \implies |f(x)| \le M$$

이 성립한다는 뜻인데, 이 때 보통 $\mathcal{F}$ 가 **고른유계**집합이라 한다. 만일 각 $x \in X$ 에 대하여 실수집합 $\{f(x) : f \in \mathcal{F}\}$ 가 유계이면, $\mathcal{F}$ 가 **점별유계**라고 말하는데, 위의 증명을 잘 읽어 보면 정리 7.1.3 에서 $\mathcal{F}$ 가 점별유계이면 충분하다는 것을 알 수 있다. 함수열 $\langle f_n \rangle$ 이 고른유계라 함은 집합

$$\{f_n : n = 1, 2, \dots\}$$

가 고른유계집합이란 뜻이다.

이제 관심을 유리수의 조밀성으로 돌리자. 좌표공간에서 각 좌표가 모두 유리수인 점 전체의 집합을 A 라 두면 그 닫힘 $\overline{A}$ 는 공간 전체가 되고, 임의의 점을 A 에 있는 점들의 극한으로 나타낼 수 있다. 이제 노음공간 $C([a,b])$ 의 경우를 다루려고 하는데, 이 경우는 다항식이 유리수의 역할을 한다.

이를 위하여 $\mathbb{R}$ 에서 정의된 다항함수열 $\langle Q_n \rangle$ 을 다음

$$Q_n(x) = c_n(1-x^2)^n, \qquad n = 1, 2, \dots \tag{3}$$

과 같이 정의하자. 단, 각 c_n 은 상수로서 다음 조건

$$\int_{-1}^{1} Q_n(x)dx = 1, \qquad n = 1, 2, \dots \tag{4}$$

이 성립하도록 주어진다. 위 함수열은 $x = 0$ 에서 $+\infty$ 로 발산함을 쉽게 알 수 있다. 그럼에도 불구하고, 임의의 양수 $\delta \in (0,1)$ 이 주어지면 함수열 $\langle Q_n \rangle$ 은 집합 $[-1, -\delta] \cup [\delta, 1]$ 위에서 상수함수 0 으로 고르게 수렴한다. 이를 보이기 위하여, 우선 고등학교에서 배운 방법에 의하여

$$(1-x^2)^n \ge 1 - nx^2, \qquad x \in [0,1],\ n = 1, 2, \dots$$

임을 확인하자. 그러면

$$\int_{-1}^{1} (1-x^2)^n dx \ge 2\int_{0}^{1/\sqrt{n}} (1-nx^2)dx = \frac{4}{3\sqrt{n}}$$

3) 이를 대각선 방법이라 한다.

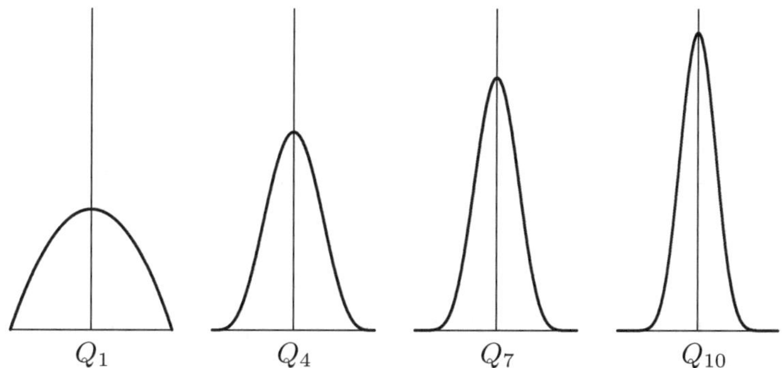

이므로, 각 n 에 대하여 $c_n < \sqrt{n}$ 임을 알 수 있다. 이제 양수 $\delta \in (0,1)$ 가 고정되면

$$Q_n(x) \le \sqrt{n}(1-\delta^2)^n, \qquad \delta \le |x| \le 1 \tag{5}$$

이므로, $\langle Q_n \rangle$ 은 $[-1,-\delta] \cup [\delta, 1]$ 위에서 상수함수 0 으로 고르게 수렴한다.

문제 7.1.4. 각 $x \in [0,1]$ 과 $n = 1, 2, \ldots$ 에 대하여 $(1-x^2)^n \ge 1 - nx^2$ 이 성립함을 보여라.

정리 7.1.4. (바이어슈트라스) **임의의 연속함수 $f : [a,b] \to \mathbb{R}$ 에 대하여 f 로 고르게 수렴하는 다항함수열 $\langle P_n \rangle$ 을 잡을 수 있다.**

증명: 구간 $[0,1]$ 에서 생각하면 충분하다. 우선 $f(0) = f(1) = 0$ 이라 가정하자. 구간 $[0,1]$ 바깥에서 f 의 함수값을 0 이라 정의하면 함수 $f : \mathbb{R} \to \mathbb{R}$ 는 $\mathbb{R}$ 위에서 고른연속함수이다. 이제 각 $n = 1, 2, \ldots$ 에 대하여

$$P_n(x) = \int_0^1 f(t) Q_n(x-t)\,dt, \qquad x \in [0,1] \tag{6}$$

라 정의하면 각 P_n 은 변수 x 에 관한 다항식임을 알 수 있다. 이를 달리 쓰면

$$P_n(x) = \int_{-x}^{1-x} f(x+t) Q_n(t)\,dt = \int_{-1}^{1} f(x+t) Q_n(t)\,dt$$

가 되므로, 각 $x \in [0,1]$ 에 대하여

$$\begin{aligned} |P_n(x) - f(x)| &= \left| \int_{-1}^{1} [f(x+t) - f(x)] Q_n(t)\,dt \right| \\ &\le \int_{-1}^{1} |f(x+t) - f(x)| Q_n(t)\,dt \end{aligned}$$

이다. 임의의 양수 $\epsilon > 0$ 이 주어지면, 함수 f 가 고른연속이므로

$$|x - y| < \delta \implies |f(x) - f(y)| < \epsilon$$

인 양수 $\delta > 0$ 가 있다. 이제 $M = \sup|f(x)|$ 라 두고 위의 적분을 세 구간 $[-1, -\delta]$, $[-\delta, \delta]$, $[\delta, 1]$ 로 나누어 생각하면, (5) 에 의하여

$$\begin{aligned}|P_n(x) - f(x)| &\leq 2M \int_{-1}^{-\delta} Q_n(t)dt + \epsilon \int_{-\delta}^{\delta} Q_n(t)dt + 2M \int_{\delta}^{1} Q_n(t)dt \\ &\leq 4M\sqrt{n}(1 - \delta^2)^n + \epsilon\end{aligned}$$

가 된다. 따라서, 충분히 큰 자연수 n 에 대하여 $\|P_n - f\|_{\sup} < 2\epsilon$ 이 된다. 끝으로, $f(0) \neq f(1)$ 인 경우는 새로운 함수

$$x \mapsto f(x) - f(0) - x[f(1) - f(0)]$$

을 생각하면 된다. □

문제 7.1.5. 바이어슈트라스 정리가 복소연속함수에 대해서 성립하는지 살펴보아라.

위의 증명에서 함수 P_n 을 정의하는 관계식 (6) 은 나중에 푸리에급수를 공부할 때 자주 사용하는 방법이다. 위의 증명 방법 또한 아주 전형적인 것이므로, 그 전체적인 흐름을 잘 기억해 둘 필요가 있다.

지난 6.4 절의 (21) 에서 정의한 급수의 코시곱을 상기하자. 만일

$$a_n = b_n = 0, \qquad n = -1, -2, \ldots$$

이라 정의하면, 이 정의는

$$c_n = \sum_{k=-\infty}^{+\infty} a_k b_{n-k}, \qquad n \in \mathbb{Z} \tag{7}$$

로 쓸 수 있다. 이는 정리 7.1.4 를 증명할 때 다항식 P_n 을 정의하는 (6) 과 매우 비슷함을 알 수 있다.[4)]

---

4) 8.3 절의 정의 (23) 을 참조하라.

7.2 수열공간

앞에서 무한차원 노음공간의 예로서 연속함수공간을 공부하였는데, 여기서는 수열공간을 공부한다. 수열의 합과 스칼라곱을 유클리드 공간의 경우와 마찬가지로 정의하면 수열 전체의 집합은 벡터공간이 된다. 함수공간에서 함수열을 생각하듯이 수열공간에서는 수열의 수열을 생각해야 하는데, 첨자가 혼동되므로 이 절에서는 수열 $n \mapsto a_n$ 을 그냥 a 또는 $a : \mathbb{N} \to \mathbb{R}$ 로 나타내고, n 번째 수열값을 $a(n)$ 이라 쓴다. 따라서, 수열의 수열 $\langle a_m \rangle$ 이 있을 때 $a_m(n)$ 은 m 번째 수열의 n 번째 값을 나타낸다. 지난 6.3 절에서 살펴보았듯이 수열의 수열은 사실상 이중수열 $\langle a_{mn} \rangle$ 을 공부하는 것이나 마찬가지이다.

이제, 수열 전체 벡터공간에서 중요한 몇몇 부분공간을 생각하기로 한다. 이 때, 실수열을 생각하느냐 아니면 복소수열을 생각하느냐에 따라서 실벡터공간 혹은 복소벡터공간이 됨을 유의하여야 한다. 우선 0 으로 수렴하는 수열 전체의 집합이 부분공간이 됨은 당연한데, 이를

$$c_0(\mathbb{N})$$

으로 나타낸다. 이제 수열공간 $c_0(\mathbb{N})$ 의 부분공간

$$\ell^1(\mathbb{N}) = \{a \in c_0(\mathbb{N}) : \text{급수 } \sum_{n=1}^{\infty} |a(n)| \text{ 이 수렴한다}\}$$

을 생각하자. 위 집합이 부분공간이 됨은 쉽게 알 수 있다. 만일

$$\|a\|_1 = \sum_{n=1}^{\infty} |a(n)|, \qquad a \in \ell^1(\mathbb{N}) \tag{8}$$

라 정의하면, $a \mapsto \|a\|_1$ 이 2.1 절의 (노1) - (노3) 을 만족하는 것 역시 쉽게 확인할 수 있다. 따라서, 벡터공간 $\ell^1(\mathbb{N})$ 은 노음공간이 된다.

문제 7.2.1. 관계식 (8) 에 의하여 정의된 함수 $a \mapsto \|a\|_1$ 이 (노1) - (노3) 을 만족함을 보여라.

문제 7.2.2. 벡터공간 $c_0(\mathbb{N})$ 에서

$$\|a\|_{\sup} = \sup\{|a(n)| : n \in \mathbb{N}\}, \qquad a \in c_0(\mathbb{N})$$

이라 정의하였을 때, $a \mapsto \|a\|_{\sup}$ 가 (노1) - (노3) 을 만족함을 보여라.

지난 7.1 절에서 정리 2.5.4 의 (나) $\Longrightarrow$ (가) 는 유한차원공간의 독특한 성질임을 언급한 적이 있다. 각 $n = 1, 2, \ldots$ 에 대하여 $e_n : \mathbb{N} \to \mathbb{R}$ 을 다음

$$e_n(m) = \begin{cases} 1, & m = n \\ 0, & m \neq n \end{cases} \tag{9}$$

과 같이 정의하자. 그러면 $\ell^1(\mathbb{N})$ 의 부분집합

$$A = \{e_n : n = 1, 2, \ldots\}$$

는 분명히 유계집합이다. 또한, A 는 극한점을 가지지 않으므로 닫힌집합이다. 그런데 $m \neq n$ 일 때

$$\|e_n - e_m\|_1 = 2, \qquad m \neq n$$

이므로, A 의 열린덮개

$$\{N(e_n, 1) : n = 1, 2, \ldots\}$$

를 생각하면 A 가 옹골집합이 아님을 알 수 있다. 집합 A 를 $c_0(\mathbb{N})$ 의 부분집합으로 생각하여도 마찬가지 결론을 얻을 수 있다. 다음은 노음공간 $\ell^1(\mathbb{N})$ 이 가지는 핵심 성질이다.

정리 7.2.1. 노음공간 $\ell^1(\mathbb{N})$ 의 코시수열은 항상 수렴한다.

증명: 코시수열 $\langle a_m \rangle$ 을 택하자. 각 자연수 $n = 1, 2, \ldots$ 에 대하여

$$|a_m(n) - a_k(n)| \le \|a_m - a_k\|_1, \qquad m, k = 1, 2, \ldots$$

이므로, 실수열

$$\langle a_m(n) : m = 1, 2, \ldots \rangle$$

은 코시수열이 된다. 따라서 정리 2.3.8 에 의하여 수렴하는데, 그 극한값을 $a(n)$ 이라 두자. 그러면 수열 $n \mapsto a(n)$ 을 얻는데, $a \in \ell^1(\mathbb{N})$ 이고 $\|a_m - a\|_1 \to 0$ 임을 보이면 된다. 임의의 양수 $\epsilon > 0$ 에 대하여 다음 성질

$$m, k \ge N \implies \|a_m - a_k\|_1 < \epsilon$$

을 만족하는 자연수 N 을 잡으면, 각 $n = 1, 2, \ldots$ 에 대하여

$$m, k \ge N \implies \sum_{i=1}^{n} |a_m(i) - a_k(i)| \le \|a_m - a_k\|_1 < \epsilon$$

이 된다. 이 부등식에 $k \to \infty$ 을 취하여

$$m \ge N \implies \sum_{i=1}^{n} |a_m(i) - a(i)| \le \epsilon, \quad n = 1, 2, \ldots \tag{10}$$

를 얻는다. 이제, $m \geq N$ 인 m 에 대하여

$$\|a_m - a\|_1 = \sum_{i=1}^{\infty} |a_m(i) - a(i)| \leq \epsilon$$

이 되어서 $\|a_m - a\|_1 \to 0$ 이다. 특히, (10) 에 의하면 각 $n = 1, 2, \ldots$ 에 대하여

$$\sum_{i=1}^{n} |a(i)| \leq \sum_{i=1}^{n} |a_N(i)| + \sum_{i=1}^{n} |a_N(i) - a(i)| \leq \|a_N\|_1 + \epsilon$$

이므로 $a \in \ell^1(\mathbb{N})$ 이다. □

노음공간 $\ell^1(\mathbb{N})$ 에는 더하기와 스칼라곱 외에 곱셈을 정의할 수 있다. 실제로 코시곱을 이용하여 곱하기를 정의할 수 있는데, 명제 6.4.3 을 이용하면 $\ell^1(\mathbb{N})$ 이 코시곱에 대하여 닫혀있음을 쉽게 보일 수 있다.

문제 7.2.3. 수열공간 $\ell^1(\mathbb{N})$ 이 코시곱에 대하여 닫혀있음을 보여라.

이제, 보다 중요한 $c_0(\mathbb{N})$ 의 부분공간을 얻기 위하여 집합

$$\ell^2(\mathbb{N}) = \{a \in c_0(\mathbb{N}) : \text{급수} \sum_{n=1}^{\infty} |a(n)|^2 \text{ 이 수렴한다}\}$$

을 생각하고, 각 $a \in \ell^2(\mathbb{N})$ 에 대하여

$$\|a\|_2 = \left(\sum_{n=1}^{\infty} |a(n)|^2 \right)^{\frac{1}{2}} \tag{11}$$

라 정의하자. 좌표공간의 노음 성질 (노2) 를 적용하면, 두 수열 $a, b \in \ell^2(\mathbb{N})$ 과 각 $n = 1, 2, \ldots$ 에 대하여

$$\left(\sum_{i=1}^{n} |a(i) + b(i)|^2 \right)^{\frac{1}{2}} \leq \left(\sum_{i=1}^{n} |a(i)|^2 \right)^{\frac{1}{2}} + \left(\sum_{i=1}^{n} |b(i)|^2 \right)^{\frac{1}{2}} \leq \|a\|_2 + \|b\|_2$$

이므로 $a + b \in \ell^2(\mathbb{N})$ 임을 알 수 있고, 따라서 $\ell^2(\mathbb{N})$ 은 벡터공간이 된다. 좌표공간의 코시-슈바르츠 부등식을 적용하면, 각 $n = 1, 2, \ldots$ 에 대하여

$$\sum_{i=1}^{n} |a(i)b(i)| \leq \left(\sum_{i=1}^{n} |a(i)|^2 \right)^{\frac{1}{2}} \left(\sum_{i=1}^{n} |b(i)|^2 \right)^{\frac{1}{2}} \leq \|a\|_2 \, \|b\|_2$$

이므로 급수 $\sum_n a(n)b(n)$ 이 절대수렴함을 알 수 있다. 이제

$$\langle a, b\rangle = \sum_{n=1}^{\infty} a(n)b(n), \qquad a, b \in \ell^2(\mathbb{N}) \tag{12}$$

이라 정의하면 2.1 절의 (내1) - (내5) 가 성립함을 바로 확인할 수 있다. 이 내적에서 정의된 노음이 다름 아닌 관계식 (11) 이다.[5)]

문제 7.2.4. 관계식 (12) 에 의하여 정의된 함수 $(a, b) \mapsto \langle a, b\rangle$ 가 (내1) - (내5) 를 만족함을 보여라.

다음 정리는 노음공간 $\ell^2(\mathbb{N})$ 의 핵심 성질로서 그 증명은 정리 7.2.1 과 거의 같으나 다시 한 번 반복한다.

정리 7.2.2. 노음공간 $\ell^2(\mathbb{N})$ 의 코시수열은 항상 수렴한다.

증명 : 코시수열 $\langle a_m\rangle$ 을 택하자. 정리 7.2.1 의 증명과 마찬가지로, 각 자연수 $n = 1, 2, \ldots$ 에 대하여 실수열 $\langle a_m(n) : m = 1, 2, \ldots\rangle$ 이 수렴하는데, 그 극한값을 $a(n)$ 이라 두자. 임의의 양수 $\epsilon > 0$ 에 대하여 다음 성질

$$m, k \geq N \implies \|a_m - a_k\|_2 < \epsilon$$

을 만족하는 자연수 N 을 잡으면, 각 $n = 1, 2, \ldots$ 에 대하여

$$m, k \geq N \implies \sum_{i=1}^{n} |a_m(i) - a_k(i)|^2 \leq \|a_m - a_k\|_2^2 < \epsilon^2$$

이 되고, 이 부등식에 $k \to \infty$ 을 취하여

$$m \geq N \implies \sum_{i=1}^{n} |a_m(i) - a(i)|^2 \leq \epsilon^2, \quad n = 1, 2, \ldots \tag{13}$$

를 얻는다. 이제, $m \geq N$ 인 m 에 대하여

$$\|a_m - a\|_2^2 = \sum_{i=1}^{\infty} |a_m(i) - a(i)|^2 \leq \epsilon^2$$

5) 만일 복소수열을 다룬다면 각 $a, b \in \ell^2(\mathbb{N})$ 에 대하여

$$\langle a, b\rangle = \sum_{n=1}^{\infty} a(n)\overline{b(n)}$$

이라 정의하면 복소내적공간이 된다.

이므로 $\|a_m - a\|_2 \to 0$ 이다. 특히, (13) 에 의하면 각 $n = 1, 2, \ldots$ 에 대하여

$$\begin{aligned}\left(\sum_{i=1}^{n} |a(i)|^2\right)^{\frac{1}{2}} &\le \left(\sum_{i=1}^{n} |a_N(i)|^2\right)^{\frac{1}{2}} + \left(\sum_{i=1}^{n} |a_N(i) - a(i)|^2\right)^{\frac{1}{2}} \\ &\le \|a_N\|_2 + \epsilon\end{aligned}$$

이므로 $a \in \ell^2(\mathbb{N})$ 이다. □

관계식 (9) 에 의하여 정의된 $\ell^2(\mathbb{N})$ 의 수열 $\langle e_n \rangle$ 은 특별한 성질을 가지는데,

$$\langle e_n, e_m \rangle = \begin{cases} 1, & m = n \\ 0, & m \ne n \end{cases}$$

임을 쉽게 알 수 있다. 또한, 임의의 원소 $a \in \ell^2(\mathbb{N})$ 가 주어지면

$$\lim_{N\to\infty} \left\| a - \sum_{n=1}^{N} \langle a, e_n \rangle e_n \right\|_2 = \lim_{N\to\infty} \left\| a - \sum_{n=1}^{N} a(n) e_n \right\|_2 = 0 \tag{14}$$

이 됨을 바로 확인할 수 있다. 이런 의미에서, $\{e_n : n = 1, 2, \ldots\}$ 을 $\ell^2(\mathbb{N})$ 의 **정규직교기저**라 한다. 여기서, '정규' 라 함은 각 벡터들의 노음이 1 임을 뜻한다. 관계식 (14) 는 임의의 $\ell^2(\mathbb{N})$ 의 원소가 정규직교기저의 무한선형결합으로 표시됨을 말해 준다. 이를 간단히

$$\sum_{n=1}^{\infty} a(n) e_n = a$$

라 쓰기도 하는데, 이 경우 무한합을 정의하는 극한이 ℓ^2 노음 (11) 에 의하여 주어졌다는 것을 명심하여야 한다.

내적공간 X 에서 정의된 노음 $\|x\| = \langle x, x \rangle^{\frac{1}{2}}$ 은 나란히꼴 공식

$$\|x + y\|^2 + \|x - y\|^2 = 2\|x\|^2 + 2\|y\|^2, \qquad x, y \in X \tag{15}$$

을 만족한다. 관계식 (8) 에 의하여 정의된 ℓ^1 노음이 이 등식을 만족하지 않음은 쉽게 확인할 수 있는데, 이는 연습문제로 남긴다. 따라서, 노음공간 $\ell^1(\mathbb{N})$ 에는

$$\|x\|_1 = \langle x, x \rangle^{\frac{1}{2}}$$

를 만족하는 내적을 정의할 수 없음을 알 수 있다.

문제 7.2.5. 노음공간 $\ell^1(\mathbb{N})$ 에서, 관계식 (15) 가 성립하지 않음을 증명하여라. 노음공간 $c_0(\mathbb{N})$ 에서는 어떠한가 살펴보아라.

만일 $a \in \ell^1(\mathbb{N})$ 이면, 충분히 큰 모든 n 에 대하여 $|a_n| \le 1$ 이므로

$$|a_n|^2 \le |a_n|$$

이다. 따라서, 비교판정법에 의하여 $a \in \ell^2(\mathbb{N})$ 임을 알 수 있다. 그러나 급수 $\sum_n \dfrac{1}{n}$ 을 생각하면 그 역은 성립하지 않으므로, 다음 관계

$$\ell^1(\mathbb{N}) \subsetneq \ell^2(\mathbb{N}) \tag{16}$$

를 얻는다.

정수 전체의 집합 $\mathbb{Z}$ 위에서 정의된 수열공간도 마찬가지로 정의할 수 있다. 먼저 다음 조건

$$\lim_{n\to+\infty} a(n) = \lim_{n\to-\infty} a(n) = 0$$

을 만족하는 수열 $a : \mathbb{Z} \to \mathbb{R}$ 전체의 벡터공간을 $c_0(\mathbb{Z})$ 라 하자. 그러면

$$\ell^1(\mathbb{Z}) = \{a \in c_0(\mathbb{Z}) : \sum_{n=-\infty}^{\infty} |a(n)| < \infty\}$$

$$\ell^2(\mathbb{Z}) = \{a \in c_0(\mathbb{Z}) : \sum_{n=-\infty}^{\infty} |a(n)|^2 < \infty\}$$

라 정의한다. 여기서 따름정리 6.3.5 에 의하여 $\displaystyle\sum_{n=-\infty}^{\infty}$ 의 의미가 무엇인지는 분명하다. 먼저, $\ell^1(\mathbb{Z})$ 는

$$\|a\|_1 = \sum_{n=-\infty}^{\infty} |a(n)|$$

에 대하여 노음공간이 된다. 한편 $a, b \in \ell^2(\mathbb{Z})$ 에 대하여 $\ell^2(\mathbb{N})$ 의 경우와 마찬가지로

$$\sum_{n=-\infty}^{\infty} |a(n)b(n)| \le \|a\|_2 \|b\|_2$$

이므로, 따름정리 6.3.6 에 의하여

$$\langle a, b\rangle = \sum_{n=-\infty}^{\infty} a(n)b(n) \tag{17}$$

이라 정의하면 2.1 절의 (내1) - (내5) 가 만족됨을 바로 확인할 수 있다.[6] 정리 7.2.1 및 정리 7.2.2 와 마찬가지로, $\ell^1(\mathbb{Z})$ 와 $\ell^2(\mathbb{Z})$ 의 코시수열은 항상 수렴한다.

7.3 특이적분

제 5장에서 공부한 리만적분은 피적분함수가 유계닫힌구간에서 정의된 유계함수라는 것이 대전제였다. 그러나 많은 경우 적분구간이 유계가 아닌 구간이거나, 함수가 유계가 아닌 경우에도 적분을 생각할 필요가 많이 생긴다. 이 절에서는 두 가지 경우를 한꺼번에 다루려고 한다.

구간 I 에서 정의된 양함수

$$f : I \to [0, +\infty)$$

가 주어져 있고, 임의의 유계닫힌 부분구간 $J \subset I$ 에 대하여 f 는 J 위에서 리만적분가능하다고 가정하자. 이 때,

$$\int_I f = \sup\left\{\int_J f : J \subset I,\ J \text{ 는 유계닫힌구간}\right\} \tag{18}$$

이라 정의하자. 만일 $\int_I f$ 가 유한값이면 특이적분 $\int_I f$ 가 **수렴**한다고 말하고,

$$\int_I f < \infty$$

라 쓰기도 한다. 처음부터 함수 f 의 정의역 I 가 유계닫힌구간이면 f 의 특이적분이 수렴한다는 말이나, f 가 리만적분가능하다는 말이나 마찬가지이다.

몇 가지 구체적인 경우를 살펴보자. 함수 $f : [0, \infty) \to [0, \infty)$ 가 임의의 구간 $[0, A]$ 위에서 리만적분가능하면 그 특이적분은

$$\int_0^\infty f = \lim_{A\to\infty} \int_0^A f \tag{19}$$

---

6) 역시 복소수열을 다루는 경우

$$\langle a, b\rangle = \sum_{n=-\infty}^{\infty} a(n)\overline{b(n)}$$

라 정의하면 복소내적공간이 된다.

로 주어진다. 여기서 좌변은 (18) 에서 정의된 값이고 우변의 적분은 보통 리만적분이다. 실제로 $[0, A]$ 가 유계닫힌구간이고 $[0, A] \subset [0, \infty)$ 이므로 각 A 에 대하여 $\int_0^A f \leq \int_0^\infty f$ 이고, 따라서

$$\lim_{A\to\infty} \int_0^A f \leq \int_0^\infty f$$

가 성립한다. 역으로, J 가 $[0, \infty)$ 의 유계닫힌부분구간이면 적절한 A 에 대하여 $J \subset [0, A]$ 이므로

$$\int_J f \leq \int_0^A f \leq \lim_{A\to\infty} \int_0^A f$$

가 성립하고, 따라서

$$\int_0^\infty f \leq \lim_{A\to\infty} \int_0^A f$$

임을 알 수 있다. 유계구간에서 정의된 비유계함수에 대해서도 마찬가지 공식을 얻을 수 있다. 예를 들어서 구간 $(0, 1]$ 위에서 정의된 양함수 $f : (0, 1] \to [0, \infty)$ 가 임의의 구간 $[\epsilon, 1]$ 위에서 리만적분가능하면, 그 특이적분이

$$\int_0^1 f = \lim_{\epsilon\to 0+} \int_\epsilon^1 f \tag{20}$$

으로 주어짐을 바로 확인할 수 있다.

보기 1. 구간 $[1, \infty)$ 위에서 정의된 함수

$$f(x) = \frac{1}{x^p}, \qquad p > 0$$

를 생각하자. 만일 $p = 1$ 이면

$$\int_1^\infty \frac{1}{x}\, dx = \lim_{A\to\infty} \int_1^A \frac{1}{x}\, dx = \lim_{A\to\infty} \log A = \infty$$

이다. 만일 $p \neq 1$ 이면 $\int_1^A \frac{1}{x^p}\, dx = \frac{1}{1-p}(A^{1-p} - 1)$ 이므로

$$\int_1^\infty \frac{1}{x^p}\, dx = \begin{cases} \infty, & 0 < p \leq 1, \\ \dfrac{1}{p-1}, & p > 1 \end{cases}$$

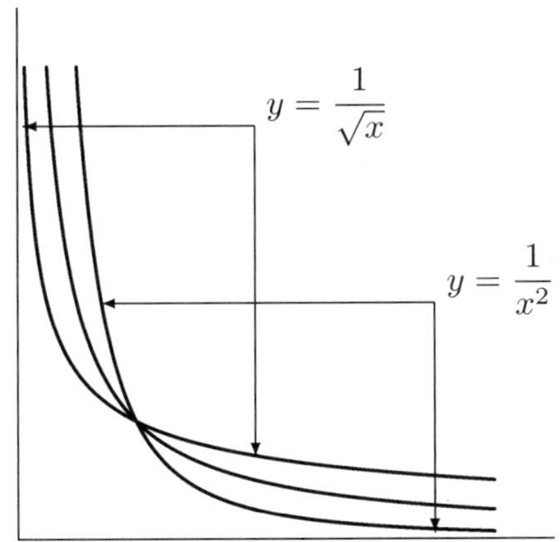

임을 알 수 있다. □

문제 7.3.1. 특이적분 $\displaystyle\int_2^\infty \frac{1}{x(\log x)^p}\,dx$ 의 수렴 여부를 판정하여라.

문제 7.3.2. 특이적분 $\displaystyle\int_0^1 \frac{1}{x^p}\,dx$ 의 수렴 여부를 판정하여라.

다음 명제는 완비성공리에 의하여 자명하다.

명제 7.3.1. 만일 구간 I 위에서 $0 \le f \le g$ 이고 특이적분 $\displaystyle\int_I g$ 가 수렴하면 특이적분 $\displaystyle\int_I f$ 도 수렴한다.

문제 7.3.3. 다음 특이적분이 수렴하는지 판별하여라.

(가) $\displaystyle\int_{-\infty}^\infty e^{-x^2}\,dx$ (나) $\displaystyle\int_0^\infty xe^{-x^2}\,dx$

(다) $\displaystyle\int_0^\infty x^2e^{-x^2}\,dx$ (라) $\displaystyle\int_0^\infty \frac{|\sin x|}{x}\,dx$

(마) $\displaystyle\int_0^\infty e^{-x}|\cos x|\,dx$ (바) $\displaystyle\int_0^\infty \frac{\sqrt{x}}{x^2+x+1}\,dx$

이제 구간 I 위에서 정의된 실함수 혹은 복소함수의 특이적분을 살펴보자. 이 경우 (19) 혹은 (20) 과 같이 정의된 극한값이 존재할 때, 그 특이적분이 **수렴**한다고 말한다. 실함수 $f: I \to \mathbb{R}$ 에 대하여 3.1 절의 (3) 과 같이 f_+ 와 f_- 를 정의하자. 그러면

$$0 \le f_+ \le |f|, \qquad 0 \le f_- \le |f|, \qquad |f| = f_+ + f_-$$

이므로 다음 동치관계

$$\int_I f_+ < \infty,\ \int_I f_- < \infty \iff \int_I |f| < \infty \tag{21}$$

를 얻는다. 이 경우 (19) 및 (20) 과 같이 정의된 특이적분 $\int_I f$ 의 값이

$$\int_I f = \int_I f_+ - \int_I f_- \tag{22}$$

로 주어짐을 바로 확인할 수 있다.

문제 7.3.4. 관계식 (22) 를 증명하여라.

문제 7.3.5. 구간 I 위에서 정의된 복소함수 f 를

$$f = [(\mathrm{Re}\, f)_+ - (\mathrm{Re}\, f)_-] + i[(\mathrm{Im}\, f)_+ - (\mathrm{Im}\, f)_-] \tag{23}$$

로 썼을 때

$$\int_I |f| < \infty \iff \int_I (\mathrm{Re}\, f)_\pm < \infty, \int_I (\mathrm{Im}\, f)_\pm < \infty$$

임을 보이고, 이 경우 등식

$$\int_I f = \left(\int_I (\mathrm{Re}\, f)_+ - \int_I (\mathrm{Re}\, f)_-\right) + i\left(\int_I (\mathrm{Im}\, f)_+ - \int_I (\mathrm{Im}\, f)_-\right)$$

이 성립함을 보여라.

명제 7.3.2. (비교판정법) 만일 $|f| \le g$ 이고 특이적분 $\int_I g$ 가 수렴하면 특이적분 $\int_I f$ 도 수렴하고, 이 때 부등식

$$\left|\int_I f\right| \le \int_I g$$

이 성립한다.

증명: 특이적분 $\int_I g$ 가 수렴하면 명제 7.3.1 에 의하여 특이적분 $\int_I |f|$ 가 수렴하고, (21) 과 (22) 에 의하여 $\int_I f$ 가 수렴하여

$$\begin{aligned}\left|\int_I f\right| = \left|\int_I f_+ - \int_I f_-\right| &\le \int_I f_+ + \int_I f_- \\ &= \int_I (f_+ + f_-) = \int_I |f| \le \int_I g\end{aligned}$$

임을 알 수 있다.

이제 함수 f 가 복소함수인 경우를 생각하여보자. 먼저 적분값을

$$\int_I f = re^{i\theta}$$

라 두고, 함수 $e^{-i\theta}f$ 의 실수부분과 허수부분을 분리하여

$$e^{-i\theta}f = u + iv$$

라 하자. 그러면

$$\left|\int_I f\right| = r = e^{-i\theta}\int_I f = \int_I e^{-i\theta}f = \int_I u \leq \int_I |f| \tag{24}$$

임을 알 수 있다. 여기에서

$$\int_I e^{-i\theta}f = \int_I u + i\int_I v$$

인데, 이 값이 실수이므로 위 부등식 (24) 를 얻는다. □

보기 2. 각 $n = 1, 2, \ldots$ 와 $x \in [n, n+1)$ 에 대하여

$$f(x) = (-1)^{n-1}\frac{1}{n}$$

이라 정의하자. 그러면 6.4 절의 보기 3 에 의하여

$$\int_1^\infty f(x)\,dx = \lim_{A\to\infty}\int_1^A f(x)\,dx = \log 2$$

임을 쉽게 확인할 수 있다. 이제

$$s_n = \sum_{i=1}^n \frac{1}{2i-1}\chi_{[2i-1,2i)}, \qquad n = 1, 2, \ldots$$

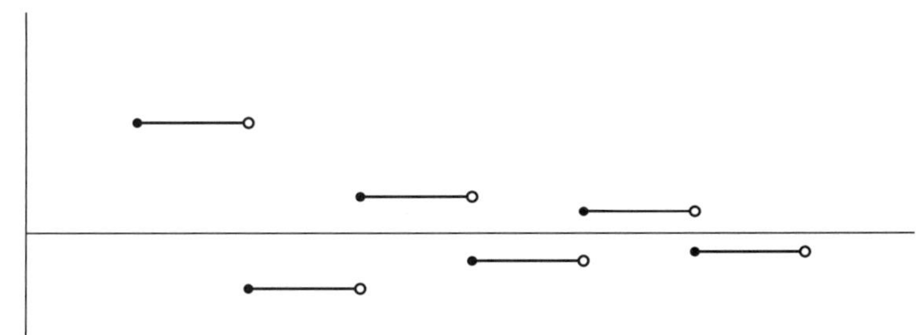

라 두면, $0 \le s_n \le f_+$ 이고

$$\int_1^\infty s_n = \sum_{i=1}^n \frac{1}{2i-1}$$

이므로, $\displaystyle\int_1^\infty f_+ = \infty$ 이다. 따라서, 특이적분 $\displaystyle\int_1^\infty |f|$ 는 수렴하지 않는다. □

특이적분의 수렴성은 급수의 수렴성과 밀접한 관련을 가진다.

명제 7.3.3. (적분판정법) 함수 $f : [1,\infty) \to (0,\infty)$ 가 단조감소이고 $\lim_{x\to\infty} f(x) = 0$ 이라 가정하자. 그러면 급수 $\displaystyle\sum_{n=1}^\infty f(n)$ 이 수렴할 필요충분조건은 특이적분 $\displaystyle\int_1^\infty f(x)\,dx$ 가 수렴함이다.

문제 7.3.6. 명제 7.3.3 을 증명하여라.

보기 3. 보기 1 을 이용하면

$$0 < p \le 1 \implies \sum_{n=1}^\infty \frac{1}{n^p} = \infty, \qquad p > 1 \implies \sum_{n=1}^\infty \frac{1}{n^p} < \infty$$

임을 알 수 있다. □

끝으로 특이적분이 수렴하는 경우 그 원시함수가 연속임을 보이는데, 이는 정리 5.3.1 의 확장이다.

정리 7.3.4. 특이적분 $\displaystyle\int_I |f|$ 이 수렴한다고 가정하자. 그러면 임의의 $\epsilon > 0$ 에 대하여 다음

$$x, y \in I,\ x < y,\ y - x < \delta \implies \int_x^y |f| < \epsilon$$

이 성립하는 양수 $\delta > 0$ 이 존재한다.

증명: 임의의 양수 $\epsilon > 0$ 에 대하여

$$\int_J |f| > \int_I |f| - \frac{\epsilon}{2}$$

을 만족하는 유계닫힌구간 $J \subset I$ 를 잡으면 다음 부등식

$$\int_{I\setminus J} |f| = \int_I |f| - \int_J |f| < \frac{\epsilon}{2}$$

이 성립한다. 여기서 $I \setminus J$ 는 구간이거나 두 구간의 합집합이므로 적분 $\int_{I\setminus J} |f|$ 의 의미는 분명하다. 또한, f 는 구간 J 위에서 유계이므로, $|f|_J| \le M$ 이라 할 수 있다. 만일 $y - x < \dfrac{\epsilon}{2M}$ 이면

$$\int_x^y |f| = \int_{[x,y]\cap J} |f| + \int_{[x,y]\cap(I\setminus J)} |f| \le \frac{\epsilon}{2M} M + \int_{I\setminus J} |f| < \epsilon$$

이 성립한다. □

7.4 특이적분가능함수공간

구간 I 위에서 절대값의 특이적분이 수렴하는 함수 전체의 집합을 $\mathcal{R}^1(I)$ 라 표시하자. 즉,

$$\mathcal{R}^1(I) = \left\{ f : I \to \mathbb{C} : \int_I |f| < \infty \right\}$$

이다. 이 집합이 벡터공간이 된다는 것은 바로 확인할 수 있다. 이제, 벡터공간 $\mathcal{R}^1(I)$ 의 각 원소 $f \in \mathcal{R}^1(I)$ 에 대하여

$$\|f\|_1 = \int_I |f|, \qquad f \in \mathcal{R}^1(I) \tag{25}$$

라 정의하자. 그러면 다음 조건

$$\|f\|_1 = 0 \implies f = 0 \tag{26}$$

을 제외하고, 2.1 절의 (노1) - (노3) 을 모두 만족함을 알 수 있다. 이제, $\mathcal{R}^1(I)$ 의 두 원소 f, g 에 대하여 다음 조건

$$\int_I |f(x) - g(x)|\, dx = 0 \tag{27}$$

이 성립하면 f 와 g 가 $\mathcal{R}^1(I)$ 의 '같은' 원소라 약속하고 그냥 $f = g$ 라 쓴다. 이와 같이

$$\|f - g\|_1 = 0$$

인 두 함수 f, g 는 같은 함수로 취급함으로써 $\mathcal{R}^1(I)$ 는 노음공간이 된다.

문제 7.4.1. 함수 f, g 가 조건 (27) 을 만족할 때 $f \sim g$ 로 쓰기로 하면 다음

$$f \sim f, \qquad f \sim g \implies g \sim f \qquad f \sim g,\ g \sim h \implies f \sim h$$

이 성립함을 보여라.

예를 들어서 유한개의 점에서 함수값이 다른 함수는 $\mathcal{R}^1(I)$ 의 같은 원소가 된다. 지난 5.1 절의 보기 3 과 4 에서 보는 바와 같이 무한개의 점에서 함수값이 다르더라도 $\mathcal{R}^1(I)$ 에서 같은 원소가 될 수 있다.[7)]

노음공간 X 안의 코시수열이 항상 수렴하면, X 를 **완비노음공간**, 혹은 **바나하**[8)]**공간**이라 부른다. 정리 2.3.8, 정리 7.1.1, 정리 7.2.1, 정리 7.2.2 는 각각 좌표공간, $C(X)$, $\ell^1(\mathbb{N})$, $\ell^2(\mathbb{N})$ 가 바나하공간임을 말해 준다. 여기서 사용한 '완비' 라는 용어는 1.2 절에서 공부한 완비성공리에서 사용한 것과 서로 상충하지 않는다. 실수체 $\mathbb{R}$ 이 완비노음공간임을 보이기 위하여 완비성공리를 사용하였는데, 역으로 $\mathbb{R}$ 이 완비노음공간임을 가정하고 $\mathbb{Q}$ 가 $\mathbb{R}$ 에서 조밀함을 이용하면 순서체 $\mathbb{R}$ 에서 완비성공리를 증명할 수 있다.[9)]

명제 7.4.1. 노음공간 X 에 대하여 다음은 동치이다.

(가) 공간 X 안에 있는 임의의 코시수열이 수렴한다.

(나) 만일 X 의 수열 $\langle x_n \rangle$ 에 대하여 급수

$$\sum_{n=1}^{\infty} \|x_n\| \tag{28}$$

가 수렴하면,

$$x = \sum_{n=1}^{\infty} x_n \tag{29}$$

를 만족하는 $x \in X$ 가 존재한다.

증명에 앞서, 이 명제가 의미하는 바를 잘 살펴보자. 조건 (28) 은 양수들로 이루어진 급수의 수렴성을 논하는 데에 비하여 결론 (29) 는 노음공간 X 안에서 벡터들의 수렴을 논하고 있다. 물론, 벡터들의 무한합 (29) 는

$$\lim_{N\to\infty} \left\| x - \sum_{n=1}^{N} x_n \right\| = 0$$

7) 르벡적분을 공부하면 두 함수가 언제 $\mathcal{R}^1(I)$ 의 같은 원소를 정의하는지 알게 된다.

8) Stefan Banach (1892∼1945), 폴란드 수학자. 정식으로 수학교육을 받은 바 없지만, 1922년부터 Lwów (Lviv, 이차대전 이후 우크라이나에 편입됨) 에서 활동하였으며 폴란드 수학회장을 역임하였다. 이차대전 중 Lwów 가 독일군에 점령되었을 때, 실험실에서 사용하는 이를 키우는 일에 동원되어 건강을 해쳤다. 그에 관한 전기로 [25] 가 있다. 그가 전개한 바나하공간 이론은, 연구결과가 나온 때부터 대학원의 정규 교과내용으로 채택되기까지 걸린 기간이 가장 짧았던 것 중의 하나이다.

9) 연습문제 2.7.10 을 참조하라.

을 의미하는 것이다. 여기에서 특히 중요한 것은 극한 벡터의 존재성을 주장하고 있다는 것이다. 지난 6.1 절에서 공부한 바이어쉬트라스 판정법 역시 마찬가지로 급수의 수렴성으로부터 벡터들의 무한합이 존재함을 주장하는 것이다.

증명 : 부등식

$$\|x_m + x_{m+1} + \cdots + x_n\| \le \|x_m\| + \|x_{m+1}\| + \cdots + \|x_n\|$$

에 의하여, (가) $\Longrightarrow$ (나) 는 당연하다.

그 역을 보이기 위하여 (나) 를 가정하고 $\langle x_n \rangle$ 이 코시수열이라 하자. 이 수열의 극한을 찾기 위하여 자연수열 $\langle n(k) : k = 1, 2, \ldots \rangle$ 을 잡는데, 다음 성질

$$n(k) < n(k+1), \quad i, j \ge n(k) \Longrightarrow \|x_i - x_j\| < \frac{1}{2^k}, \qquad k = 1, 2, \ldots$$

이 성립하도록 할 수 있다. 각 $k = 1, 2, \ldots$ 에 대하여

$$y_k = x_{n(k+1)} - x_{n(k)}$$

라 두면

$$\sum_{k=1}^{\infty} \|y_k\| = \sum_{k=1}^{\infty} \|x_{n(k+1)} - x_{n(k)}\| \le \sum_{k=1}^{\infty} \frac{1}{2^k}$$

이 유한값이므로, 가정 (나) 에 의하여

$$y = \sum_{k=1}^{\infty} y_k$$

가 성립하는 $y \in X$ 가 존재하고

$$y = \lim_{k \to \infty} x_{n(k)} - x_{n(1)}$$

임을 알 수 있다. 즉, 수열 $\langle x_n \rangle$ 의 부분수열 $\langle x_{n(k)} \rangle$ 이 수렴하는데, 도움정리 2.3.7 에 의하여 $\langle x_n \rangle$ 도 수렴한다. □

이제, 보다 중요한 함수공간 $\mathcal{R}^2(I)$ 를 정의하자. 구간 I 위에서 정의된 함수들 가운데, 임의의 유계닫힌구간 $J \subset I$ 위에서 리만적분가능하고

$$\int_I |f|^2 < \infty$$

을 만족하는 함수 전체의 집합을 $\mathcal{R}^2(I)$ 라 표시하자. 만일 $f, g \in \mathcal{R}^2(I)$ 이면

$$\left| f(x)\overline{g(x)} \right| \le \frac{|f(x)|^2 + |g(x)|^2}{2}$$

이므로 $f \cdot \overline{g}$ 는 I 위에서 특이적분이 수렴한다. 또한,

$$\begin{aligned} |f+g|^2 &= |f|^2 + f\overline{g} + \overline{f}g + |g|^2 \\ &\le |f|^2 + |f\overline{g}| + |\overline{f}g| + |g|^2 \le 2(|f|^2 + |g|^2) \end{aligned}$$

이므로, $f, g \in \mathcal{R}^2(I)$ 이면 $f + g \in \mathcal{R}^2(I)$ 이 성립한다. 특히, $\mathcal{R}^2(I)$ 는 벡터공간임을 알 수 있다. 이제

$$\langle f, g \rangle = \int_I f\overline{g}, \qquad f, g \in \mathcal{R}^2(I) \tag{30}$$

라 정의하면 2.1 절의 (내2) - (내5) 와 6.5 절의 (27) 을 만족한다. 여기서도, 물론 $f = g$ 는 $\int_I |f - g| = 0$ 임을 뜻한다. 따라서 $\mathcal{R}^2(I)$ 는 복소내적공간이 되고, 그 노음은

$$\|f\|_2 = \langle f, f \rangle^{\frac{1}{2}} = \left(\int_I |f|^2 \right)^{\frac{1}{2}}, \qquad f \in \mathcal{R}^2(I) \tag{31}$$

으로 주어진다.

연속함수공간 $C[a, b]$ 는 당연히 $\mathcal{R}^2[a, b]$ 의 부분공간이다. 따라서, $C[a, b]$ 에는 $\|\cdot\|_{\text{sup}}$ 와 $\|\cdot\|_2$ 의 두 가지 노음이 있다. 그런데 각 $f \in C[a, b]$ 에 대하여

$$\|f\|_2 = \left(\int_a^b |f|^2 \right)^{\frac{1}{2}} \le \left(\int_a^b \|f\|_{\text{sup}}^2 \right)^{\frac{1}{2}} = \sqrt{b-a}\, \|f\|_{\text{sup}} \tag{32}$$

이므로, $C[a, b]$ 안의 수열 $\langle f_n \rangle$ 에 대하여

$$\|f_n - f\|_{\text{sup}} \to 0 \implies \|f_n - f\|_2 \to 0$$

임을 알 수 있다. 이미 7.1 절에서 살펴보았듯이 벡터공간 $C[a, b]$ 에 노음을

$$f \mapsto \|f\|_{\text{sup}}$$

로 주면 완비공간이 된다. 그러나 노음 $f \mapsto \|f\|_2$ 에 대하여 그렇지 못하다.

집합 $A \subset \mathbb{R}$ 에 대하여, 그 **특성함수** $\chi_A : \mathbb{R} \to \mathbb{R}$ 를 5.1 절의 보기 3 과 같이

$$\chi_A(x) = \begin{cases} 1, & x \in A, \\ 0, & x \notin A \end{cases}$$

로 정의한다.

보기 1. 열린구간 $(c,d) \subset [a,b]$ 가 있을 때, $\frac{1}{n} < \frac{d-c}{2}$ 인 각 자연수 n 에 대하여, xy 좌표평면 위의 점

$$(a,0), \quad (c,0), \quad \left(c+\frac{1}{n},1\right), \quad \left(d-\frac{1}{n},1\right), \quad (d,0), \quad (b,0)$$

을 순서대로 선분으로 연결하는 연속함수 $f_n \in C[a,b]$ 를 택하자. 그러면

$$\|\chi_{(c,d)} - f_n\|_2 = \sqrt{\frac{2}{3n}} \to 0$$

이다. 따라서 $\langle f_n \rangle$ 은 노음 $f \mapsto \|f\|_2$ 에 관하여 코시수열이지만 $C[a,b]$ 안에서 수렴하지 않는다. 그러므로 $C[a,b]$ 에 노음 $f \mapsto \|f\|_2$ 을 부여하면 완비공간이 아니다. □

위 보기에 의하면 $\mathcal{R}^2[a,b]$ 안에서 부분공간 $C[a,b]$ 를 포함하는 완비공간은 적어도 열린구간의 특성함수를 가지고 있어야 함을 말하고 있다. 다음에 증명하려는 정리 7.4.4 에 의하면, 열린구간의 특성함수뿐 아니라 $\mathcal{R}^2(I)$ 의 모든 함수들이 연속함수열의 $\|\cdot\|_2$ 노음 극한으로 표시된다. 즉, $C[a,b]$ 가 $\mathcal{R}^2[a,b]$ 안에서 조밀한 부분공간임을 보이려 한다. 한 점 혹은 구간 위의 특성함수들의 유한 선형결합으로 표시되는 함수를 **계단함수**라 부른다.

보기 2. 리만적분가능함수 $f : [a,b] \to \mathbb{R}$ 와 분할 $P = \{x_0, x_1, \ldots, x_n\}$ 에 대하여

$$s = f(x_0)\chi_{\{x_0\}} + \sum_{i=1}^{n} f(t_i)\chi_{(x_{i-1},x_i]}$$

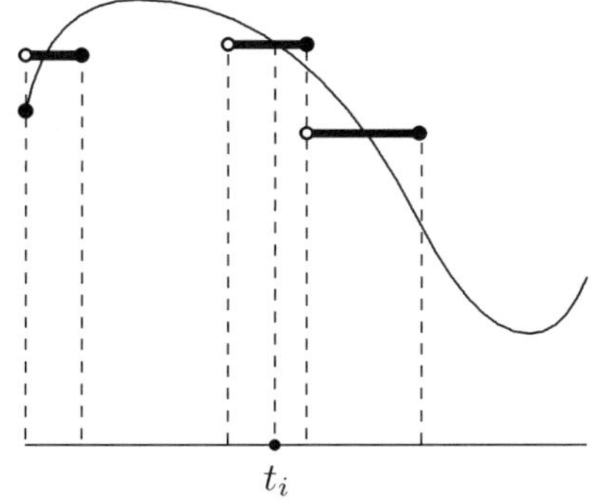

라 두면 (단, $x_{i-1} < t_i \le x_i$) s 는 계단함수이고 그 적분값

$$\int_a^b s$$

는 f 의 리만합이다. □

도움정리 7.4.2. 임의의 $f \in \mathcal{R}^2(I)$ 와 양수 $\epsilon > 0$ 에 대하여

$$\|f - s\|_2 < \epsilon$$

을 만족하는 계단함수 $s \in \mathcal{R}^2(I)$ 가 존재한다.

증명: 먼저 $f \ge 0$ 라 가정하고

$$\int_{I \setminus [a,b]} f^2 = \int_I f^2 - \int_a^b f^2 < \frac{\epsilon^2}{2}$$

이 성립하는 유계닫힌구간 $[a, b] \subset I$ 를 잡자. 구간 $[a, b]$ 위에서 $|f| \le M$ 이라 가정하고, 명제 5.1.2 에 의하여

$$U_a^b(f, P) - L_a^b(f, P) < \frac{\epsilon^2}{4M}$$

이 되도록 분할 $P = \{x_0, x_1, \ldots, x_n\}$ 을 잡을 수 있다. 리만적분을 정의할 때와 마찬가지로

$$M_i = \sup\{f(x) : x_{i-1} \le x \le x_i\}, \qquad m_i = \inf\{f(x) : x_{i-1} \le x \le x_i\}$$

이라 두고

$$U = f(x_0)\chi_{\{x_0\}} + \sum_{i=1}^n M_i \chi_{(x_{i-1}, x_i]}, \quad L = f(x_0)\chi_{\{x_0\}} + \sum_{i=1}^n m_i \chi_{(x_{i-1}, x_i]}$$

라 정의하면, U 와 L 은 계단함수이고 그 적분값은 각각 $U_a^b(f, P)$ 와 $L_a^b(f, P)$ 로 주어진다. 그런데

$$(f - L)^2 \le (U - L)^2 \le 2M(U - L)$$

이므로

$$\int_a^b |f - L|^2 \le 2M \int_a^b (U - L) = 2M[U_a^b(f, P) - L_a^b(f, P)] < \frac{\epsilon^2}{2}$$

이 성립한다. 이제 $I \setminus [a,b]$ 위에서 $L = 0$ 이라 정의하면 L 은 I 위에서 정의된 계단함수이고,

$$\|f - L\|_2^2 = \int_I |f - L|^2 = \int_a^b |f - L|^2 + \int_{I\setminus[a,b]} |f|^2 < \epsilon^2$$

이 성립한다. 일반적인 복소함수의 경우 등식 (23) 을 이용하면 된다. □

문제 7.4.2. 도움정리 7.4.2 의 증명을 마무리하여라.

문제 7.4.3. 임의의 $f \in \mathcal{R}^1(I)$ 와 양수 $\epsilon > 0$ 에 대하여

$$\|f - s\|_1 < \epsilon$$

을 만족하는 계단함수 $s : I \to \mathbb{C}$ 가 존재함을 보여라.

도움정리 7.4.3. 구간 I 에서 정의된 임의의 계단함수 s 와 양수 $\epsilon > 0$ 에 대하여

$$\|s - g\|_2 < \epsilon$$

를 만족하는 연속함수 $g : I \to \mathbb{C}$ 가 존재한다.

증명: 구간 $I = [a,b]$ 에 대하여 보기 1 과 같이 네 점

$$(a, 0), \quad (a+\delta, 1), \quad (b-\delta, 1), \quad (b, 0)$$

를 잇고 구간 $[a,b]$ 바깥에서 함수값이 0 인 함수를 h 라 두면, h 는 연속함수이고

$$\|h - \chi_{[a,b]}\|_2 = \sqrt{\frac{2}{3}}\sqrt{\delta}$$

이 된다. 물론 여기서 $a + \delta < b - \delta$ 이 되도록 충분히 작은 $\delta > 0$ 을 잡는다. 만일

$$s = \sum_{k=1}^{n} a_k \chi_{I_k}$$

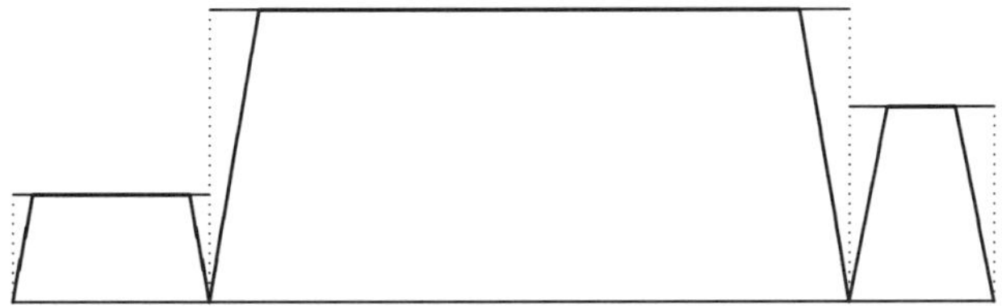

로 주어지면, 구간족 $\{I_k : k = 1, 2, \dots\}$ 는 서로소라 가정해도 된다. 이제

$$\sum_{k=1}^{n} \sqrt{\frac{2}{3}}\, |a_k| \sqrt{\delta_k} < \epsilon$$

이 되도록 양수 $\{\delta_k : k = 1, 2, \dots, n\}$ 을 잡는다. 각 구간 I_k 와 양수 δ_k 에 대하여 위와 같이 연속함수 h_k 를 잡고 $g = \sum_k a_k h_k$ 라 두면,

$$\|s - g\|_2 \le \sum_{k=1}^{n} |a_k| \|h_k - \chi_{I_k}\|_2 = \sum_{k=1}^{n} \sqrt{\frac{2}{3}}\, |a_k| \sqrt{\delta_k} < \epsilon$$

이 된다. □

문제 7.4.4. 도움정리 7.4.3 의 증명에서 I_k 들이 유계구간인 경우를 증명하였다. 그렇지 않은 경우 도움정리 7.4.3 의 증명을 마무리하여라.

이제, 도움정리 7.4.2 와 7.4.3 에 의하여 다음을 얻는다.

정리 7.4.4. 임의의 $f \in \mathcal{R}^2(I)$ 와 양수 $\epsilon > 0$ 에 대하여

$$\|f - g\|_2 < \epsilon$$

을 만족하는 연속함수 $g : I \to \mathbb{C}$ 가 존재한다.

도움정리 7.4.2 와 정리 7.4.4 에서 찾은 계단함수 s 와 연속함수 g 는 당연히 $\mathcal{R}^2(I)$ 에 들어간다. 특히, 집합 $\{x : s(x) \ne 0\}$ 은 자동적으로 유계집합이 된다. 도움정리 7.4.3 의 증명과정을 보면 집합 $\{x : g(x) \ne 0\}$ 역시 유계집합이 되도록 잡을 수 있다.

따름정리 7.4.5. 임의의 $f \in \mathcal{R}^2[a, b]$ 에 대하여

$$\lim_{n\to\infty} \|f - P_n\|_2 = 0$$

인 다항함수열 $\langle P_n \rangle$ 이 존재한다.

증명 : 우선 $\|f - g\|_2 < \epsilon$ 인 $g \in C[a, b]$ 를 잡자. 그러면 정리 7.1.4 에 의하여

$$\|g - P\|_{\sup} < \frac{\epsilon}{\sqrt{b - a}}$$

인 다항함수 P 를 잡을 수 있다. 따라서, (32) 에 의하여

$$\|f - P\|_2 \le \|f - g\|_2 + \|g - P\|_2 \le \epsilon + \sqrt{b - a}\|g - P\|_{\sup} < 2\epsilon$$

이 된다. □

지금까지 논증한 방법은 $\mathcal{R}^1$ 공간에도 적용할 수 있다.

정리 7.4.6. 임의의 $f \in \mathcal{R}^1(I)$ 와 양수 $\epsilon > 0$ 에 대하여

$$\|f - s\|_1 < \epsilon$$

인 계단함수 $s \in \mathcal{R}^1(I)$ 가 존재한다. 또한, 임의의 $f \in \mathcal{R}^1[a,b]$ 에 대하여

$$\|f - g\|_1 < \epsilon$$

인 연속함수 g 가 존재한다.

문제 7.4.5. 정리 7.4.6 을 증명하여라.

만일 $f \in \mathcal{R}^2[a,b]$ 라면, 상수함수 1 역시 $\mathcal{R}^2[a,b]$ 의 원소이므로 코시-슈바르츠 부등식에 의하여

$$\int_a^b |f| = \langle |f|, 1 \rangle \le \|f\|_2 \, \|1\|_2 = \sqrt{b-a}\, \|f\|_2 \tag{33}$$

가 되어 $f \in \mathcal{R}^1[a,b]$ 이다. 함수

$$x \mapsto \frac{1}{\sqrt{x-a}}$$

를 생각하면, 다음 관계

$$\mathcal{R}^2[a,b] \subsetneq \mathcal{R}^1[a,b] \tag{34}$$

를 얻는다. 지난 7.2 절의 (16) 과 비교하여 보기 바란다.

7.5 연습문제

7.5.1. 함수 $f : [0,1] \to \mathbb{R}$ 가 연속이고, 각 자연수 $n = 0, 1, 2, \dots$ 에 대하여

$$\int_0^1 f(x) x^n \, dx = 0$$

이면, $f = 0$ 임을 보여라.

7.5.2. 연속함수 $f : \mathbb{R} \to \mathbb{R}$ 와 각 $n = 1, 2, \dots$ 에 대하여

$$f_n(x) = f(nx)$$

라 정의하자. 함수열 $\langle f_n : n = 1, 2, \ldots \rangle$ 이 구간 $[0, 1]$ 위에서 동등연속일 f 의 조건을 구하여라.

7.5.3. 구간 $[0, 1]$ 위에서 리만적분가능한 함수열 $\langle f_n \rangle$ 이 고른유계함수열이라 하자. 각 $n = 1, 2, \ldots$ 에 대하여

$$F_n(x) = \int_0^x f_n(t)dt, \qquad x \in [0, 1]$$

이라 두면, 적당한 부분함수열 $\langle F_{n(k)} \rangle$ 가 고르게 수렴함을 보여라. 함수열 $\langle F_n \rangle$ 자체의 수렴성을 조사하여라.

7.5.4. 연속함수 $f : [0, 1] \to \mathbb{R}$ 이 각 $n = 0, 1, 2, \ldots$ 에 대하여, 등식

$$\int_0^1 f(x)x^n dx = \frac{1}{n+2}$$

를 만족할 때, $f(x) = x$ 임을 보여라.

7.5.5. 연속함수 $f : [0, 1] \to \mathbb{R}$ 에 대하여

$$\lim_{n\to\infty} \frac{\displaystyle\int_0^1 x^n f(x)dx}{\displaystyle\int_0^1 x^n dx} = f(1)$$

이 성립함을 보여라.

7.5.6. 집합 $\mathbb{R}$ 위에서 함수 $f(x) = \sin x$ 로 고르게 수렴하는 다항함수열을 잡을 수 있는지 살펴보아라. 함수 $f(x) = e^x$ 에 대해서는 어떠한가 살펴보아라.

7.5.7. 연속함수 $f : [0, 1] \to \mathbb{R}$ 와 $n = 1, 2, \ldots$ 에 대하여

$$p_n(x) = \sum_{k=0}^{n} \begin{pmatrix} n \\ k \end{pmatrix} f\left(\frac{k}{n}\right) x^k (1-x)^{n-k}$$

라 정의하자.

(가) $r_k(x) = \begin{pmatrix} n \\ k \end{pmatrix} x^k (1-x)^{n-k}$ 이라 두면

$$\sum_{k=0}^{n} (k - nx)^2 r_k(x) = nx(1-x)$$

임을 보여라.

(나) 다항함수열 $\langle p_n \rangle$ 이 $[0,1]$ 위에서 f 로 고르게 수렴함을 보여라.

7.5.8. 유한개를 제외한 자연수 n 에 대하여 $a(n) = 0$ 일 때, a 를 유한수열이라 한다. 유한수열 전체의 집합은 노음공간 $c_0(\mathbb{N})$, $\ell^1(\mathbb{N})$, $\ell^2(\mathbb{N})$ 안에서 각각 조밀함을 보여라. 또한, $c_0(\mathbb{N})$ 이 완비 공간임을 보여라.

7.5.9. 노음공간 $\ell^2(\mathbb{N})$ 에서 다음 집합

$$K = \{a \in \ell^2(\mathbb{N}) : |a(n)| \le \frac{1}{n},\ n = 1, 2, \dots\}$$

이 옹골집합임을 보여라. 집합

$$L = \{a \in \ell^2(\mathbb{N}) : |a(n)| \le \frac{1}{\sqrt{n}},\ n = 1, 2, \dots\}$$

이 옹골집합인지 살펴보아라.

7.5.10. 다음 특이적분이 수렴하는 p, q 의 값들을 구하여라.

(가) $\displaystyle\int_0^1 \frac{x^p}{\sqrt{1+x^q}}\,dx$ (나) $\displaystyle\int_2^\infty \frac{1}{x^p(\log x)^q}\,dx$

(다) $\displaystyle\int_0^\infty \frac{x^{p-1}}{1+x^q}\,dx$ (라) $\displaystyle\int_0^1 x^p(1-x^2)^q\,dx$

(마) $\displaystyle\int_0^\infty x^p e^{-x^q}\,dx$ (바) $\displaystyle\int_0^1 \frac{\sin(x^p)}{x^q}\,dx$

7.5.11. 두 양수 p, q 가 다음

$$1 < p < \infty, \qquad 1 < q < \infty, \qquad \frac{1}{p} + \frac{1}{q} = 1$$

을 만족한다고 가정하자.

(가) 임의의 양수 a, b 에 대하여 다음 부등식

$$ab \le \frac{1}{p}\,a^p + \frac{1}{q}\,b^q$$

이 성립함을 보여라.

(나) 구간 I 위에서 특이적분이 수렴하는 함수 $f, g : I \to [0, \infty)$ 에 대하여 다음 부등식[10)]

$$\int_I fg \le \left(\int_I f^p\right)^{1/p} \left(\int_I g^q\right)^{1/q}$$

이 성립함을 보여라.

(다) 구간 I 위에서 특이적분이 수렴하는 함수 $f, g : I \to [0, \infty)$ 에 대하여 다음 부등식[11)]

$$\left(\int_I (f+g)^p\right)^{1/p} \le \left(\int_I f^p\right)^{1/p} + \left(\int_I g^p\right)^{1/p}$$

이 성립함을 보여라.

(라) 구간 I 에 대하여 다음 집합

$$\mathcal{R}^p(I) = \{f : I \to \mathbb{C} : \int_I |f|^p < \infty\}$$

이 벡터공간임을 보여라. 또한,

$$f \mapsto \left(\int_I |f|^p\right)^{1/p}$$

는 이 벡터공간의 노음이 됨을 보여라.

10) 이를 휠더 부등식이라 부른다.
Otto Ludwig Hölder (1859∼1937), 독일 수학자. 베를린에서 공부하고 Königsberg 및 Leibzig 에서 활동하였다.

11) 이를 민코프스키 부등식이라 부르는데, $p = 2$ 이면 내적공간 $\mathcal{R}^2(I)$ 의 코시-슈바르츠 부등식이 된다.
Hermann Minkowski (1864∼1909), 독일 수학자. Königsberg 및 베를린에서 공부하고, Bonn, 취리히, Göttingen 등지에서 활동하였다.

제 8 장
적분으로 정의된 함수

지난 6장에서 기존의 함수로부터 새로운 해석함수를 만드는 방법을 공부하였는데, 그 기본 발상은 함수항급수의 극한을 취하는 것이다. 이 장에서는 적분을 이용하여 새로운 함수를 정의하려 한다. 이변수함수 $f(x,t)$ 가 있을 때,

$$x \mapsto \int_J f(x,t)dt$$

는 x 에 관한 일변수함수가 된다. 이렇게 정의한 함수의 연속성이나 미분가능성을 살펴보려면, 자연스레 t 에 관한 적분과 x 에 관한 극한 및 미분의 순서를 바꿀 수 있는가 하는 문제로 귀착된다. 이와 관련된 일반 원칙을 공부하고 적분으로 정의된 함수의 구체적인 보기를 몇 가지 살펴보려고 하는데, 감마함수는 그 대표적인 예이다.

8.1 연속성과 미분

구간 $I, J \subset \mathbb{R}$ 의 곱집합 $I \times J$ 에서 정의된 실함수 $f : I \times J \to \mathbb{R}$ 가 주어져 있을 때, 각 $x \in I$ 에 대하여 새로운 함수 $f_x : J \to \mathbb{R}$ 를

$$f_x(t) = f(x,t), \qquad t \in J$$

로 정의하자. 각 $x \in I$ 에 대하여 함수 $f_x : J \to \mathbb{R}$ 가 리만적분가능하거나 또는 특이적분이 수렴한다면, 새로운 함수 $F : I \to \mathbb{R}$ 를

$$F(x) = \int_J f_x(t)dt = \int_J f(x,t)dt, \qquad x \in I$$

로 정의할 수 있다. 이 절에서는 이러한 방식으로 정의된 함수들의 연속성, 미분가능성 등을 알아본다. 먼저, I 와 J 가 유계닫힌구간이고 f 가 연속함수인 경우부터 살펴보자.

다변수함수 $f : \mathbb{R}^n \to \mathbb{R}$ 가 있을 때, 함수

$$x_i \mapsto f(x_1, x_2, \ldots, x_n)$$

의 미분을 $D_i f$ 혹은 $\dfrac{\partial f}{\partial x_i}$ 라 쓰고, 이를 **편미분** 혹은 **편도함수**라 부른다. 즉, 다음

$$\begin{aligned}(D_i f)(x_1, \ldots, x_n) \\ = \lim_{h\to 0} \frac{f(x_1, \ldots, x_{i-1}, x_i + h, x_{i+1}, \ldots, x_n) - f(x_1, \ldots, x_n)}{h}\end{aligned} \tag{1}$$

과 같이 정의한다. 물론 함수 f 의 정의역이 $\mathbb{R}^n$ 의 열린집합이면, 정의역의 모든 점에서 정의 (1) 이 가능하다.

명제 8.1.1. 연속함수 $f : [a, b] \times [c, d] \to \mathbb{R}$ 에 대하여

$$\phi(x) = \int_c^d f(x, t)dt, \qquad x \in [a, b] \tag{2}$$

이라 정의하면 다음이 성립한다.

(가) 함수 ϕ 는 $[a, b]$ 위에서 연속이다.

(나) 만일 편도함수 $D_1 f$ 가 $(a, b) \times [c, d]$ 위에서 존재하고 연속이면, ϕ 는 (a, b) 위에서 미분가능하고 등식

$$\phi'(x) = \int_c^d D_1 f(x, t)dt, \qquad x \in (a, b)$$

이 성립한다.

증명: 함수 f 가 옹골집합 $[a, b] \times [c, d]$ 위에서 연속이므로, 정리 3.3.1 에 의하여 f 는 고른연속함수가 된다. 따라서, 임의의 양수 $\epsilon > 0$ 에 대하여 다음

$$|x - y| < \delta,\ t \in [c, d] \implies |f(x, t) - f(y, t)| < \frac{\epsilon}{d - c}$$

을 만족하는 양수 $\delta > 0$ 을 잡을 수 있다. 만일 $|x - y| < \delta$ 이면

$$|\phi(x) - \phi(y)| \le \int_c^d |f(x, t) - f(y, t)|dt < \epsilon$$

이므로 (가) 가 증명되었다. 이제 (나) 를 보이기 위하여 연속함수 $D_1 f$ 에 미적분학의 기본정리를 적용하면

$$\begin{aligned}\frac{1}{h}(\phi(x + h) - \phi(x)) &= \frac{1}{h}\int_c^d [f(x + h, t) - f(x, t)]dt \\ &= \frac{1}{h}\int_c^d \int_x^{x+h} D_1 f(z, t)dz\, dt\end{aligned}$$

가 성립한다. 그런데 $x \in K \subset (a,b)$ 인 유계닫힌구간 K 를 잡으면 $D_1 f$ 가 $K \times [c,d]$ 위에서 고른연속이므로, 다음

$$|z - x| < \delta,\ t \in [c,d] \implies |D_1 f(z,t) - D_1 f(x,t)| < \frac{\epsilon}{d-c}$$

이 성립하는 양수 $\delta > 0$ 을 잡을 수 있다. 만일 $0 < h < \delta$ 이면

$$\begin{aligned}
&\left| \frac{\phi(x+h) - \phi(x)}{h} - \int_c^d D_1 f(x,t)dt \right| \\
&\qquad = \left| \int_c^d \frac{1}{h} \int_x^{x+h} [D_1 f(z,t) - D_1 f(x,t)] dz\, dt \right| \\
&\qquad \le \int_c^d \frac{1}{h} \int_x^{x+h} |D_1 f(z,t) - D_1 f(x,t)| dz\, dt = \epsilon
\end{aligned}$$

이 성립한다. 물론 $-\delta < h < 0$ 인 경우도 마찬가지이다. □

보기 1. 함수 $f : \mathbb{R} \times [0, \pi/2] \to \mathbb{R}$ 를 다음

$$f(x,t) = \begin{cases} \dfrac{\sin xt}{t}, & t \neq 0, \\ x, & t = 0 \end{cases}$$

과 같이 정의하면, f 는 연속함수임을 바로 확인할 수 있다. 한편

$$D_1 f(x,t) = \begin{cases} \cos xt, & t \neq 0, \\ 1, & t = 0, \end{cases}$$

역시 연속함수이므로, x 를 포함하는 임의의 유계구간 $[a,b]$ 를 잡으면 명제 8.1.1 의 조건을 만족한다. 따라서, $x \neq 0$ 이면

$$\phi'(x) = \frac{d}{dx} \int_0^{\pi/2} \frac{\sin xt}{t} dt = \int_0^{\pi/2} \cos xt\, dt = \frac{1}{x} \sin \frac{\pi}{2} x$$

이고, $x = 0$ 이면 $\phi'(0) = \dfrac{\pi}{2}$ 임을 알 수 있다. □

문제 8.1.1. 보기 1 에서 정의된 함수 f 와 $D_1 f$ 가 $\mathbb{R} \times [0, \pi/2]$ 에서 연속임을 보여라.

다음 정리에서 주어진 적분들은 구간 $[c,d)$ 위에서 특이적분인데, 구간 $[c,d)$ 가 유계구간이거나 그렇지 않은 경우나 마찬가지로 성립한다.

정리 8.1.2. 연속함수 $f : [a,b] \times [c,d) \to \mathbb{R}$ 가 주어져 있다. 만일 다음 두 조건

(가) 각 $(x,t) \in [a,b] \times [c,d)$ 에 대하여 $|f(x,t)| \le g(t)$ 이다

(나) 특이적분 $\displaystyle\int_c^d g$ 가 수렴한다

을 만족하는 함수 $g : [c,d) \to \mathbb{R}$ 가 존재하면, 특이적분 (2) 가 각 $x \in [a,b]$ 에 대하여 수렴하고, $\phi : [a,b] \to \mathbb{R}$ 가 연속함수이다.

증명: 특이적분 (2) 의 수렴성은 특이적분의 비교판정법에서 바로 나온다. 이제 함수 ϕ 의 연속성을 보이기 위하여, d 로 수렴하는 수열 $\langle d_n \rangle$ 을 $[c,d)$ 안에서 잡고 각 $n = 1, 2, \ldots$ 에 대하여

$$\phi_n(x) = \int_c^{d_n} f(x,t)dt, \qquad x \in [a,b] \tag{3}$$

라 정의하자. 그러면 명제 8.1.1 에 의하여 각 ϕ_n 은 연속함수이다. 따라서, 함수열 $\langle \phi_n \rangle$ 이 함수 ϕ 로 고르게 수렴함을 증명하면 정리 6.1.1 에 의하여 증명이 끝난다. 그런데 특이적분 $\displaystyle\int_c^d g$ 가 수렴하므로, 임의의 양수 $\epsilon > 0$ 에 대하여 다음

$$n \ge N \implies \int_{d_n}^d g < \epsilon$$

이 성립하는 자연수 N 을 잡을 수 있다. 만일 $n \ge N$ 이면, 임의의 $x \in [a,b]$ 에 대하여

$$|\phi_n(x) - \phi(x)| \le \int_{d_n}^d |f(x,t)|dt \le \int_{d_n}^d g(t)dt < \epsilon$$

이 되고, 따라서 $\langle \phi_n \rangle$ 은 ϕ 로 고르게 수렴한다. □

보기 2. 각 $x \in (0,\infty)$ 에 대하여

$$\phi(x) = \int_0^\infty e^{-tx} \frac{\sin t}{t} dt \tag{4}$$

라 정의하자. 정리 8.1.2 를 적용하기 위하여 $(0,\infty)$ 안의 유계닫힌구간 $[a,b]$ 를 고정하자. 그러면 $\left|\dfrac{\sin x}{x}\right| \le 1$ 이므로

$$g(t) = e^{-at}$$

라 둠으로써 정리의 가정이 충족된다. 그러면 함수 ϕ 는 임의의 유계구간 $[a,b]$ 에서 연속이고, 따라서 $(0,\infty)$ 위에서 연속이다. 이러한 증명 방법은 거듭제곱급수의 연속성이나 미분가능성을 증명할 때에도 사용한 바 있다. 한편, 각 $x>0$ 에 대하여

$$|\phi(x)| \le \int_0^\infty e^{-tx}dt = \frac{1}{x}$$

이므로 $\lim_{x\to+\infty}\phi(x)=0$ 임을 알 수 있다. □

정리 8.1.3. 연속함수 $f:[a,b]\times[c,d)\to\mathbb{R}$ 에 대하여 편도함수 $D_1 f$ 가 $(a,b)\times[c,d)$ 위에서 존재하고 연속이며, 적당한 $x_0\in(a,b)$ 에 대하여 특이적분 $\int_c^d f(x_0,t)dt$ 이 수렴한다고 가정하자. 만일 다음 조건

(가) 각 $(x,t)\in(a,b)\times[c,d)$ 에 대하여 $|D_1 f(x,t)|\le h(t)$ 이다,

(나) 특이적분 $\int_c^d h$ 가 수렴한다

을 만족하는 함수 $h:[c,d)\to\mathbb{R}$ 가 존재하면, 특이적분 (2) 가 각 $x\in[a,b]$ 에 대하여 수렴하고, $\phi:(a,b)\to\mathbb{R}$ 가 미분가능함수이다. 또한, 등식

$$\phi'(x)=\int_c^d D_1 f(x,t)dt, \qquad x\in(a,b)$$

이 성립한다.

증명: 점 d 로 수렴하는 증가수열 $\langle d_n\rangle$ 을 $[c,d)$ 안에서 잡고 정리 8.1.2 의 증명과 마찬가지로 각 $n=1,2,\ldots$ 에 대하여 함수 ϕ_n 을 (3) 과 같이 정의한다. 정리 6.2.1 과 명제 8.1.1 (나)를 고려하면 함수열 $\langle\phi_n'\rangle$ 이 고르게 수렴함을 증명하면 된다. 우선 특이적분 $\int_c^d h$ 가 수렴하므로, 임의의 양수 $\epsilon>0$ 에 대하여 다음

$$m\ge n\ge N \implies \int_{d_n}^{d_m} h<\epsilon$$

이 성립하는 자연수 N 을 잡을 수 있다. 만일 $m\ge n\ge N$ 이면, 임의의 $x\in(a,b)$ 에 대하여

$$|\phi_n'(x)-\phi_m'(x)| = \left|\int_c^{d_n} D_1 f(x,t)dt - \int_c^{d_m} D_1 f(x,t)dt\right| \le \int_{d_n}^{d_m} h(t)dt<\epsilon$$

이 성립하므로, 함수열 $\langle \phi_n' \rangle$ 은 고르게 수렴한다. □

문제 8.1.2. 다음 함수들의 도함수를 구하여라.

$$(가)\ \phi(x) = \int_0^1 \frac{\sin xt}{1+t}\,dt \qquad (나)\ \phi(x) = \int_1^{x^2} \cos(t^2)dt$$

$$(다)\ \phi(x) = \int_x^{x^2} \frac{\sin xt}{t}\,dt \qquad (라)\ \phi(x) = \int_0^{x^2} e^{xt^{-2}}\,dt$$

문제 8.1.3. 다음에 주어진 특이적분들이 수렴하는 x 들의 집합을 구하고, 이를 이 집합 위에서 정의된 함수로 이해하였을 때 연속인지 미분가능한지 조사하여라. 또한, 미분가능한 경우 그 도함수를 구하고, 가능하다면 특이적분들의 값을 구하여라.

$$(가)\ \int_0^\infty e^{-xt}dt \qquad (나)\ \int_0^\infty \frac{1}{t^2+x^2}\,dt$$

$$(다)\ \int_1^2 \frac{e^{-t}}{1+xt}\,dt \qquad (라)\ \int_0^\infty \frac{\cos tx}{1+t^3}\,dt$$

보기 3. 보기 2 에서 정의한 함수 ϕ 의 도함수를 구하려 하는데, 이번에도 구간 $[a,b]$ 위에서 생각하면, 정리 8.1.3 의 가정이 모두 충족됨을 알 수 있다. 따라서,

$$\phi'(x) = -\int_0^\infty e^{-tx}\sin t dt = -\frac{1}{1+x^2}, \qquad x \in (0,\infty)$$

임을 알 수 있다. 여기서 둘째 등식은 부분적분을 이용하여 바로 계산할 수 있다. 그런데 $\lim_{x\to+\infty} \phi(x) = 0$ 이므로

$$\phi(x) = \frac{\pi}{2} - \arctan x, \qquad x \in (0,\infty) \tag{5}$$

임을 알 수 있다. □

보기 4. 삼각급수와 푸리에급수에서 자주 사용하게 될 특이적분

$$\int_0^\infty \frac{\sin x}{x}\,dx = \lim_{A\to+\infty} \int_0^A \frac{\sin x}{x}$$

의 값을 구해 보자. 우선 이 특이적분의 극한값이 존재한다는 것은 쉽게 보일 수 있다. 먼저 등식

$$\int_0^\infty (e^{-tx}-1)\frac{\sin t}{t}\,dt = \int_0^1 (e^{-tx}-1)\frac{\sin t}{t}\,dt + \int_1^\infty (e^{-tx}-1)\frac{\sin t}{t}\,dt$$

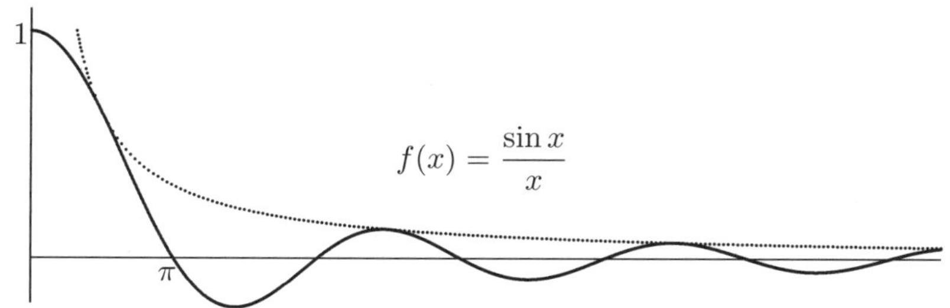

을 주목하자. 만일 0 으로 수렴하는 수열 $\langle x_n \rangle$ 을 잡고

$$f_n(t) = e^{-tx_n}$$

이라 두면 $\langle f_n \rangle$ 은 구간 $[0,1]$ 위에서 상수함수 1 로 고르게 수렴한다. 따라서, 명제 6.2.2 에 의하여

$$\lim_{x\to 0}\int_0^1 (e^{-tx}-1)\frac{\sin t}{t}\,dt = 0$$

임을 알 수 있다. 둘째 항의 극한을 구하기 위하여, 함수 $t \mapsto \dfrac{e^{-tx}-1}{t}$ 를 미분하고 $t \mapsto \sin t$ 를 적분하여 부분적분하면

$$\begin{aligned}&\int_1^\infty (e^{-tx}-1)\frac{\sin t}{t}\,dt\\ &\qquad = (e^{-x}-1)\cos 1 - \int_1^\infty (e^{-tx}-1)\frac{\cos t}{t^2}\,dt - x\int_1^\infty e^{-tx}\frac{\cos t}{t}\,dt\end{aligned}$$

를 얻는다. 다시 한 번 함수 $t \mapsto \dfrac{e^{-tx}}{t}$ 와 $t \mapsto \cos t$ 를 각각 미분과 적분하여 부분적분하면

$$\int_1^\infty e^{-tx}\frac{\cos t}{t}\,dt = -e^{-x}\sin 1 + x\int_1^\infty e^{-tx}\frac{\sin t}{t}\,dt + \int_1^\infty e^{-tx}\frac{\sin t}{t^2}\,dt$$

가 되므로, 이는 x 에 관한 유계함수임을 알 수 있다. 한편 $\displaystyle\int_A^\infty \frac{2}{t^2}\,dt < \epsilon$ 인 양수 A 를 잡고

$$\alpha(x,t) = (e^{-tx}-1)\frac{\cos t}{t^2}$$

라 두면

$$\begin{aligned}\left|\int_1^\infty (e^{-tx}-1)\frac{\cos t}{t^2}\,dt\right| &\le \left|\int_1^A \alpha(x,t)\,dt\right| + \left|\int_A^\infty \alpha(x,t)\,dt\right| \\ &\le \left|\int_1^A \alpha(x,t)\,dt\right| + \left|\int_A^\infty \frac{2}{t^2}\,dt\right| \\ &\le \left|\int_1^A (e^{-tx}-1)\frac{\cos t}{t^2}\,dt\right| + \epsilon\end{aligned}$$

이 되는데, 앞에서 본 바와 같이

$$\lim_{x\to 0} e^{-tx} = 1$$

는 유계구간 $[1, A]$ 위에서 고르게 수렴한다. 이상에서 살펴본 바를 종합하면

$$\lim_{x\to 0}\int_1^\infty (e^{-tx}-1)\frac{\sin t}{t}\,dt = 0$$

임을 알 수 있고, 따라서 (5)를 적용하여 다음 등식

$$\int_0^\infty \frac{\sin t}{t}\,dt = \lim_{x\to 0}\int_0^\infty e^{-tx}\frac{\sin t}{t}\,dt = \frac{\pi}{2} \tag{6}$$

을 얻는다. □

문제 8.1.4. 다음 특이적분을 계산하여라.

(가) $\displaystyle\int_0^\infty \frac{\sin x\cos x}{x}\,dx$ (나) $\displaystyle\int_0^\infty \frac{\sin^2 x}{x^2}\,dx$

(다) $\displaystyle\int_0^\infty \frac{\sin^4 x}{x^2}\,dx$ (라) $\displaystyle\int_0^\infty \frac{\sin^4 x}{x^4}\,dx$

8.2 감마함수

이 절에서 공부하려는 **감마함수** $\Gamma : (0,\infty) \to \mathbb{R}$ 은

$$n \mapsto (n-1)!$$

가 모든 양수에 정의되도록 확장한 것인데, 수학의 여러 분야에서 폭 넓게 쓰인다. 각 양수 $x > 0$ 에 대하여

$$\Gamma(x) = \int_0^\infty e^{-t}t^{x-1}dt, \qquad x \in (0,\infty) \tag{7}$$

라 정의한다.

이 함수의 연속성이나 미분가능성을 살펴보기 위하여, 구간 $[a, b] \subset (0, \infty)$ 와 $x \in [a, b]$ 를 고정하자. 만일 $t \in (0, 1]$ 이면

$$|e^{-t}t^{x-1}| \leq t^{a-1}$$

이고, $t \in [1, \infty)$ 이면 적당한 양수 $M > 0$ 에 대하여

$$|e^{-t}t^{x-1}| \leq e^{-\frac{t}{2}}e^{-\frac{t}{2}}t^{b-1} \leq Me^{-\frac{t}{2}}$$

이다. 따라서

$$g(t) = \begin{cases} t^{a-1}, & 0 < t \leq 1, \\ Me^{-\frac{t}{2}}, & t \geq 1 \end{cases}$$

라 두면, $T = (0, \infty)$ 와 $X = [a, b]$ 에 대하여 정리 8.1.2 를 적용할 수 있다. 함수 Γ 가 임의의 구간 $[a, b] \subset (0, \infty)$ 에서 연속이므로, Γ 는 구간 $(0, \infty)$ 에서 연속이다. 또한,

$$\frac{\partial}{\partial x}\left(e^{-t}t^{x-1}\right) = e^{-t}t^{x-1}\log t, \qquad t > 0$$

인데,

$$h(t) = \begin{cases} t^{a-1}|\log t|, & 0 < t < 1 \\ 0, & t = 1 \\ Me^{-\frac{t}{2}}, & t > 1 \end{cases}$$

라 두면, 구간 $T = (0, \infty)$ 와 $X = [a, b]$ 에 대하여 정리 8.1.3 을 적용할 수 있다. 따라서,

$$\Gamma'(x) = \int_0^\infty e^{-t}t^{x-1}\log t dt, \qquad x > 0$$

를 얻고, 마찬가지 방법으로

$$\Gamma^{(n)}(x) = \int_0^\infty e^{-t}t^{x-1}(\log t)^n dt, \qquad x > 0 \tag{8}$$

임을 쉽게 확인할 수 있다.

정의 (7) 에 의하면, $\Gamma(1) = 1$ 임은 자명하다. 또한, 부분적분을 이용하여

$$\Gamma(x+1) = \int_0^\infty e^{-t}t^x dt = x\int_0^\infty e^{-t}t^{x-1}dt = x\Gamma(x), \qquad x > 0 \tag{9}$$

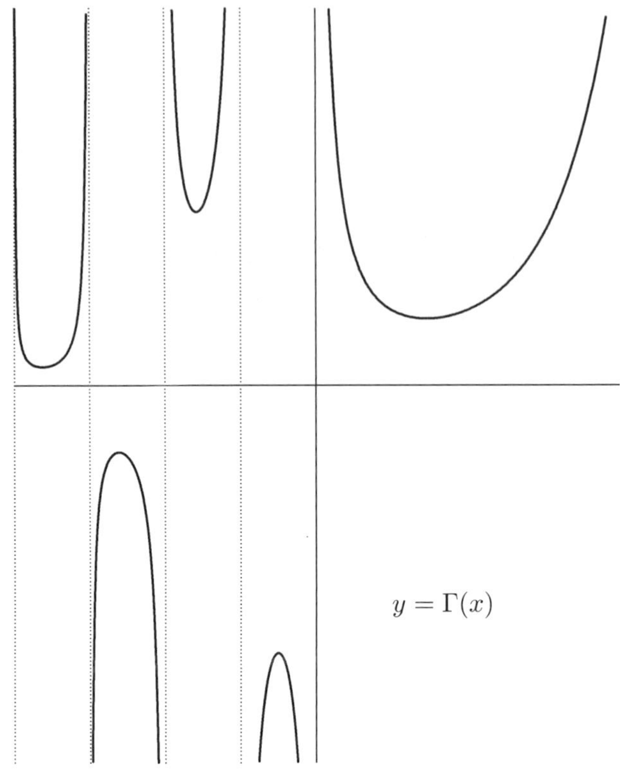

임을 쉽게 확인할 수 있다. 따라서, 귀납법에 의하여

$$\Gamma(n+1) = n!, \qquad n = 1, 2, \ldots \tag{10}$$

이 성립한다. 등식 (10) 은 물론 (7) 로부터 바로 계산할 수도 있다. 특히, (9) 를 이용하면 0 과 음의 정수를 제외한 모든 실수에 대하여 감마함수를 정의할 수 있다.

문제 8.2.1. 등식 (8), (9), (10) 을 증명하여라.

위에서 논의한 바에 의하면, 각 $x \in (0, \infty)$ 에 대하여, 다음

$$f_x : t \mapsto \left(e^{-t}t^{x-1}\right)^{\frac{1}{2}}, \qquad t \in (0, \infty)$$

과 같이 정의된 함수 f_x 는 내적공간 $\mathcal{R}^2(0, \infty)$ 의 원소가 되고,

$$\Gamma(x) = \|f_x\|_2^2$$

이다. 따라서, 코시-슈바르츠 부등식을 적용하면

$$\Gamma\left(\frac{x+y}{2}\right) = \int_0^\infty \left(e^{-t}t^{x-1}\right)^{\frac{1}{2}} \left(e^{-t}t^{y-1}\right)^{\frac{1}{2}} dt$$
$$= \langle f_x, f_y \rangle \leq \|f_x\|_2 \|f_y\|_2 = (\Gamma(x)\Gamma(y))^{\frac{1}{2}}$$

가 되고, 다음 부등식

$$\log\Gamma\left(\frac{x+y}{2}\right) \leq \frac{\log\Gamma(x) + \log\Gamma(y)}{2}, \qquad x, y > 0 \tag{11}$$

을 얻는다. 이 부등식은 감마함수를 특징짓는 중요한 성질이다.

구간 I 에서 정의된 실함수 $f : I \to \mathbb{R}$ 가 다음 성질

$$f(\alpha x + (1-\alpha)y) \leq \alpha f(x) + (1-\alpha)f(y), \qquad x, y \in I,\ \ 0 \leq \alpha \leq 1 \tag{12}$$

을 만족할 때, f 를 볼록함수라 한다.

명제 8.2.1. 구간 I 에서 정의된 연속함수 $f : I \to \mathbb{R}$ 가 다음 성질

$$f\left(\frac{x+y}{2}\right) \leq \frac{f(x)+f(y)}{2}, \qquad x, y \in I \tag{13}$$

을 만족하면, f 는 볼록함수이다. 또한, 볼록함수 $f : I \to \mathbb{R}$ 는 임의의 $s, t, u \in I$ 에 대하여, 다음 부등식

$$s < t < u \implies \frac{f(t)-f(s)}{t-s} \leq \frac{f(u)-f(s)}{u-s} \leq \frac{f(u)-f(t)}{u-t} \tag{14}$$

을 만족한다. 끝으로, 볼록함수의 합은 볼록이다.

증명: 부등식 (12) 를 보이기 위하여

$$x_0 = \alpha x + (1-\alpha)y$$

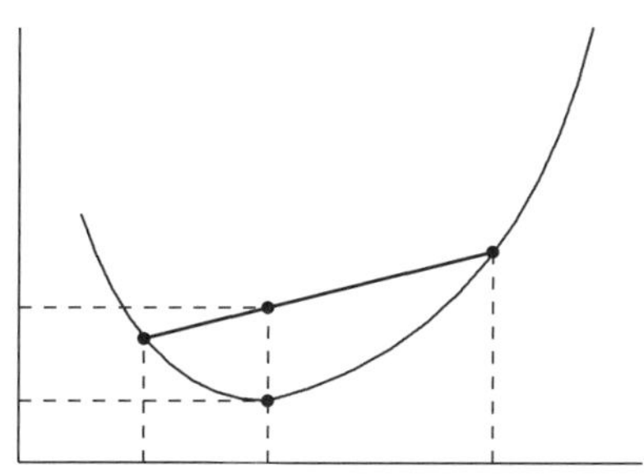

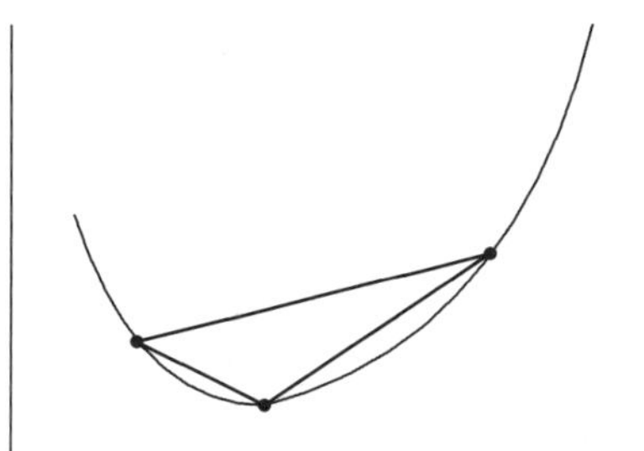

라 두자. 지난 1.4 절에서 축소구간정리를 이용하여 완비성공리를 증명하는 과정과 똑같은 방법으로, 구간 $[x, y]$ 를 계속 반으로 잘라서 구간열 $\langle I_n \rangle$ 을 만들되 모든 I_n 에 점 x_0 이 속하도록 하자. 각 구간 I_n 의 양끝점에 대하여 (13) 을 적용한 뒤에 연속성을 이용하면 (12) 가 증명된다. 부등식 (14) 와 마지막 명제는 연습문제로 남긴다. □

문제 8.2.2. 명제 8.2.1 의 증명을 마무리하여라.

이 명제와 (11) 에 의하여, 함수 $x \mapsto \log \Gamma(x)$ 는 볼록이다. 이 성질은 (9) 와 함께 감마함수를 결정한다.

정리 8.2.2. 함수 $f : (0, \infty) \to (0, \infty)$ 가 다음 성질들

(가) 각 $x \in (0, \infty)$ 에 대하여 $f(x + 1) = xf(x)$ 이다

(나) $f(1) = 1$ 이다

(다) 함수 $x \mapsto \log f(x)$ 가 볼록이다

을 만족하면, 각 $x \in (0, \infty)$ 에 대하여 $f(x) = \Gamma(x)$ 이다.

증명: 감마함수 Γ 가 위의 세 가지 성질을 가지고 있음을 알고 있다. 따라서 위의 세 조건을 만족하는 함수 f 가 유일하게 결정된다는 것을 보이면 되는데, 성질 (가) 를 적용하면 각 $x \in (0, 1]$ 에 대하여 함수값 $f(x)$ 를 결정하면 된다. 그런데 (나) 에 의하여 $f(1) = 1$ 이므로 $0 < x < 1$ 이라 가정하자. 편의상 $\phi(x) = \log f(x)$ 라 두고 네 점

$$n < n + 1 < n + 1 + x < n + 2$$

에 대하여 (14) 를 적용하면,

$$\log n \leq \frac{\phi(n + 1 + x) - \phi(n + 1)}{x} \leq \log(n + 1)$$

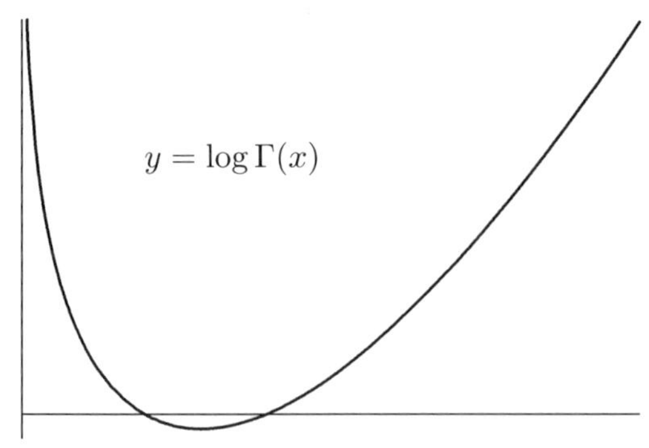

을 얻는다. 그런데 $\phi(x+1) = \phi(x) + \log x$ 이므로 귀납법에 의하여

$$\phi(n+1+x) = \phi(x) + \log\left[x(x+1)\cdots(x+n)\right]$$

이고, 각 $n = 1, 2, \ldots$ 에 대하여 $f(n+1) = n!$ 이므로

$$\log n^x \le \phi(x) + \log\left[x(x+1)\cdots(x+n)\right] - \log n! \le \log(n+1)^x$$

를 얻는다. 따라서

$$0 \le \phi(x) - \log\left[\frac{n!\, n^x}{x(x+1)\cdots(x+n)}\right] \le x\log\left(1+\frac{1}{n}\right)$$

이 되는데, 양변에 극한을 취하면

$$\phi(x) = \lim_{n\to\infty} \log\left[\frac{n!\, n^x}{x(x+1)\cdots(x+n)}\right]$$

가 되어 증명이 끝난다. □

위 증명 과정에서 다음 등식

$$\Gamma(x) = \lim_{n\to\infty} \frac{n!\, n^x}{x(x+1)\cdots(x+n)} \tag{15}$$

이 증명되었다. 위 증명에서 $x \in (0,1]$ 에 대하여 (15) 를 증명하였지만, 관계식 (9) 를 적용하면 임의의 $x \in (0,\infty)$ 에 대하여 (15) 가 성립함을 금방 알 수 있다.

문제 8.2.3. 임의의 $x \in (0,\infty)$ 에 대하여 등식 (15) 가 성립함을 보여라.

이제, 감마함수를 또 다른 방법으로 표현하기 위하여 (15) 의 극한기호 다음에 나오는 식을 $\Gamma_n(x)$ 라 두자. 그러면

$$n^x = \exp\left[x\left(\log n - \frac{1}{1} - \frac{1}{2} - \cdots - \frac{1}{n}\right)\right] e^x e^{\frac{x}{2}} \cdots e^{\frac{x}{n}}$$

이므로, 다음 등식

$$\Gamma_n(x) = \exp\left[x\left(\log n - 1 - \frac{1}{2} - \cdots - \frac{1}{n}\right)\right] \frac{1}{x}\,\frac{e^x}{1+x}\,\frac{e^{\frac{x}{2}}}{1+\frac{x}{2}}\cdots\frac{e^{\frac{x}{n}}}{1+\frac{x}{n}} \tag{16}$$

을 얻는다. 이제, 각 $n = 1, 2, \ldots$ 에 대하여

$$\gamma_n = 1 + \frac{1}{2} + \cdots + \frac{1}{n} - \log n$$

이라 두면

$$\gamma_{n+1} - \gamma_n = \frac{1}{n+1} - \log\left(1 + \frac{1}{n}\right)$$

인데,

$$\frac{1}{n+1} < \log\left(1 + \frac{1}{n}\right) < \frac{1}{n}$$

이므로 $\langle \gamma_n \rangle$ 이 단조감소함을 알 수 있다. 수열 $\langle \gamma_n \rangle$ 의 극한

$$\gamma = \lim_{n\to\infty}\left(1 + \frac{1}{2} + \cdots + \frac{1}{n} - \log n\right)$$

를 **오일러상수**라 부른다. 이제, 등식 (16) 으로 돌아가면

$$\Gamma(x) = e^{-\gamma x}\frac{1}{x}\lim_{N\to\infty}\prod_{k=1}^{N}\frac{e^{\frac{x}{k}}}{1 + \frac{x}{k}}$$

을 얻는다. 여기서 물론 $\prod_{k=1}^{n} a_k$ 는 a_k 들의 곱을 표시한다.

문제 8.2.4. 각 자연수 $n = 1, 2, \ldots$ 에 대하여

$$\frac{1}{n+1} < \log\left(1 + \frac{1}{n}\right) < \frac{1}{n}$$

이 성립함을 보여라.

이제, 정리 8.2.2 를 이용하기 위하여

$$B(x, y) = \int_0^1 t^{x-1}(1-t)^{y-1}dt, \qquad x, y > 0$$

라 두자. 이 함수는 **베타함수**라 부른다. 부분적분을 쓰면

$$\begin{aligned} B(x+1, y) &= \int_0^1 \left(\frac{t}{1-t}\right)^x (1-t)^{x+y-1}dt \\ &= \frac{x}{x+y}\int_0^1 t^{x-1}(1-t)^{y-1}dt = \frac{x}{x+y}B(x, y) \end{aligned}$$

이다. 이제, $y \in (0, \infty)$ 를 고정하고

$$f(x) = \frac{\Gamma(x+y)}{\Gamma(y)}B(x, y), \qquad x \in (0, \infty)$$

라 두면

$$f(x+1) = \frac{(x+y)\Gamma(x+y)}{\Gamma(y)}\frac{x}{x+y}B(x, y) = xf(x)$$

이고,

$$f(1) = y\int_0^1 (1-t)^{y-1}dt = 1$$

이다. 함수 $x \mapsto \log\Gamma(x+y)$ 이 볼록임은 분명하고, 함수 $x \mapsto \log B(x,y)$ 역시 볼록이다. 따라서

$$\log f(x) = \log\Gamma(x+y) + \log B(x,y) - \log\Gamma(y)$$

가 볼록함수가 되어, 정리 8.2.2 를 적용하면 $f \equiv \Gamma$ 이다. 따라서

$$\frac{\Gamma(x)\Gamma(y)}{\Gamma(x+y)} = B(x,y), \qquad x,y>0$$

을 얻는다. 특히

$$\Gamma\left(\frac{1}{2}\right)^2 = \int_0^1 \frac{1}{\sqrt{t(1-t)}}dt$$

인데, $t = \sin^2\theta$ 로 치환하여 계산하면

$$\Gamma\left(\frac{1}{2}\right) = \sqrt{\pi} \tag{17}$$

가 된다. 이를 이용하면, 함수

$$x \mapsto \frac{2^{x-1}}{\sqrt{\pi}}\Gamma\left(\frac{x}{2}\right)\Gamma\left(\frac{x+1}{2}\right)$$

에 대하여 정리 8.2.2 의 세 조건을 바로 확인할 수 있다. 따라서

$$\Gamma(x) = \frac{2^{x-1}}{\sqrt{\pi}}\Gamma\left(\frac{x}{2}\right)\Gamma\left(\frac{x+1}{2}\right), \qquad x>0 \tag{18}$$

을 얻는다.

문제 8.2.5. 함수 $x \mapsto \log B(x,y)$ 가 볼록임을 보여라.

문제 8.2.6. 등식 (18) 을 증명하여라.

감마함수의 정의 (7) 은 적당한 치환에 의하여 여러 가지 모양의 정적분으로 바꿀 수 있다. 예를 들어, $t = s^2$ 으로 치환하면

$$\Gamma(x) = 2\int_0^\infty s^{2x-1}e^{-s^2}ds, \qquad x \in (0,\infty)$$

이다. 이를 이용하면, (17) 에 의하여

$$\int_0^\infty e^{-s^2} ds = \frac{1}{2}\Gamma\left(\frac{1}{2}\right) = \frac{\sqrt{\pi}}{2}$$

를 얻는다.

8.3 적분변환

이 절에서는 다음

$$g : x \mapsto \int_J k(x,t)f(t)dt, \qquad x \in I$$

의 꼴로 주어지는 함수들에 대하여 생각해 보기로 하자. 이렇게 정의된 함수 g 를 f 의 **적분변환**이라 하는데, 해석학에 나오는 많은 함수가 이러한 모양이다. 이 경우, 이변수함수 k 에 따라서 그 변환의 성격이 결정된다. 예를 들어, 감마함수나, 둘째 변수를 고정시킨 베타함수 $x \mapsto B(x,y)$ 는 $k(x,t) = t^{x-1}$ 에 의한 적분변환

$$F : x \mapsto \int_T t^{x-1} f(t)dt \tag{19}$$

의 일종이다. 지난 절에서 이러한 함수들과 로그함수의 합성이 볼록임을 살펴보았는데, 이는 사실 (19) 와 같이 적분변환으로 정의된 함수들의 일반적인 성질이다.

문제 8.3.1. 구간 $T \subset (0,\infty)$ 위에서 함수 f 가 $f \geq 0$ 이라 하자. 이 때, (19) 에 의하여 정의된 함수 F 가 연속이면,

$$x \mapsto \log F(x)$$

가 X 위에서 볼록함수임을 보여라.

미분방정식 등에서 쓰이는 보다 중요한 변환은 다음 식

$$(\mathcal{L}f)(x) = \int_0^\infty e^{-tx} f(t)dt$$

으로 주어지는 **라플라스[1]변환**이다. 이 경우, $(\mathcal{L}f)(x)$ 이 유한값으로 주어지는 x 의 범위는 f 에 따라 달라진다. 라플라스변환

$$f \mapsto \mathcal{L}f$$

1) Pierre Simon Laplace (1749~1827), 프랑스 수학자. 천체역학과 미분방정식, 확률론 등에 수많은 업적을 남겼다. 나폴레옹 시대 때 잠시 내무부 장관을 하기도 하였다.

의 예를 들어 보면

$$\begin{aligned} e^{at} &\mapsto \frac{1}{x-a}, \quad x > a \\ e^{iat} &\mapsto \frac{1}{x-ia}, \quad x > 0 \\ \cos at &\mapsto \frac{x}{x^2+a^2}, \quad x > 0 \\ \sin at &\mapsto \frac{a}{x^2+a^2}, \quad x > 0 \end{aligned} \tag{20}$$

등의 결과를 계산에 의하여 바로 얻을 수 있다. 마지막 두 보기는 e^{iat} 의 변환에서 금방 나온다. 적당한 가정 밑에서 다음 공식

$$(\mathcal{L}f')(x) = x\,(\mathcal{L}f)(x) - f(0) \tag{21}$$

역시 바로 계산할 수 있는데, 이는 라플라스변환이 미분방정식을 풀 때 유용한 이유이다.

문제 8.3.2. 등식 (20) 을 증명하여라.

문제 8.3.3. 등식 (21) 이 성립하기 위한 조건을 제시하고, 이를 증명하여라.

라플라스변환보다 더욱 유용한 변환이 다음

$$\widehat{f}(x) = \int_{-\infty}^{\infty} e^{-itx} f(t)dt \tag{22}$$

과 같이 주어지는 **푸리에**[2)]**변환**

$$f \mapsto \widehat{f}$$

이다. 라플라스변환의 변수 x 가 복소수인 것을 허용하고 $x = u + iv$ 라 두면

$$\int_0^{\infty} e^{-tx} f(t)dt = \int_0^{\infty} e^{-itv} e^{-tu} f(t)dt$$

이므로, 라플라스변환은 푸리에변환의 특별한 경우라 생각할 수 있다. 만일 $f \in \mathcal{R}^1(\mathbb{R})$ 이면 모든 $x \in \mathbb{R}$ 에 대하여 $\widehat{f}(x)$ 가 정의된다. 푸리에변환의 성질을 체계적으로 공부하는 것은 이 책의 범위를 넘는데, 다음 장에서 공부할 푸리에급수는 이와 관련된 것이다.

---

2) Jean Baptiste Joseph Fourier (1768∼1830), 프랑스 수학자. 혁명의 와중에서 공부가 중단되기도 하고 여러 번 체포당하는 등 우여곡절을 겪었다. 나폴레옹의 이집트 침략 때 따라가서 이집트 역사를 연구하기도 하였으며, 그 후 Grenoble 지역의 지방장관으로 재직하며 행정수완을 보이기도 하였다. 푸리에전개에 관한 그의 논문은 처음에 라플라스, 라그랑쥐 등의 반대에 부딪쳐 빛을 보지 못하다가 나중에야 출판되었다. 그에 관한 전기로 [22] 가 있다.

적분변환의 한 가지 예를 더 들어 보자. 두 함수 $f, g : \mathbb{R} \to \mathbb{C}$ 에 대하여

$$(f * g)(x) = \int_{-\infty}^{\infty} g(x-t)f(t)dt \tag{23}$$

라 정의하자. 그러면

$$f \mapsto f * g$$

역시 적분변환으로서 푸리에변환이나 라플라스변환을 공부하는 데 큰 역할을 한다. 지난 7.1 절의 (6) 이나 (7) 은 이와 비슷한 꼴로 정의된 것이다. 이제 각 $r > 0$ 에 대하여, 특성함수

$$k_r(x) = \begin{cases} \dfrac{1}{2r}, & x \in [-r, r] \\ 0, & x \in \mathbb{R} \setminus [-r, r] \end{cases} \tag{24}$$

에 의하여 정의되는 적분변환

$$f \mapsto f * k_r$$

의 성질을 몇 가지 살펴보자. 정의에 의하여

$$(f * k_r)(x) = \int_{-\infty}^{\infty} k_r(x-t)f(t)dt = \frac{1}{2r}\int_{x-r}^{x+r} f(t)dt \tag{25}$$

임을 알 수 있다. 관계식 (25) 에 의하면 f 를 각 점 x 의 근방 $[x-r, x+r]$ 에서 평균한 것이 $f * k_r$ 이므로, 이는 원래 함수보다 보기 좋은 모양이 되고 $r \to 0$ 에 따라 f 에 접근하리라 짐작할 수 있다.

실제로 $\displaystyle\int_{-\infty}^{\infty} |f| < \infty$ 일 때, 함수 $f * k_r$ 은 항상 고른연속이 된다. 이를 보이기 위하여 정리 7.3.4 를 이용하자. 임의의 양수 $\epsilon > 0$ 에 대하여, 다음 성질

$$s < t,\ t - s < \delta_0 \implies \int_s^t |f| < r\epsilon$$

k_1 $k_{1/2}$ $k_{1/3}$ $k_{1/4}$

을 만족하는 양수 $\delta_0 > 0$ 를 잡은 후, $\delta = \min\{2r, \delta_0\}$ 라 두자. 만일 $|x-y| < \delta$ 이면

$$\begin{aligned}|(f * k_r)(x) - (f * k_r)(y)| &= \frac{1}{2r}\left|\int_{x-r}^{x+r} f(t)dt - \int_{y-r}^{y+r} f(t)dt\right| \\ &= \frac{1}{2r}\left|\int_{x-r}^{y-r} f(t)dt - \int_{x+r}^{y+r} f(t)dt\right| \\ &\leq \frac{1}{2r}(r\epsilon + r\epsilon) = \epsilon\end{aligned}$$

이 되어, $f * k_r$ 이 $\mathbb{R}$ 위에서 고른연속함수임을 알 수 있다.

만일 f 가 고른연속함수라 하면, 임의의 양수 $\epsilon > 0$ 에 대하여

$$|x-y| < \delta \implies |f(x) - f(y)| < \epsilon$$

인 양수 $\delta > 0$ 를 잡을 수 있다. 이 때, $r < \delta$ 이면

$$|f(x) - (f * k_r)(x)| \leq \frac{1}{2r}\int_{x-r}^{x+r} |f(x) - f(t)|dt < \epsilon$$

이므로 $f * k_r$ 은 $r \to 0$ 에 따라 f 로 고르게 수렴한다. 이는 7.1 절에서 바이어슈트라스 정리를 증명하는 과정에서 이미 사용한 방법인데, 다음 장에서 푸리에급수를 공부할 때에도 다시 한 번 쓰게 된다.

8.4 연습문제

8.4.1. 함수 f, g 를 다음

$$f(x) = \left(\int_0^x e^{-t^2} dt\right)^2, \qquad g(x) = \int_0^1 \frac{e^{-x^2(t^2+1)}}{t^2+1} dt$$

과 같이 정의하자. 함수 $f+g$ 의 도함수를 구하고, $f(x) + g(x) = \frac{\pi}{4}$ 임을 보여라. 이를 이용하여, 다음 등식

$$\lim_{A\to\infty}\int_0^A e^{-t^2} dt = \frac{1}{2}\sqrt{\pi}$$

이 성립함을 보여라.

8.4.2. 각 $x \in \mathbb{R}$ 에 대하여

$$f(x) = \int_0^\infty e^{-t^2} \cos 2tx dt, \qquad x \in \mathbb{R}$$

이라 정의하자. 이 때, f 가 $\mathbb{R}$ 위에서 미분가능하고, 각 $x \in \mathbb{R}$ 에 대하여 관계식 $f'(x)+2xf(x)=0$ 이 성립함을 보여라. 이를 이용하여

$$f(x) = \frac{1}{2}\sqrt{\pi}e^{-x^2}, \qquad x \in \mathbb{R}$$

임을 보여라.

8.4.3. 다음 등식

$$\frac{1}{\sqrt{2\pi}}\int_{-\infty}^{\infty} e^{-t^2/2}e^{-itx}\,dt = e^{-x^2/2}, \qquad x \in \mathbb{R}$$

을 증명하여라.

8.4.4. 각 $x \in \mathbb{R}$ 에 대하여

$$f(x) = \int_0^\infty \frac{\cos tx}{1+t^2}\,dt, \qquad g(x) = \int_0^\infty \frac{\sin tx}{t(1+t^2)}\,dt$$

라 정의하자.

(가) g 가 $\mathbb{R}$ 위에서 미분가능하고, $g' = f$ 임을 보여라.

(나) f 가 $\mathbb{R}$ 위에서 연속임을 보여라.

(다) f 가 구간 $(0,\infty)$ 위에서 미분가능함을 보이고, 등식

$$g''(x) - g(x) + \frac{\pi}{2} = 0, \qquad x > 0$$

이 성립함을 보여라.

(라) 임의의 $x \in \mathbb{R}$ 에 대하여 $f(x) = \frac{\pi}{2}e^{-|x|}$ 임을 보여라.

8.4.5. 함수 $x \mapsto \int_0^1 t^x\,dt$ 의 도함수를 구하여라. 이를 이용하여, 다음 등식

$$\int_0^1 t^n(\log t)^m\,dt = (-1)^m\frac{m!}{(n+1)^{m+1}}, \qquad m,n = 1,2,\ldots$$

을 보여라.

8.4.6. 각 자연수 $n = 0,1,2,\ldots$ 에 대하여

$$\Gamma\left(n+\frac{1}{2}\right) = (2n)!\frac{\sqrt{\pi}}{n!4^n}$$

임을 보여라.

8.4.7. 각 $x > 0$ 에 대하여, 다음 등식

$$\Gamma(x) = \sum_{n=0}^{\infty} \frac{(-1)^n}{n!} \frac{1}{n+x} + \sum_{n=0}^{\infty} \left(\frac{1}{n!} \int_1^{\infty} t^{-1} e^{-t} (\log t)^n dt \right) x^n$$

이 성립함을 증명하여라.

8.4.8. 함수 $f : \mathbb{R} \to \mathbb{R}$ 이 C^n-함수일 때, $f * k_r$ 이 C^{n+1}-함수가 되는지 살펴보아라.

8.4.9. 함수 $f = \chi_{[-1,1]}$ 이 주어져 있을 때, $r = 1, \frac{1}{2}, \frac{1}{3}, \frac{1}{5}, \frac{1}{10}$ 에 대하여

$$x \mapsto (f * k_r)(x)$$

의 그래프를 그려라.

8.4.10. 함수 $f(x) = \max\{1 - |x|, 0\}$ 이 주어져 있을 때, $r = 1, \frac{1}{2}, \frac{1}{3}, \frac{1}{5}, \frac{1}{10}$ 에 대하여

$$x \mapsto (f * k_r)(x)$$

의 그래프를 그려라.

8.4.11. 함수열 $\langle f_n \rangle$ 이 다음

$$f_0 = \chi_{[-1,1]}, \qquad f_{n+1} = f_n * f_0, \quad n = 0, 1, 2, \ldots$$

과 같이 정의되어 있을 때, 이 함수열의 그래프가 어떻게 변해 가는지 그려 보아라.

제 9 장
푸리에급수

지난 6장에서 삼각급수에 대하여 간단히 공부한 적이 있는데, 삼각급수로 정의된 함수는 당연히 주기함수이다. 이 장에서는 주어진 주기함수를 어떻게 삼각급수로 나타낼 수 있는가 하는 점을 공부한다. 즉, 주어진 주기함수 f 와 삼각급수

$$\sum_{n=0}^{\infty}(a_n \sin nx + b_n \cos nx)$$

가 가장 가깝기 위하여 계수 $\langle a_n \rangle$ 과 $\langle b_n \rangle$ 을 어떻게 잡아야 하는가 하는 문제인데, 지난 7장에서 공부한 내적공간 $\mathcal{R}^2[-\pi, \pi]$ 에서 생각하는 것이 편리하다. 이 경우, 좌표공간에서 주어진 벡터를 정규직교기저의 선형결합으로 표시할 때 그 계수를 찾는 것과 같은 문제가 된다. 이렇게 정해진 계수를 주기함수 f 의 푸리에계수라 한다. 이 때 가깝다고 하는 말은 $\mathcal{R}^2$ 공간에서 주어진 노음으로 거리가 가깝다는 뜻이므로, 원래 함수와 푸리에계수로 주어진 삼각급수를 각 점에서 비교하는 것은 전혀 다른 문제가 된다. 이 문제는 푸리에가 19세기 초반에 주기함수를 삼각급수로 나타내고자 하는 발상을 한 이후 해석학의 중심과제로 자리잡았고, 우리가 이제까지 공부한 많은 개념이나 정의들이 이 문제로부터 파생되었다. 또한, 이 문제를 생각하는 과정에서 현재 사용하는 '함수' 나 '집합' 의 개념이 정립되었다.

9.1 푸리에계수

먼저 테일러전개와 멱급수의 관계를 생각하여보자. 테일러전개는 주어진 함수와 가장 근사한 다항식을 찾는 방법이다. 예를 들어 접선의 방정식은 주어진 함수와 가장 근사한 일차함수이다. 테일러전개를 한없이 계속하였을 때 테일러급수가 얻어지는데, 이는 멱급수의 꼴이다. 즉, 테일러급수는 주어진 함수와 가장 근사한 멱급수 꼴의 함수이다.

이렇게 얻어진 멱급수가 원래 함수와 '같은' 함수가 되는가 하는 문제는 주어진 함수가 어떤 함수였는가에 따라서 결정된다.

삼각급수는 지난 지난 6.5 절에서 공부한 바와 같이 처음부터

$$\sum_{n=0}^{\infty}(a_n \sin nx + b_n \cos nx)$$

꼴로 주어지는 함수이다. 이 장에서 공부하려고 하는 푸리에급수는 이미 주어져 있는 함수와 가장 근사한 삼각급수이다. 보다 구체적으로 말하자면 a_n 과 b_n 을 어떻게 주어야 이 삼각급수가 원래 함수와 가장 근사한 함수가 되는지 살펴보게 된다. 여기에서 '근사' 하다는 것을 어떤 의미로 해석해야 할 것인지가 중요한 문제가 된다.

지난 6.5 절의 등식 (28) 을 이용하여, 삼각함수 대신에 지수함수로 바꾸어 생각하는 것이 편리하다. 구체적으로 계산하면, 각 $x \in \mathbb{R}$ 에 대하여

$$a_0 + \sum_{n=1}^{N}(a_n \cos nx + b_n \sin nx) = a_0 + \sum_{n=1}^{N}\left[\frac{a_n - ib_n}{2}e^{inx} + \frac{a_n + ib_n}{2}e^{-inx}\right]$$

이고, 또 역으로

$$\sum_{n=-N}^{N} c_n e^{inx} = c_0 + \sum_{n=1}^{N}[(c_n + c_{-n})\cos nx + i(c_n - c_{-n})\sin nx] \tag{1}$$

이다. 여기서 a_n, b_n, c_n 은 물론 복소수인데, 위의 식 (1) 로 주어진 함수를 **삼각다항식**이라 한다.

이제 각 $n \in \mathbb{Z}$ 에 대하여

$$u_n(x) = e^{inx}, \qquad x \in \mathbb{R},\ n \in \mathbb{Z} \tag{2}$$

라 두면, 직접 계산에 의하여

$$\frac{1}{2\pi}\int_{-\pi}^{\pi} u_n(x)\overline{u_m(x)}dx = \begin{cases} 1, & m = n \\ 0, & m \neq n \end{cases} \tag{3}$$

가 된다. 만일 (1) 로 주어진 삼각다항식을 P 라 두면

$$\frac{1}{2\pi}\int_{-\pi}^{\pi} P(x)e^{-inx}dx = \begin{cases} c_n, & n = 0, \pm 1, \ldots, \pm N \\ 0, & |n| > N \end{cases} \tag{4}$$

이다. 이제 벡터공간 $\mathcal{R}^2[-\pi,\pi]$ 의 내적을 7.4 절의 (30) 과 같이

$$\langle f,g\rangle = \frac{1}{2\pi}\int_{-\pi}^{\pi} f(x)\overline{g(x)}\,dx, \qquad f,g\in\mathcal{R}^2[-\pi,\pi] \tag{5}$$

으로 정의한다. 관계식 (3) 은

$$\{u_n : n\in\mathbb{Z}\}$$

이 내적공간 $\mathcal{R}^2[-\pi,\pi]$ 의 **정규직교집합**임을 말해 준다. 또한 (4) 에 의하면, (1) 로 주어진 삼각다항식 P 의 계수 c_n 이

$$c_n = \langle P, u_n\rangle, \qquad n=0,\pm1,\pm2,\dots$$

으로 주어짐을 알 수 있다.

문제 9.1.1. 등식 (1), (3), (4) 를 증명하여라.

정리 9.1.1. 복소내적공간 X 의 정규직교집합 $\{\xi_n : n\in\mathbb{Z}\}$ 와 벡터 $\xi\in X$ 가 주어져 있을 때, 각 $n\in\mathbb{Z}$ 에 대하여

$$c_n = \langle \xi, \xi_n\rangle, \qquad n\in\mathbb{Z}$$

라 정의하자. 그러면, 임의의 복소수집합 $\{z_n : n\in\mathbb{Z}\}$ 에 대하여

$$\left\|\xi - \sum_{n=-N}^{N} c_n\xi_n\right\| \le \left\|\xi - \sum_{n=-N}^{N} z_n\xi_n\right\|, \qquad N=1,2,\dots \tag{6}$$

이다. 또한, 이 부등식에서 등호가 성립하면 각 $n\in\mathbb{Z}$ 에 대하여 $c_n = z_n$ 이다. 끝으로, 다음 부등식

$$\sum_{n=-N}^{N} |c_n|^2 \le \|\xi\|^2, \qquad N=1,2,\dots \tag{7}$$

이 성립한다.

증명: 우선, 내적공간의 원소 η,ζ 가 서로 수직이면

$$\|\eta+\zeta\|^2 = \langle \eta+\zeta, \eta+\zeta\rangle = \langle\eta,\eta\rangle + 2\mathrm{Re}\,\langle\eta,\zeta\rangle + \langle\zeta,\zeta\rangle = \|\eta\|^2 + \|\zeta\|^2$$

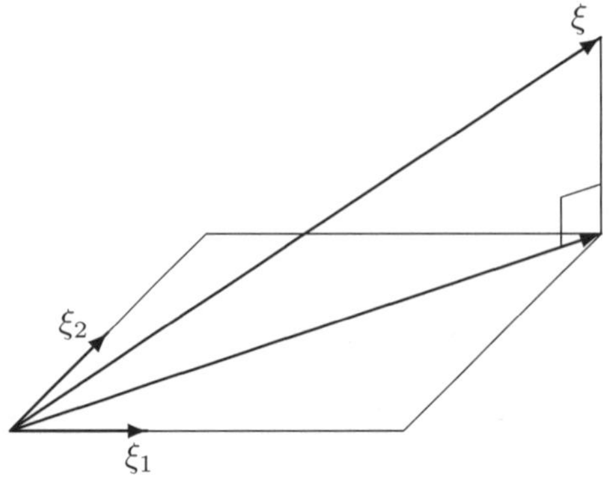

임을 상기하자. 그런데

$$\begin{aligned}\left\langle \xi - \sum_{n=-N}^{N} c_n\xi_n, \sum_{n=-N}^{N} (c_n - z_n)\xi_n \right\rangle \\ &= \sum_{n=-N}^{N} (\overline{c_n} - \overline{z_n})\langle \xi, \xi_n\rangle - \sum_{m=-N}^{N}\sum_{n=-N}^{N} c_m(\overline{c_n} - \overline{z_n})\langle \xi_m, \xi_n\rangle \\ &= \sum_{n=-N}^{N} (\overline{c_n} - \overline{z_n})c_n - \sum_{n=-N}^{N} c_n(\overline{c_n} - \overline{z_n}) = 0\end{aligned}$$

이므로

$$\left\| \xi - \sum_{n=-N}^{N} c_n\xi_n \right\|^2 + \left\| \sum_{n=-N}^{N} (c_n - z_n)\xi_n \right\|^2 = \left\| \xi - \sum_{n=-N}^{N} z_n\xi_n \right\|^2 \tag{8}$$

이 된다. 따라서 부등식 (6) 을 얻고, 이 부등식에서 등호가 성립하려면 (8) 의 왼쪽 둘째 항이 0 이어야 하므로 $c_n = z_n$ 을 얻는다. 끝으로, 등식 (8) 에서 $z_n = 0$ 을 넣으면

$$\left\| \xi - \sum_{n=-N}^{N} c_n\xi_n \right\|^2 = \|\xi\|^2 - \left\| \sum_{n=-N}^{N} c_n\xi_n \right\|^2 = \|\xi\|^2 - \sum_{n=-N}^{N} |c_n|^2 \tag{9}$$

이므로, 부등식 (7) 을 얻는다. □

함수 $f : \mathbb{R} \to \mathbb{C}$ 와 양수 $a > 0$ 이 다음 조건

$$f(x + a) = f(x), \qquad x \in \mathbb{R}$$

을 만족하면, 함수 f 가 **주기** a 인 **주기함수**라 한다. 주기가 2π 인 함수는 그 정의역을 $[-\pi, \pi]$ 혹은 $[0, 2\pi]$ 로 생각해도 무방하다. 이 경우 구간의 양 끝점에서 함수값이 같아야 하지만, 그 구간 위의 $\mathcal{R}^1$ 공간이나 $\mathcal{R}^2$ 공간을 생각할 때에는 상관없다.

이제, f 가 내적공간 $\mathcal{R}^2[-\pi, \pi]$ 의 원소일 때, 즉

$$\int_{-\pi}^{\pi} |f|^2 < \infty$$

일 때, 각 $n \in \mathbb{Z}$ 에 대하여 정리 9.1.1 과 마찬가지로

$$c_n = \langle f, u_n \rangle = \frac{1}{2\pi} \int_{-\pi}^{\pi} f(x) e^{-inx} dx, \qquad n \in \mathbb{Z} \tag{10}$$

라 정의한다. 이 때, 삼각급수

$$\sum_{n=-\infty}^{\infty} c_n e^{inx} = \lim_{n \to \infty} \sum_{k=-n}^{n} c_k e^{ikx} \tag{11}$$

를 f 의 **푸리에급수**라 하고, 복소수집합

$$\{c_n : n \in \mathbb{Z}\}$$

를 **푸리에계수**라 부른다.

푸리에계수의 정의 (10) 에서 $|u_n(x)| = 1$ 이므로, 만일

$$\int_{-\pi}^{\pi} |f| < \infty$$

이면 (10) 의 적분값이 유한이다. 제 7.4 절의 (34) 에 의하여

$$\mathcal{R}^2[-\pi, \pi] \subsetneq \mathcal{R}^1[-\pi, \pi]$$

임을 상기하자. 즉, 푸리에계수나 푸리에급수는 $\mathcal{R}^2[-\pi, \pi]$ 보다 큰 공간인 $\mathcal{R}^1[-\pi, \pi]$ 의 모든 함수 f 에 대하여 정의된다.

앞으로, 각 $f \in \mathcal{R}^1[-\pi, \pi]$ 와 $x \in [-\pi, \pi]$ 에 대하여 푸리에급수의 부분합수열을

$$s_n(f; x) = \sum_{k=-n}^{n} c_k e^{ikx}, \qquad n = 0, 1, 2, \dots \tag{12}$$

라 쓴다. 정리 9.1.1 은, $\displaystyle\int_{-\pi}^{\pi} |f|^2 < \infty$ 일 때, 각 $n = 1, 2, \dots$ 에 대하여 함수 f 와 삼각다항식

$$s_n(f) = \sum_{k=-n}^{n} c_k u_k$$

사이의 '거리' $\|f - s_n(f)\|_2$ 가 가장 작아지려면 c_n 이 관계식 (10) 으로 주어져야 함을 말해 준다. 또한 부등식 (7) 에 의하여 다음 부등식

$$\frac{1}{2\pi}\int_{-\pi}^{\pi}|f|^2 < \infty \implies \sum_{n=-\infty}^{\infty}|c_n|^2 \le \|f\|_2^2 \tag{13}$$

이 성립하는데, 이를 **베셀**[1] **부등식**이라 한다. 특히,

$$\frac{1}{2\pi}\int_{-\pi}^{\pi}|f|^2 < \infty \implies \lim_{n\to\pm\infty} c_n = 0 \tag{14}$$

임을 알게 된다.

이 장에서 사용하게 될 구간 $[-\pi, \pi]$ 는 임의의 $a \in \mathbb{R}$ 에 대하여 $[-\pi + a, \pi + a]$ 로 바꾸어도 된다. 앞으로, 구간 $I = [-\pi + a, \pi + a]$ 위에서 함수 f 의 푸리에계수가 $\{c_n\}$ 이면

$$f(x) \sim \sum_{n=-\infty}^{\infty} c_n e^{inx}, \qquad x \in I$$

혹은

$$f(x) \sim c_0 + \sum_{n=1}^{\infty}\left[(c_n + c_{-n})\cos nx + i(c_n - c_{-n})\sin nx\right], \quad x \in I \tag{15}$$

라 쓴다.

각 $x \in \mathbb{R}$ 에 대하여

$$f(-x) = -f(x)$$

일 때 f 를 **홀함수**라 하고, 각 $x \in \mathbb{R}$ 에 대하여

$$f(-x) = f(x)$$

이면 f 를 **짝함수**라 한다. 다음 명제는 자명하다.

명제 9.1.2. 구간 $[-\pi, \pi]$ 에서 정의된 $\mathcal{R}^1$-함수 $f : [-\pi, \pi] \to \mathbb{C}$ 의 푸리에계수가 $\{c_n\}$ 일 때, 다음이 성립한다.

(가) 함수 f 가 실함수이면 $\overline{c_n} = c_{-n}$ $(n \in \mathbb{Z})$ 이다.

---

1) Friedrich Wilhelm Bessel (1784~1846), 독일 천문학자. 열여섯 살에 Bremen 에 있는 무역회사에 도제로 들어가 일하면서 천문학에 관심을 가지게 되었다. 사설 천문대 조수를 거쳐서 1810 년부터 Göttingen 에서 활동하였다.

(나) 함수 f 가 짝함수이면 $c_n = c_{-n} \quad (n \in \mathbb{Z})$ 이다.

(다) 함수 f 가 홀함수이면 $c_{-n} = -c_n \quad (n \in \mathbb{Z})$ 이다.

문제 9.1.2. 명제 9.1.2 를 증명하여라.

문제 9.1.3. 함수 $f \in \mathcal{R}^1[-\pi, \pi]$ 에 대하여 다음을 증명하여라.

(가) 만일 f 가 짝함수이면

$$f(x) \sim \frac{a_0}{2} + \sum_{n=1}^{\infty} a_n \cos nx, \qquad a_n = \frac{2}{\pi}\int_0^{\pi} f(t)\cos nt dt$$

이다.

(나) 만일 f 가 홀함수이면

$$f(x) \sim \sum_{n=1}^{\infty} b_n \sin nx, \qquad b_n = \frac{2}{\pi}\int_0^{\pi} f(t)\sin nt dt$$

이다.

보기 1. 만일 $f = \chi_{(0,\pi)} - \chi_{(-\pi,0)}$ 라면

$$c_n = \frac{1}{2\pi}\left[\int_0^{\pi} e^{-inx}dx - \int_{-\pi}^{0} e^{-inx}dx\right] = \begin{cases} \dfrac{2}{n\pi i}, & n \text{ 은 홀수} \\ 0, & n \text{ 은 짝수} \end{cases}$$

가 된다. 따라서

$$\chi_{(0,\pi)}(x) - \chi_{(-\pi,0)}(x) \sim \frac{4}{\pi}\sum_{n=1}^{\infty} \frac{1}{2n-1}\sin(2n-1)x, \qquad x \in [-\pi, \pi] \tag{16}$$

이다.

또 다른 예로서 $f(x) = x$ 라 하자. 이 경우, 그 구간을 어떻게 정하느냐에 따라서 다른 주기함수란 점을 유념해야 한다. 구간 $[0, 2\pi]$ 에서 먼저 생각해 보자. 그러면

$$c_n = \frac{1}{2\pi}\int_0^{2\pi} xe^{-inx}dx = \begin{cases} \pi, & n = 0 \\ -\dfrac{1}{in}, & n \neq 0 \end{cases}$$

이고, 따라서

$$x \sim \pi - \sum_{n=1}^{\infty} \frac{2}{n}\sin nx, \qquad x \in [0, 2\pi] \tag{17}$$

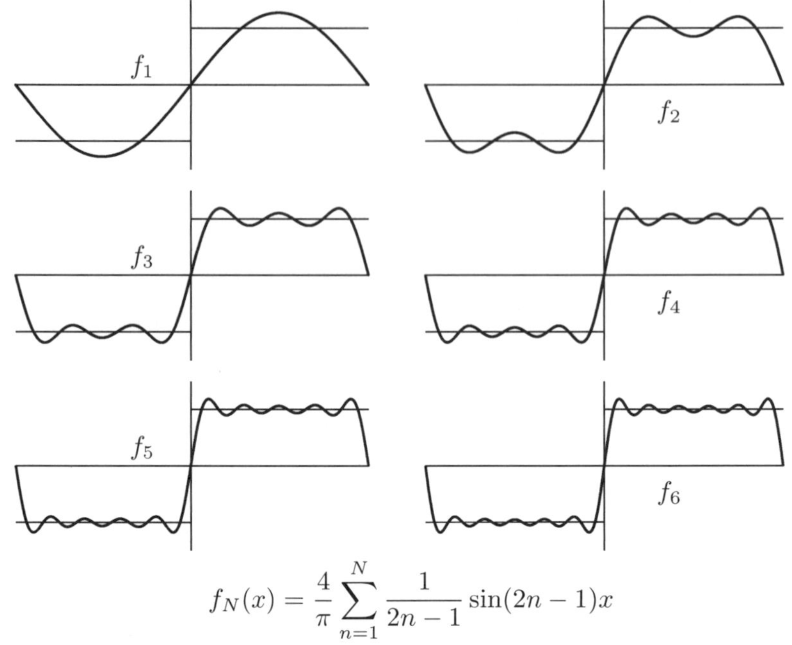

$$f_N(x) = \frac{4}{\pi}\sum_{n=1}^{N}\frac{1}{2n-1}\sin(2n-1)x$$

을 얻는다. 그러나 구간 $[-\pi, \pi]$ 에서 생각하면, $c_0 = 0$ 이고

$$c_n = \frac{1}{2\pi}\int_{-\pi}^{\pi} xe^{-inx}dx = \frac{(-1)^{n-1}}{ni} \qquad n = \pm 1, \pm 2, \ldots$$

이므로

$$x \sim 2\sum_{n=1}^{\infty}\frac{(-1)^{n-1}}{n}\sin nx, \qquad x \in [-\pi, \pi] \tag{18}$$

가 된다. 실직식 전체 위에서는 '같은' 함수라도 어떤 구간 위에서 정의된 주기함수로 이해하느냐에 따라서 다른 주기함수가 됨을 유의하여야 한다. □

문제 9.1.4. 등식 (16), (17), (18) 을 증명하여라. 이 등식들의 오른쪽에 있는 급수의 그래프를 적절히 큰 부분합까지 그려 보고, 이를 왼쪽의 함수와 비교하여라.

문제 9.1.5. 다음 주기함수들의 푸리에급수를 구하여라.

(가) $f(x) = \begin{cases} 1, & x \in (0, \pi) \\ 0, & x \in (-\pi, 0) \end{cases}$ (나) $f(x) = \begin{cases} x, & x \in (0, \pi) \\ 0, & x \in (-\pi, 0) \end{cases}$

(다) $f(x) = |x|, \quad x \in (-\pi, \pi)$ (라) $f(x) = x^2, \quad x \in (-\pi, \pi)$

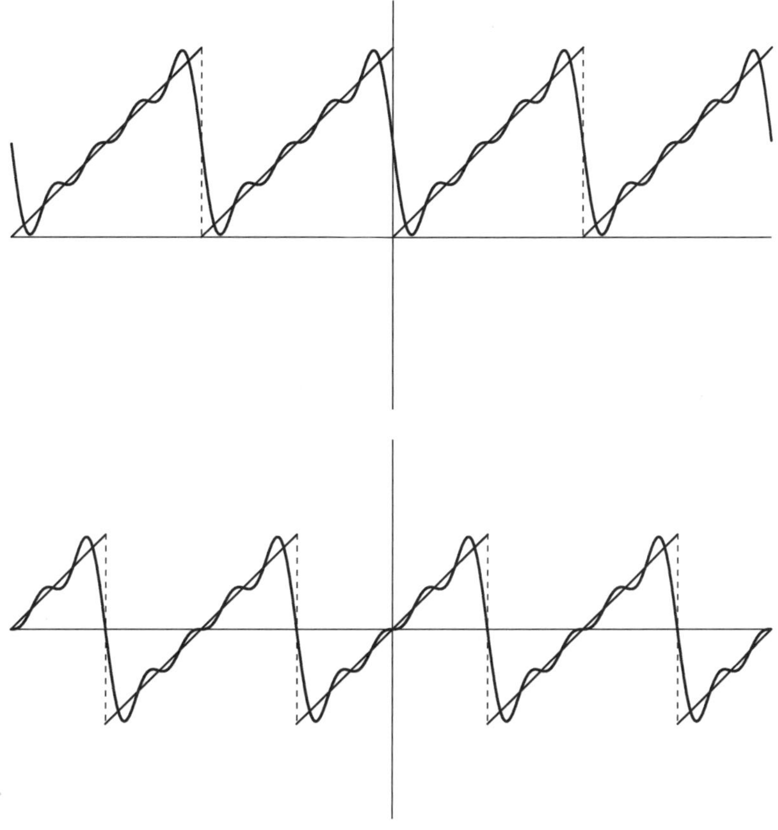

9.2 푸리에급수의 점별수렴

이 절에서는 푸리에급수와 원래 함수 $f \in \mathcal{R}^1[-\pi, \pi]$ 사이의 관계를 살펴보려 한다. 구체적으로 표현하여, $x \in [-\pi, \pi]$ 를 고정하고 다음 두 질문을 생각하자.

(가) 수열 $\langle s_n(f; x) : n = 1, 2, \ldots \rangle$ 이 수렴하는가?

(나) 이 수열이 수렴할 때, $f(x)$ 로 수렴하는가?

결론부터 말하여 두 질문 모두 부정적인데, 이 절에서 두 질문의 답을 긍정적이게 하여 주는 몇 가지 충분조건을 공부한다.

이제, 앞 절의 정의 (10) 과 (12) 에 의하면

$$s_n(f; x) = \frac{1}{2\pi} \int_{-\pi}^{\pi} f(t) \left[\sum_{k=-n}^{n} e^{ik(x-t)} \right] dt$$

이다. 각 $n = 1, 2, \ldots$ 에 대하여

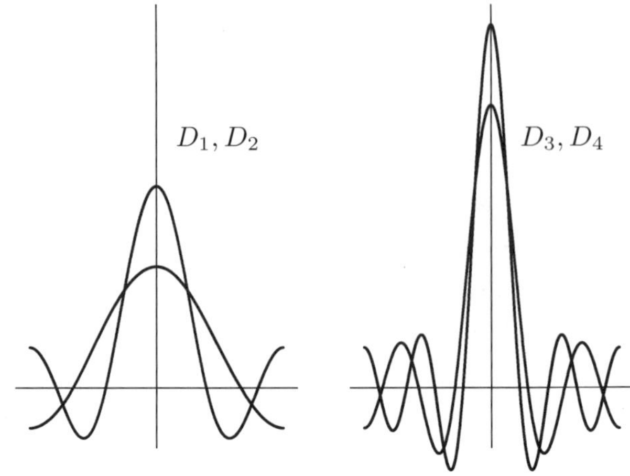

$$D_n(x) = \sum_{k=-n}^{n} e^{ikx} = 1 + 2\sum_{k=1}^{n} \cos kx = \frac{\sin(n+\frac{1}{2})x}{\sin\frac{x}{2}}$$

이라 정의하고, 함수열 $\langle D_n \rangle$ 을 **디리클렛핵**이라 부른다. 위 등식의 셋째 등호에서 6.5 절의 (32) 를 사용하였다. 그러면

$$s_n(f;x) = \frac{1}{2\pi}\int_{-\pi}^{\pi} f(t)D_n(x-t)dt = \frac{1}{2\pi}\int_{-\pi}^{\pi} f(x-t)D_n(t)dt \tag{19}$$

이다. 지난 7.1 절의 (6) 과 (7), 8.3 절의 (23) 등과 비교하여 보기 바란다. 그런데

$$D_n(t) = D_n(-t), \qquad n = 1, 2, \ldots$$

이므로

$$s_n(f;x) = \frac{1}{\pi}\int_{0}^{\pi} \frac{f(x+t)+f(x-t)}{2} D_n(t)dt \tag{20}$$

를 얻는다. 이 적분의 극한을 따지는 데 다음 정리는 결정적인 역할을 한다.

정리 9.2.1. (리만-르벡) **구간 I 위에서 $\int_I |f| < \infty$ 이면, 임의의 $\beta \in \mathbb{R}$ 에 대하여 다음 등식**

$$\lim_{\alpha\to\infty} \int_I f(t)\sin(\alpha t+\beta)dt = 0 \tag{21}$$

이 성립한다.

증명: 각 $a, b \in \mathbb{R}$ 에 대하여 $\left|\int_a^b \sin(\alpha t+\beta)dt\right| \le \frac{2}{\alpha}$ 이므로

$$\lim_{\alpha\to\infty} \int_a^b \sin(\alpha t+\beta)dt = 0$$

이 성립한다. 다시 말하면 유계구간 위에서 정의된 특성함수는 등식 (21) 을 만족하고, 따라서 특이적분이 수렴하는 계단함수도 등식 (21) 을 만족한다. 이제 정리 7.4.6 을 이용하여 $\|f - s\|_1 < \epsilon$ 인 계단함수 s 를 잡고,

$$|\alpha| \geq M \implies \left| \int_I s(t) \sin(\alpha x + \beta)\, dt \right| < \epsilon$$

이 성립하도록 $M > 0$ 을 잡는다. 그러면, $|\alpha| \geq M$ 일 때

$$\left| \int_I f(t) \sin(\alpha t + \beta) dt \right| \leq \left| \int_I (f(t) - s(t)) \sin(\alpha t + \beta) dt \right| + \left| \int_I s(t) \sin(\alpha t + \beta) dt \right|$$
$$\leq \|f - s\|_1 + \epsilon < 2\epsilon$$

이 성립한다. □

이제 관계식 (20) 으로 돌아가면,

$$\lim_{t \to 0} \left(\frac{1}{\sin \frac{t}{2}} - \frac{2}{t} \right) = 0$$

이므로 정리 9.2.1 을 적용하여

$$\lim_{n \to \infty} \frac{1}{\pi} \int_0^\pi \frac{f(x+t) + f(x-t)}{2} \left[\frac{1}{\sin \frac{t}{2}} - \frac{2}{t} \right] \sin\left(n + \frac{1}{2}\right) t\, dt = 0$$

임을 알 수 있다. 따라서

$$\lim_{n \to \infty} s_n(f; x) = \lim_{n \to \infty} \frac{2}{\pi} \int_0^\pi \frac{f(x+t) + f(x-t)}{2} \frac{\sin(n + \frac{1}{2})t}{t}\, dt$$

인데, 양수 $\delta \in (0, \pi)$ 가 주어지면 함수 $t \mapsto \dfrac{1}{t}$ 은 구간 $[\delta, \pi]$ 에서 유계이므로, 다시 정리 9.2.1 에 의하여

$$\lim_{n \to \infty} \frac{2}{\pi} \int_\delta^\pi \frac{f(x+t) + f(x-t)}{2} \frac{\sin(n + \frac{1}{2})t}{t}\, dt = 0$$

이다. 지금까지 논의한 것을 종합하면 다음 정리를 얻는다.

정리 9.2.2. (리만) 양수 $\delta \in (0, \pi)$ 가 주어져 있다. 만일 $\displaystyle\int_{-\pi}^{\pi} |f| < \infty$ 이면 푸리에급수의 극한은

$$\lim_{n \to \infty} s_n(f; x) = \lim_{n \to \infty} \frac{2}{\pi} \int_0^\delta \frac{f(x+t) + f(x-t)}{2} \frac{\sin(n + \frac{1}{2})t}{t}\, dt$$

으로 주어진다.

이 정리에 의하면, 고정된 점 $x \in [-\pi, \pi]$ 에서 푸리에급수의 수렴 여부는 x 근방에서 정의된 f 의 모습에 의하여 결정됨을 알 수 있다. 푸리에계수를 결정하기 위하여 구간 $[-\pi, \pi]$ 위에서 적분한 것을 생각하면 매우 놀라운 결과이다. 정리 9.2.2 에 의하면 푸리에급수의 점별수렴 여부를 알기 위하여 다음 모양의 극한값

$$\lim_{\alpha\to\infty} \frac{2}{\pi} \int_0^\delta g(t) \frac{\sin \alpha t}{t}\, dt \tag{22}$$

을 공부할 필요가 있다. 이 극한에 나오는 모양의 적분 역시 **디리클렛적분**이라 부른다. 임의의 실수 A 에 대하여

$$\int_0^\delta g(t) \frac{\sin \alpha t}{t} dt = \int_0^\delta \frac{g(t) - A}{t} \sin \alpha t dt + A \int_0^\delta \frac{\sin \alpha t}{t} dt$$

이다. 그런데 8.1 절의 (6) 에 의하여

$$\lim_{\alpha\to\infty} \int_0^\delta \frac{\sin \alpha t}{t} dt = \lim_{\alpha\to\infty} \int_0^{\alpha\delta} \frac{\sin t}{t} dt = \frac{\pi}{2} \tag{23}$$

이므로

$$\lim_{\alpha\to\infty} \frac{2}{\pi} \int_0^\delta g(t) \frac{\sin \alpha t}{t} dt = \lim_{\alpha\to\infty} \frac{2}{\pi} \int_0^\delta \frac{g(t) - A}{t} \sin \alpha t dt + A \tag{24}$$

를 얻는다. 따라서,

$$\lim_{\alpha\to\infty} \frac{2}{\pi} \int_0^\delta g(t) \frac{\sin \alpha t}{t} dt = A \iff \lim_{\alpha\to\infty} \int_0^\delta \frac{g(t) - A}{t} \sin \alpha t dt = 0 \tag{25}$$

임을 알 수 있다. 만일 함수

$$h : t \mapsto \frac{g(t) - A}{t} \tag{26}$$

가 구간 $(0, \delta]$ 위에서 특이적분이 수렴하면, 정리 9.2.1 을 적용할 수 있다. 그런데 $h \in \mathcal{R}^1(0, \delta]$ 이면서 우극한 $g(0+)$ 가 존재한다면 반드시

$$A = g(0+)$$

이어야 함을 알 수 있다.

문제 9.2.1. 함수 h 가 (26) 에 의하여 정의되어 있다고 하자.

(가) 만일 $h \in \mathcal{R}^1(0, \delta]$ 이고 우극한 $g(0+)$ 가 존재한다면 $g(0+) = A$ 임을 보여라.

(나) $h \in \mathcal{R}^1(0,\delta]$ 이지만 $g(0+)$ 가 존재하지 않는 예를 들어라.

도움정리 9.2.3. 만일 우극한 $g(0+)$ 가 존재하고

$$\int_0^\delta \left| \frac{g(t) - g(0+)}{t} \right| dt < \infty$$

이면, (22) 의 극한값이 $g(0+)$ 이다.

이제 정리 9.2.2 로 돌아가서 지금까지 논의한 것을 적용하면 다음 정리를 얻는다.

정리 9.2.4. (디니[2]) 함수 $f \in \mathcal{R}^1[-\pi,\pi]$ 와 $x \in [-\pi,\pi]$ 에 대하여 다음을 가정하자.

(가) 극한값 $\dfrac{f(x+) + f(x-)}{2}$ 가 존재한다.

(나) $\displaystyle\int_0^\delta \left| \frac{1}{t} \left(\frac{f(x+t) + f(x-t)}{2} - \frac{f(x+) + f(x-)}{2} \right) \right| dt < \infty$ 이다.

그러면, 등식

$$\lim_{n\to\infty} s_n(f;x) = \frac{f(x+) + f(x-)}{2} \tag{27}$$

이 성립한다.

이 정리의 가정이 조금 복잡해 보이긴 하지만 상당히 많은 함수들이 이 가정을 만족한다. 적당한 양수 $M, p, \delta > 0$ 에 대하여 다음 성질

$$-\delta < t < \delta \implies |f(x+t) - f(x)| \le M|t|^p$$

이 성립하면 함수 f 가 점 x 에서 **립쉬츠조건**을 만족한다고 한다. 함수 f 가 점 x 에서 립쉬츠조건을 만족하면, 그 점에서 연속임은 명백하다. 따라서

$$\frac{f(x+) + f(x-)}{2} = f(x)$$

이고, 각 $t \in [0,\delta]$ 에 대하여

$$\left| \frac{1}{t} \left(\frac{f(x+t) + f(x-t)}{2} - f(x) \right) \right| \le Mt^{p-1}$$

---

2) Ulisse Dini (1845∼1918), 이탈리아 수학자. Pisa 에서 공부하고 활동하였다.

이다. 그런데 함수 $\int_0^{\delta} t^{p-1}\, dt < \infty$ 이므로, 다음을 얻는다.

따름정리 9.2.5. 함수 $f \in \mathcal{R}^1[-\pi, \pi]$ 가 점 $x \in [-\pi, \pi]$ 에서 립쉬츠조건을 만족하면

$$\lim_n s_n(f; x) = f(x)$$

이다.[3)]

만일 함수 f 가 x 에서 미분가능하면, 명제 4.1.1 로부터 다음 성질

$$|t| < \delta \implies |f(x+t) - f(x)| \leq (|f'(x)| + 1)\,|t|$$

을 만족하는 양수 $\delta > 0$ 을 잡을 수 있다.

따름정리 9.2.6. 함수 $f \in \mathcal{R}^1[-\pi, \pi]$ 가 점 $x \in [-\pi, \pi]$ 에서 미분가능하면

$$\lim_n s_n(f; x) = f(x)$$

이다.

문제 9.2.2. 함수 f 가 점 x 에서 미분가능하면, 점 x 에서 립쉬츠조건을 만족함을 보여라.

보기 1. 각 $n = 2, 3, \ldots$ 에 대하여 $\epsilon_n < \dfrac{1}{n-1} - \dfrac{1}{n}$ 이 성립하고 $\displaystyle\sum_{n=2}^{\infty} n\epsilon_n$ 이 수렴하도록 양수열 $\langle \epsilon_n \rangle$ 을 잡자. 구간 $[0, \pi]$ 에서

$$f = \sum_{n=2}^{\infty} \chi_{\left(\frac{1}{n}, \frac{1}{n}+\epsilon_n\right)}$$

라 정의하고, 구간 $[-\pi, 0]$ 에서 $f(-t) = f(t)$ 라 하자. 그러면 $\displaystyle\int_0^1 \frac{f(t)}{t} dt$ 가 유한값임을 쉽게 알 수 있다. 따라서, 정리 9.2.2 와 정리 9.2.1 에 의하여

$$\begin{aligned}
\lim_{n\to\infty} s_n(f; 0) &= \lim_{n\to\infty} \frac{2}{\pi} \int_0^{\delta} \frac{f(t) + f(-t)}{2} \, \frac{\sin(n + \frac{1}{2})t}{t}\, dt \\
&= \lim_{n\to\infty} \frac{2}{\pi} \int_0^{\delta} \frac{f(t)}{t} \sin\left(n + \frac{1}{2}\right) t dt = 0
\end{aligned}$$

---

3) 연습문제 9.5.11 을 보면 이 따름정리의 간단한 증명을 알 수 있다.

이다. 따라서, 좌극한 $f(x-)$ 과 우극한 $f(x+)$ 의 존재가 수열 $\langle s_n(f;x)\rangle$ 이 수렴하기 위한 필요조건은 아님을 알 수 있다. □

이제, 좌극한과 우극한의 존재가 보장되면서 등식 (27) 이 성립하는 조건을 찾아보자. 정리 3.4.1 과 정리 5.4.3 에 의하면 유계변동함수의 좌극한과 우극한이 존재함을 알 수 있다.

도움정리 9.2.7. 만일 함수 $g : [0,\delta] \to \mathbb{R}$ 이 유계변동이면 극한 (22) 가 $g(0+)$ 로 수렴한다.

증명: 우선 g 가 단조증가라 가정하여도 상관 없다. 관계식 (22) 부터 (25) 까지 논의한 바에 의하면 $A = g(0+)$ 라 두고 (25) 의 오른쪽을 보이면 되는데, $g(0+) = 0$ 이라 가정하여도 무방하다. 따라서, 다음 명제

$$g \text{ 가 단조증가, } g(0+) = 0 \implies \lim_{\alpha\to\infty}\int_0^\delta \frac{g(t)}{t}\sin\alpha t dt = 0 \tag{28}$$

를 증명하면 된다. 적분값 $\displaystyle\int_0^\infty \frac{\sin x}{x}dx$ 가 수렴하므로 적절한 양수 M 에 대하여

$$0 \le a < b \implies \left|\int_a^b \frac{\sin x}{x}dx\right| < M$$

이 된다. 주어진 양수 $\epsilon > 0$ 에 대하여 $|g(s)| < \dfrac{\epsilon}{M}$ 인 $s \in (0,\delta)$ 를 잡자. 따름정리 5.5.7 에 의하여, 다음 등식

$$\int_0^s g(t)\frac{\sin\alpha t}{t}dt = g(s)\int_\tau^s \frac{\sin\alpha t}{t}dt$$

이 성립되는 $\tau \in [0,s]$ 를 잡을 수 있다. 따라서,

$$\left|\int_0^s g(t)\frac{\sin\alpha t}{t}dt\right| \le |g(s)|\left|\int_{\alpha\tau}^{\alpha s} \frac{\sin x}{x}dx\right| < \epsilon$$

이 된다. 한편 함수 $t \mapsto \dfrac{g(t)}{t}$ 가 구간 $[s,\delta]$ 위에서 유계이므로, 정리 9.2.1 에 의하여

$$\lim_{\alpha\to\infty}\int_s^\delta g(t)\frac{\sin\alpha t}{t}dt = 0$$

이고, (28) 을 얻을 수 있다. □

정리 9.2.8. (디리클렛-조르당[4]) 만일 적당한 구간 $[x-\delta, x+\delta]$ 에서 함수 f 가 유계변동이면, 등식 (27) 이 성립한다.

문제 9.2.3. 지난 4.2 절의 보기 1 에 나오는 함수가 $x = 0$ 에서 립쉬츠조건을 만족함을 보여라. 이 함수가 임의의 구간 $[0, \delta]$ 에서 유계변동이 아님을 보여라.

문제 9.2.4. 점 x 를 포함하는 구간에서 유계변동이지만, 점 x 에서 립쉬츠조건을 만족하지 않는 함수의 예를 들어라.

보기 2. 이 절에서 공부한 내용을 9.1 절의 (16), (17), (18) 에 적용하면 다음 등식들

$$\begin{aligned} &\sum_{n=1}^{\infty} \frac{1}{2n-1} \sin(2n-1)x = \frac{\pi}{4}, && 0 < x < \pi \\ &\sum_{n=1}^{\infty} \frac{1}{n} \sin nx = \frac{\pi - x}{2}, && 0 < x < 2\pi \\ &\sum_{n=1}^{\infty} \frac{(-1)^{n-1}}{n} \sin nx = \frac{x}{2}, && -\pi < x < \pi \end{aligned} \tag{29}$$

을 얻는다. 두 번째 등식은 이미 오일러 때부터 알려진 것이다. □

문제 9.2.5. 보기 2 에 나오는 등식들을 증명하여라.

이 절에서 공부한 디니 정리와 디리클렛-조르당 정리는 푸리에급수의 점별수렴을 판정하는 대표적 방법인데, 특정 점에서 수렴을 판정하는 과정에서 함수의 연속성이 별 역할을 하지 못했음을 알 수 있다. 실제로, 푸리에급수가 발산하는 연속함수가 1870 년대에 발견되었다.[5]

9.3 연속함수의 푸리에급수

특이적분이 수렴하는 함수 $f \in \mathcal{R}^1[-\pi, \pi]$ 와 $x \in [-\pi, \pi]$ 에 대하여

$$\sigma_n(f; x) = \frac{1}{n}\left[s_0(f; x) + s_1(f; x) + \cdots + s_{n-1}(f; x)\right], \qquad n = 1, 2, \ldots$$

---

4) Marie Ennemond Camille Jordan (1838∼1922), 프랑스 수학자. École Polytechnique 에서 공부하고 이 곳과 Collège de France 등에서 활동하였다.

5) 이는 독일 수학자 Paul David Gustave du Bois-Reymond (1831∼1889) 가 1873 년에 발견하였다. 따름정리 9.3.3 과 비교하여 보아라.

라 두자. 함수 $x \mapsto \sigma_n(f;x)$ 는 $\sigma_n(f)$ 로 쓴다. 즉,

$$\sigma_n(f)(x) = \sigma_n(f;x)$$

이다.

앞 절에서 보았듯이 f 가 연속함수라 하더라도 푸리에급수 $\langle s_n(f)\rangle$ 의 수렴이 보장되지 않지만, 이 절에서는 위에서 정의한 함수열 $\langle \sigma_n(f)\rangle$ 이 f 가 연속일 때 f 로 고르게 수렴한다는 것을 보이려 한다. 함수 $\sigma_n(f)$ 가 삼각다항식인 점을 고려하면, 이는 7.1 절의 바이어슈트라스 정리에서 다항식을 삼각다항식으로 바꾸어도 된다는 뜻이다. 또한 정리 7.4.4 에 의하면, 임의의 $\mathcal{R}^2$-함수가 삼각다항식의 극한으로 표시될 수 있다는 것을 알 수 있다. 이로부터, 9.1 절의 (2) 로 주어진 함수족

$$\{u_n : n \in \mathbb{Z}\}$$

가 정규직교**기저**가 됨을 알 수 있고, 특히 부등식 (13) 에서 등식이 성립함을 알게 된다.

이제 (20) 에 의하여

$$\sigma_n(f;x) = \frac{1}{\pi}\int_0^{\pi} \frac{f(x+t)+f(x-t)}{2}\left[\frac{1}{n}\sum_{k=0}^{n-1} D_k(t)\right] dt$$

임을 알게 된다. 각 $n = 1, 2, \ldots$ 에 대하여

$$\begin{aligned} K_n(t) &= \frac{1}{n}\left[D_0(t) + D_1(t) + \cdots + D_{n-1}(x)\right] \\ &= \frac{1}{n}\frac{1}{\sin\frac{t}{2}}\left[\sin\frac{t}{2} + \sin\frac{3}{2}t + \cdots + \sin(n-\frac{1}{2})t\right] \end{aligned} \tag{30}$$

라 두자. 이를 **페제르**[6]**핵**이라 한다. 지난 6.5 절의 (31) 에서 다음 등식

$$\sum_{k=1}^{n} e^{i(k-1/2)t} = e^{-it/2}\sum_{k=1}^{n} e^{ikt} = e^{int/2}\frac{\sin\frac{nt}{2}}{\sin\frac{t}{2}}$$

을 얻는데, 이 등식의 허수부분을 취하면

$$K_n(t) = \frac{1}{n}\frac{1}{\sin\frac{t}{2}}\sum_{k=1}^{n}\sin\left(k-\frac{1}{2}\right)t = \frac{1}{n}\frac{\sin^2(\frac{nt}{2})}{\sin^2(\frac{t}{2})}$$

---

6) Lipót Fejér (1880∼1959), 헝가리 수학자. 부다페스트와 베를린에서 공부한 뒤 부다페스트에서 활동하였다.

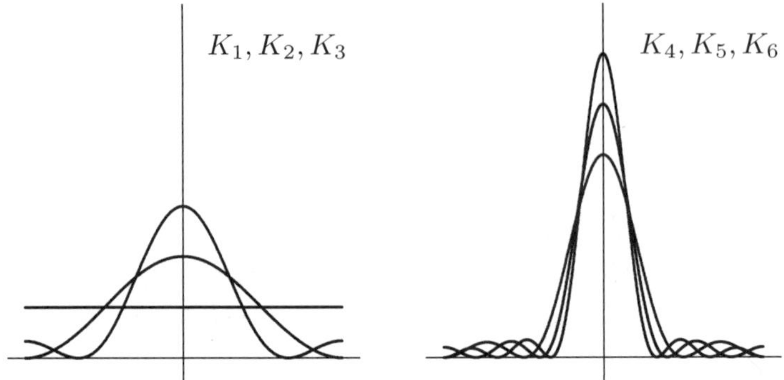

이다. 따라서,

$$\sigma_n(f;x) = \frac{1}{n\pi}\int_0^{\pi} \frac{f(x+t)+f(x-t)}{2}\,\frac{\sin^2(\frac{1}{2}nt)}{\sin^2(\frac{1}{2}t)}dt \tag{31}$$

를 얻는다. 특히, 등식 (31) 에서 상수함수 $f = 1$ 을 생각하면, 각 $n = 1, 2, \ldots$ 에 대하여

$$\frac{1}{2\pi}\int_{-\pi}^{\pi} K_n(t)dt = \frac{1}{n\pi}\int_0^{\pi} \frac{\sin^2(\frac{1}{2}nt)}{\sin^2(\frac{1}{2}t)}dt = 1 \tag{32}$$

이다. 한편 함수

$$t \mapsto \sin^2\left(\frac{1}{2}t\right)$$

가 $[0, \pi]$ 위에서 단조증가하므로, 임의의 양수 $\delta \in (0, \pi)$ 에 대하여

$$0 \le K_n(t) \le \frac{1}{n}\frac{1}{\sin^2(\frac{1}{2}\delta)}, \qquad t \in [\delta, \pi],\ \ n = 1, 2, \ldots \tag{33}$$

이다. 따라서 함수열 $\langle K_n \rangle$ 은 구간 $[\delta, \pi]$ 에서 상수함수 0 으로 고르게 수렴함을 알 수 있고, 함수열 $\langle K_n \rangle$ 은 7.1 절의 (3) 에서 잡은 함수열 $\langle Q_n \rangle$ 과 비슷한 성질을 가진다. 다음 정리의 증명 역시 7.1 절에서 바이어슈트라스 정리를 증명하는 과정과 매우 비슷하다.[7)]

문제 9.3.1. 각 $n = 1, 2, \ldots$ 에 대하여 페제르핵 K_n 과 디리클렛핵 D_n 의 푸리에계수를 각각 구하여라.

정리 9.3.1. (페제르) **함수 $f \in \mathcal{R}^1[-\pi, \pi]$ 와 $x \in [-\pi, \pi]$ 에 대하여 좌극한 $f(x-)$ 와 우극한 $f(x+)$ 가 존재한다고 가정하자. 그러면**

$$\lim_{n\to\infty} \sigma_n(f;x) = \frac{f(x+)+f(x-)}{2}$$

7) 실제로 정리 9.3.1 을 이용하여 바이어슈트라스 정리를 증명할 수 있다. 연습문제 9.5.12 를 참조하라.

가 성립한다. 만일 f 가 연속주기함수이면 함수열 $\langle \sigma_n(f) \rangle$ 가 함수 f 로 고르게 수렴한다.

증명: 기호를 단순하게 하기 위하여

$$A = \frac{f(x+) + f(x-)}{2}, \qquad g_x(t) = \frac{f(x+t) + f(x-t)}{2} - A$$

라 두자. 그러면 (32) 에 의하여

$$\sigma_n(f;x) - A = \frac{1}{\pi}\int_0^\pi g_x(t)K_n(t)dt \tag{34}$$

임을 알 수 있다. 그런데

$$\lim_{t\to 0+} g_x(t) = 0$$

이므로, 주어진 양수 $\epsilon > 0$ 에 대하여

$$0 < t < \delta \implies |g_x(t)| < \epsilon$$

이 되는 양수 $\delta \in (0,\pi)$ 를 잡을 수 있다. 따라서

$$\left|\frac{1}{\pi}\int_0^\delta g_x(t)K_n(t)dt\right| \le \frac{\epsilon}{\pi}\int_0^\delta K_n(t)dt \le \epsilon \tag{35}$$

이다. 한편, (33) 에 의하여

$$\left|\frac{1}{\pi}\int_\delta^\pi g_x(t)K_n(t)dt\right| \le \frac{1}{n\pi}\,\frac{1}{\sin^2(\frac{1}{2}\delta)}\int_\delta^\pi |g_x(t)|dt \tag{36}$$

인데, g_x 가 $[\delta,\pi]$ 위에서 특이적분이 수렴하는 함수이므로 (36) 의 적분값은 충분히 큰 모든 n 에 대하여 ϵ 보다 작아진다. 그러므로 (34), (35), (36) 에 의하여

$$\lim_{n\to\infty}[\sigma_n(f;x) - A] = 0$$

이 된다. 이제 함수 f 가 연속이면 $A = f(x)$ 이고 구간 $[-\pi,\pi]$ 위에서 고르게 연속이므로, 위에서 잡은 양수 δ 가 x 에 의존하지 않는다. 또한 함수 g_x 가 유계이므로, 적당한 양수 M 에 대하여

$$\int_\delta^\pi |g_x(t)|dt \le M, \qquad x \in [-\pi,\pi]$$

가 된다. 따라서 (36) 의 적분값이 0 으로 수렴하되 x 에 의존하지 않고, 관계식 (34), (35), (36) 에 의하면 적당한 자연수 N 에 대하여

$$n \ge N,\ \ x \in [-\pi,\pi] \implies |\sigma_n(f;x) - f(x)| < 2\epsilon$$

이 된다. □

이제 수열 $\langle s_n(f;x)\rangle$ 과 $\langle \sigma_n(f;x)\rangle$ 을 비교하기 위하여, 복소수열 $\langle s_n\rangle$ 에 대하여

$$\sigma_n = \frac{1}{n}(s_0 + s_1 + \cdots + s_{n-1}), \qquad n = 1, 2, \ldots$$

라 두자. 일반적으로, $s_n = \sum_{k=0}^{n-1} a_k$ 일 때 위와 같이 정의된 수열 $\langle \sigma_n\rangle$ 의 극한을 급수 $\sum a_n$ 의 세사로[8] 합이라 부른다.

도움정리 9.3.2. 만일 $\langle s_n\rangle$ 이 s 로 수렴하면 $\langle \sigma_n\rangle$ 도 s 로 수렴한다.

증명: 우선 $s = 0$ 인 경우부터 생각하자. 임의의 양수 $\epsilon > 0$ 에 대하여

$$n \ge N \implies |s_n| < \epsilon$$

가 되는 자연수 N 을 잡자. 만일 $n > N$ 이면

$$|\sigma_n| \le \frac{1}{n}\left(|s_0| + |s_1| + \cdots + |s_{N-1}|\right) + \frac{n-N}{n}\epsilon$$

이므로, $0 \le \limsup_n |\sigma_n| \le \epsilon$ 이 되고 $\lim_n \sigma_n = 0$ 이다. 이제, 각 $n = 1, 2, \ldots$ 에 대하여 $t_n = s_n - s$, $\tau_n = \sigma_n - s$ 라 두면

$$\tau_n = \frac{1}{n}(t_0 + t_1 + \cdots + t_{n-1})$$

이다. 그러면 방금 증명한 바에 의하여 $\tau_n \to 0$ 이고, 따라서 $\sigma_n \to s$ 이다. □

수열 $\langle(-1)^n\rangle$ 을 생각하면 도움정리 9.3.2 의 역은 성립하지 않음을 알 수 있다.

따름정리 9.3.3. 연속주기함수 $f : \mathbb{R} \to \mathbb{C}$ 의 푸리에급수 $\langle s_n(f;x)\rangle$ 가 점 $x \in [-\pi, \pi]$ 에서 수렴하면 그 극한값은 $f(x)$ 이다.

문제 9.3.2. 따름정리 9.3.3 을 증명하여라.

정리 9.3.1 을 응용하는 데 가장 중요한 점은 $\sigma_n(f)$ 가 삼각다항식이라는 점이다. 다시 말하여, 임의의 연속주기함수 f 에 대하여 f 로 고르게 수렴하는 삼각다항함수열을 잡을 수 있다는 말이다.

따름정리 9.3.4. 만일 $\int_{-\pi}^{\pi} |f|^2 < \infty$ 이면 다음

$$\lim_{n\to\infty} \|f - s_n(f)\|_2 = 0$$

8) Ernesto Cesàro (1859~1906), 이탈리아 수학자.

이 성립한다.

증명 : 정리 7.4.4 를 적용하면, 임의의 양수 $\epsilon > 0$ 에 대하여 $\|f-g\|_2 < \epsilon$ 인 연속주기 함수 g 를 잡을 수 있다. 또한, 정리 9.3.1 에 의하여

$$n \geq N \implies \|\sigma_n(g) - g\|_2 \leq \|\sigma_n(g) - g\|_{\sup} < \epsilon$$

인 자연수 N 이 존재한다. 이제 정리 9.1.1 에 의하면, 각 $n \geq N$ 에 대하여

$$\|f - s_n(f)\|_2 \leq \|f - \sigma_n(g)\|_2 \leq \|f-g\|_2 + \|g - \sigma_n(g)\|_2 \leq 2\epsilon$$

이 된다. □

지난 9.1 절의 (2) 에 의하여 정의된 집합모임 $\{u_n : n \in \mathbb{Z}\}$ 이 정규직교집합이 된다는 것을 알고 있다. 삼각다항식은 이러한 u_n 들의 **유한**선형결합으로 표시되는데, 따름정리 9.3.4 는 $\{u_n\}$ 가 내적공간 $\mathcal{R}^2[-\pi,\pi]$ 의 정규직교**기저**가 됨을 말해 준다. 다시 말하여, 집합모임 $\{u_n\}$ 은 7.2 절의 (9) 에서 정의한 $\ell^2(\mathbb{N})$ 의 수열 $\langle e_n \rangle$ 과 꼭 같은 역할을 한다 (7.2 절의 (14) 참조). 이제 정리 9.1.1 의 증명에 나오는 등식 (9) 에 의하여

$$\|f\|_2^2 - \sum_{n=-N}^{N} |c_n|^2 = \|f - s_N(f)\|_2^2, \qquad f \in \mathcal{R}^2[-\pi,\pi]$$

인데, 따름정리 9.3.4 를 적용하면 부등식 (13) 에서 등식이 성립함을 알 수 있다.

따름정리 9.3.5. 길이가 2π 인 닫힌구간 $I = [a, a+2\pi]$ 에서 정의된 함수 $f \in \mathcal{R}^2(I)$ 의 푸리에계수가 $\{c_n : n \in \mathbb{Z}\}$ 이면 다음 등식

$$\frac{1}{2\pi}\int_a^{a+2\pi} |f(x)|^2 dx = \sum_{n=-\infty}^{\infty} |c_n|^2 \tag{37}$$

이 성립한다.

등식 (37) 은 **빠세발**[9] 등식이라 불린다. 이 등식을 실제로 적용하기 위하여 푸리에급수가 (15) 로 표시된 경우도 따로 살펴보는 것이 편리하다. 만일 $f \in \mathcal{R}^2(I)$ 의 푸리에급수가

$$\begin{aligned} f(x) &\sim c_0 + \sum_{n=1}^{\infty}(a_n \cos nx + b_n \sin nx) \\ &= c_0 + \sum_{n=1}^{\infty}\left(\frac{a_n - ib_n}{2}e^{inx} + \frac{a_n + ib_n}{2}e^{-inx}\right) \end{aligned}$$

9) Marc Antonie Parseval (1755∼1836), 프랑스 수학자.

로 주어지면 관계식

$$|\alpha + i\beta|^2 + |\alpha - i\beta|^2 = 2(|\alpha|^2 + |\beta|^2), \qquad \alpha, \beta \in \mathbb{C}$$

를 이용하여

$$\frac{1}{2\pi}\int_I |f(x)|^2 dx = |c_0|^2 + \sum_{n=1}^{\infty} \frac{1}{2}(|a_n|^2 + |b_n|^2) \tag{38}$$

임을 알 수 있다.

보기 1. 지난 9.1 절의 (16), (17), (18) 을 이용하면

$$\sum_{n=1}^{\infty} \frac{1}{n^2} = \frac{\pi^2}{6}, \qquad \sum_{n=1}^{\infty} \frac{1}{(2n-1)^2} = \frac{\pi^2}{8}$$

등의 등식을 얻을 수 있다. □

문제 9.3.3. 보기 1 의 등식들을 증명하여라.

복소내적공간 X 에서 다음 등식

$$\langle x, y\rangle = \frac{1}{4}\left[\|x+y\|^2 - \|x-y\|^2 + i\|x+iy\|^2 - i\|x-iy\|^2\right] \tag{39}$$

이 임의의 $x, y \in X$ 에 대하여 성립함은 쉽게 확인할 수 있다. 이 등식에 의하면 내적공간의 내적은 그 노음에 의하여 결정된다는 사실을 알 수 있다. 따라서, 내적공간 사이에 정의된 선형사상이 노음을 보존하면 당연히 그 내적도 보존해야 한다. 그러므로 선형사상 (47) 역시 그 내적을 보존하는데, 구체적으로 써 보면

$$\frac{1}{2\pi}\int_I f(x)\overline{g(x)}dx = \sum_{n=-\infty}^{\infty} \widehat{f}(n)\overline{\widehat{g}(n)}, \qquad f, g \in \mathcal{R}^2(I) \tag{40}$$

가 됨을 알 수 있다.

문제 9.3.4. 등식 (39) 를 증명하여라.

문제 9.3.5. 다음 등식이 주어진 구간 위에서 성립함을 보여라. 또한, 이 등식들을 빠세발 등식 (38) 에 적용하여 얻을 수 있는 여러 가지 무한급수들의 합을 구하여 보아라. (이 때, 구간의 길이에

유의하여야 한다.)

$$
\begin{aligned}
&(\text{가}) \quad x = \frac{\pi}{2} - \frac{4}{\pi}\sum_{n=1}^{\infty}\frac{1}{(2n-1)^2}\cos(2n-1)x, && x \in [0,\pi] \\
&(\text{나}) \quad x^2 = \frac{4}{3}\pi^2 + 4\sum_{n=1}^{\infty}\left(\frac{1}{n^2}\cos nx - \frac{\pi}{n}\sin nx\right), && x \in (0,2\pi) \\
&(\text{다}) \quad \cos x = \frac{8}{\pi}\sum_{n=1}^{\infty}\frac{n}{4n^2-1}\sin 2nx, && x \in (0,\pi) \\
&(\text{라}) \quad \sin x = \frac{2}{\pi} - \frac{4}{\pi}\sum_{n=1}^{\infty}\frac{1}{4n^2-1}\cos 2nx, && x \in (0,\pi)
\end{aligned}
$$

9.4 푸리에급수의 미분과 적분

이제부터 각 $f \in \mathcal{R}^1[-\pi,\pi]$ 에 대하여

$$\|f\|_1 = \frac{1}{2\pi}\int_{-\pi}^{\pi}|f(x)|dx \tag{41}$$

라 정의하고, 주기함수 $f \in \mathcal{R}^1[-\pi,\pi]$ 의 n 번째 푸리에계수를 $\widehat{f}(n)$ 이라 쓰자. 즉, 길이가 2π 인 닫힌구간 I 가 있을 때

$$\widehat{f}(n) = \frac{1}{2\pi}\int_I f(x)e^{-inx}dx, \qquad f \in \mathcal{R}^1(I),\ \ n \in \mathbb{Z} \tag{42}$$

라 정의한다. 먼저 푸리에급수의 적분을 살펴보는데, 이는 복잡한 푸리에급수를 계산하는 데 큰 도움이 된다.

정리 9.4.1. 함수 $f \in \mathcal{R}^2(I)$ 의 푸리에급수가 $\displaystyle\sum_{n=-\infty}^{\infty}\widehat{f}(n)e^{inx}$ 라면, 임의의 $a \in I$ 에 대하여 등식

$$\int_a^x f(t)dt = \sum_{n=-\infty}^{\infty}\widehat{f}(n)\int_a^x e^{int}dt, \qquad x \in I$$

이 성립하며 오른쪽의 극한은 고른수렴이다.

증명: 각 $x \in I$ 와 $n \in \mathbb{Z}$ 에 대하여

$$F(x) = \int_a^x f(t)dt, \quad S_n(x) = \int_a^x s_n(f;t)dt$$

라 두자. 그러면 7.4 절의 (33) 과 9.1 절의 (5) 에 의하여

$$|F(x) - S_n(x)|^2 \le \left[\int_a^x |f(t) - s_n(f;t)|dt\right]^2 \le 4\pi^2 \|f - s_n(f)\|_2^2$$

이다. 그런데 따름정리 9.3.4 에 의하여, 함수열 $\langle S_n \rangle$ 은 F 로 고르게 수렴한다. □

보기 1. 지난 9.1 절의 (18) 을 이용하면

$$\begin{aligned}\int_{-\pi}^x t dt &= 2\sum_{n=1}^{\infty} \frac{(-1)^{n-1}}{n} \int_{-\pi}^x \sin nt dt \\ &= 2\sum_{n=1}^{\infty} \frac{(-1)^{n-1}}{n^2} [-\cos nx + (-1)^n] = -2\sum_{n=1}^{\infty} \frac{1}{n^2} + 2\sum_{n=1}^{\infty} \frac{(-1)^n}{n^2} \cos nx\end{aligned}$$

이다. 이제 $\sum \frac{1}{n^2} = \frac{\pi^2}{6}$ 이므로

$$x^2 = \frac{\pi^2}{3} + \sum_{n=1}^{\infty} (-1)^n \frac{4}{n^2} \cos nx, \qquad x \in [-\pi, \pi] \tag{43}$$

을 얻는다. 이 식에 $x = \pi$ 와 $x = 0$ 을 대입하면

$$\sum_{n=1}^{\infty} \frac{1}{n^2} = \frac{\pi^2}{6}, \qquad \sum_{n=1}^{\infty} \frac{(-1)^{n-1}}{n^2} = \frac{\pi^2}{12}$$

를 얻는다. 이제, 푸리에급수 (43) 에 빠세발 등식을 적용하면

$$\sum_{n=1}^{\infty} \frac{1}{n^4} = \frac{\pi^4}{90}$$

임을 금방 확인할 수 있다. □

문제 9.4.1. 함수 $f(x) = x^3$ 의 푸리에급수를 적절한 구간 위에서 구하고, 이를 이용하여 $\sum_{n=1}^{\infty} \frac{1}{n^6}$ 의 값을 구하여라.

이제, 미분가능한 주기함수 f 의 푸리에계수가 어떤 성질을 가지는지 알아보자. 부분적분을 이용하면, 각 $n \in \mathbb{Z}$ 에 대하여

$$\widehat{f'}(n) = \frac{1}{2\pi} \int_{-\pi}^{\pi} f'(x) e^{-inx} dx = \frac{in}{2\pi} \int_{-\pi}^{\pi} f(x) e^{-inx} dx = in\widehat{f}(n)$$

가 된다. 만일 f 가 C^∞-주기함수라면 위 공식을 계속 반복하여

$$\widehat{f^{(k)}}(n) = (in)^k \widehat{f}(n), \qquad k = 1, 2, \ldots$$

임을 알 수 있고, 따라서 C^∞-주기함수 f 의 푸리에계수 $\{\widehat{f}(n)\}$ 은 다음 성질

$$\lim_{n\to\pm\infty} |n|^k |\widehat{f}(n)| = 0, \qquad k = 1, 2, \ldots \tag{44}$$

을 가진다. 이 성질을 가지는 수열은 ℓ^1-수열에 비하여 매우 빠르게 0 으로 수렴한다. 일반적으로 수열 $a : \mathbb{Z} \to \mathbb{C}$ 가 다음 성질

$$\lim_{n\to\pm\infty} |n|^k |a(n)| = 0, \qquad k = 1, 2, \ldots$$

을 가지면 이를 **빠른감소수열**이라 부른다. 다음 정리는 빠른감소수열과 C^∞-주기함수는 서로 대응관계에 있음을 보여 준다.

정리 9.4.2. 만일 주기함수 f 가 C^∞-함수이면 그 푸리에계수는 빠른감소수열이 된다. 역으로, $a : \mathbb{Z} \to \mathbb{C}$ 가 빠른감소수열일 때 각 $x \in \mathbb{R}$ 에 대하여

$$f(x) = \lim_{n\to\infty} \sum_{k=-n}^{n} a(k) e^{ikx} \tag{45}$$

라 정의하면, f 는 C^∞-주기함수이고

$$\widehat{f}(n) = a(n), \qquad n = 0, \pm 1, \pm 2, \ldots$$

이 성립한다.

증명: 빠른감소수열은 절대수렴하므로, 급수 (45) 는 따름정리 6.1.3 에 의하여 고르게 수렴한다. 이 급수에서 각 항의 미분이

$$\sum_{k=-n}^{n} ika(k) e^{ikx}$$

인데, $\displaystyle\sum_{k=-\infty}^{\infty} |ka(k)| < \infty$ 이므로 이 급수는 고르게 수렴하고, 정리 6.2.1 에 의하여

$$f'(x) = \lim_{n\to\infty} \sum_{k=-n}^{n} ina(n) e^{inx}$$

임을 알 수 있다. 이러한 논증을 계속하면 f 가 C^∞-함수임을 알 수 있다. 관계식 (3) 을 이용하면 등식 $\widehat{f}(n) = a(n)$ 도 바로 확인된다. □

이제 해석주기함수의 푸리에계수는 어떠한 성질을 가지는지 알아보자. 이를 위하여 몇 가지 준비가 필요하다.

도움정리 9.4.3. 해석함수 $f : (a,b) \to \mathbb{R}$ 가 주어져 있다. 그러면, 임의의 옹골집합 $K \subset (a,b)$ 에 대하여 다음 부등식

$$|f^{(n)}(x)| \le Cn!R^n, \qquad x \in K,\ n = 1,2,\dots$$

을 만족하는 양수 $C > 0$ 와 $R > 0$ 이 존재한다.

증명: 실수 $\alpha \in (a,b)$ 를 고정하면, 수렴반경이 양수이므로

$$\left|\frac{f^{(n)}(\alpha)}{n!}\right|^{1/n} \le M, \qquad n = 1,2,\dots$$

를 만족하는 양수 $M > 0$ 을 잡을 수 있다. 이제

$$r < \min\left\{\frac{1}{M}, \alpha - a, b - \alpha\right\}$$

을 고정하고 정리 6.4.2 를 적용하면, 임의의 $x \in (\alpha - r, \alpha + r)$ 에 대하여

$$f^{(n)}(x) = \sum_{k=0}^{\infty} \frac{f^{(n+k)}(\alpha)}{k!}(x-\alpha)^k = \sum_{k=0}^{\infty} \frac{f^{(n+k)}(\alpha)}{(n+k)!}\frac{(n+k)!}{k!}(x-\alpha)^k$$

이다. 따라서, 6.4 절의 등식 (22) 를 이용하여 부등식

$$\begin{aligned}|f^{(n)}(x)| &\le \sum_{k=0}^{\infty} M^{n+k}\frac{(n+k)!}{k!}r^k \\ &= n!M^n \sum_{k=0}^{\infty} \binom{n+k}{k} (Mr)^k \\ &= n!M^n \left(\frac{1}{1-Mr}\right)^{n+1} = \frac{n!}{1-Mr}\left(\frac{M}{1-Mr}\right)^n\end{aligned}$$

을 얻는다. 이제, 각 $\alpha \in K$ 에 대하여

$$|x-\alpha| < r_\alpha \implies |f^{(n)}(x)| \le C_\alpha n! R_\alpha^n, \qquad n = 1,2,\dots$$

를 만족하는 양수 $r_\alpha > 0$, $C_\alpha > 0$, $R_\alpha > 0$ 을 잡을 수 있다. 그러면

$$\{N_\alpha = N(\alpha, r_\alpha) : \alpha \in K\}$$

가 옹골집합 K 의 열린덮개이므로 유한부분덮개

$$\{N_{\alpha(1)}, N_{\alpha(2)}, \ldots, N_{\alpha(\nu)}\}$$

가 존재한다. 이제

$$C = \max\{C_{\alpha(1)}, \ldots, C_{\alpha(\nu)}\}, \qquad R = \max\{R_{\alpha(1)}, \ldots, R_{\alpha(\nu)}\}$$

이라 두면 원하는 부등식을 얻는다. □

도움정리 9.4.4. 수열 $\langle c_n \rangle$ 이 다음 성질

$$c_n \geq \frac{1}{k!}\left(\frac{n}{R}\right)^k, \qquad n, k = 1, 2, \ldots$$

을 가지면, 부등식

$$c_n \geq \frac{1}{R+1}\exp\left(\frac{n}{R+1}\right), \qquad n = 1, 2, \ldots$$

이 성립한다.

증명: 다음

$$\begin{aligned}
\frac{1}{R+1}\exp\left(\frac{n}{R+1}\right) &= \sum_{k=0}^{\infty} \frac{1}{R+1}\,\frac{1}{k!}\left(\frac{n}{R+1}\right)^k \\
&= \sum_{k=0}^{\infty} \frac{1}{k!}\left(\frac{n}{R}\right)^k \frac{R^k}{(R+1)^{k+1}} \\
&\leq \sum_{k=0}^{\infty} c_n \frac{R^k}{(R+1)^{k+1}} \\
&= c_n \sum_{k=0}^{\infty} \frac{1}{R+1}\left(\frac{R}{R+1}\right)^k = c_n
\end{aligned}$$

과 같이 계산하면 된다. □

정리 9.4.5. 주기함수 $f : [-\pi, \pi] \to \mathbb{C}$ 가 해석함수이면 다음 부등식

$$\limsup_{n \to \pm\infty} |\widehat{f}(n)|^{1/|n|} < 1$$

이 성립한다.[10)]

증명: 도움정리 9.4.3 에 의하여

$$\|f^{(k)}\|_{\text{sup}} \le Ck!R^k, \qquad k = 1, 2, \ldots$$

를 만족하는 양수 $C, R > 0$ 을 잡을 수 있다. 이제,

$$\widehat{f}(n) = \frac{1}{(in)^k}\widehat{f^{(k)}}(n) = \frac{1}{2\pi}\frac{1}{(in)^k}\int_{-\pi}^{\pi} f^{(k)}(t)e^{-int}\,dt$$

에서 부등식

$$|\widehat{f}(n)| \le \frac{\|f^{(k)}\|_{\text{sup}}}{|n|^k} \le Ck!\left(\frac{R}{|n|}\right)^k$$

을 얻고, 도움정리 9.4.4 에 의하여

$$|\widehat{f}(n)| \le C(R+1)\exp\left(-\frac{|n|}{R+1}\right), \qquad n = 0, \pm 1, \pm 2, \ldots$$

임을 알 수 있다. 따라서,

$$|\widehat{f}(n)|^{1/|n|} \le [C(R+1)]^{1/|n|}\exp\left(-\frac{1}{R+1}\right), \qquad n = 0, \pm 1, \pm 2, \ldots$$

에서 원하는 결론을 얻는다. □

문제 9.4.2. 함수 $f(x) = \displaystyle\sum_{n=-\infty}^{\infty} e^{-\sqrt{|n|}}e^{inx}$ 는 C^∞-함수이지만 해석함수는 아님을 보여라.

이제, 일반적인 푸리에계수가 어떤 성질을 가지는가 알아본다. 이는 사실 정리 9.2.1 을 다시 한 번 정리한 것에 지나지 않으며, 특히 (14) 의 확장이다.

정리 9.4.6. 만일 $\displaystyle\int_{-\pi}^{\pi} |f| < \infty$ 이면 $\displaystyle\lim_{n\to\pm\infty} \widehat{f}(n) = 0$ 이 성립한다.

---

10) 복소수열 $a : \mathbb{Z} \to \mathbb{C}$ 가 다음 조건

$$\limsup_{n\to\pm\infty} |a(n)|^{\frac{1}{|n|}} < 1$$

을 만족하면, 복소함수론의 지식을 이용하여 복소함수 $z \mapsto \sum_{n=-\infty}^{\infty} a(n)z^n$ 이 단위원 $\{e^{it} : t \in [-\pi, \pi]\}$ 을 포함하는 열린집합 위에서 해석적임을 알게 된다. 따라서 주기함수 $x \mapsto \sum_{n=-\infty}^{\infty} a(n)ne^{inx}$ 가 해석함수이다.

증명 : 정리 7.4.6 을 적용하여 임의의 양수 $\epsilon > 0$ 에 대하여 $\|f - g\|_1 < \epsilon$ 인 연속주기함수 g 를 잡고, 페제르 정리를 이용하여 $\|\sigma_N(g) - g\|_{\text{sup}} < \epsilon$ 인 자연수 N 을 잡자. 그러면, (41) 에 의하여

$$\begin{aligned}\|f - \sigma_N(g)\|_1 &\le \|f - g\|_1 + \|\sigma_N(g) - g\|_1 \\ &\le \|f - g\|_1 + \|g - \sigma_N(g)\|_{\text{sup}} < 2\epsilon\end{aligned}$$

이 된다. 만일 $|n| \ge N$ 이면 $\widehat{\sigma_N(g)}(n) = 0$ 이므로,

$$|\widehat{f}(n)| = |\widehat{\sigma_N(g)}(n) - \widehat{f}(n)| \le \frac{1}{2\pi}\int_{-\pi}^{\pi} |\sigma_N(g) - f| < 2\epsilon$$

이 된다. □

다음 성질

$$\widehat{f+g} = \widehat{f} + \widehat{g},\ \ \widehat{cf} = c\widehat{f}, \qquad f \in \mathcal{R}^1(I),\ c \in \mathbb{C}$$

이 성립함은 자명하다. 따라서, 다음

$$f \mapsto \widehat{f} : \mathcal{R}^1(I) \to c_0(\mathbb{Z}) \tag{46}$$

과 같은 선형사상을 얻는다. 여기서 $c_0(\mathbb{Z})$ 는 물론 복소수열공간이다. 이제, 사상 (46) 의 치역에 들어가지 않는 $c_0(\mathbb{Z})$ 의 원을 찾기 위하여 홀함수의 푸리에계수가 가지는 독특한 성질을 살펴보자. 만일 f 가 홀함수이면 그 푸리에계수는

$$\widehat{f}(n) = -\frac{i}{\pi}\int_0^{\pi} f(x)\sin nx dx, \qquad n \in \mathbb{Z}$$

로 주어진다.

명제 9.4.7. 만일 함수 $f \in \mathcal{R}^1[-\pi, \pi]$ 가 홀함수이면 급수 $\displaystyle\sum_{n=1}^{\infty} \frac{1}{n}\widehat{f}(n)$ 의 부분합수열은 유계이다.

증명 : 지난 (29) 의 둘째 등식에 의하면, 적당한 양수 $M > 0$ 에 대하여 다음 부등식

$$\left|\sum_{n=1}^{N} \frac{1}{n}\sin nx\right| \le M, \qquad N = 1, 2, \ldots, \quad x \in [-\pi, \pi]$$

이 성립한다. 따라서, 각 $N = 1, 2, \ldots$ 에 대하여

$$\left|\sum_{n=1}^{N} \frac{1}{n}\widehat{f}(n)\right| \leq \frac{1}{\pi}\int_0^\pi |f(x)| \left|\sum_{n=1}^{N}\frac{1}{n}\sin nx\right| dx \leq M\|f\|_1$$

가 성립한다. □

보기 2. 각 $n \in \mathbb{Z}$ 에 대하여

$$c_n = \begin{cases} -\dfrac{1}{\log|n|}, & n = -2, -3, \ldots \\ 0, & n = -1, 0, 1 \\ \dfrac{1}{\log n}, & n = 2, 3, \ldots \end{cases}$$

라 두자. 만일 $\{c_n\}$ 을 푸리에계수로 가지는 함수 $f \in \mathcal{R}^1[-\pi, \pi]$ 가 있으면, f 는 명제 9.1.2 에 의하여 홀함수이다. 그러나 $\sum \dfrac{1}{n\log n}$ 이 발산하므로 명제 9.4.7 에 모순이고, 따라서 $\{c_n\}$ 은 사상 (46) 의 치역에 속하지 않는다. □

문제 9.4.3. 선형사상 (46) 의 치역이 $c_0(\mathbb{Z})$ 안에서 조밀함을 보여라.

이제, 선형사상 (46) 을 $\mathcal{R}^2(I)$ 에 제한하고 (7.4 절의 (34) 참조) 9.3 절에서 공부한 내용을 종합하면, 선형사상

$$f \mapsto \widehat{f} : \mathcal{R}^2(I) \to \ell^2(\mathbb{Z}) \tag{47}$$

은 노음을 보존한다. 다시 말하여,

$$\|\widehat{f}\|_2 = \|f\|_2$$

이다. 특히, $\|\widehat{f}\|_2 = 0$ 이면 $\|f\|_2 = 0$ 이므로 다음 성질

$$f \in \mathcal{R}^2(I), \quad \widehat{f} = 0 \implies \int_{-\pi}^{\pi} |f|^2 = 0 \tag{48}$$

이 성립한다. 다음 장에서 르벡적분을 공부하면 내적공간 $\mathcal{R}^2(I)$ 을 확장하여 완비노음공간을 얻게 되며, 이 공간 위에서 사상

$$f \mapsto \widehat{f}$$

는 전단사사상이 된다.[11)] 또한, 성질 (48) 이 특이적분이 수렴하는 모든 주기함수에 대해서도 성립함을 알게 된다.[12)]

---

11) 정리 10.4.3 을 참조하라.

12) 정리 10.4.6 을 참조하라.

끝으로, (16) 에 주어져 있는 계단함수의 푸리에급수가 f 로 수렴하는 과정을 좀더 자세히 살펴보자. 디리클렛-조르당 판정법에 의하여 함수열 $\langle s_n(f)\rangle$ 은 각 구간 $(-\pi, 0)$ 과 $(0, \pi)$ 위에서 f 로 점별수렴하고, $x = 0$ 에서 0 으로 수렴한다. 물론 $x = 0$ 에서 함수 f 의 좌극한과 우극한이 다르므로 함수열 $\langle s_n(f)\rangle$ 은 $x = 0$ 에서 그 기울기가 점점 가파르게 되는데, $s_n(f)$ 의 최대값과 최소값을 계산하여 보자. 이제, 각 $n = 1, 2, \ldots$ 에 대하여

$$s_n(f; x) = \frac{4}{\pi}\sum_{k=1}^{n}\frac{1}{2k-1}\sin(2k-1)x \tag{49}$$

이다. 직접 미분하여 봄으로써, $x = \dfrac{\pi}{2n}$ 일 때 최대값을 가짐을 보일 수 있다. 따라서, $s_n(f)$ 의 최대값 M_n 은

$$\begin{aligned} M_n &= \frac{4}{\pi}\sum_{k=1}^{n}\frac{1}{2k-1}\sin\left[\frac{(2k-1)\pi}{2n}\right] \\ &= \frac{2}{\pi}\sum_{k=1}^{n}\frac{2n}{(2k-1)\pi}\sin\left[\frac{(2k-1)\pi}{2n}\right]\frac{\pi}{n} \end{aligned}$$

이다. 만일 구간 $[0, \pi]$ 의 분할

$$P_n = \left\{0, \frac{1}{n}\pi, \frac{2}{n}\pi, \ldots, \frac{n-1}{n}\pi, \pi\right\}$$

을 생각하면, M_n 은 함수 $h(t) = \dfrac{2}{\pi}\dfrac{\sin t}{t}$ 의 리만합 $R(h, P_n)$ 이다. 함수 h 가 $[0, \pi]$ 위에서 리만적분가능하므로

$$\lim_{n\to\infty} M_n = \frac{2}{\pi}\int_0^{\pi}\frac{\sin t}{t}dt \tag{50}$$

가 된다. 등식 $\displaystyle\int_0^{\infty}\frac{\sin t}{t}dt = \frac{\pi}{2}$ 임을 이용하여 이 극한값이 1 보다 크다는 것은 쉽게 확인할 수 있는데, 실제 값은 약 1.179 이다. 마찬가지로 $s_n(f)$ 의 최소값은 $x = -\dfrac{\pi}{2n}$ 일 때, 약 -1.179 이다. 불연속점 $x = 0$ 에서 $f(0+) - f(0-) = 2$ 임을 고려할 때, 푸리에급수의 부분합은 최대값과 최소값의 차이가 $x = 0$ 근처에서 f 보다 오히려 더 벌어짐을 알 수 있다. 이러한 현상을 **깁스**[13] 현상이라 한다.

문제 9.4.4. 함수 (49) 가 $x = \dfrac{\pi}{2n}$ 에서 최대값을 가짐을 보여라.

문제 9.4.5. 관계식 (50) 에서 정의된 적분값이 1 보다 큼을 보여라.

---

13) Josiah Willard Gibbs (1839∼1903), 미국의 수리물리학자.

9.5 연습문제

9.5.1. 내적공간 $\mathbb{C}^n$ 에 정규직교집합 $\{e_1, e_2, \ldots, e_m\}$ 이 주어지면, $m \leq n$ 이 성립하고 각 $x \in \mathbb{C}^n$ 에 대하여

$$\|x\|^2 \geq \sum_{i=1}^{m} |\langle x, e_i \rangle|^2$$

임을 보여라. 이 부등식에서 임의의 $x \in \mathbb{C}^n$ 에 대하여 등식이 성립할 필요충분조건이 $m = n$ 임을 보여라.

9.5.2. 함수공간 $\mathcal{R}^2[0,1]$ 에서 다음 두 성질들이 성립하도록 다항식 p_n (단, $n = 1,2,3,4,5$) 을 택하여라.

(가) 각 $n = 1,2,3,4,5$ 에 대하여 p_n 은 n 차 다항식이다.

(나) 각 $i,j = 1,2,3,4,5$ 에 대하여 $\langle p_i, p_j \rangle = \begin{cases} 1, & i = j \\ 0, & i \neq j \end{cases}$ 이다.

9.5.3. 수열 $\langle \|D_n\|_1 : n = 1,2,\ldots \rangle$ 이 $+\infty$ 로 발산함을 보여라.[14)]

9.5.4. 각 $m \neq n$ 에 대하여 $\|u_m - u_n\|_1 = \dfrac{4}{\pi}$ 임을 보여라.

9.5.5. 다음 급수의 수렴 여부를 밝히고, 수렴하는 경우 그 합을 구하여라.

$$(가)\ 1 - \frac{1}{3} + \frac{1}{5} - \frac{1}{7} + \cdots$$

$$(나)\ 1 + \frac{1}{3} - \frac{1}{5} - \frac{1}{7} + \frac{1}{9} + \frac{1}{11} - \frac{1}{13} - \frac{1}{15} + \cdots$$

9.5.6. 급수 $\displaystyle\sum_{n=1}^{\infty} \frac{1}{n^8}$ 및 $\displaystyle\sum_{n=1}^{\infty} \frac{1}{n^{10}}$ 의 값을 구하여라.

9.5.7. 내적공간 X 의 정규직교집합 $\{\xi_n : n = 0, \pm 1, \pm 2, \ldots\}$ 에 대하여 다음이 동치임을 보여라.

(가) 임의의 $\xi \in X$ 에 대하여 $\displaystyle\lim_{n\to\infty} \|\xi - \sum_{k=-n}^{n} \langle \xi, \xi_k \rangle \xi_k\| = 0$ 이다.

---

14) 9.3 절의 (32) 에 의하면, 각 $n = 1, 2, \ldots$ 에 대하여 $\|K_n\|_1 = 1$ 임을 유의하라.

(나) 임의의 $\xi \in X$ 에 대하여 $\|\xi\|^2 = \lim_{n\to\infty} \sum_{k=-n}^{n} |\langle \xi, \xi_k \rangle|^2$ 이다.

(다) 임의의 $\xi, \eta \in X$ 에 대하여 $\langle \xi, \eta \rangle = \lim_{n\to\infty} \sum_{k=-n}^{n} \langle \xi, \xi_k \rangle \overline{\langle \eta, \xi_k \rangle}$ 이다.

9.5.8. 각 자연수 $m, n = 1, 2, \ldots$ 에 대하여 $a_{mn} \geq 0$ 이고 각 $m < n$ 에 대하여 $a_{mn} = 0$ 인 이중수열 $\langle a_{mn} : m, n = 1, 2, \ldots \rangle$ 이 다음 성질

$$\sum_{n=1}^{\infty} a_{mn} = \sum_{n=1}^{m} a_{mn} = 1, \qquad m = 1, 2, \ldots$$

을 가진다고 하자. 이제, 각 수열 $\langle s_n \rangle$ 에 대하여 새로운 수열 $\langle t_m \rangle$ 을 다음

$$t_m = \sum_{n=1}^{m} a_{mn} s_n, \qquad m = 1, 2, \ldots$$

과 같이 정의하자. 이 때, 다음 두 조건이 동치임을 보여라.

(가) 만일 $\lim_n s_n = s$ 이면 $\lim_m t_m = s$ 이다.[15)]

(나) 각 $n = 1, 2, \ldots$ 에 대하여 $\lim_{m\to\infty} a_{mn} = 0$ 이다.

9.5.9. 두 함수 $f, g : [-\pi, \pi] \to \mathbb{C}$ 에 대하여, 8.3 절의 (23) 과 같이

$$(f * g)(x) = \frac{1}{2\pi} \int_{-\pi}^{\pi} f(x-t)g(t)dt, \qquad x \in [-\pi, \pi]$$

라 정의하자.

(가) 각 $f \in \mathcal{R}^1[-\pi, \pi]$ 에 대하여 다음 등식

$$f * u_n = \widehat{f}(n) u_n, \qquad n = 0, \pm 1, \pm 2, \ldots$$

이 성립함을 보여라.

(나) 만일 $f \in \mathcal{R}^1[-\pi, \pi]$ 이고 $\xi \in \mathcal{R}^2[-\pi, \pi]$ 이면, $f * \xi \in \mathcal{R}^2[-\pi, \pi]$ 임을 보여라. 각 $f \in \mathcal{R}^1[-\pi, \pi]$ 에 대하여

$$\lambda_f : \xi \to f * \xi : \mathcal{R}^2[-\pi, \pi] \to \mathcal{R}^2[-\pi, \pi]$$

15) 따름정리 9.3.2 와 비교하여 보아라.

가 선형사상임을 보여라. 내적공간 $\mathcal{R}^2[-\pi,\pi]$ 의 정규직교기저를

$$\{\ldots, u_{-2}, u_{-1}, u_0, u_1, u_2, \ldots\}$$

로 고정하고, 선형사상 λ_f 를 무한행렬로 표시하여 보아라.

9.5.10. 연속함수 $f:[0,\infty)\to\mathbb{R}$ 가 단조감소하고 $\lim_{x\to\infty} f(x)=0$ 일 때, 리만특이적분 $\int_0^\infty f(x)\sin x dx$ 이 항상 존재하는지 살펴보아라.

9.5.11. 립쉬츠조건을 만족하는 점에서 주기함수의 푸리에급수가 점별수렴함을 다음 방법으로 증명하여라.

(가) 먼저 $\int_{-\pi}^{\pi} |f(t)|dt < \infty$ 및 $\int_{-\pi}^{\pi} \left|\frac{f(t)}{t}\right| dt < \infty$ 라 가정하자. 만일 $g(t) = \frac{f(2t)}{\sin t}$ 라 두면 $\int_{-\pi}^{\pi} |g(t)|dt < \infty$ 임을 보이고, 다음 등식

$$2i\widehat{f}(n) = \widehat{g}(2n-1) - \widehat{g}(2n+1), \qquad n\in\mathbb{Z}$$

이 성립함을 증명하여라. 이를 이용하여

$$\lim_{M,N\to\infty} \sum_{n=-M}^{N} \widehat{f}(n) = 0$$

이 성립함을 보여라.

(나) 함수 f 가 0 에서 립쉬츠조건을 만족하고 $f(0)=0$ 이면, 다음 등식

$$f(0) = \lim_{M,N\to\infty} \sum_{n=-M}^{N} \widehat{f}(n)u_n(0)$$

이 성립함을 보여라.

(다) 함수 f 가 점 $t_0\in[-\pi,\pi]$ 에서 립쉬츠조건을 만족하면, f 의 푸리에급수가 $t=t_0$ 에서 $f(t_0)$ 로 수렴함을 보여라.

9.5.12. 연속주기함수 $f:[-\pi,\pi]\to\mathbb{C}$ 에 대하여 페제르 정리를 적용하여

$$\left| f(t) - \sum_{k=-n}^{n} a_k u_k(t) \right| < \epsilon, \qquad t\in[-\pi,\pi]$$

인 $\{a_k \in \mathbb{C} : k = 0, \pm 1, \ldots, \pm n\}$ 을 잡자.

(가) 각 자연수 $k = 1, 2, \ldots$ 에 대하여

$$\left| \sum_{\ell=0}^{M(k)} \frac{(ikt)^\ell}{\ell!} - u_k(t) \right| \le \frac{\epsilon}{(2n+1)|a_k| + 1}, \qquad t \in [-\pi, \pi]$$

을 만족하는 $M(k)$ 가 존재함을 보여라.

(나) 만일

$$P(t) = \sum_{k=-n}^{n} a_k \sum_{\ell=0}^{M(k)} \frac{(ikt)^\ell}{\ell!}, \qquad t \in [-\pi, \pi]$$

이라 두면 $|f(t) - P(t)| < 2\epsilon$ 임을 보여라.

(다) 바이어슈트라스 정리를 증명하여라.

9.5.13. 함수 $f : [-\pi, \pi] \to \mathbb{C}$ 가 유계변동함수라 함은 실변수함수의 경우와 꼭같이 정의할 수 있다.

(가) 유계변동함수는 변역을 실수로 가지는 단조증가함수들의 선형결합으로 표시됨을 보여라.

(나) 임의의 단조증가함수 $f : [-\pi, \pi] \to \mathbb{R}$ 에 대하여, 부등식

$$|\widehat{f}(n)| \le \frac{V_{-\pi}^{\pi}(f)}{\pi |n|}, \qquad n = \pm 1, \pm 2, \ldots$$

이 성립함을 보여라.

(다) 유계변동함수 $f : [-\pi, \pi] \to \mathbb{C}$ 의 푸리에계수는 적절한 상수 $C > 0$ 에 대하여

$$|\widehat{f}(n)| \le C \frac{1}{|n|}, \qquad n = \pm 1, \pm 2, \ldots$$

를 만족함을 보여라.

9.5.14. 복소수열 $a \in c_0(\mathbb{Z})$ 가 다음 조건

$$a(n) \ge 0, \quad a(-n) = a(n), \quad a(n) \le \frac{1}{2}(a(n-1) + a(n+1)), \qquad n = 1, 2, \ldots$$

을 만족한다고 가정하자.

(가) $\displaystyle\lim_{N \to \infty} \sum_{n=1}^{N} n(a(n-1) + a(n+1) - 2a(n)) = a(0)$ 임을 보여라.

(나) 함수 $f(x) = \sum_{n=1}^{\infty} n(a(n-1) + a(n+1) - 2a(n))K_n(x)$ 가 $\mathcal{R}^1[-\pi, \pi]$ 의 함수를 정의하고 $\widehat{f} = a$ 임을 보여라.

(다) 임의의 $a \in c_0(\mathbb{Z})$ 에 대하여, 다음 성질

$$a'(n) \geq |a(n)|, \quad n = 0, \pm 1, \pm 2, \ldots$$

을 만족하는 수열 a' 가 사상 (46) 의 치역 안에 존재함을 보여라. 명제 9.4.7 과 비교하여 보아라.

9.5.15. 미분가능한 C^1-주기함수 $f : \mathbb{R} \to \mathbb{C}$ 가 홀함수일 때, 부등식

$$\int_0^{\pi} |f(t)|^2 dt \leq \int_0^{\pi} |f'(t)|^2 dt$$

이 성립함을 보여라. 또한, 조건 $g(a) = g(b) = 0$ 을 만족하는 임의의 $g \in C^1[a, b]$ 에 대하여, 부등식

$$\int_a^b |g(x)|^2 dx \leq \frac{(b-a)^2}{\pi^2} \int_a^b |g'(x)|^2 dx$$

이 성립함을 보여라. 이 부등식에서 등호가 성립하는 함수의 예를 들어라.

9.5.16. 미분가능한 C^1-주기함수 $f : \mathbb{R} \to \mathbb{C}$ 가 구간 $(-\pi, \pi]$ 위에서 $|f'| = 1$ 이고 단사함수라 가정하고, 이 함수가 나타내는 복소평면 위의 폐곡선을 생각하자.

(가) 이 곡선의 길이가 $2\pi \sum_{n=-\infty}^{\infty} n^2 |\widehat{f}(n)|^2$ 임을 보여라.

(나) 그린 정리를 이용하여, 이 곡선으로 둘러싸인 영역의 넓이가

$$\frac{1}{4i} \int_{-\pi}^{\pi} \left(f'(t)\overline{f(t)} - f(t)\overline{f'(t)} \right) dt$$

임을 보여라.

(다) 이 곡선으로 둘러싸인 영역의 넓이가 $\pi \sum_{n=-\infty}^{\infty} n |\widehat{f}(n)|^2$ 임을 보여라.

(라) 길이가 일정한 곡선으로 둘러싸인 영역의 넓이가 가장 큰 경우는 언제인가?

9.5.17. 각 $n = 1, 2, \ldots$ 에 대하여 주기함수열 $\langle f_n \rangle$ 을 다음

$$f_1(t) = \sum_{k \neq 0} \frac{1}{k^2} e^{ikt}, \qquad f_n(t) = \sum_{k \equiv 1\ (n)} \frac{1}{k^2} e^{ikt}, \qquad n = 2, 3, \ldots$$

과 같이 정의하자.[16] 여기서 $\sum_{k\equiv 1\ (n)}$ 이란, $k-1$ 이 n 으로 나누어 떨어지는 각 k 들에 대하여 합을 구하라는 뜻이다.

(가) 각 $t \in [0, 2\pi]$ 에 대하여 $f_1(t) = \dfrac{t^2}{2} - \pi t + \dfrac{\pi^2}{3}$ 임을 보여라.

(나) 각 $n = 2, 3, \ldots$ 에 대하여

$$\sum_{j=0}^{n-1} \left(e^{2\pi i \frac{1}{n}}\right)^j f_1\left(t - \frac{2\pi}{n} j\right) = n f_n(t), \qquad 0 \le t \le 2\pi$$

가 성립함을 보여라. 함수 f_n 이 각 점 $\dfrac{2\pi}{n} j$ (단, $j = 0, 1, 2, \ldots, n-1$) 을 제외한 각 구간에서 미분가능하고 그 미분계수가 일정함을 보여라.

(다) 각 함수 f_n 에 대하여 다음 등식

$$f_n\left(t + \frac{2\pi}{n}\right) = e^{2\pi i \frac{1}{n}} f_n(t), \qquad 0 \le t \le 2\pi$$

이 성립함을 보여라.

(라) 위 두 가지 결과를 이용하여, 복소평면 위의 곡선 $t \mapsto f_n(t)$ 의 상이 어떻게 생겼는지 살펴보아라. 함수 f_4 에 의하여 생기는 곡선의 모습이 각 부분합에 의하여 어떻게 변해 가는지 그려 보아라.

(마) 각 함수 f_n 의 일정한 미분계수의 절대값을 상수 v_n 이라 두고, $f_n(0) = v_n^2$ 임을 보여라.

(바) 곡선의 길이를 생각함으로써, 다음 등식

$$\sum_{\ell=-\infty}^{\infty} \frac{1}{(1+\ell n)^2} = f_n(0) = \left(\frac{\frac{\pi}{n}}{\sin\frac{\pi}{n}}\right)^2, \qquad n = 2, 3, \ldots$$

이 성립함을 보여라.

(사) 곡선으로 둘러싸인 영역의 넓이를 생각함으로써, 다음 등식

$$\sum_{\ell=-\infty}^{\infty} \frac{1}{(1+\ell n)^3} = \left(\frac{\frac{\pi}{n}}{\sin\frac{\pi}{n}}\right)^3 \cos\frac{\pi}{n}, \qquad n = 2, 3, \ldots$$

이 성립함을 보여라.

---

16) 이러한 모양의 삼각급수에 대하여 논문 [A. Robert, Amer. Math. Monthly, Vol. 101 (1994), pp. 420-428] 을 참조하라.

제 10 장 르벡적분

지난 5장에서 리만적분이 경우에 따라서 자연스럽지 못하다는 점을 여러 각도에서 살펴보았는데, 이 장에서 이를 극복하는 방법을 공부한다. 르벡적분에서 함수의 그래프와 x 축 사이의 면적을 재는 기본적 발상은, 리만적분과 달리 y 축을 잘게 자름으로써 극한을 취하는 것이다. 이러한 방법의 최대장점은 적분가능성을 따지는 데 함수의 연속성에 별로 구애받지 않는다는 점이다. 또한, 그 극한을 취하는 방법 덕분에 6.2 절에서 공부한 적분의 수렴정리를 쉽게 얻을 수 있다. 이를 위하여 먼저 집합의 '길이' 라는 개념을 정립할 필요가 있다. 이러한 르벡적분은 20세기 해석학의 획기적인 전환점이 되었으며, 푸리에급수를 이해하는 데에도 크게 공헌하였다.

이 장에서는 확장실수체 $\mathbb{R}^* = \mathbb{R} \cup \{\pm\infty\}$ 를 사용한 것이 편리하다. 여기서 그 연산은 당연한 방법으로 정의하는데, 예를 들어 $0 \cdot \infty = 0$ 으로 정의하며 $\infty - \infty$ 등은 정의하지 않는다. 또한, 확장실수체에서 상한과 하한도 자연스레 정의한다.

10.1 잴수있는 집합과 측도

우선 임의의 열린집합 $U \subset \mathbb{R}$ 에 대하여 길이를 정의하기 위하여 다음 정리가 필요하다.

명제 10.1.1. 실수의 부분집합 $U \subset \mathbb{R}$ 가 열린집합이면, U 는 서로소인 셀수있는 열린구간의 합집합으로 표시된다. 또한, 이 표시방법은 한 가지뿐이다.

증명: 표시 방법이 유일함은 당연하다. 집합 U 의 한 점 $x \in U$ 에 대하여

$$a_x = \inf\{a \in \mathbb{R} : (a, x) \subset U\}, \qquad b_x = \sup\{b \in \mathbb{R} : (x, b) \subset U\}$$

라 정의하자. 열린집합의 정의에 의하여 위 집합들은 비어 있지 않다. 이제

$$I_x = (a_x, b_x)$$

라 두면 $U = \bigcup_{x \in U} I_x$ 임은 당연하다. 또한 I 가 열린구간이고 $x \in I \subset U$ 이면 $I \subset I_x$ 임을 쉽게 확인할 수 있다. 이 성질을 이용하면, 각 $x, y \in U$ 에 대하여 $I_x = I_y$ 이거나 $I_x \cap I_y = \emptyset$ 임을 알 수 있다. 따라서 U 는 서로소인 열린구간 $\{I_x : x \in U\}$ 들의 합집합으로 표시된다. 이 집합모임이 셀수있음은 따름정리 3.4.2 와 같은 방법으로 증명할 수 있다. □

문제 10.1.1. 명제 10.1.1 의 증명에서, I 가 열린구간이고 $x \in I \subset U$ 이면 $I \subset I_x$ 임을 보여라. 또 이를 이용하여, 각 $x, y \in U$ 에 대하여 $I_x \cap I_y = \emptyset$ 이거나 $I_x = I_y$ 임을 보여라.

이제부터 서로소인 집합모임 $\{X_\iota\}$ 의 합집합은

$$\bigsqcup_\iota X_\iota$$

로 나타내기로 한다. 이제 열린집합 $U \subset \mathbb{R}$ 이 서로소인 열린구간의 합집합 $\bigsqcup_n (a_n, b_n)$ 으로 표시되었을 때, 즉

$$U = \bigsqcup_{n=1}^{\infty} (a_n, b_n)$$

일 때, 그 길이 $\lambda(U)$ 를

$$\lambda(U) = \sum_{n=1}^{\infty} (b_n - a_n) \tag{1}$$

로 정의한다. 이 급수의 합은 명제 2.4.1 에 의하여 각 항의 순서에 의존하지 않는다. 이제 임의의 집합 $S \subset \mathbb{R}$ 에 대하여 그 길이 $\mu(S)$ 를

$$\mu(S) = \inf\{\lambda(U) : U \supseteq S,\ U \text{ 는 열린집합이다}\}$$

라 정의하자. 위 정의에 의하면 μ 는 멱집합 $\mathcal{P}(\mathbb{R})$ 에서 $\mathbb{R}^*$ 로 가는 함수이다.

보기 1. 공집합 $\emptyset$ 이나 한점으로 이루어진 집합 $\{x\}$ 의 길이는 0 이다. 또한 열린구간 $(0, \infty)$ 나 $\mathbb{R}$ 의 길이는 $+\infty$ 이다. □

다음은 위에서 정의한 길이의 성질이다. 집합 S 와 $x \in \mathbb{R}$ 에 대하여, 1.2 절의 (6) 에서 정의한 집합 $\{x\} + S$ 를 그냥 $x + S$ 라 쓰자.

명제 10.1.2. 함수 $\mu : \mathcal{P}(\mathbb{R}) \to \mathbb{R}^*$ 는 다음 성질을 가진다.

(가) 만일 $S \subset T$ 이면 $\mu(S) \le \mu(T)$ 이다.

(나) 만일 I 가 a, b 를 양끝점으로 하는 구간이면 $\mu(I) = |b - a|$ 이다.

(다) 임의의 $x \in \mathbb{R}$ 과 $S \in \mathcal{P}(\mathbb{R})$ 에 대하여 $\mu(x + S) = \mu(S)$ 이다.

(라) 임의의 셀수있는 집합모임 $\{S_n : n = 1, 2, \dots\}$ 에 대하여

$$\mu(\bigcup_{n=1}^{\infty} S_n) \le \sum_{n=1}^{\infty} \mu(S_n) \tag{2}$$

이다.

증명: 먼저 (가) 를 보이기 위하여 임의의 양수 $\epsilon > 0$ 을 잡자. 그러면 다음 성질

$$T \subset U, \qquad \lambda(U) < \mu(T) + \epsilon$$

을 만족하는 열린집합 U 를 잡을 수 있다. 그러면 $S \subset U$ 이므로

$$\mu(S) \le \lambda(U) < \mu(T) + \epsilon$$

이고, 따라서 $\mu(S) \le \mu(T)$ 이다. 만일 $I = [a, b]$ 이면,

$$\mu(I) \le \lambda(a - \epsilon, b + \epsilon) = b - a + 2\epsilon$$

이므로 $\mu(I) \le b - a$ 이다. 만일 열린집합 $U = \bigsqcup_n (a_n, b_n)$ 가 I 를 포함한다면, 적당한 n 에 대하여 $(a_n, b_n) \supseteq I$ 이고, 따라서

$$\lambda(U) \ge b_n - a_n > b - a$$

이다. 그러므로 정의에 의하여 $\mu(I) \ge b - a$ 이다. 다른 꼴의 구간에 대하여도 마찬가지 방법으로 증명된다. 열린집합 U 에 대하여 (다) 가 성립하는 것은 자명하고, 이를 이용하면 임의의 $S \subset \mathbb{R}$ 에 대하여도 금방 증명된다.

만일 각 S_n 이 열린구간이면 (2) 는 당연하다. 따라서, 각 U_n 이 열린집합으로서 $U_n = \bigsqcup_k I_{nk}$ 이면

$$\lambda(\bigcup_n U_n) = \lambda(\bigcup_{n,k} I_{nk}) \le \sum_{n,k=1}^{\infty} \lambda(I_{nk}) = \sum_{n=1}^{\infty} \sum_{k=1}^{\infty} \lambda(I_{nk}) = \sum_{n=1}^{\infty} \lambda(U_n)$$

이다. 위 관계식의 두 번째 등식에서 명제 6.3.4 를 적용하였다. 일반적인 경우에, (2) 의 오른쪽에서 어느 한 항이 무한이면 당연하므로, 각 $n = 1, 2, \dots$ 에 대하여 $\mu(S_n)$ 이 유한값이라 하자. 그러면, 각 $n = 1, 2, \dots$ 에 대하여

$$S_n \subset U_n, \quad \lambda(U_n) < \mu(S_n) + \frac{\epsilon}{2^n}, \qquad n = 1, 2, \dots$$

를 만족하는 열린집합 U_n 을 잡을 수 있다. 따라서

$$\mu\left(\bigcup_{n=1}^{\infty} S_n\right) \leq \lambda\left(\bigcup_{n=1}^{\infty} U_n\right) \leq \sum_{n=1}^{\infty} \lambda(U_n) \leq \sum_{n=1}^{\infty} \mu(S_n) + \epsilon$$

이 되어, (2) 가 증명되었다. □

문제 10.1.2. 명제 10.1.2 (나) 와 (다) 의 증명을 마무리지어라.

문제 10.1.3. 집합 S_n 이 열린구간일 때, 부등식 (2) 를 증명하여라.

보기 2. 위 정리의 (라) 에 의하여 임의의 셀수있는 집합의 길이는 0 이다. 따라서, 구간 $[0,1]$ 은 셀수없는 집합임을 알 수 있다. □

함수 $\mu : \mathcal{P}(\mathbb{R}) \to \mathbb{R}^*$ 가 진정한 의미에서 '길이' 가 되려면, 서로소인 셀수있는 집합모임 $\{E_n : n = 1, 2, \ldots\}$ 에 대하여 다음 조건

$$\mu\left(\bigsqcup_{n=1}^{\infty} E_n\right) = \sum_{n=1}^{\infty} \mu(E_n) \tag{3}$$

을 만족하는 것이 이상적이나, 그러한 '길이' 를 정의할 수 없다는 것이 잘 알려져 있다. 이를 극복하는 방법으로, μ 의 정의역을 조건 (3) 이 성립하도록 제한하려 한다. 집합 $E \subset \mathbb{R}$ 가 다음 조건

$$X \subset \mathbb{R} \implies \mu(X) = \mu(X \cap E) + \mu(X \cap E^c) \tag{4}$$

을 만족하면 E 를 **잴수있는 집합**이라 부르고, 잴수있는 집합 전체의 모임을 $\mathfrak{M}$ 이라 쓴다. 여기서 E^c 는 여집합 $\mathbb{R} \setminus E$ 를 나타낸다. 정의에 의하여

$$E, F \in \mathfrak{M},\ E \cap F = \emptyset \implies \mu(E \sqcup F) = \mu(E) + \mu(F)$$

임은 당연하다. 만일 $E_1, \ldots, E_n$ 이 서로소인 잴수있는 집합들이면

$$X \subset \mathbb{R},\ \ E_1, \ldots, E_n \in \mathfrak{M} \implies \mu\left(X \cap \left(\bigsqcup_{i=1}^{n} E_i\right)\right) = \sum_{i=1}^{n} \mu(X \cap E_i) \tag{5}$$

임을 쉽게 확인할 수 있다. 이제, 집합모임 $\mathfrak{M}$ 의 성질을 살펴보자.

문제 10.1.4. 귀납법을 이용하여 (5) 를 증명하여라.

정리 10.1.3. 집합모임 $\mathfrak{M}$ 은 다음 성질을 가진다.

(가) $\emptyset \in \mathfrak{M}$ 이다.

(나) 만일 $E \in \mathfrak{M}$ 이면 $E^c \in \mathfrak{M}$ 이다.

(다) 만일 $E, F \in \mathfrak{M}$ 이면 $E \cup F \in \mathfrak{M}$ 이다.

(라) 각 $n = 1, 2, \ldots$ 에 대하여 $E_n \in \mathfrak{M}$ 이면 $\bigcup_n E_n \in \mathfrak{M}$ 이다.

(마) 만일 $\mu(E) = 0$ 이면 $E \in \mathfrak{M}$ 이다.

(바) 집합 I 가 구간이면 $I \in \mathfrak{M}$ 이다.

(사) 집합 S 가 열린집합이면 $S \in \mathfrak{M}$ 이다.

증명: (가) 와 (나) 는 정의에 의하여 당연하다. 이제 (다) 를 보이기 위하여 임의의 집합 $X \subset \mathbb{R}$ 을 잡으면, $X \cap (E \cup F) = (X \cap E) \cup (X \cap F \cap E^c)$ 이므로 명제 10.1.2 (라) 에 의하여

$$\mu(X \cap (E \cup F)) + \mu(X \cap (E \cup F)^c)$$
$$\leq \mu(X \cap E) + \mu(X \cap F \cap E^c) + \mu(X \cap E^c \cap F^c)$$
$$= \mu(X \cap E) + \mu(X \cap E^c) = \mu(X)$$

이다. 여기서, 첫째 및 둘째 등식은 각각 $F \in \mathfrak{M}$, $E \in \mathfrak{M}$ 을 이용하였다. 정의의 조건 (4) 에서 반대 부등호는 명제 10.1.2 (라) 에 의하여 자명하다.

이제 (라) 를 증명하기 위하여, $F_1 = E_1$ 이라 놓고 각 $n = 1, 2, \ldots$ 에 대하여

$$F_n = E_n \setminus (E_1 \cup \cdots \cup E_{n-1}), \qquad G_n = F_1 \cup \cdots \cup F_n$$

이라 두자. 그러면 $\{F_n\}$ 은 서로소이고

$$\bigcup_n E_n = \bigsqcup_n F_n = \bigcup_n G_n$$

임을 금방 확인할 수 있다. 또한 (나) 와 (다) 에 의하여

$$E, F \in \mathfrak{M} \implies E \cap F \in \mathfrak{M}$$

이므로, 각 $n = 1, 2, \ldots$ 에 대하여 $F_n, G_n \in \mathfrak{M}$ 이다. 따라서 $E = \bigcup_n E_n$ 이라 두고 (5) 를 이용하면, 각 $n = 1, 2, \ldots$ 에 대하여

$$\mu(X) = \mu(X \cap G_n) + \mu(X \cap G_n^c) = \sum_{i=1}^{n} \mu(X \cap F_i) + \mu(X \cap G_n^c)$$
$$\geq \sum_{i=1}^{n} \mu(X \cap F_i) + \mu(X \cap E^c)$$

이다. 따라서

$$\mu(X) \geq \sum_{i=1}^{\infty} \mu(X \cap F_i) + \mu(X \cap E^c) \geq \mu\left(\bigcup_{i=1}^{\infty}(X \cap F_i)\right) + \mu(X \cap E^c)$$

$$= \mu(X \cap E) + \mu(X \cap E^c)$$

이고, $E \in \mathfrak{M}$ 이다.

만일 $\mu(E) = 0$ 이면 명제 10.1.2 (가) 에 의하여 $\mu(X \cap E) = 0$ 이므로,

$$\mu(X) \geq \mu(X \cap E^c) = \mu(X \cap E) + \mu(X \cap E^c)$$

이 되어 (마) 가 증명되었다. 지금까지의 결과에 비추어 볼 때, 구간 $I = (a, \infty)$ 가 잴수 있음을 보이면 증명이 끝난다. 임의의 집합 $X \subset \mathbb{R}$ 과 양수 $\epsilon > 0$ 이 주어졌을 때,

$$X \subset U = \bigsqcup_n (a_n, b_n), \qquad \lambda(U) = \sum_n (b_n - a_n) < \mu(X) + \epsilon$$

을 만족하는 열린집합 U 를 택하자. 이제

$$I_n = (a_n, b_n) \cap I = (a_n, b_n) \cap (a, \infty),$$

$$J_n = (a_n, b_n) \cap I^c = (a_n, b_n) \cap (-\infty, a]$$

라 두면, $X \cap I \subset \bigsqcup_n I_n$ 이므로

$$\mu(X \cap I) \leq \sum_n \mu(I_n)$$

이고, 마찬가지로 $\mu(X \cap I^c) \leq \sum_n \mu(J_n)$ 이다. 따라서, 부등식

$$\mu(X \cap I) + \mu(X \cap I^c) \leq \sum_n [(\mu(I_n) + \mu(J_n)] = \sum_n (b_n - a_n) < \mu(X) + \epsilon$$

을 얻는다. □

다음 정리는 함수 $\mu : \mathfrak{M} \to \mathbb{R}^*$ 와 서로소인 셀수있는 집합모임 $\{E_n : n = 1, 2, \ldots\}$ 에 대하여 조건 (3) 이 성립함을 보여 준다.

정리 10.1.4. 각 $n = 1, 2, \ldots$ 에 대하여 $E_n \in \mathfrak{M}$ 이고 집합모임 $\{E_n\}$ 이 서로소이면 등식 (3) 이 성립한다.

증명: 우선 $E = \bigsqcup_{i=1}^{\infty} E_i$ 라 두고 (5) 를 적용하면 각 $n = 1, 2, \ldots$ 에 대하여

$$\mu(E) \geq \mu\left(\bigsqcup_{i=1}^{n} E_i\right) = \sum_{i=1}^{n} \mu(E_i)$$

를 얻고, 따라서 $\mu(E) \geq \sum_{i=1}^{\infty} \mu(E_i)$ 이다. 반대 부등호는 이미 명제 10.1.2 에서 증명하였다. □

보기 3. 지난 1.5 절의 보기 3 에서 공부한 칸토르집합 C 를 상기하자. 칸토르집합을 만드는 과정에서 들어낸 열린구간들은 서로소인데, 그 합집합을 A 라 두면 1.5 절의 (17) 에서 보다시피 $\mu(A) = 1$ 이고, 따라서 $\mu(C) = 0$ 이다. 특히, 길이가 0 임에도 불구하고 셀수없는 집합이 있음을 알 수 있다. □

함수 $\mu : \mathcal{P}(\mathbb{R}) \to \mathbb{R}^*$ 를 $\mathfrak{M}$ 에 제한했을 때 이를

$$m : \mathfrak{M} \to \mathbb{R}^*$$

이라 쓰자. 일반적으로, 임의의 집합 X 의 멱집합의 부분집합 $\mathfrak{S}$ 가 정리 10.1.3 의 조건 (가) - (라) 를 만족하면 이를 **σ-대수**라 부른다. 또한, X 의 σ-대수 $\mathfrak{S}$ 가 주어지고 함수 $\mu : \mathfrak{S} \to \mathbb{R}^*$ 가 조건 (3) 을 만족하면 $(X, \mathfrak{S}, \mu)$ 를 X 의 **측도**라 한다. 따라서 $(\mathbb{R}, \mathfrak{M}, m)$ 은 $\mathbb{R}$ 의 측도인데, 이를 실직선 $\mathbb{R}$ 의 **르벡측도**라 한다.

보기 4. 집합 $E \subset \mathbb{N}$ 에 대하여 $c(E)$ 를 E 의 개수로 두면 $(\mathbb{N}, \mathcal{P}(\mathbb{N}), c)$ 는 $\mathbb{N}$ 의 측도이다. □

10.2 잴수있는 함수와 적분의 정의

잴수있는 집합 $E \subset \mathbb{R}$ 에서 정의된 함수 $f : E \to \mathbb{R}^*$ 가 다음 조건

$$a \in \mathbb{R} \implies \{x \in E : f(x) > a\} \in \mathfrak{M}$$

을 만족하면, 이를 **잴수있는 함수**라 한다.

보기 1. 만일 A 가 잴수있는 집합이면 그 특성함수 χ_A 는 잴수있는 함수이다. □

명제 10.2.1. 잴수있는 집합 E 에서 정의된 함수 $f : E \to \mathbb{R}^*$ 에 대하여 다음은 동치이다.

(가) 함수 f 는 잴수있는 함수이다.

(나) 임의의 $a \in \mathbb{R}$ 에 대하여 $\{x \in E : f(x) \geq a\} \in \mathfrak{M}$ 이다.

(다) 임의의 $a \in \mathbb{R}$ 에 대하여 $\{x \in E : f(x) < a\} \in \mathfrak{M}$ 이다.

(라) 임의의 $a \in \mathbb{R}$ 에 대하여 $\{x \in E : f(x) \leq a\} \in \mathfrak{M}$ 이다.

증명: 정리 10.1.3 (나) 에 의하여 (가) $\Longleftrightarrow$ (라) 및 (나) $\Longleftrightarrow$ (다) 는 자명하다. 또한, 다음 관계

$$\{x \in E : f(x) \geq a\} = \bigcap_{n=1}^{\infty} \{x \in E : f(x) > a - \frac{1}{n}\}$$

$$\{x \in E : f(x) > a\} = \bigcup_{n=1}^{\infty} \{x \in E : f(x) \geq a + \frac{1}{n}\}$$

와 정리 10.1.3 (라) 에 의하여 (가) $\Longleftrightarrow$ (나) 가 증명된다. □

따름정리 10.2.2. 함수 $f : E \to \mathbb{R}^*$ 가 잴수있으면, 임의의 $a \in \mathbb{R}^*$ 에 대하여 집합

$$\{x \in E : f(x) = a\}$$

는 잴수있다.

잴수있는 함수는 이제까지 배운 연속, 미분가능, 리만적분가능 등 어느 것보다도 포괄적인 개념일 뿐 아니라, 우리가 생각할 수 있는 거의 모든 함수연산에 대하여 닫혀있다.

명제 10.2.3. 잴수있는 집합 E 에서 $\mathbb{R}^*$ 로 가는 함수들에 대하여 다음이 성립한다.

(가) 연속함수 $f : E \to \mathbb{R}$ 가 잴수있다.

(나) 만일 f, g 가 잴수있고 $\alpha \in \mathbb{R}$ 이면 $f + g, fg, \alpha f$ 도 잴수있다.

(다) 각 $n = 1, 2, \ldots$ 에 대하여 f_n 이 잴수있으면 두 가지 함수 $x \mapsto \inf_n f_n(x)$ 와 $x \mapsto \sup_n f_n(x)$ 도 각각 잴수있다.

(라) 각 $n = 1, 2, \ldots$ 에 대하여 함수 f_n 이 잴수있으면 점별극한함수 $\limsup_n f_n$, $\liminf_n f_n$, $\lim_n f_n$ 도 잴수있다.

(마) 함수 $f : E \to \mathbb{R}^*$ 가 잴수있고 $g : \mathbb{R} \to \mathbb{R}$ 이 연속이면 그 합성함수 $g \circ f$ 도 잴수있다. 여기서, $f(x) = \pm\infty$ 인 $x \in E$ 에 대하여 $(g \circ f)(x) = \pm\infty$ 로 정의한다.

증명: 함수 $f : E \to \mathbb{R}$ 가 연속일 때, 정리 3.1.5 를 적용하면 집합 $f^{-1}(a, \infty) \subset E$ 가 E 안에서 열린집합임을 알 수 있다. 그러므로 명제 2.2.5 에 의하여 $f^{-1}(a, \infty) = E \cap U$ 를 만족하는 열린집합 $U \subset \mathbb{R}$ 을 잡을 수 있는데, 정리 10.1.3 에 의하여 $E \cap U$ 는 잴수있는 집합이다.

이제, f, g 가 잴수있는 함수이고 $\alpha \in \mathbb{R}$ 이라 하자. 유리수의 조밀성을 이용하면, 임의의 실수 $a \in \mathbb{R}$ 에 대하여 다음 관계

$$\{x : f(x) + g(x) < a\} = \bigcup_{r \in \mathbb{Q}} [\{x : f(x) < r\} \cap \{x : g(x) < a - r\}]$$

가 성립함을 쉽게 알 수 있고, 따라서 $f + g$ 는 잴수있다. 또한 $\alpha > 0$ 이면

$$\{x : \alpha f(x) < a\} = \{x : f(x) < \frac{a}{\alpha}\}, \qquad a \in \mathbb{R}$$

이므로 αf 도 잴수있다. 물론 $\alpha < 0$ 인 경우도 마찬가지로 증명되고, $\alpha = 0$ 이면 자명하다. 관계식

$$fg = \frac{1}{2}((f + g)^2 - f^2 - g^2)$$

을 이용하면, fg 가 잴수있음을 증명하기 위하여 f^2 이 잴수있음을 보이면 충분함을 알 수 있다. 그런데 $a > 0$ 일 때

$$\{x : f(x)^2 < a\} = \{x : -\sqrt{a} < f(x) < \sqrt{a}\}$$

이고, $a \leq 0$ 이면 $\{x : f(x)^2 < a\} = \emptyset$ 이므로 f^2 은 잴수있는 함수이다.

각 $n = 1, 2, \ldots$ 에 대하여 f_n 이 잴수있으면

$$\{x : \sup_n f_n(x) > a\} = \bigcup_{n=1}^{\infty} \{x : f_n(x) > a\}$$

이므로 $\sup_n f_n$ 이 잴수있고, 마찬가지로 $\inf_n f_n$ 도 잴수있다. 마지막으로 (라) 는 상극한과 하극한의 정의 및 (다) 에 의하여 자명하고, (마) 는 잴수있는 함수의 정의와 정리 3.1.5 에 의하여 바로 증명된다. □

문제 10.2.1. 명제 10.2.3 의 (라) 와 (마) 를 증명하여라.

잴수있는 함수 $f : E \to \mathbb{R}$ 의 치역이 유한집합이면 이를 **단순함수**라 한다. 치역이 $\{c_1, \ldots, c_n\}$ 인 단순함수 $s : E \to \mathbb{R}$ 이 있을 때, 각 $i = 1, 2, \ldots, n$ 에 대하여

$$E_i = \{x \in E : s(x) = c_i\}$$

라 두면 $\{E_i\}$ 는 서로소이고, 다음

$$s = \sum_{i=1}^{n} c_i \chi_{E_i} \tag{6}$$

과 같이 특성함수들의 선형결합으로 표시할 수 있다. 이제 (6) 에 의하여 정의된 단순함수가 $s \geq 0$ 일 때 그 적분을

$$\int_E s = \sum_{i=1}^{n} c_i m(E_i) \tag{7}$$

라 정의한다. 두 단순함수 $s, t \geq 0$ 와 상수 $c \geq 0$ 에 대하여

$$\int_E (s+t) = \int_E s + \int_E t, \quad \int_E (cs) = c\int_E s, \quad s \leq t \Longrightarrow \int_E s \leq \int_E t \tag{8}$$

임을 바로 확인할 수 있다. 또한, 잴수있는 함수 $f : E \to [0, +\infty]$ 의 적분을

$$\int_E f = \sup\left\{\int_E s \,:\, 0 \leq s \leq f,\ s \text{ 는 단순함수}\right\} \tag{9}$$

로 정의한다. 이 정의에서 적분값은 ∞ 가 될 수도 있다. 예로서 집합 $\{x : f(x) = +\infty\}$ 의 측도가 양수이면 그 적분값이 ∞ 임이 자명하다. 단순함수 s 에 대하여 두 정의 (7) 과 (9) 의 적분값이 일치함은 명백하다. 다음 정리는 정의 (9) 가 그럴 듯함을 말해 주는데, 구체적으로 말하여 y 축을 유한개의 부분구간으로 분할하여 극한을 취함으로써, 잴수있는 함수 f 의 그래프와 x 축 사이의 '면적' 을 잴 수 있다는 뜻이다.

문제 10.2.2. 관계식 (8) 을 증명하여라.

문제 10.2.3. 단순함수 $s \geq 0$ 에 대하여 정의 (7) 과 (9) 가 일치함을 보여라.

명제 10.2.4. 임의의 잴수있는 함수 $f : E \to [0, +\infty]$ 는 단조증가하는 단순함수의 점별극한함수로 표시된다.

증명: 각 $n = 1, 2, \ldots$ 와 $i = 1, 2, \ldots, n2^n$ 에 대하여

$$A_{ni} = \left\{x \in E : \frac{i-1}{2^n} \leq f(x) < \frac{i}{2^n}\right\}, \qquad B_n = \{x \in E : f(x) \geq n\},$$

$$s_n = \sum_{i=1}^{n2^n} \frac{i-1}{2^n} \chi_{A_{ni}} + n\chi_{B_n}$$

이라 두면 $\langle s_n \rangle$ 은 단조증가하고, 각 $x \in E$ 에 대하여

$$\lim_n s_n(x) = f(x)$$

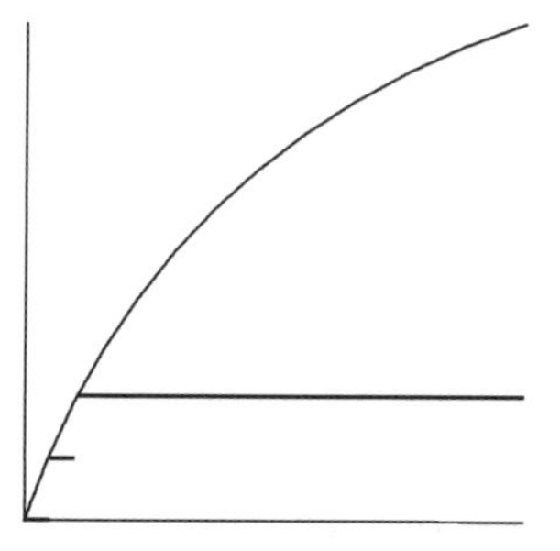
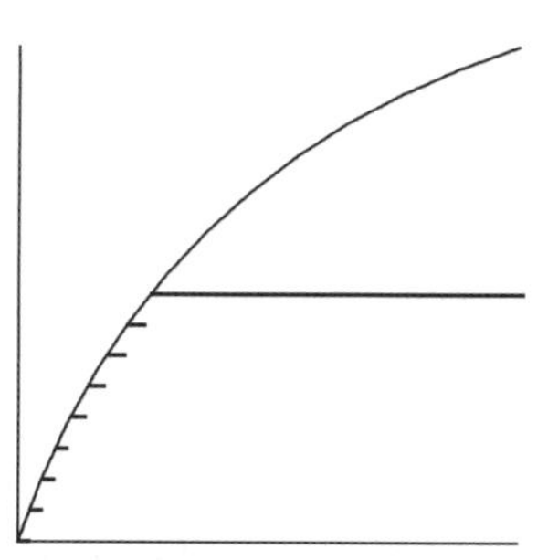
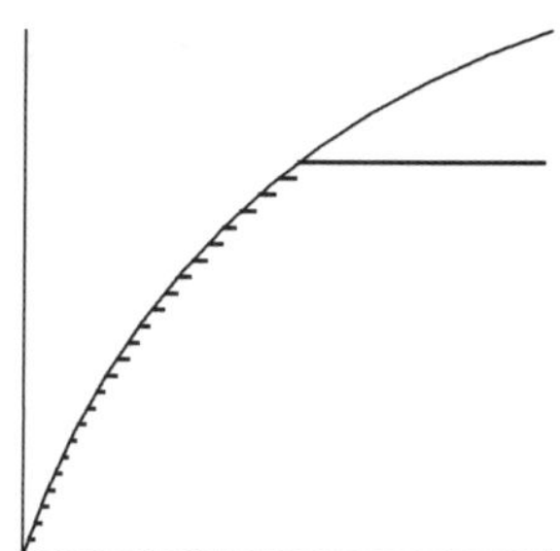

임을 바로 확인할 수 있다. □

문제 10.2.4. 명제 10.2.4 의 증명을 마무리지어라.

함수 $f : X \to \mathbb{R}^*$ 에 대하여

$$f_+(x) = \max\{f(x), 0\}, \quad f_-(x) = -\min\{f(x), 0\}, \qquad x \in X$$

라 두면

$$f_+ \geq 0, \qquad f_- \geq 0, \qquad f = f_+ - f_-$$

이다. 만일 함수 $f : E \to \mathbb{R}^*$ 가 잴수있으면 명제 10.2.3 (다) 에 의하여 f_+ 와 f_- 도 잴수있다. 이제, 함수 f 의 적분을

$$\int_E f = \int_E f_+ - \int_E f_- \tag{10}$$

라 정의한다. 만일 함수 f_+ 와 f_- 의 적분값이 모두 무한이면 f 의 적분은 정의하지 않는다. 함수 f_+ 와 f_- 의 적분값이 모두 유한일 때, 함수 f 를 **르벡적분가능**한 함수, 혹은 **L^1-함수**라 부른다. 또한, 잴수있는 집합 E 위에서 정의된 르벡적분가능함수 전체의 집합을 $L^1(E)$ 라 쓴다. 지난 7.3 절의 보기 2 에 나오는 함수 $f : [1, \infty) \to \mathbb{R}$ 는 물론 잴수있는 함수로서 특이적분이 수렴한다. 그러나 $\int_{[1,\infty)} f_+ = \infty$ 이므로 르벡적분가능하지 않다.

보기 2. 만일 $m(E) = 0$ 이면, 정리 10.1.3 (마) 에 의하여 임의의 함수 $f : E \to \mathbb{R}^*$ 가 잴수있고 $\int_E f = 0$ 이다. □

다음 정리는 리만적분의 정리 5.1.4 에 해당하는 것으로서 적분이 갖추어야 할 핵심 성질인데 그 응용범위가 매우 넓다.

정리 10.2.5. 서로소인 잴수있는 집합모임 $\{A_n : n = 1, 2, \dots\}$ 에 대하여

$$A = \bigsqcup_{n=1}^{\infty} A_n$$

이라 하자. 그러면 잴수있는 함수 $f : A \to [0, \infty]$ 에 대하여

$$\int_A f = \sum_{n=1}^{\infty} \int_{A_n} f \tag{11}$$

가 성립한다.

증명: 만일 f 가 특성함수이면 정리 10.1.4 로부터 바로 증명되고, 이를 이용하면 f 가 단순함수일 때에도 쉽게 보일 수 있다. 따라서, $0 \le s \le f$ 를 만족하는 임의의 단순함수 s 에 대하여

$$\int_A s = \sum_{n=1}^{\infty} \int_{A_n} s \le \sum_{n=1}^{\infty} \int_{A_n} f$$

임을 알 수 있다. 그러므로

$$\int_A f \le \sum_{n=1}^{\infty} \int_{A_n} f$$

가 성립한다. 만일 (11) 의 오른쪽의 어느 한 항이 무한이면 증명할 것이 없으므로 각 항이 모두 유한이라 하자. 이제 자연수 n 을 고정하고, 임의의 양수 $\epsilon > 0$ 을 잡자. 그러면, 각 $i = 1, 2, \ldots, n$ 에 대하여

$$0 \le s_i \le f, \quad \int_{A_i} f < \int_{A_i} s_i + \frac{\epsilon}{n}$$

을 만족하는 단순함수 $s_i : A_i \to [0, \infty]$ 를 잡을 수 있다. 이제

$$s(x) = \begin{cases} s_i(x), & x \in A_i, \ 1 \le i \le n \\ 0, & x \in A_i, \ i \ge n+1 \end{cases}$$

이라 두면 $s : A \to [0, \infty]$ 는 단순함수이고,

$$0 \le s \le f, \qquad \int_{A_i} f \le \int_{A_i} s + \frac{\epsilon}{n}, \qquad i = 1, 2, \ldots, n$$

이 성립한다. 만일 $B_n = \bigsqcup_{i=1}^{n} A_i$ 로 표시하면

$$\sum_{i=1}^{n} \int_{A_i} f < \sum_{i=1}^{n} \int_{A_i} s + \epsilon = \int_{B_n} s + \epsilon \le \int_A s + \epsilon \le \int_A f + \epsilon$$

이다. 이 부등식이 임의의 자연수 n 에 대하여 성립하므로 증명이 끝났다. □

따름정리 10.2.6. 서로소인 잴수있는 집합모임 $\{A_n : n = 1, 2, \dots\}$ 에 대하여

$$A = \bigsqcup_{n=1}^{\infty} A_n$$

이라 하자. 그러면 임의의 $f \in L^1(A)$ 에 대하여 등식 (11) 이 성립한다.

문제 10.2.5. 특성함수와 단순함수에 대하여 등식 (11) 을 증명하여라. 또한 따름정리 10.2.6 을 증명하여라.

함수 $f : \mathbb{R} \to \mathbb{R}^*$ 가 $f \geq 0$ 이거나 $f \in L^1(\mathbb{R})$ 일 때,

$$\mu(E) = \int_E f, \qquad E \in \mathfrak{M}$$

라 정의하면 $(\mathbb{R}, \mathfrak{M}, \mu)$ 는 측도가 됨을 알 수 있다. 후자의 경우 $\mu(E)$ 의 값은 음수가 될 수도 있다.

따름정리 10.2.7. 잴수있는 함수 f 에 대하여

$$f \in L^1(E) \iff |f| \in L^1(E)$$

이고, 이 때 다음 부등식

$$\left| \int_E f \right| \leq \int_E |f| \tag{12}$$

이 성립한다.

증명: 만일

$$A = \{x \in E : f(x) \geq 0\}, \qquad B = \{x \in E : f(x) < 0\}$$

로 두면 $E = A \sqcup B$ 이다. 이제, $f \in L^1(E)$ 이면

$$\int_E |f| = \int_A |f| + \int_B |f| = \int_A f_+ + \int_B f_-$$

가 유한값이므로 $|f| \in L^1(E)$ 이다. 일반적으로

$$0 \leq g \leq f \implies \int_E g \leq \int_E f \tag{13}$$

임은 (8) 과 정의 (9) 에 의하여 자명하다. 따라서

$$\int_E f = \int_E f_+ - \int_E f_- \le \int_E f_+ \le \int_E |f|,$$
$$-\int_E f = \int_E f_- - \int_E f_+ \le \int_E f_- \le \int_E |f|$$

이 되고, 부등식 (12) 가 성립한다. 또한, $0 \le f_+ \le |f|$ 이고 $0 \le f_- \le |f|$ 이므로, $|f|$ 의 적분값이 유한이면 f_+ 와 f_- 의 적분값도 유한이고, 따라서 $f \in L^1(E)$ 이다. □

문제 10.2.6. 명제 (13) 을 증명하여라.

일반적으로 $|f| = f_+ + f_-$ 이므로, 명제 10.2.3 (나) 와 (다) 에 의하여 f 가 잴수있으면 $|f|$ 도 잴수있음을 알 수 있다. 그러나 잴수없는 집합 S 에 대하여 함수 $f = \chi_S - \chi_{S^c}$ 를 생각하면 $|f|$ 가 잴수있는 함수라도 f 가 잴수있는 함수라는 보장이 없음을 알 수 있다.

잴수있는 집합 E 의 각 점 $x \in E$ 에 관한 명제 $P(x)$ 가 있을 때,

$$m\{x \in E : P(x) \text{ 가 성립하지 않는다 }\} = 0$$

이면 **거의 모든 점에서** $P(x)$ 가 성립한다고 말한다. 르벡적분에 관한 한 측도가 0 인 집합은 별 역할을 하지 못하므로, 이 개념은 경우에 따라서 매우 중요한 역할을 한다. 만일 거의 모든 점에서 $f = g$ 이면, 지금까지 우리가 규정한 여러 가지 개념들, 예를 들어 잴수있는지 여부, 르벡적분가능성 등이 f, g 에 같이 적용되고, 그 적분값도 같다.

명제 10.2.8. 잴수있는 함수 $f : E \to \mathbb{R}^*$ 가 $f \ge 0$ 이라 하자. 만일 $\int_E f = 0$ 이면 거의 모든 점에서 $f = 0$ 이다.

증명: 각 $n = 1, 2, \ldots$ 에 대하여

$$E_n = \{x \in E : f(x) > \frac{1}{n}\}$$

이라 두면

$$0 \le \frac{1}{n} m(E_n) \le \int_{E_n} f \le \int_E f = 0$$

이 된다. 따라서 $m\{x : f(x) > 0\} \le \sum_n m(E_n) = 0$ 을 얻는다. □

문제 10.2.7. 잴수있는 집합에서 정의된 함수 f 와 g 가 정의역의 거의 모든 점 x 에서 $f(x) = g(x)$ 라 하자. 만일 f 가 잴수있는 함수이면 g 도 잴수있는 함수임을 보여라. 만일 f 가 L^1-함수이면, g 도 L^1-함수임을 보이고, 이 경우 두 함수의 적분값이 같음을 증명하여라.

10.3 적분의 수렴정리

이 절에서는 언제 점별극한과 적분의 순서를 바꿀 수 있는지 살펴보는데, 우선 함수열 $\langle f_n \rangle$ 이 단조증가하며 각 자연수 $n = 1, 2, \ldots$ 에 대하여 $f_n \geq 0$ 이면 족하다는 것을 보이려 한다. 이를 이용하면 함수집합 $L^1(E)$ 이 벡터공간이 된다는 것과, 나아가서 리만 적분가능한 함수는 항상 르벡적분가능하고 그 적분값이 일치함을 쉽게 보일 수 있다.

정리 10.3.1. (단조수렴정리) 잴수있는 집합 E 에서 $\mathbb{R}^*$ 로 가는 잴수있는 함수열 $\langle f_n \rangle$ 이 다음 조건

$$0 \leq f_n, \qquad f_n \leq f_{n+1}, \qquad n = 1, 2, \ldots$$

을 만족한다고 하자. 만일 각 $x \in E$ 에 대하여 $f(x) = \lim_n f_n(x)$ 이면,

$$\int_E f = \lim_{n \to \infty} \int_E f_n$$

이 성립한다.

증명: 앞 절의 (13) 에 의하여

$$\left\langle \int_E f_n : n = 1, 2, \ldots \right\rangle$$

은 단조증가수열이 되고, 따라서 그 극한 $\alpha \in \mathbb{R}^*$ 이 존재한다. 또한 각 $n = 1, 2, \ldots$ 에 대하여 $f_n \leq f$ 이므로 $\alpha \leq \int_E f$ 이다. 열린구간 $(0, 1)$ 안의 상수 c 및 $0 \leq s \leq f$ 인 단순함수 s 에 대하여

$$E_n = \{x \in E : f_n(x) \geq cs(x)\}, \qquad n = 1, 2, \ldots$$

라 두자. 가정에 의하여

$$E_n \subset E_{n+1}, \quad n = 1, 2, \ldots, \qquad E = \bigcup_{n=1}^{\infty} E_n$$

가 성립함을 바로 확인할 수 있고, 따라서 (8) 에 의하여

$$\alpha \geq \int_E f_n \geq \int_{E_n} f_n \geq \int_{E_n} cs = c \int_{E_n} s, \quad n = 1, 2, \ldots \tag{14}$$

이다. 이제 각 $n = 1, 2, \ldots$ 에 대하여 $F_n = E_n \setminus E_{n-1}$ (단, $E_0 = \emptyset$) 라 놓으면 정리 10.2.5 에 의하여

$$\lim_{n\to\infty} \int_{E_n} s = \lim_{n\to\infty} \sum_{i=1}^{n} \int_{F_i} s = \sum_{i=1}^{\infty} \int_{F_i} s = \int_E s$$

이므로, (14) 에 의하여 $\alpha \geq c \int_E s$ 임을 알 수 있다. 이 부등식이 임의의 $c \in (0,1)$ 에 대하여 성립하므로 $\alpha \geq \int_E s$ 이고, 10.2 절의 정의 (9) 에 의하여 $\alpha \geq \int_E f$ 가 증명된다. □

정리 10.3.2. 잴수있는 집합 E 에서 정의된 잴수있는 함수 f, g 에 대하여 다음이 성립한다.

(가) 만일 $f, g \in L^1(E)$ 이면 $f + g \in L^1(E)$ 이다. 또한 $f, g \geq 0$ 이거나 $f, g \in L^1(E)$ 이면 등식

$$\int_E (f+g) = \int_E f + \int_E g \tag{15}$$

이 성립한다.

(나) 만일 $f \in L^1(E)$ 이고 $\alpha \in \mathbb{R}$ 이면 $\alpha f \in L^1(E)$ 이고, 등식

$$\int_E (\alpha f) = \alpha \int_E f \tag{16}$$

이 성립한다.

증명: 명제 (나) 는 (8) 과 정의 (9), (10) 에 의하여 명백하다. 지난 1.1 절의 등식 (5) 를 이용하면 $(f+g)_+ \leq f_+ + g_+$ 임을 쉽게 확인할 수 있다. 따라서 f_+ 와 g_+ 의 적분값이 유한이면 $(f+g)_+$ 의 적분값도 유한이다. 함수 $(f+g)_-$ 에 대하여도 마찬가지가 되어 (가) 의 첫 명제가 증명된다.

등식 (15) 는 우선 $f, g \geq 0$ 일 때 증명하자. 이 경우, 명제 10.2.4 를 적용하여 $\lim_n s_n(x) = f(x)$, $\lim_n t_n(x) = g(x)$ 가 되며 단조증가하는 단순함수열 $\langle s_n \rangle$ 과 $\langle t_n \rangle$ 을 잡을 수 있다. 이제, 각 $n = 1, 2, \ldots$ 에 대하여 $r_n = s_n + t_n$ 이라 두면 r_n 또한 단순함수이고 (8) 에 의하여

$$\int_E r_n = \int_E s_n + \int_E t_n$$

이 되어, 극한 $n \to \infty$ 를 취하면 단조수렴정리에 의하여 등식 (15) 를 얻는다. 끝으로, $f, g \in L^1(E)$ 인 경우 등식을 증명하자. 우선,

$$(f+g)_+ - (f+g)_- = f + g = f_+ - f_- + g_+ - g_-$$

이므로 $(f+g)_+ + f_- + g_- = (f+g)_- + f_+ + g_+$ 가 된다. 방금 증명한 바에 의하여

$$\int_E (f+g)_+ + \int_E f_- + \int_E g_- = \int_E (f+g)_- + \int_E f_+ + \int_E g_+$$

가 되고, 이에 의하여 등식 (15) 가 증명된다. □

다음 정리는 정리 10.3.1 과 10.3.2 에 의하여 바로 얻을 수 있는데, 따름정리 6.3.4 와 비교하면 그 가정이나 결론이 매우 비슷함을 알 수 있다.

따름정리 10.3.3. 잴수있는 집합 E 에서 $[0, +\infty]$ 로 가는 잴수있는 함수열 $\langle f_n \rangle$ 에 대하여

$$f(x) = \sum_{n=1}^{\infty} f_n(x)$$

라 정의하면, 등식

$$\int_E f = \sum_{n=1}^{\infty} \int_E f_n \tag{17}$$

이 성립한다.

문제 10.3.1. 각 $n = 1, 2, \dots$ 에 대하여 $f_n(x) = e^{-nx} - 2e^{-2nx}$ 라 정의하였을 때, 구간 $[0, 1]$ 위에서 등식 (17) 이 성립하는지 살펴보아라.

이제 유계함수 $f : [a, b] \to [0, \infty)$ 와 분할 $P = \{x_0, x_1, \dots, x_n\}$ 이 주어졌을 때, 5.1 절에서 상적분과 하적분을 정의할 때와 같이 M_i, m_i 를 정의하고 단순함수

$$U_P = f(a)\chi_{\{a\}} + \sum_{i=1}^{n} M_i \chi_{(x_{i-1}, x_i]}, \qquad L_P = f(a)\chi_{\{a\}} + \sum_{i=1}^{n} m_i \chi_{(x_{i-1}, x_i]}$$

를 정의하자. 그러면 그 상합과 하합이

$$U_a^b(f, P) = \int_{[a,b]} U_P, \quad L_a^b(f, P) = \int_{[a,b]} L_P, \qquad P \in \mathcal{P}[a, b]$$

임은 자명하다. 이제

$$P_1 \subset P_2 \subset P_3 \subset \dots, \qquad \|P_m\| \to 0$$

이 되도록 분할열 $\langle P_m \rangle$ 을 잡자. 그러면 $\langle L_{P_m} \rangle$ 은 단조증가하고 $\langle U_{P_m} \rangle$ 은 단조감소하므로 점별수렴하는데, 그 극한을 각각 L, U 라 두면 잴수있는 함수가 되고 $L \le f \le U$ 이다. 한편 정리 10.3.1 과 정리 5.2.3 에 의하여

$$\int_{[a,b]} L = \lim_{m\to\infty} \int_{[a,b]} L_{P_m} = \lim_{m\to\infty} L_a^b(f, P_m) = \underline{\int_a^b} f \tag{18}$$

가 되고, 마찬가지로 $\int_{[a,b]} U = \overline{\int_a^b} f$ 이다.

문제 10.3.2. 등식 (18) 에서 정리 10.3.1 을 적용할 수 있는 근거를 대라. 또한, $\langle U_{P_n} \rangle$ 에 대하여 같은 등식이 성립함을 보여라.

만일 f 가 리만적분가능함수이면

$$\int_{[a,b]} (U - L) = 0$$

이 되고, 따라서 명제 10.2.8 에 의하면 거의 모든 점에서 $L = f = U$ 이므로 다음 정리의 (가) 가 증명된다. 역으로, 거의 모든 점에서 $L = U$ 이면 물론 f 의 상적분과 하적분이 같다.

정리 10.3.4. 유계함수 $f : [a,b] \to \mathbb{R}$ 에 대하여 다음이 성립한다.

(가) 만일 f 가 리만적분가능하면 f 는 잴수있고, 등식

$$\int_{[a,b]} f = \int_a^b f$$

이 성립한다.

(나) 함수 f 가 리만적분가능함수, 리만적분가능할 필요충분조건은

$$m\{x \in [a,b] : \text{함수 } f \text{ 가 } x \text{ 에서 불연속이다}\} = 0$$

이다.

증명: 위에서 잡은 분할들의 합집합 $\bigcup_{n=1}^{\infty} P_n$ 을 P 라 두면 $m(P) = 0$ 이다. 이제 $x \notin P$ 이면, f 가 x 에서 연속일 필요충분조건은

$$L(x) = U(x)$$

임을 쉽게 알 수 있다. 따라서, f 가 거의 모든 점에서 연속이란 말이나, 거의 모든 점에서 $L = U$ 라는 말은 동치이다. □

이제, 양끝점이 a, b 인 구간 I 를 정의구역으로 하는 잴수있는 함수 f 의 르벡적분을 $\int_a^b f$ 혹은 $\int_a^b f(x)dx$ 로 써도 무방함을 알 수 있다.

문제 10.3.3. 정리 10.3.4 의 증명과정에서, $x \notin P$ 일 때 f 가 x 에서 연속일 필요충분조건이 $L(x) = U(x)$ 임을 증명하여라.

정리 10.3.5. (파투[1]) 잴수있는 집합 E 에서 $[0,+\infty]$ 로 가는 잴수있는 함수열 $\langle f_n \rangle$ 에 대하여, 다음 부등식

$$\int_E \left(\liminf_{n\to\infty} f_n\right) \le \liminf_{n\to\infty} \int_E f_n \tag{19}$$

이 성립한다.

증명: 각 $k = 1, 2, \ldots$ 에 대하여

$$g_k = \inf\{f_i : i \ge k\}$$

라 두면, $g_k \le f_k$ 이므로 $\int_E g_k \le \int_E f_k$ 이다. 이제 $\langle g_k \rangle$ 은 단조수렴정리의 가정을 만족하고, 그 극한이 $\liminf_n f_n$ 이므로

$$\int_E \left(\liminf_{n\to\infty} f_n\right) = \int_E \left(\lim_{k\to\infty} g_k\right) = \lim_{k\to\infty} \int_E g_k \le \liminf_{k\to\infty} \int_E f_k$$

가 성립한다. □

다음 보기에서 보다시피 (19) 에서 등식이 성립하지 않을 수도 있다. 그러나 원래 함수열 $\langle f_n \rangle$ 의 조건이 매우 약하므로 그 응용 범위가 매우 넓다.

보기 1. 측도가 유한인 잴수있는 집합 E 가 있을 때, n 이 짝수면 $f_n = \chi_E$, n 이 홀수면 $f_n = 1 - \chi_E$ 라 두자. 그러면, $\liminf_n f_n = 0$ 이지만 $\liminf_n \int_{\mathbb{R}} f_n = m(E)$ 이다. □

문제 10.3.4. 파투 정리를 이용하여 단조수렴정리를 증명하여라.

이제 6.2 절의 보기 6 에서 살펴본 바와 같이 함수

$$x \mapsto \sup_n |f_n(x)|$$

의 크기를 한정함으로써 수렴정리를 얻으려 한다. 이 정리는 복소함수에 대하여도 마찬가지이므로, 잴수있는 집합 E 에서 정의된 복소함수 $f : E \to \mathbb{C}$ 의 적분을 먼저 정의하자. 우선 함수 $f = u + iv$ 의 실수부를 u, 허수부를 v 라 할 때, u 와 v 가 잴수있으면 f 가 잴수있다고 한다. 이러면 $|f| = \sqrt{u^2 + v^2}$ 이므로, 정리 10.2.3 에 의하여 $|f|$ 는 물론 잴수있는 함수가 된다. 만일 $\int_E |f|$ 가 유한값이면 f 를 르벡적분가능함수라 부르는데, 따름정리 10.2.7 에 의하여 이 정의는 기존의 정의와 상충되지 않는다. 만일 $f = u + iv$

---

1) Pierre Joseph Louis Fatou (1878∼1929), 프랑스 수학자. École Normale Supérieure 에서 공부하고 파리 천문대에서 활동했다.

가 르벡적분가능하면 $|u| \le |f|, |v| \le |f|$ 이므로 $u, v \in L^1(E)$ 이다. 이제 복소함수의 적분을

$$\int_E (u + iv) = \int_E u + i \int_E v$$

로 정의한다. 그러면 지금까지의 결과들은 복소함수에도 마찬가지인데 각자 확인하기 바란다. 앞으로 $L^1(E)$ 는 E 에서 $\mathbb{C}$ 로 가는 르벡적분가능함수 전체의 복소벡터공간을 나타낸다. 만일 $f \in L^1(E)$ 이면 부등식 (12) 가 그대로 성립하는데, 이는 연습문제로 남긴다.

문제 10.3.5. 잴수있는 집합 E 위에서 정의된 복소함수 $f = u + iv$ 가 있을 때, $f \in L^1(E)$ 일 필요충분조건은 $u, v \in L^1(E)$ 임을 보여라. 이 경우 부등식 (12) 가 성립함을 보여라.

정리 10.3.6. (르벡 수렴정리) 잴수있는 집합 E 에서 $\mathbb{C}$ 로 가는 잴수있는 함수열 $\langle f_n \rangle$ 이 다음 조건을 만족한다고 하자.

(가) 각 $n = 1, 2, \ldots$ 에 대하여 $|f_n| \le g$ 인 $g \in L^1(E)$ 가 있다.

(나) 각 $x \in E$ 에 대하여 극한값 $\lim_n f_n(x)$ 이 존재한다.

이제 $f(x) = \lim_n f_n(x)$ 라 두면 $f \in L^1(E)$ 이고 다음 등식

$$\lim_{n\to\infty} \int_E |f_n - f| = 0, \qquad \lim_{n\to\infty} \int_E f_n = \int_E f$$

이 성립한다.

증명: 우선 $|f| \le g$ 이므로 $f \in L^1(E)$ 이다. 또한 $|f_n - f| \le 2g$ 이므로 정리 10.3.5 에 의하여

$$\int_E (2g) \le \liminf_{n\to\infty} \int_E (2g - |f_n - f|) = \int_E (2g) - \limsup_{n\to\infty} \int_E |f_n - f|$$

인데, $\int_E (2g)$ 가 유한값이므로

$$0 \le \liminf_{n\to\infty} \int_E |f_n - f| \le \limsup_{n\to\infty} \int_E |f_n - f| \le 0$$

가 되어 첫째 등식이 증명되었다. 둘째 등식은 부등식 (12) 를 쓰면 된다. □

지난 6.2 절의 보기 6 에서는 함수

$$x \mapsto \sup_n f_n(x)$$

가 이 정리의 가정에 나오는 $g \in L^1(E)$ 의 역할을 했음을 알 수 있다. 주어진 함수가 잴수있는지 여부를 따지거나 그 적분값을 구하는 데 측도가 0 인 집합에서는 함수값이 전혀 문제되지 않으므로, L^1-함수를 정의할 때 거의 모든 점에서 함수를 정의하면 된다. 다음 정리는 L^1-함수를 정의하는 주요 방법을 제시하여 준다.

정리 10.3.7. (레비[2]) 잴수있는 집합 E 에서 $\mathbb{C}$ 로 가는 L^1-함수열 $\langle f_n \rangle$ 에 대하여 급수

$$\sum_{n=1}^{\infty} \int_E |f_n|$$

이 수렴한다고 가정하자. 그러면 거의 모든 $x \in E$ 에 대하여 급수

$$\sum_{n=1}^{\infty} f_n(x)$$

가 절대수렴한다. 또한, 그 극한값을 $f(x) = \sum_{n=1}^{\infty} f_n(x)$ 라 두면 $f \in L^1(E)$ 이고 그 적분값은

$$\int_E f = \sum_{n=1}^{\infty} \int_E f_n$$

로 주어진다.

증명: 우선 $g(x) = \sum_{n=1}^{\infty} |f_n(x)|$ 라 두면, 단조수렴정리에 의하여

$$\int_E g = \sum_{n=1}^{\infty} \int_E |f_n|$$

가 유한값이 되므로 $g \in L^1(E)$ 이다. 따라서 거의 모든 $x \in E$ 에 대하여 $g(x)$ 는 유한값이고 $\sum_{n=1}^{\infty} f_n(x)$ 또한 거의 모든 점에서 수렴한다. 이제

$$\left| \sum_{n=1}^{N} f_n(x) \right| \le \sum_{n=1}^{N} |f_n(x)| \le g(x), \qquad N = 1, 2, \ldots$$

2) Beppo Levi (1875∼1961), 이탈리아 수학자. Torino 에서 공부하고 Parma, Bologna 등지에서 활동하다가 30 년대 말 대학에서 쫓겨난 뒤, 아르헨티나 Rosario 에서 죽을 때까지 활동하였다.

이므로, 르벡 수렴정리에 의하여 $\int_E f = \sum_{n=1}^{\infty} \int_E f_n$ 이 성립한다. □

문제 10.3.6. 다음 등식을 증명하고, 각 단계에서 어느 정리를 사용하였는지 명시하여라.

$$(가) \quad \int_0^1 \log \frac{1}{1-x} dx = \int_0^1 \sum_{n=1}^{\infty} \frac{x^n}{n} dx = \sum_{n=1}^{\infty} \frac{1}{n} \int_0^1 x^n dx = 1$$

$$(나) \quad \int_0^1 \frac{x^{p-1}}{1-x} \log\left(\frac{1}{x}\right) dx = \sum_{n=0}^{\infty} \frac{1}{(n+p)^2} \quad (단,\ p > 0)$$

다음 정리는 정리 5.3.1 및 7.3.4 의 확장이다.

정리 10.3.8. 잴수있는 집합 E 에서 정의된 L^1-함수 $f \in L^1(E)$ 가 주어져 있을 때, 임의의 양수 $\epsilon > 0$ 에 대하여 다음 성질

$$A \in \mathfrak{M}, \ \ m(A) < \delta \implies \int_A |f| < \epsilon$$

을 만족하는 양수 $\delta > 0$ 가 존재한다.

증명: 함수 $|f|$ 가 유계이면 이는 당연하다. 이제, 각 $n = 1, 2, \dots$ 에 대하여

$$f_n(x) = \begin{cases} f(x), & |f(x)| \le n \\ n, & |f(x)| > n \end{cases}$$

라 두자. 그러면 함수열 $\langle |f_n| \rangle$ 이 단조증가하고 $|f|$ 로 점별수렴하므로, 단조수렴정리에 의하여

$$\int_E |f| - \int_E |f_n| < \frac{\epsilon}{2}$$

인 자연수 n 을 잡을 수 있다. 만일 $A \in \mathfrak{M}$ 이고 $m(A) < \frac{\epsilon}{2n}$ 이면

$$\int_A |f| = \int_A (|f| - |f_n|) + \int_A |f_n| < \int_E (|f| - |f_n|) + \frac{\epsilon}{2n} n < \epsilon$$

이 된다. □

문제 10.3.7. 함수 $f \ge 0$ 이 $\mathbb{R}$ 위에서 르벡적분가능함수이고

$$F(x) = \int_{-\infty}^{x} f(t) dt, \qquad x \in \mathbb{R}$$

이라 정의하자. 이 때, 함수 F 가 $\mathbb{R}$ 위에서 고른연속함수임을 보여라. 함수 f 가 $f \geq 0$ 이고 잴수있는 함수라도 같은 결론을 내릴 수 있는지 살펴보아라.

10.4 르벡적분과 푸리에급수

잴수있는 집합 E 에서 정의된 르벡적분가능함수들의 벡터공간 $L^1(E)$ 의 각 원소 $f \in L^1(E)$ 에 대하여

$$\|f\|_1 = \int_E |f|, \qquad f \in L^1(E) \tag{20}$$

라 정의하자. 그러면 다음 조건

$$\|f\|_1 = 0 \implies f = 0 \tag{21}$$

을 제외하고, 2.1 절의 (노1) - (노3) 을 모두 만족함을 알 수 있다. 명제 10.2.8 에 의하면

$$\int_E |f| = 0 \iff \text{거의 모든 점에서 } f = 0$$

이므로, 노음공간 $\mathcal{R}^1(I)$ 를 정의할 때와 마찬가지로 $L^1(E)$ 의 두 원소 f, g 가 거의 모든 점 $x \in E$ 에 대하여 $f(x) = g(x)$ 이면 f 와 g 가 $L^1(E)$ 의 같은 원소라 약속하고 그냥 $f = g$ 라 쓴다. 이와 같이 약속하면 $L^1(E)$ 는 노음공간이 된다. 특히 잴수있는 집합 E 가 구간이면, 정리 10.3.4 에 의하여 정의 (20) 은 7.4 절의 (25) 와 일치한다. 따라서, 노음공간 $\mathcal{R}^1(I)$ 는 노음공간 $L^1(I)$ 의 부분공간이 된다. 만일 임의의 유계닫힌구간 $J \subset I$ 위에서 리만적분가능한 함수들의 모임을 $\mathcal{R}(I)$ 이라 쓰면 다음 등식

$$\mathcal{R}^1(I) = L^1(I) \cap \mathcal{R}(I) \tag{22}$$

이 성립하여, 두 노음공간 $\mathcal{R}^1(I)$ 와 $L^1(I)$ 의 차이점은 '리만적분가능함' 과 '잴수있음' 의 차이에 불과하다. 물론, 지난 7.3 절의 보기 2 에서 살펴보았듯이 특이적분이 수렴한다고 해서 자동적으로 $L^1(I)$ 의 원소가 되는 것은 아니다.

문제 10.4.1. 관계 (22) 를 보여라.

노음공간 $\mathcal{R}^1(I)$ 은 완비공간이 아니다.[3] 그런데 정리 10.3.7 은 바로 $L^1(E)$ 에서 위 명제 7.4.1 의 조건 (나) 가 성립함을 말해 주고, 따라서 다음을 얻는다.

---

3) 연습문제 10.6.3 을 참조하라.

정리 10.4.1. 노음공간 $L^1(E)$ 안의 코시수열은 항상 수렴한다.

명제 7.4.1 에서 보다시피 벡터의 무한합을 정의할 때 완비성이 핵심적인 역할을 하는데, 이는 르벡적분이 도입된 결정적인 이유이고 특히 삼각급수를 공부하는 데 큰 도움이 된다.

잴수있는 집합 E 에 대하여, $\int_E |f|^2 < \infty$ 일 때 f 가 E 위에서 L^2-**함수**라 부르고,

$$L^2(E) = \left\{ f : E \to \mathbb{C} \ : \ f \text{ 는 잴수있고 } \int_E |f|^2 < \infty \right\}$$

로 정의하자. 만일 $f, g \in L^2(E)$ 이면

$$\left| f(x)\overline{g(x)} \right| \le \frac{|f(x)|^2 + |g(x)|^2}{2}$$

이므로 $f\overline{g}$ 는 L^1-함수가 된다. 이제

$$\langle f, g \rangle = \int_E f\overline{g}, \qquad f, g \in L^2(E)$$

라 정의하면 2.1 절의 (내2) - (내5) 와 6.5 절의 (27) 을 만족한다. 여기서도, 물론 $f = g$ 는 거의 모든 점에서 $f(x) = g(x)$ 임을 뜻한다. 따라서 $L^2(E)$ 는 복소내적공간이 되고, 그 노음을

$$\|f\|_2 = \langle f, f \rangle^{\frac{1}{2}} = \left(\int_E |f|^2 \right)^{\frac{1}{2}}, \qquad f \in L^2(E) \tag{23}$$

로 정의하면 노음공간이 된다. 만일 I 가 구간이면 $\mathcal{R}^2(I)$ 는 $L^2(I)$ 의 부분공간이다.

정리 10.4.2. 잴수있는 집합 E 에 대하여 $L^2(E)$ 는 바나하공간이다.

증명: 명제 7.4.1 의 조건 (나) 를 보이기 위하여 급수 $\sum_{n=1}^{\infty} \|f_n\|_2 = M$ 가 수렴하는 $L^2(E)$ 의 수열 $\langle f_n \rangle$ 을 생각하고,

$$g_n(x) = \left(\sum_{k=1}^{n} |f_k(x)| \right)^2, \qquad x \in E, \ \ n = 1, 2, \ldots$$

라 하자. 그러면, 각 $n = 1, 2, \ldots$ 에 대하여

$$\int_E g_n = \left\| \sum_{k=1}^{n} |f_k| \right\|_2^2 \le \left(\sum_{k=1}^{n} \|f_k\|_2 \right)^2 \le M^2$$

이다. 그런데 $\langle g_n \rangle$ 은 단조증가하므로 $g(x) = \lim_n g_n(x)$ 라 두면, 단조수렴정리에 의하여

$$\int_E g = \lim_{n\to\infty} \int_E g_n \le M^2 \tag{24}$$

이므로 급수 $\displaystyle\sum_{n=1}^{\infty} f_n(x)$ 가 거의 모든 점에서 수렴한다. 따라서

$$f = \sum_{n=1}^{\infty} f_n$$

라 정의할 수 있는데, 이제 $f \in L^2(E)$ 임을 보이면 된다. 이를 위하여 각 $n = 1, 2, \ldots$ 에 대하여 $F_n(x) = \left|\displaystyle\sum_{k=1}^{n} f_k(x)\right|^2$ 라 두면

$$F_n(x) \le g_n(x) \le g(x), \qquad n = 1, 2, \ldots \tag{25}$$

인데, (24) 에 의하여 르벡 수렴정리를 적용할 수 있다. 따라서

$$\int_E |f|^2 = \int_E (\lim_{n\to\infty} F_n) = \lim_{n\to\infty} \int_E F_n \le \int_E g \le M^2$$

이므로 $f \in L^2(E)$ 임을 알 수 있다. □

위 증명과정에서 부등식 (25) 는 사실 거의 모든 $x \in E$ 에 대하여 성립한다. 그러나 르벡 수렴정리를 적용하는 데 아무런 문제가 없음을 바로 확인할 수 있다.

정리 10.4.2 는 리만적분과 르벡적분의 차이점을 극명하게 드러낼 뿐 아니라, 푸리에급수에도 다음과 같이 바로 적용된다. 우선 길이가 2π 인 임의의 구간에서 임의의 $f \in L^1(I)$ 에 대하여 푸리에계수 $\widehat{f}(n)$ 가 9.4 절의 (42) 로 정의된다.

정리 10.4.3. (리스-피셔[4]) **임의의 $c \in \ell^2(\mathbb{Z})$ 에 대하여 그 푸리에계수가 $\langle c(n) \rangle$ 으로 주어지는 L^2-주기함수 f 가 존재한다.**

증명 : 길이가 2π 인 닫힌구간 I 에서 생각하자. 각 $n = 1, 2, \ldots$ 에 대하여

$$s_n(x) = \sum_{k=-n}^{n} c(k)u_k(x) = \sum_{k=-n}^{n} c(k)e^{ikx}, \qquad x \in I$$

4) Frigyes Riesz (1880∼1956), 헝가리 수학자. 부다페스트 및 Göttingen 에서 공부하고 Szeged 에서 활동하다가 1946 년부터 부다페스트로 옮겼다. 그의 동생 M. Riesz 도 수학자이므로 혼동하지 말아야 한다. Ernst Fischer (1875∼1954), 오스트리아 수학자.

라 두자. 그러면, $n > m$ 일 때

$$\|s_n - s_m\|_2^2 = \left\langle \sum_{|k|=m+1}^{n} c(k)u_k, \sum_{|\ell|=m+1}^{n} c(\ell)u_\ell \right\rangle = \sum_{|k|=m+1}^{n} |c(k)|^2$$

이다. 그런데 $c \in \ell^2(\mathbb{Z})$ 이므로 수열 $\langle s_n \rangle$ 이 노음공간 $L^2(I)$ 에서 코시수열이고, 정리 10.4.2 에 의하여 다음 성질

$$\lim_{n\to\infty} \|s_n - f\|_2 = 0$$

을 만족하는 $f \in L^2(I)$ 가 존재한다. 이제 f 의 푸리에계수가 $\{c(n)\}$ 임을 보이기 위하여, 자연수 n 을 고정하자. 만일 $m > n$ 이면, s_m 의 정의에 의하여

$$\langle s_m, u_n \rangle = c(n)$$

이다. 따라서, 코시-슈바르츠 부등식에 의하여

$$|c(n) - \langle f, u_n \rangle| = |\langle s_m - f, u_n \rangle| \leq \|s_m - f\|_2, \qquad m > n$$

이다. 그런데 $\lim_m \|s_m - f\|_2 = 0$ 이므로 $c(n) = \langle f, u_n \rangle$ 이 된다. □

이제 선형사상 $f \mapsto \widehat{f}$ 가 노음공간 $L^1(I)$ 위에서 단사사상임을 보이려 하는데, 이를 위하여 약간의 준비가 필요하다. 우선 임의의 복소함수 $f : E \to \mathbb{C}$ 는 7.3 절의 (23) 과 같이 쓸 수 있음을 상기하자.

명제 10.4.4. 함수 $f \in L^1(E)$ 가 다음 성질

$$A \subset E,\ A \in \mathfrak{M} \implies \int_A f = 0$$

을 만족하면, 거의 모든 $x \in E$ 에 대하여 $f(x) = 0$ 이다.

증명: 만일 $A = \{x \in E : \mathrm{Re}\, f(x) \geq 0\}$ 이라 두면 가정에 의하여

$$\int_A (\mathrm{Re}\, f)_+ = \mathrm{Re}\left[\int_A f\right] = 0$$

이고, 명제 10.2.8 을 적용하면 거의 모든 점에서 $(\mathrm{Re}\, f)_+ = 0$ 임을 알 수 있다. 나머지 부분 $(\mathrm{Re}\, f)_-$, $(\mathrm{Im}\, f)_+$ 및 $(\mathrm{Im}\, f)_-$ 도 마찬가지이므로 7.3 절의 (23) 을 적용하면 된다. □

도움정리 10.4.5. 임의의 잴수있는 집합 $E \subset [a, b]$ 에 대하여 $|g_n| \leq 1$ 이고 거의 모든 점에서 $g_n \to \chi_E$ 인 연속함수열 $\langle g_n \rangle$ 이 존재한다.

증명 : 먼저, 다음 성질

$$E \subset U = \bigsqcup_{n=1}^{\infty}(c_n, d_n), \qquad m(E) \le m(U) < m(E) + \epsilon$$

이 성립하는 열린집합 U 를 택하고, $\displaystyle\sum_{n=N+1}^{\infty}(d_n - c_n) < \epsilon$ 인 N 을 잡자. 각 $n = 1, 2, \ldots, N$ 에 대하여, 구간 (c_n, d_n) 위에서 지난 7.4 절의 보기 1 과 마찬가지 방법으로 함수를 잡아서 모두 더하여 g 라 두면, g 는 연속함수이고

$$|g| \le 1, \qquad m\{x \in [a, b] : \chi_E(x) \ne g(x)\} < 3\epsilon$$

이 되도록 할 수 있다.

이제, 각 자연수 $n = 1, 2, \ldots$ 에 대하여

$$|g_n| \le 1, \qquad A_n = \{x : \chi_E(x) \ne g_n(x)\}, \qquad m(A_n) < \frac{1}{2^n}$$

을 만족하는 연속함수 g_n 을 잡고

$$A = \{x \in [a, b] : \text{ 무한히 많은 } n \text{ 에 대하여 } x \in A_n\}$$

이라 두자. 만일 $x \notin A$ 이면 충분히 큰 모든 n 에 대하여 $x \notin A_n$ 이므로 $g_n(x) = \chi_E(x)$ 이다. 따라서, $m(A) = 0$ 을 증명하면 된다.

이를 보이기 위하여

$$h = \sum_{n=1}^{\infty} \chi_{A_n}$$

이라 두자. 그러면 따름정리 10.3.3 에 의하여

$$\int_a^b h = \sum_{n=1}^{\infty} m(A_n) \le 1$$

이므로, 거의 모든 점에서 $h(x) < \infty$ 임을 알 수 있다. 그런데 함수 χ_{A_n} 의 값이 0 또는 1 이므로 $h(x) = \infty$ 일 필요충분조건은 $x \in A$ 이다. 따라서, $m(A) = 0$ 이다. □

정리 10.4.6. 만일 $f \in L^1[-\pi, \pi]$ 이고, 각 $n \in \mathbb{Z}$ 에 대하여 $\widehat{f}(n) = 0$ 이면, 거의 모든 $x \in I$ 에 대하여 $f(x) = 0$ 이다.

증명 : 가정에 의하여, 임의의 삼각다항식 g 에 대하여

$$\int_{-\pi}^{\pi} f(t)g(t)dt = 0 \tag{26}$$

이 성립함을 알 수 있다. 만일 g 가 연속이면 페제르 정리에 의하여 g 로 고르게 수렴하는 삼각다항식열을 잡을 수 있고, 따라서 수렴정리를 적용하면 등식 (26) 이 임의의 연속함수 g 에 대하여 성립함을 알 수 있다.

이제, E 가 잴수있는 집합이면, 도움정리 10.4.5 에 의하여 $|g_n| \le 1$ 이고 거의 모든 점에서 $g_n \to \chi_E$ 인 연속함수열 $\langle g_n \rangle$ 을 잡을 수 있고, $f \in L^1[-\pi, \pi]$ 이므로 르벡 수렴정리에 의하여

$$\int_E f = \int_{-\pi}^{\pi} f\chi_E = \lim_{n\to\infty} \int_{-\pi}^{\pi} f g_n = 0$$

이다. 따라서, 명제 10.4.4 를 적용하면, 거의 모든 점에서 $f = 0$ 임을 알 수 있다. □

이제, 지난 7.4 절에서 논의한 $\mathcal{R}^1(I)$ 와 $\mathcal{R}^2(I)$ 의 성질들이 $L^1(E)$ 와 $L^2(E)$ 에서도 성립함을 보려 한다. 다음 두 정리는 각각 도움정리 7.4.2 와 정리 7.4.4 에 대응하는 내용이다.

도움정리 10.4.7. 잴수있는 집합 E 가 있을 때, 임의의 $f \in L^2(E)$ 와 양수 $\epsilon > 0$ 에 대하여 $\|f - s\|_2 < \epsilon$ 을 만족하는 단순함수 $s : E \to \mathbb{C}$ 가 존재한다.

증명: 먼저 $f \ge 0$ 인 경우를 생각하자. 이 경우, 명제 10.2.4 에 의하여 f 로 점별수렴하는 단조증가 단순함수열 $\langle s_n \rangle$ 을 잡을 수 있다. 그러면, $|f - s_n|^2 \le f^2$ 이므로 정리 10.3.6 에 의하여 $\|f - s_n\|_2 \to 0$ 임을 알 수 있다. 만일 $f : E \to \mathbb{C}$ 이면 7.3 절의 (23) 을 이용하면 된다. □

정리 10.4.8. 임의의 $f \in L^2[a, b]$ 와 양수 $\epsilon > 0$ 에 대하여 $\|f - g\|_2 < \epsilon$ 인 $g \in C[a, b]$ 가 존재한다.

증명: 우선 f 가 잴수있는 집합 $A \subset [a, b]$ 의 특성함수 χ_A 인 경우를 살펴보자. 이 때 다음 성질

$$A \subset U = \bigsqcup_{n=1}^{\infty} (c_n, d_n), \qquad m(A) \le m(U) < m(A) + \epsilon$$

이 성립하는 열린집합 U 를 택하고, $\displaystyle\sum_{n=N+1}^{\infty} (d_n - c_n) < \epsilon$ 인 N 을 잡자. 또한 도움정리 7.4.3 의 증명에서 보는 바와 같이, 각 $n = 1, 2, \ldots, N$ 에 대하여

$$\{x : g_n(x) \neq 0\} \subset (c_n, d_n), \quad \|g_n - \chi_{(c_n, d_n)}\|_2 < \frac{\epsilon}{2^n}$$

이 성립하는 $g_n \in C[a,b]$ 를 잡을 수 있다. 그러면 $g(x) = \sum_{n=1}^{N} g_n(x)$ 는 연속함수이고, 집합모임 $\{(c_n, d_n) : n = 1, 2, \ldots, N\}$ 이 서로소이므로

$$\begin{aligned}\|\chi_A - g\|_2 &\le \|\chi_A - \chi_U\|_2 + \|\chi_U - g\|_2 \\ &\le \epsilon + \sum_{n=1}^{N} \|\chi_{(c_n,d_n)} - g_n\|_2 + \sum_{n=N+1}^{\infty} \|\chi_{(c_n,d_n)}\|_2 \le 3\epsilon\end{aligned}$$

이 된다. 이제 $f \in L^2[a,b]$ 이면, 도움정리 10.4.7 에 의하여 $\|f - s\|_2 < \epsilon$ 인 단순함수 $s = \sum_{k=1}^{n} a_k \chi_{E_k}$ 를 택할 수 있다. 방금 증명한 바에 의하면, 각 $k = 1, 2, \ldots, n$ 에 대하여

$$\|a_k \chi_{E_k} - h_k\|_2 < \frac{\epsilon}{n}, \qquad k = 1, 2, \ldots, n$$

을 만족하는 $h_k \in C[a,b]$ 를 잡을 수 있다. 이제

$$g = \sum_{k=1}^{n} h_k$$

라 두면

$$\|f - g\|_2 \le \|f - s\|_2 + \|s - g\|_2 \le \epsilon + \sum_{k=1}^{n} \|a_k \chi_{E_k} - h_k\|_2 < 2\epsilon$$

이 됨을 알 수 있다. □

지금까지 한 이야기는 L^1 공간에서도 성립한다.

정리 10.4.9. 잴수있는 집합 E 가 있을 때, 임의의 $f \in L^1(E)$ 와 양수 $\epsilon > 0$ 에 대하여 $\|f - g\|_1 < \epsilon$ 인 연속함수 $g \in L^1(E)$ 가 존재한다.

문제 10.4.2. 임의의 $f \in L^2[a,b]$ 에 대하여 $\lim_{n\to\infty} \|f - P_n\|_2 = 0$ 인 다항함수열 $\langle P_n \rangle$ 이 존재함을 보여라. 임의의 $f \in L^1[a,b]$ 에 대하여 $\|f - P\|_1 < \epsilon$ 인 다항함수 P 가 존재함을 보여라.

10.5 여러 가지 함수공간과 푸리에급수

이제 9장에서 전개한 모든 이야기에서 $\mathcal{R}^1(I)$ 및 $\mathcal{R}^2(I)$ 는 $L^1(I)$ 및 $L^2(I)$ 로 바꾸어도 된다. 이러한 상황에서 지금까지 논의한 것을 정리하자. 먼저 사상

$$f \mapsto \widehat{f} : L^1[-\pi, \pi] \to c_0(\mathbb{Z})$$

은 단사 선형사상이다. 즉, $\widehat{f} = 0$ 이면 $f = 0$ 이 성립하는데, 여기서 $f = 0$ 은 $L^1[-\pi, \pi]$ 에서 성립하는 것이므로 실제로는 거의 모든 점에서 $f = 0$ 임을 뜻한다. 이제 각종 함수공간과 그에 대응하는 수열공간을 표로 그려 보자. 여기서 $A[-\pi, \pi]$, $\mathfrak{X}$, $A(\mathbb{Z})$ 의 의미는 그 대응관계에 의하여 명백하지만, 이러한 공간들을 구체적으로 살펴보는 것은 이 책의 범위를 넘는다.

$$\begin{array}{ccc}
\{\text{해석주기함수}\} & \longleftrightarrow & \{a : \limsup_n |a(n)|^{\frac{1}{n}} < 1\} \\
\cap & & \cap \nparallel \\
\{C^\infty\text{-주기함수}\} & \longleftrightarrow & \{\text{빠른감소수열}\} \\
\cap & & \cap \nparallel \\
A[-\pi, \pi] & \longleftrightarrow & \ell^1(\mathbb{Z}) \\
\cap & & \cap \nparallel \\
\{\text{연속주기함수}\} & \longleftrightarrow & \mathfrak{X} \\
\cap & & \cap \nparallel \\
L^2[-\pi, \pi] & \longleftrightarrow & \ell^2(\mathbb{Z}) \\
\cap & & \cap \nparallel \\
L^1[-\pi, \pi] & \longleftrightarrow & A(\mathbb{Z}) \\
 & & \cap \nparallel \\
 & & c_0(\mathbb{Z})
\end{array} \tag{27}$$

지난 9.4 절의 보기 2 와 9.1 절의 (16), (17), (18) 에 의하면 각각 $A(\mathbb{Z}) \subsetneq c_0(\mathbb{Z})$ 와 $\mathfrak{X} \subsetneq \ell^2(\mathbb{Z})$ 임을 알 수 있다.

보기 1. 집합 $\ell^2(\mathbb{N}) \setminus \ell^1(\mathbb{N})$ 에 속하는 단조감소수열 $\langle a_n \rangle$ 을 잡되, $\langle na_n \rangle$ 이 0 으로 수렴하도록 하자. 예로서,

$$a_n = \frac{1}{n \log n}, \qquad n = 2, 3, \ldots$$

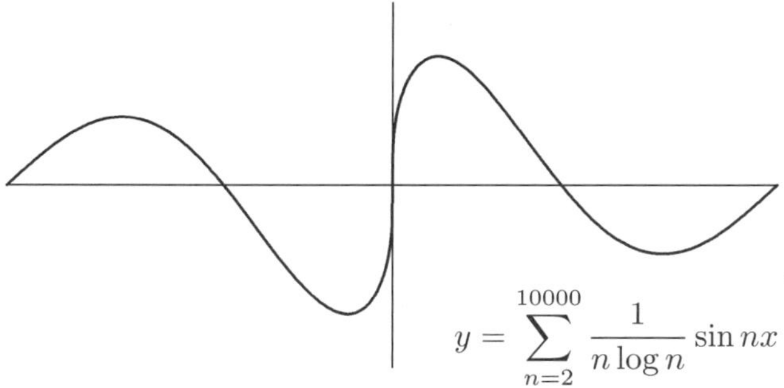

라 두면 된다. 이제, 각 $x \in \mathbb{R}$ 에 대하여

$$f(x) = \sum_{n=2}^{\infty} a_n \sin nx = \sum_{n=2}^{\infty} \left[-\frac{i}{2} a_n e^{inx} + \frac{i}{2} a_n e^{-inx} \right]$$

라 두면, f 는 정리 6.5.5 에 의하여 연속이고 $\widehat{f} \in \mathfrak{X}$ 이다. 그러나 $\langle a_n \rangle$ 의 정의에 의하여 $\widehat{f} \notin \ell^1(\mathbb{Z})$ 이다. □

이제 $\ell^2(\mathbb{Z}) \subsetneq A(\mathbb{Z})$ 를 보이기 위하여 그 푸리에계수가 $\ell^2(\mathbb{Z})$ 에 들어가지 않는 L^1-주기함수의 예를 들어야 하는데, 10.3 절에서 공부한 여러 가지 수렴정리가 큰 역할을 한다.

르벡적분가능함수 $g \in L^1(\mathbb{R})$ 가 있을 때,

$$G(x) = \sum_{n=-\infty}^{\infty} g(x - 2n\pi), \qquad x \in [-\pi, \pi] \tag{28}$$

라 정의하자. 각 $x \in [-\pi, \pi]$ 에 대하여

$$h(x) = \sum_{n=-\infty}^{\infty} |g(x - 2n\pi)|$$

라 두면, 단조수렴정리와 정리 10.2.5 에 의하여

$$\int_{-\pi}^{\pi} h = \int_{-\pi}^{\pi} \sum_{n=-\infty}^{\infty} |g(x - 2n\pi)| dx = \sum_{n=-\infty}^{\infty} \int_{2n\pi-\pi}^{2n\pi+\pi} |g(x)| dx = \int_{-\infty}^{\infty} |g|$$

가 유한값이 되어 $G \in L^1[-\pi, \pi]$ 이다. 따라서, 르벡 수렴정리를 적용하면 함수 G 의 푸리에계수를 구할 수 있다.

정리 10.5.1. 함수 $g \in L^1(\mathbb{R})$ 에 대하여 (28) 과 같이 정의하면 G 는 구간 $[-\pi, \pi]$ 위에서 L^1-함수이다. 또한, $n = 0, \pm 1, \pm 2, \ldots$ 에 대하여

$$\widehat{G}(n) = \frac{1}{2\pi}\int_{-\infty}^{\infty} g(x)e^{-inx}dx, \qquad n \in \mathbb{Z}$$

로 주어진다.

문제 10.5.1. 정리 10.5.1 의 증명을 마무리하여라.

만일 (28) 과 같이 정의된 함수 G 의 푸리에급수가 $x = 0$ 에서 $G(0)$ 으로 수렴한다면, 다음 등식

$$\sum_{n=-\infty}^{\infty} g(2n\pi) = G(0) = \sum_{n=-\infty}^{\infty} \frac{1}{2\pi}\int_{-\infty}^{\infty} g(x)e^{-inx}dx \tag{29}$$

을 얻는데 이를 **푸아송**[5] **등식**이라 부른다.

보기 2. 만일 $g(x) = e^{-|x|}$ 이면, 임의의 $x \in [-\pi, \pi]$ 에 대하여

$$\begin{aligned}|G(x) - G(0)| &\le \sum_{n=-\infty}^{\infty} |g(2n\pi) - g(2n\pi + x)| \\ &= |g(x) - g(0)| + \sum_{n=1}^{\infty} |g(2n\pi) - g(2n\pi \pm x)| \\ &\le |x| + 2|x|\sum_{n=1}^{\infty} e^{-2n\pi + \pi}\end{aligned}$$

이 되어, G 가 $x = 0$ 에서 립쉬츠조건을 만족한다. 따름정리 9.2.5 에 의하여

$$\lim_{n\to\infty} s_n(G; 0) = G(0)$$

이므로, 등식 (29) 를 적용할 수 있다. 그런데 각 $b \in \mathbb{R}$ 에 대하여

$$\lim_{x\to-\infty} |e^{(1+ib)x}| = \lim_{x\to-\infty} e^x = 0$$

이므로

$$\begin{aligned}\int_{-\infty}^{\infty} e^{-|x|}e^{-inx}dx &= \int_{-\infty}^{0} e^{(1-in)x}dx + \int_{0}^{\infty} e^{(-1-in)x}dx \\ &= \frac{1}{1-in} + \frac{1}{1+in} = \frac{2}{1+n^2}\end{aligned}$$

---

5) Siméon-Denis Poisson (1781~1840), 프랑스 수학자. 주로 École Polytechnique 에서 공부하고 활동하였다.

이다. 따라서, 다음 등식

$$\frac{1}{\pi}\sum_{n=-\infty}^{\infty}\frac{1}{1+n^2}=\sum_{n=-\infty}^{\infty}e^{-2|n|\pi}=1+2\sum_{n=1}^{\infty}e^{-2n\pi}=\frac{e^{2\pi}+1}{e^{2\pi}-1}$$

을 얻는다. □

문제 10.5.2. 급수 $\displaystyle\sum_{n=-\infty}^{\infty}\frac{\alpha}{\alpha^2+n^2}$ (단, α 는 양수) 의 값을 구하여라.

보기 3. 각 $x\in\mathbb{R}$ 에 대하여 $f(x)=\dfrac{1}{\sqrt{|x|}}$ 라 하고

$$g(x)=f(x)-\frac{1}{2\pi}\int_{2m\pi-\pi}^{2m\pi+\pi}f(t)dt,\qquad x\in[2m\pi-\pi,2m\pi+\pi]\tag{30}$$

라 두자. 그러면 $g\in L^1(\mathbb{R})$ 임을 쉽게 확인할 수 있다. 이제 함수 $G\in L^1[-\pi,\pi]$ 를 (28) 과 같이 정의하고, G 의 푸리에계수를 구해 보자. 우선 $n=0$ 일 때, 각 구간 $[2m\pi-\pi,2m\pi+\pi]$ 위에서 g 의 적분은 0 이므로

$$\widehat{G}(0)=\frac{1}{2\pi}\int_{-\infty}^{\infty}g(x)dx=0$$

이다. 이제, $n\neq 0$ 이면

$$\int_{2m\pi-\pi}^{2m\pi+\pi}g(x)e^{-inx}dx=\int_{2m\pi-\pi}^{2m\pi+\pi}f(x)e^{-inx}dx,\quad n=\pm1,\pm2,\dots$$

이므로,

$$\widehat{G}(n)=\frac{1}{2\pi}\int_{-\infty}^{\infty}f(x)e^{-inx}dx,\qquad n=\pm1,\pm2,\dots$$

이다. 그런데 f 가 짝함수이므로, 각 $n=\pm1,\pm2,\dots$ 에 대하여

$$\widehat{G}(n)=\frac{1}{\pi}\int_0^{\infty}\frac{1}{\sqrt{x}}\cos|n|x\,dx=\frac{1}{\pi\sqrt{|n|}}\int_0^{\infty}\frac{1}{\sqrt{t}}\cos t\,dt$$

가 된다. 특이적분 $\displaystyle\int_0^{\infty}\frac{1}{\sqrt{t}}\cos t\,dt$ 가 수렴함은 쉽게 확인할 수 있는데, 그 값이 $\sqrt{\dfrac{\pi}{2}}$ 임이 잘 알려져 있다. 실제 복소함수의 선적분을 이용하면

$$e^{-\frac{1}{2}\pi ix}\Gamma(x)=\int_0^{\infty}t^{x-1}e^{-it}dt\qquad 0<x<1$$

임을 보일 수 있는데, 이 식에 $x = \dfrac{1}{2}$ 을 넣고 $\Gamma\left(\dfrac{1}{2}\right) = \sqrt{\pi}$ 임을 이용하면 된다. 따라서, $\widehat{G} \notin \ell^2(\mathbb{Z})$ 이다. □

문제 10.5.3. 함수 $f(x) = \dfrac{1}{\sqrt{|x|}}$ 에 대하여 (30) 과 같이 함수 g 를 정의하자.

(가) 각 $n = \pm 1, \pm 2, \ldots$ 에 대하여, 다음

$$x \in [2n\pi - \pi, 2n\pi + \pi] \implies |g(x)| \le \frac{1}{\sqrt{(2|n|-1)\pi}} - \frac{1}{\sqrt{(2|n|+1)\pi}}$$

이 성립함을 보여라.

(나) 함수 g 가 $\mathbb{R}$ 위에서 르벡적분가능함을 보여라.

문제 10.5.4. 함수 $f(x) = \dfrac{1}{|x|^\alpha}$ (단, $0 < \alpha < 1$) 에 대하여 보기 3 과 같은 계산을 할 수 있는지 살펴보아라.

지난 4.3 절에서 언급하였다시피 오일러 시대만 하여도 '함수' 란 단어가 당연히 해석함수를 뜻하였다는 것을 상기하면, 푸리에급수를 연구함으로써 '함수' 의 범위가 매우 확장되었음을 알 수 있다. 특히, (27) 에 나오는 '함수' 공간 $L^1(I)$ 나 $L^2(I)$ 의 원소는 더 이상 집합론적 의미로서 함수가 아니다. 이러한 벡터공간의 영벡터는 상수함수 0 이 아니고, 함수모임

$$\{f : \text{거의 모든 점 } x \in I \text{ 에 대하여 } f(x) = 0\}$$

이다. 이는 리스-피셔 정리를 증명하는 과정에서 극명하게 드러난다. 이제 (27) 에 나오는 여러 가지 함수공간을 확장하여, $A(\mathbb{Z})$ 에 속하지 않는 수열 $c : \mathbb{Z} \to \mathbb{C}$ 에 대하여 $\widehat{f} = c$ 가 되는 '함수' f 를 찾을 수 있는가 하는 문제가 자연스레 제기된다. 예를 들어서, 각 $n \in \mathbb{Z}$ 에 대하여 $\widehat{f}(n) = 1$ 이 되는 '함수' f 가 무엇일까 생각하여 보자. 정리 9.4.6 에 의하면 이러한 '함수' 는 물론 $L^1[-\pi, \pi]$ 에서 찾을 수 없다.

이 문제를 해결하기 위하여, 디리클렛핵 $\langle D_n \rangle$ 과 페제르핵 $\langle K_n \rangle$ 의 극한이 무엇인가 생각해 볼 필요가 있다. 우선 f 가 연속함수일 때, 9장의 (19) 와 (30) 을 살펴보면

$$s_n(f;0) = \frac{1}{2\pi}\int_{-\pi}^{\pi} f(x)D_n(x)dx, \quad \sigma_n(f;0) = \frac{1}{2\pi}\int_{-\pi}^{\pi} f(x)K_n(x)dx$$

임을 알 수 있다. 임의의 L^1-함수 $h \in L^1[-\pi, \pi]$ 는 다음 선형사상

$$f \mapsto \frac{1}{2\pi}\int_{-\pi}^{\pi} f(x)h(x)dx : C[-\pi, \pi] \to \mathbb{C}$$

을 결정한다. 일반적으로 벡터공간 V 에서 일차원공간 $\mathbb{C}$ 로 가는 선형사상을 **선형범함수**라 부른다. 따라서, 임의의 L^1-주기함수는 $C[-\pi,\pi]$ 의 선형범함수를 정의한다. 그런데 정리 9.3.1 에 의하여

$$\lim_{n\to\infty}\frac{1}{2\pi}\int_{-\pi}^{\pi} f(x)K_n(x)dx = \lim_{n\to\infty}\sigma_n(f;0) = f(0), \qquad f\in C[-\pi,\pi] \tag{31}$$

이다. 이제 $C[-\pi,\pi]$ 의 선형범함수 δ 를

$$\delta : f \mapsto f(0), \qquad f\in C[-\pi,\pi]$$

라 두면, 관계 (31) 은

$$\lim_{n\to\infty} K_n = \delta \tag{32}$$

로 해석할 수 있다. 즉, $C[-\pi,\pi]$ 의 선형범함수열 $\langle\Lambda_n\rangle$ 과 선형범함수 Λ 가 다음 조건

$$\lim_{n\to\infty}\Lambda_n(f) = \Lambda(f), \qquad f\in C[-\pi,\pi]$$

을 만족할 때, $\langle\Lambda_n\rangle$ 이 Λ 로 '수렴' 한다고 정의하자는 말이다. 이제, 각 $n=1,2,\ldots$ 에 대하여

$$\widehat{K_n} = \left(\ldots,0,\frac{1}{n},\frac{2}{n},\ldots,\frac{n-1}{n},1,\frac{n-1}{n},\ldots,\frac{2}{n},\frac{1}{n},0,\ldots\right)\in c_0(\mathbb{Z})$$

임을 쉽게 계산할 수 있다. 이제 $k\in\mathbb{Z}$ 를 고정하면

$$\lim_{n\to\infty}\widehat{K_n}(k) = 1, \qquad k\in\mathbb{Z}$$

이므로, $\widehat{K_n}$ 의 '극한' 이 상수수열 $1_{\mathbb{Z}}:\mathbb{Z}\to\mathbb{C}$ 라고 정의하면 (32) 에 의하여

$$\widehat{\delta} = 1_{\mathbb{Z}}, \qquad \text{혹은} \qquad \widehat{\delta}(n) = 1, \quad n\in\mathbb{Z} \tag{33}$$

라고 해석할 수 있다. 이제 디리클렛핵 $\langle D_n\rangle$ 에 대하여 생각하면, 9.2 절에서 언급한 바와 같이 (31) 이 성립하지 않는다. 그러나 따름정리 9.2.6 에 의하여 다음 성질

$$\lim_{n\to\infty}\frac{1}{2\pi}\int_{-\pi}^{\pi} f(x)D_n(x)dx = f(0), \qquad f\in C^\infty[-\pi,\pi] \tag{34}$$

이 성립한다. 여기서, $C^\infty[-\pi,\pi]$ 는 주기가 2π 인 C^∞-함수들의 벡터공간을 뜻한다. 따라서 D_n 을 함수공간 $C^\infty[-\pi,\pi]$ 의 선형범함수로 간주하면, (32) 의 경우와 같이 $\langle D_n\rangle$ 의 극한이 δ 라 간주할 수 있다.

이제 5.5 절의 보기 2 와 같이, 단조증가함수 $\alpha:[-\pi,\pi]$ 를

$$\alpha(x) = \begin{cases} 1, & 0\le x\le\pi, \\ 0, & -\pi\le x<0 \end{cases}$$

으로 정의하면

$$f(0) = \int_{[-\pi,\pi]} f d\alpha, \qquad f \in C[-\pi,\pi]$$

이므로, 선형범함수 δ 는 사실 α 를 '눈금' 으로 하는 리만-스틸체스 적분에 다름 아니다. 따라서 (33) 과 같이 $C[-\pi,\pi]$ 의 선형범함수에 정의하는 대응 $\delta \mapsto \widehat{\delta}$ 를 **푸리에-스틸체스 변환**이라 한다. 또한, (34) 에서 보듯이 $C^\infty[-\pi,\pi]$ 의 선형범함수들에 대하여도 $\delta \mapsto \widehat{\delta}$ 를 생각할 수 있는데, 이를 **푸리에-슈와르츠**[6]**변환**이라 부른다. 푸리에-슈와르츠변환에 의하여 생기는 수열 $c : \mathbb{Z} \to \mathbb{C}$ 는 다음 성질

$$\text{적당한 자연수 } k \text{ 에 대하여 } \{|n|^{-k}|c_n| : n \in \mathbb{Z}\} \text{ 이 유계이다} \tag{35}$$

을 만족한다. 두 성질 (35) 와 9.4 절의 (44) 을 비교하여 보아라. 이러한 수열은 그 범위가 매우 넓음을 알 수 있는데, 역으로 이러한 수열은 항상 $C^\infty[-\pi,\pi]$ 에서 정의된 적당한 선형범함수의 푸리에-슈와르츠변환이 된다. 푸리에가 제시한 처음 착상이 이러한 과정으로 해결되었는데, 이는 이차세계대전 이후 해석학 분야에서 나온 최대업적 가운데 하나이다.

10.6 연습문제

10.6.1. 잴수있는 집합열 $\langle E_n \rangle$ 이 단조감소하고 $m(E_1) < \infty$ 일 때,

$$m\left(\bigcap_{n=1}^{\infty} E_n\right) = \lim_{n\to\infty} m(E_n)$$

임을 보여라. 가정에서 $m(E_1) < \infty$ 를 빼면 어떻게 되는가?

10.6.2. 지난 1.5 절의 보기 3 에서 공부한 칸토르집합을 상기하자. 칸토르집합을 만들 때 가운데 들어 내는 각 구간의 길이는 n 번째 단계에서 $\dfrac{1}{3^n}$ 이었다. 이제, n 번째 단계에서 들어 내는 구간의 길이를 $\dfrac{\alpha}{3^n}$ 으로 하였을 때 (단, $0 < \alpha < 1$), 남는 부분을 D 라 하자.

(가) 집합 D 가 옹골집합임을 보여라.

(나) 집합 D 의 측도를 구하여라.

(다) 집합 D 는 고립점을 가지지 않음을 보여라.

(라) 집합 D 안에는 어떤 구간도 포함될 수 없음을 보여라.

---

6) Laurent Schwartz (1915~2002), 프랑스 수학자. 1950 년에 필즈상을 받았다.

(마) 집합 $[0,1] \setminus D$ 가 $[0,1]$ 안에서 조밀함을 보여라.

10.6.3. 노음공간 $\mathcal{R}^1[0,1]$ 의 코시수열 $\langle f_n \rangle$ 으로서 그 극한함수 f 가 $\mathcal{R}^1[0,1]$ 에 들어가지 않는 예를 찾아라. 여기에서 f 가 $\langle f_n \rangle$ 의 극한함수라는 의미는 물론

$$\lim_{n\to\infty} \|f - f_n\|_1 = 0$$

임을 뜻한다. [도움말 : 연습문제 10.6.2.]

10.6.4. 연습문제 2.7.21 에서 정의된 집합 A 의 측도를 구하여라.

10.6.5. 집합 A, B 에 대하여, 다음

$$\chi_{A\cap B} = \chi_A \cdot \chi_B$$

$$\chi_{A\cup B} = \chi_A + \chi_B - \chi_A \cdot \chi_B$$

$$\chi_{A^c} = 1 - \chi_A$$

을 보여라. 또한, 단순함수의 합과 곱도 단순함수임을 보여라.

10.6.6. 잴수있는 집합 E 에서 정의된 잴수있는 함수열 $\langle f_n \rangle$ 이 각 $n = 1, 2, \ldots$ 에 대하여 $f_n \geq f_{n+1} \geq 0$ 이고, $f_1 \in L^1(E)$ 이면 수렴정리가 성립함을 증명하여라. 단조감소하는 함수열 $\langle f_n \rangle$ 에 대하여, $f_n \geq 0$ 이라도 수렴정리가 성립하지 않을 수 있음을 보여라.

10.6.7. 양수 $a > 0$ 와 $f \in L^1(\mathbb{R})$ 에 대하여

$$E_a = \{x \in \mathbb{R} : |f(x)| > a\}$$

라 하였을 때, $\lim_{a\to 0} a \cdot \mu(E_a) = 0$ 임을 보여라.

10.6.8. 유한측도집합 E 에서 정의된 잴수있는 함수 $f : E \to [0, \infty]$ 와 각 자연수 $n = 1, 2, \ldots$ 에 대하여

$$E_n = \{x \in E : |f(x)| \geq n\}$$

이라 두자. 이 때, f 가 적분가능할 필요충분조건이 $\sum_{n=1}^{\infty} \mu(E_n) < \infty$ 임을 보여라.

10.6.9. 두 함수$f, g \in L^2[a,b]$ 에 대하여 다음이 동치임을 보여라.

(가) $|\langle f, g\rangle| = \|f\|_2 \|g\|_2$ 이다.

(나) 거의 모든 점에서 $\alpha f = \beta g$ 이고 $(\alpha, \beta) \neq (0,0)$ 인 상수 α, β 가 존재한다.

10.6.10. 부등식 $\|f+g\|_2 \leq \|f\|_2 + \|g\|_2$ 및 $\|f+g\|_1 \leq \|f\|_1 + \|g\|_1$ 에서 등호가 성립할 필요충분조건을 찾아라.

10.6.11. 만일 $\lim_n \|f_n - f\|_2 = 0$ 이고, $\langle f_n \rangle$ 이 g 로 점별수렴할 때, f 와 g 는 어떤 관계인가? 이 문제에서 $\|\cdot\|_2$ 를 $\|\cdot\|_1$ 으로 바꾸면 어떻게 되는가?

10.6.12. 구간 $[0,1]$ 에서 $[0,1]$ 로 가는 잴수있는 함수열 $\langle f_n \rangle$ 가운데, $[0,1]$ 의 어느 점 x 에서도 $\langle f_n(x) \rangle$ 이 0 으로 수렴하지 않지만 $\lim_n \|f_n\|_1 = 0$ 인 예를 찾아라. 이러한 성질을 가지는 연속함수열이 있는지 살펴보아라.

10.6.13. 함수 $f \in L^1[a,b]$ 가 다음 성질

$$x \in [a,b] \implies \int_a^x f = 0$$

을 만족하면, 거의 모든 $x \in [a,b]$ 에 대하여 $f(x) = 0$ 임을 증명하여라.

10.6.14. 잴수있는 집합 $E \subset R$ 와 $p \in (1, \infty)$ 에 대하여

$$L^p(E) = \left\{ f : E \to \mathbb{C} \ : \ f \text{ 는 잴수있고 } \int_E |f|^p < \infty \right\}$$

라 정의하자. 각 $f \in L^p(E)$ 에 대하여

$$\|f\|_p = \left(\int_E |f|^p \right)^{1/p}$$

라 정의하면 $L^p(E)$ 가 완비노음공간이 됨을 보여라. [도움말 : 연습문제 7.5.11 을 참조하라.]

10.6.15. 함수 $g \in L^1(\mathbb{R})$ 이 구간 $(-\infty, 0]$ 위에서 단조증가함수이고, 구간 $[0, \infty)$ 위에서 단조감소함수라 가정하자.

(가) 함수 G 를 (28) 과 같이 정의하였을 때, G 가 구간 $[-\pi, \pi]$ 위에서 유계변동함수임을 보여라.

(나) 등식

$$\sum_{n=-\infty}^{\infty} \frac{g(2n\pi+) + g(2n\pi-)}{2} = \sum_{n=-\infty}^{\infty} \frac{1}{2\pi} \int_{-\infty}^{\infty} g(x) e^{-inx} dx$$

가 성립함을 보여라.

(다) 양수 $\alpha > 0$ 을 고정하고, 함수 $g(x) = e^{-\alpha x^2}$ 에 위 등식을 적용하여 보아라.

(라) 각 $x \in \mathbb{R}$ 에 대하여

$$\Theta(x) = \sum_{n=-\infty}^{\infty} e^{-\pi n^2 x}, \qquad x \in \mathbb{R}$$

이라 정의하였을 때,[7)] 다음 등식

$$\Theta(x) = \frac{1}{\sqrt{x}} \Theta\left(\frac{1}{x}\right), \qquad x > 0$$

이 성립함을 보여라.

---

7) 이를 쎄타함수라 부르는데, 수학의 여러 분야에서 중요한 역할을 한다.

부록 수의 체계

제 1장에서 여러 가지 실수의 성질들을 증명 없이 나열하고, 이러한 성질들을 기반으로 모든 논리를 전개하였다. 이 부록에서는 실수집합을 구체적으로 구성하고 1.1 절과 1.2 절에서 증명 없이 언급한 성질들을 다루려 한다. 자연수집합 $\mathbb{N} = \{0, 1, 2, \ldots\}$ 의 연산 및 순서와 관련된 성질은 증명 없이 그대로 받아들이고,[1] 동치관계를 이용하여 정수와 유리수를 정의한 뒤 유리수집합 $\mathbb{Q}$ 에 대하여 연산공리 (체1) - (체9) 와 순서공리 (순1) - (순3) 을 증명한다. 유리수에서 실수를 만드는 방법에는 여러 가지가 있는데, 여기서는 코시수열을 이용하여 실수를 정의하고 완비성공리를 증명하기로 한다. 이 장에서는 동치관계나 순서관계에 관한 일반적인 성질은 잘 알고 있는 것으로 가정한다. 또한 많은 경우 자세한 증명을 생략하므로, 이 부록 전체를 연습문제로 간주해도 좋다.

자연수 $m, n \in \mathbb{N}$ 이 $m \geq n$ 이면 $m - n$ 이 유일한 자연수를 표현한다. 이제, $m < n$ 인 경우에도

$$m - n$$

이 뜻을 가지게끔 수의 범위를 넓히려고 한다. 이러한 표현 $m - n$ 은 두 자연수 m, n 의 순서에 의존하므로, $m - n$ 대신에 순서쌍 (m, n) 을 생각하되 $m \geq n$ 이란 제한을 없애고 집합

$$\mathbb{N} \times \mathbb{N} = \{(m, n) : m, n \in \mathbb{N}\}$$

에서 시작하기로 하자. 집합 $\mathbb{N} \times \mathbb{N}$ 에 다음

$$(m, n) \sim (m', n') \iff: m + n' = n + m'$$

과 같이 관계를 정의하면, $\sim$ 은 $\mathbb{N} \times \mathbb{N}$ 의 동치관계이고

$$m \geq k,\ n \geq k \Longrightarrow (m, n) \sim (m - k, n - k) \tag{1}$$

1) 자연수를 정의하는 문제, 자연수의 연산과 순서를 정의하고 증명하는 부분은 집합론 책을 참조하기 바란다. 예를 들어 참고문헌 [1] 또는 [33] 의 6장을 참조하라.

가 성립함을 금방 알 수 있다.

이제 $(m,n) \in \mathbb{N} \times \mathbb{N}$ 을 원소로 가지는 $\mathbb{N} \times \mathbb{N}$ 의 동치류를

$$[m,n]$$

으로 표시한다. 집합 $\mathbb{N} \times \mathbb{N}/\sim$ 을 $\mathbb{Z}$ 라 쓰고 $\mathbb{Z}$ 의 원소를 **정수**라 부른다. 위의 관계 (1) 을 적용하면, 집합 $\mathbb{Z}$ 의 모든 원소를 적당한 자연수 $n = 1, 2, \ldots$ 에 대하여 다음

$$[n,0], \qquad [0,0], \qquad [0,n] \tag{2}$$

중의 하나로 표현할 수 있음을 쉽게 알 수 있다. 이제 집합 $\mathbb{Z}$ 에 다음

$$[m,n] \geq [k,\ell] \iff m + \ell \geq n + k \tag{3}$$

과 같이 관계를 정의하자. 만일 $(m,n) \sim (m',n')$ 이고 $(k,\ell) \sim (k',\ell')$ 이면

$$m + \ell \geq n + k \iff m' + \ell' \geq n' + k'$$

이므로,[2] 정의 (3) 이 잘 정의되어 있고 이는 순서관계가 된다. 자연수 $m, n \in \mathbb{N}$ 이 있을 때, 반드시 $m \geq n$ 이거나 $m \leq n$ 중의 하나가 성립한다. 또한 임의의 집합 $X \subseteq \mathbb{N}$ 은 최소원소를 가지는데, 이를 이용하면 다음 정리를 쉽게 보일 수 있다.

정리 1. 정수 집합 $\mathbb{Z}$ 에 대하여 다음이 성립한다.

(가) 임의의 원소 $a, b \in \mathbb{Z}$ 에 대하여 $a \geq b$ 이거나 $b \geq a$ 이다.

(나) 비어 있지 않은 $\mathbb{Z}$ 의 부분집합 S 가 위로 유계이면 S 는 최대원소를 가진다. 마찬가지로, 비어 있지 않은 $\mathbb{Z}$ 의 부분집합 S 가 아래로 유계이면 S 는 최소원소를 가진다.

이제, 정수 사이의 더하기를 다음

$$[m,n] + [k,\ell] = [m+k, n+\ell]$$

과 같이 정의하자. 그러면 이 연산이 잘 정의되어 있고 교환법칙과 결합법칙을 만족한다. 특히 $\mathbb{Z}$ 의 원소 $[0,0]$ 은 항등원의 역할을 한다. 또한, 정수 $[n,m]$ 이 $[m,n]$ 의 역원이 됨을 알 수 있다.

함수 $f : \mathbb{N} \to \mathbb{Z}$ 를

$$f : n \mapsto [n,0] \tag{4}$$

2) 이 경우, $m, n \in \mathbb{N}$ 이고 $m \geq n$ 이면 $m = n + p$ 를 만족하는 $p \in \mathbb{N}$ 이 존재한다는 사실을 쓰면 된다. 이 원소 $p \in \mathbb{N}$ 은 유일하게 결정되며, 이를 $m - n$ 이라 쓴다.

로 정의하면 $f : \mathbb{N} \to \mathbb{Z}$ 가 단사함수이고 각 자연수 $m, n \in \mathbb{N}$ 에 대하여

$$f(m+n) = f(n) + f(m)$$

$$m \geq n \iff f(m) \geq f(n)$$

가 성립하므로, 더하기와 순서에 관한 한 $\mathbb{N}$ 은 $\mathbb{Z}$ 의 부분집합으로 생각할 수 있다. 이제부터, (2) 에 의하여 표시되는 정수를 각각 $n, 0, -n$ 으로 쓰기로 한다.

이제 정수의 곱하기를 정의하자. 집합 $\mathbb{N} \times \mathbb{N}$ 의 원소 $[m, n]$ 과 $[k, \ell]$ 에 대하여

$$[m, n] \cdot [k, \ell] = [mk + n\ell, m\ell + nk]$$

이라 정의하면, 더하기의 경우와 마찬가지로 제대로 정의되어 있고 결합법칙과 교환법칙이 만족됨을 알 수 있다. 특히, $[1, 0]$ 은 곱하기의 항등원이다. 만일 (4) 에 의하여 $\mathbb{N}$ 을 $\mathbb{Z}$ 의 부분집합으로 생각하면, 방금 정의한 곱하기와 자연수의 원래 곱하기는 $\mathbb{N}$ 위에서 일치한다. 이제, 각 정수 $a, b, c \in \mathbb{Z}$ 에 대하여 (체1) - (체6) 과 (체8) - (체9) 가 성립하고, 0 을 제외한 자연수 전체의 집합을 $P_{\mathbb{Z}} \subseteq \mathbb{Z}$ 라 두면 (순1) - (순3) 이 성립한다. 이제 (체7) 까지 성립하도록 '수' 의 범위를 넓히고자 하는데, 이는 빼기를 하기 위하여 자연수를 정수로 확장하는 과정과 비슷하다.

집합 $\mathbb{Z} \times (\mathbb{Z} \setminus \{0\})$ 에 다음

$$\begin{aligned}(a, b) \sim (c, d) &\iff: abd^2 = cdb^2 \\ (a, b) \geq (c, d) &\iff: abd^2 \geq cdb^2\end{aligned} \tag{5}$$

과 같이 관계를 정의하면, (5) 는 각각 $\mathbb{Z} \times (\mathbb{Z} \setminus \{0\})$ 의 동치관계와 순서관계가 된다. 집합 $\mathbb{Z} \times (\mathbb{Z} \setminus \{0\})/ \sim$ 을 $\mathbb{Q}$ 라 쓰고, $\mathbb{Q}$ 의 각 원소를 **유리수**라 부른다. 이 순서관계에 의하여 $\mathbb{Q}$ 는 순서집합이 된다. 특히, 각 $a \in \mathbb{Z}$ 에 대하여 $(a, 1) \in \mathbb{Z} \times (\mathbb{Z} \setminus \{0\})$ 의 동치류를 대응시키면 $\mathbb{Z} \subseteq \mathbb{Q}$ 임을 알 수 있다. 정수에 이미 정의되어 있는 더하기와 곱하기가 그대로 보존되도록 $\mathbb{Q}$ 에 연산을 정의하는 과정은 앞에서 한 것과 비슷하므로 각자 해 보기 바란다. 정리 1 의 (가) 는 $\mathbb{Q}$ 에서도 성립한다. 이제

$$P_{\mathbb{Q}} = \{q \in \mathbb{Q} : q \geq 0,\ q \neq 0\}$$

라 두면, (순1) - (순3) 이 성립한다. 이러한 방법으로 유리수체를 얻고 이는 순서체가 된다. 따라서 유리수체에 절대값을 정의할 수 있고, 삼각부등식을 비롯한 기본 성질들이 그대로 성립한다.[3)]

3) 실제로 1.1 절에서 한 이야기는 임의의 순서체에서 그대로 성립한다.

유리수열 $\langle a(i) : i = 1, 2, \ldots \rangle$ 이 주어져 있을 때, 임의의 유리수 $e > 0$ 에 대하여 다음 성질

$$i, j \geq N \Longrightarrow |a(i) - a(j)| < e$$

을 만족하는 자연수 N 이 존재하면, $\langle a(i) \rangle$ 을 **기본열**이라 부른다. 다음은 기본열의 성질들인데, 이미 1장과 2장에서 공부한 내용과 비슷하므로 증명은 각자 해 보기 바란다.

정리 2. 유리수열에 대하여 다음이 성립한다.

(가) 기본열은 유계이다.

(나) 단조증가하고 위로 유계인 유계수열은 기본열이다. 또한, 단조감소하고 아래로 유계인 유리수열은 기본열이다.

(다) 만일 $\langle a(i) \rangle$ 이 기본열이면 $\langle |a(i)| \rangle$ 도 기본열이다.

(라) $\langle a(i) \rangle$ 와 $\langle b(i) \rangle$ 이 기본열이면 $\langle a(i) + b(i) \rangle$, $\langle a(i) - b(i) \rangle$, $\langle a(i)b(i) \rangle$ 도 기본열이다. 다음 성질

$$i \geq N \Longrightarrow |b(i)| > d$$

을 만족하는 자연수 N 과 유리수 $d > 0$ 가 존재하면, $\left\langle \dfrac{a(i)}{b(i)} \right\rangle$ 역시 기본열이다.

기본열 $\langle a(i) \rangle$ 과 $\langle b(i) \rangle$ 이 주어져 있다고 하자. 임의의 유리수 $e > 0$ 에 대하여

$$i \geq N \Longrightarrow |a(i) - b(i)| < e$$

이 성립하는 자연수 N 을 잡을 수 있으면,

$$\langle a(i) \rangle \sim \langle b(i) \rangle \tag{6}$$

이라 정의하자. 기본열 전체의 집합을 $\mathcal{F}$ 라 하면, (6) 은 $\mathcal{F}$ 의 동치관계가 됨을 바로 확인할 수 있다. 기본열 $\langle a(i) \rangle$ 에 의한 동치류를 $[a]$ 로 표시하고, 이 동치류 하나하나를 **실수**라 한다. 실수 전체의 집합을 $\mathbb{R}$ 로 표시한다.

다음 성질

$$i \geq N \Longrightarrow a(i) - b(i) > d$$

을 만족하는 유리수 $d > 0$ 와 자연수 N 이 있을 때,

$$\langle a(i) \rangle > \langle b(i) \rangle$$

이라 정의하자. 또한, 두 실수 $[a], [b] \in \mathbb{R}$ 에 대하여

$$[a] > [b] \iff \langle a(i) \rangle > \langle b(i) \rangle \tag{7}$$

이라 정의하자. 만일 $\langle a(i) \rangle \sim \langle a'(i) \rangle$ 이고 $\langle b(i) \rangle \sim \langle b'(i) \rangle$ 이면

$$\langle a(i) \rangle > \langle b(i) \rangle \iff \langle a'(i) \rangle > \langle b'(i) \rangle$$

이 됨을 바로 확인할 수 있고, 따라서 정의 (7) 이 제대로 되어 있음을 알 수 있다.

정리 3. 임의의 실수 $[a], [b] \in \mathbb{R}$ 에 대하여 다음

$$[a] > [b], \qquad [a] = [b], \qquad [a] < [b]$$

중 한 명제가 성립하고, 또한 두 명제가 동시에 성립하지 않는다.

증명: 임의의 유리수 $e > 0$ 에 대하여 다음 성질

$$i \geq N_e \implies |a(i) - a(N_e)| < e, \ |b(i) - b(N_e)| < e$$

이 성립하는 최소 자연수 N_e 를 잡자. 이 자연수 N_e 는 물론 유리수 $e > 0$ 에 의하여 주어진다. 그러면 각 $i \geq N_e$ 에 대하여

$$a(N_e) - b(N_e) - 2e < a(i) - b(i) < a(N_e) - b(N_e) + 2e \tag{8}$$

가 성립한다. 이제,

$$d_e = a(N_e) - b(N_e) - 2e, \qquad d'_e = a(N_e) - b(N_e) + 2e$$

라 두자.

우선, 적당한 유리수 $e > 0$ 에 대하여 $d_e > 0$ 인 경우에

$$i \geq N_e \implies a(i) - b(i) > d_e$$

이 되므로 $[a] > [b]$ 이다. 또한, 적당한 유리수 $e > 0$ 에 대하여 $d'_e < 0$ 이면

$$i \geq N_e \implies b(i) - a(i) > -d'_e$$

이므로 $[b] > [a]$ 가 된다. 이제, 위의 두 가지 경우가 성립하지 않는다고 가정하자. 그러면 임의의 유리수 $e > 0$ 에 대하여 $d_e < 0, d'_e > 0$ 이 된다. 따라서

$$a(N_e) - b(N_e) < 2e, \qquad b(N_e) - b(N_e) < 2e$$

이므로, (8) 에 의하여

$$i \geq N_e \implies |a(i) - b(i)| \leq |a(N_e) - b(N_e)| + 2e < 4e$$

임을 알 수 있다. 따라서, $\langle a(i) \rangle \sim \langle b(i) \rangle$ 이 되어 $[a] = [b]$ 이다. 세 가지 경우 중에서 두 가지가 동시에 성립할 수 없음은 바로 확인할 수 있다. □

이제, 두 실수 $[a], [b]$ 에 대하여

$$[a] + [b] = [a + b] \tag{9}$$

라 정의하자. 여기서 $a + b$ 는 유리수열 $\langle a(i) + b(i) \rangle$ 을 나타낸다. 즉,

$$(a + b)(n) = a(n) + b(n), \qquad n = 1, 2, \ldots$$

이다. 이 덧셈이 제대로 정의되어 있고 결합법칙과 교환법칙이 만족됨은 바로 확인할 수 있다. 유리수 $r \in \mathbb{Q}$ 이 있을 때 각 항이 r 인 유리수열을 생각하면 이는 당연히 기본열이고, 이 기본열에 의하여 나타나는 실수를 생각할 수 있는데 이를 r^* 라 쓰자. 그러면 대응관계

$$r \mapsto r^*$$

에 의하여 $\mathbb{Q} \subseteq \mathbb{R}$ 이 되고, (7) 과 (9) 에서 정의한 순서와 더하기는 물론 유리수에 정의되어 있는 기왕의 순서 및 더하기와 상충되지 않는다. 특히, $0^* \in \mathbb{R}$ 이 더하기의 항등원이 됨을 알 수 있다. 또한, $\langle a(i) \rangle$ 가 기본열이면 $\langle -a(i) \rangle$ 도 기본열이고, 이에 의하여 생기는 실수 $[-a]$ 는 $[a]$ 의 역원이 된다. 따라서, 더하기에 관한 성질 (체1) - (체4) 가 성립됨을 알 수 있다.

이제, 더하기와 마찬가지로 두 실수 $[a], [b]$ 에 대하여

$$[a] \cdot [b] = [ab] \tag{10}$$

라 정의하자. 여기서 ab 역시 두 수열의 곱 $\langle a(i)b(i) \rangle$ 을 나타낸다. 즉,

$$(ab)(n) = a(n)b(n), \qquad n = 1, 2, \ldots$$

이다. 더하기의 경우와 마찬가지로 (10) 이 제대로 정의되어 있고 결합법칙과 교환법칙 및 분배법칙이 성립함은 바로 확인된다. 또한, 유리수 $1 \in \mathbb{Q}$ 에 의하여 생기는 실수 $1^* \in \mathbb{R}$ 이 곱하기에 대한 항등원이 된다. 만일 $[a] \neq 0$ 이면 정리 3 에 의하여 $[a] > 0$ 이거나 $[a] < 0$ 이 성립한다. 따라서, 적당한 유리수 $d > 0$ 와 자연수 N 에 대하여

$$i \geq N \implies a(i) > d \quad \text{이거나} \quad i \geq N \implies a(i) < -d$$

임을 알 수 있다. 그러므로

$$\left\langle \frac{1}{a(i)} : i = 1, 2, \dots \right\rangle$$

이 기본열이고 이 기본열에 의하여 생긴 실수가 $[a]$ 의 곱하기에 관한 역원이 되어, 체의 공리 (체1) - (체9) 가 모두 성립한다. 이제,

$$P = \{[a] \in \mathbb{R} : [a] > 0^*\}$$

이라 두면 순서공리 (순1) - (순3) 이 모두 성립한다. 따라서, 실수체 $\mathbb{R}$ 은 순서체가 된다. 이 경우, $[a] \in \mathbb{R}$ 의 절대값은 기본열 $\langle |a(i)| \rangle$ 에 의하여 주어짐을 바로 확인할 수 있다.

정리 4. 두 실수 $[a], [b]$ 가 $[b] > [a]$ 이면 $[b] > r^* > [a]$ 를 만족하는 유리수 $r \in \mathbb{Q}$ 가 존재한다.

증명: 우선, 다음 관계

$$i \geq N_1 \implies b(i) - a(i) > d$$

가 성립하도록 자연수 N_1 과 유리수 $d > 0$ 를 잡자. 또한 다음 성질

$$i, j \geq N_2 \quad \implies \quad |a(i) - a(j)| < \frac{1}{4}d, \;\; |b(i) - b(j)| < \frac{1}{4}d$$

이 성립하는 자연수 N_2 를 잡은 후에, $N = \max\{N_1, N_2\}$ 라 두자. 만일 $i \geq N$ 이면

$$a(i) - \left(a(N) - \frac{1}{2}d\right) = \frac{1}{2}d + (a(i) - a(N)) > \frac{1}{4}d$$

이므로, $[a] > \left(a(N) - \frac{1}{2}d\right)^*$ 를 얻는다. 또한 $i \geq N$ 에 대하여

$$\begin{aligned}\left(a(N) - \frac{1}{2}d\right) - b(i) &= (a(N) - b(N)) + (b(N) - b(i)) - \frac{1}{2}d \\ &> d - \frac{1}{4}d - \frac{1}{2}d = \frac{1}{4}d\end{aligned}$$

이므로, $\left(a(N) - \frac{1}{2}d\right)^* > [b]$ 를 얻는다. 따라서, $a(N) - \frac{1}{2}d \in \mathbb{Q}$ 가 원하는 유리수임을 알 수 있다. □

정리 5. 각 $n = 1, 2, \dots$ 에 대하여 $[a_n]$ 이 실수이고, $\langle [a_n] \rangle$ 이 코시수열이라 하자. 그러면 수열 $\langle [a_n] \rangle$ 은 $\mathbb{R}$ 안에서 수렴한다.

증명: 우선 다음 조건

$$[a_n] \neq [a_{n+1}], \qquad n = 1, 2, \dots \tag{11}$$

이 성립한다고 가정하자. 정리 4 에 의하여 $[a_n]$ 과 $[a_{n+1}]$ 사이에 유리수 $r(n) \in \mathbb{Q}$ 을 잡을 수 있고, 다음 성질

$$|[a_n] - r(n)^*| < |[a_n] - [a_{n+1}]|, \qquad n = 1, 2, \ldots$$

이 성립한다. 따라서, 임의의 실수 $[\epsilon] > 0$ 이 주어지면 다음 성질

$$n \geq N \implies |[a_n] - r(n)^*| < \frac{1}{3}[\epsilon] \tag{12}$$

이 성립하는 자연수 N 을 잡을 수 있다. 한편 $0 < [\epsilon]$ 이므로, 적당한 자연수 I_0 과 유리수 $d > 0$ 에 대하여 다음

$$i \geq I_0 \implies \frac{1}{3}\epsilon(i) > d \tag{13}$$

이 성립한다. 그런데 유리수열 $\langle r(n) \rangle$ 이 기본열이 된다는 것을 바로 확인할 수 있으므로, 다음 성질

$$i, j \geq M \implies |r(i) - r(j)| < d \tag{14}$$

이 성립하도록 자연수 M 을 잡을 수 있다. 이제 (12) 에 의하면, 각 자연수 $n \geq N$ 에 대하여 다음 성질

$$i \geq I(n) \implies |a_n(i) - r(n)| < \frac{1}{3}\epsilon(i) \tag{15}$$

이 성립하는 자연수 $I(n)$ 을 잡을 수 있다. 이제 $n \geq \max\{N, M\}$ 인 자연수 n 을 잡으면, 각 $i \geq \max\{I_0, I(n), M\}$ 에 대하여 (13), (14), (15) 를 적용하여

$$\begin{aligned} |a_n(i) - r(i)| &\leq |a_n(i) - r(n)| + |r(n) - r(i)| \\ &< \frac{1}{3}\epsilon(i) + d < \frac{1}{3}\epsilon(i) + \frac{1}{3}\epsilon(i) = \frac{2}{3}\epsilon(i) \end{aligned}$$

임을 알 수 있다. 따라서 각 $n \geq \max\{N, M\}$ 에 대하여

$$|[a_n] - [r]| \leq \frac{2}{3}[\epsilon] < [\epsilon]$$

이고, 수열 $\langle [a_n] \rangle$ 은 실수 $[r]$ 로 수렴한다.

만일 충분히 큰 자연수에 대하여 $[a_n]$ 이 일정한 값이면 증명할 것이 없다. 그렇지 않은 경우에 성질 (11) 이 성립하도록 $\langle [a_n] \rangle$ 의 부분수열을 잡을 수 있고, 이 부분수열의 극한이 사실상 $\langle [a_n] \rangle$ 의 극한이 된다는 것은 2.3 절에서 이미 공부한 것과 마찬가지이다. □

정리 4와 정리 5로부터 완비성공리를 증명하는 과정은 1.4절의 끝에서 축소구간정리로부터 완비성공리를 증명하는 것과 비슷하다.[4] 따라서, 우리가 구성한 실수체가 완비성공리를 만족하는 순서체임을 알 수 있다.

4) 지난 2장의 연습문제 2.7.10을 참조하라.

참고 문헌

[1] 계승혁, 집합과 수리논리 강의록, 2008, http://www.math.snu.ac.kr/~kye/lecture/08_1_set/

[2] 김성기·계승혁, 실해석, 서울대학교 출판부, 1999.

[3] 김정수, 수의 체계, 강의록, 1976.

[4] 김홍종, 미적분학 I·II, 서울대학교 출판부, 1999.

[5] 윌리엄 던햄, 미적분학 갤러리 : 뉴턴에서 르베그까지 위대한 수학자들이 들려주는 미적분 이야기, 'Calculus Gallery: Masterpieces from Newton to Lebesgue by William Dunham, Princeton University Press, 2004' 의 번역 (번역 : 권혜승), 한승출판사, 2011.

[6] 정동명·조승제, 실해석학개론, 경문사, 1991.

[7] 조태근, 실해석학, 개정판, 희중각, 1987.

[8] T. M. Apostol, *Mathematical Analysis, 2/e*, Addison-Wesley, 1974.

[9] R. G. Bartle, *The Elements of Real Analysis, 2/e*, John Wiley & Sons, 1976.

[10] B. Belhoste, *Augustin-Louis Cauchy, A Biography*, Springer-Verlag, 1991.

[11] S. K. Berberian, *A First Course in Real Analysis*, Springer-Verlag, 1994.

[12] U. Bottazzinni, *The Higher Calculus: A History of Real and Complex Analysis from Euler to Weierstrass*, Springer-Verlag, 1986.

[13] D. M. Bressoud, *Second Year Calculus*, Springer-Verlag, 1991.

[14] G. Cantor, *Contributions to the Founding of the Theory of Transfinite Numbers*, Dover, 1955.

[15] K. Chandrasekharan, *Classical Fourier Transforms*, Universitext, Springer-Verlag, 1989.

[16] J. L. Coolidge, *The Mathematics of Great Amateurs*, Oxford University Press, 1990.

[17] J. W. Dauben, *Georg Cantor. His Mathematics and Philosophy of the Infinity*, Harvard University Press, 1979.

[18] H. Dym and H. P. McKean, *Fourier Series and Integrals*, Academic Press, 1972.

[19] C. H. Edwards, Jr, *The Historical Development of the Calculus*, Springer-Verlag, 1979.

[20] H. Eves, *Great Moments in Mathematics*, Math. Assoc. Amer., 1983.

[21] B. R. Gelbaum and J. M. H. Olmsted, *Counterexamples in Analysis*, Holden-Day, 1964.

[22] J. Herivel, *Joseph Fourier. The Man and the Physicist*, Oxford Univ. Press, 1971.

[23] S.-T. Hu, *Elements of Real Analysis*, Holden-Day, 1967.

[24] R. Johnsonbaugh and W. E. Pfaffenberger, *Foundations of Mathematical Analysis*, Monographs and Textbooks Pure Appl. Math. No. 62, Marcel Dekker, 1981.

[25] R. Kałuzå, *The Life of Stefan Banach. Through a Reporter's Eyes*, Translated from the Polish by A. Kostant and W. Woyczyńsky, Birkhäuser, 1996.

[26] Y. Katznelson, *An Introduction to Harmonic Analysis*, Dover, 1976.

[27] K. Knopp, *Theory of Application of Infinite Series, 2/e*, Hafner, 1947.

[28] K. Knopp, *Infinite Sequence and Series*, Dover, 1956.

[29] T. W. Körner, *Fourier Analysis*, Cambridge University Press, 1988.

[30] N. H. McCoy, *The Theory of Number*, Macmillan, 1965.

[31] J. E. Marsden, *Elementary Classical Analysis*, Freeman, 1974.

[32] G. Pedrick, *A First Course in Analysis*, Springer-Verlag, 1994.

[33] C. C. Pinter, *Set Theory*, Addison-Wesley, 1971.

[34] W. M. Priestley, *Calculus: An Historical Approach*, Springer-Verlag, 1979.

[35] M. H. Protter and C. B. Morrey, *A First Course in Real Analysis*, Undergraduate Text Math., Springer-Verlag, 1977.

[36] H. L. Royden, *Real Analysis, 3/e*, Maxwell McMillan, 1989.

[37] W. Rudin, *Principles of Mathematical Analysis, 3/e*, McGrawHill, 1976.

[38] K. T. Smith, *Primer of Modern Analysis*, Springer-Verlag, 1983.

[39] L. Solymar, *Lectures on Fourier Series*, Oxford University Press, 1988.

[40] N. Young, *An Introduction to Hilbert Space*, Cambridge Univ. Press, 1988.

[41] A. Zygmund, *Trigonometric Series, Vol. I and II*, Cambridge Univ. Press, 1968.

찾아보기